Ökologisch-ökonomische und sozio-ökologische Strategien zur Erhaltung der Wälder

Felix Fuders • Pablo J. Donoso

Hrsg.

Ökologisch-ökonomische und sozio-ökologische Strategien zur Erhaltung der Wälder

Ein transdisziplinärer Ansatz mit Fokus auf Chile und Brasilien

 Springer

Hrsg.
Felix Fuders (iD)
Volkswirtschaftliches Institut, Fakultät für
Wirtschaft und Verwaltung
Universidad Austral de Chile
Valdivia, Chile

Pablo J. Donoso (iD)
Institut für Wälder und Gesellschaft
Universidad Austral de Chile
Valdivia, Chile

Dieses Buch ist eine Übersetzung des Originals in Englisch „Ecological Economic and Socio Ecological Strategies for Forest Conservation" von Fuders, Felix, publiziert durch Springer Nature Switzerland AG im Jahr 2020. Die Übersetzung erfolgte mit Hilfe von künstlicher Intelligenz (maschinelle Übersetzung durch den Dienst DeepL.com). Eine anschließende Überarbeitung im Satzbetrieb erfolgte vor allem in inhaltlicher Hinsicht, so dass sich das Buch stilistisch anders lesen wird als eine herkömmliche Übersetzung. Springer Nature arbeitet kontinuierlich an der Weiterentwicklung von Werkzeugen für die Produktion von Büchern und an den damit verbundenen Technologien zur Unterstützung der Autoren.

ISBN 978-3-031-29469-3   ISBN 978-3-031-29470-9 (eBook)
https://doi.org/10.1007/978-3-031-29470-9

Die Deutsche Nationalbibliothek verzeichnet diese Publikation in der Deutschen Nationalbibliografie; detaillierte bibliografische Daten sind im Internet über https://portal.dnb.de abrufbar.

Planung/Lektorat: Stefanie Wolf
Springer ist ein Imprint der eingetragenen Gesellschaft Springer Nature Switzerland AG und ist ein Teil von Springer Nature.
Die Anschrift der Gesellschaft ist: Gewerbestrasse 11, 6330 Cham, Switzerland

Das Papier dieses Produkts ist recyclebar.

Vorwort

Transdisziplinarität geht über das Konzept der Interdisziplinarität hinaus, da sie als die Fähigkeit von Forschern aus verschiedenen Disziplinen und Interessengruppen verstanden wird, gemeinsam ein Problem zu definieren und nach Lösungen zu suchen, was nicht nur Offenheit für die Zusammenarbeit, sondern auch das Bemühen um Verständnis für die Disziplinen und Perspektiven der anderen erfordert. Die Struktur der überwiegenden Mehrheit der Universitäten in Form von Fakultäten und Fachbereichen verstärkt die unidisziplinäre Ausbildung, die heutzutage angeboten wird, insbesondere im Grundstudium, wie unser geschätzter Kollege Manfred Max-Neef (†) in seinen Beitrag „Foundations of Transdisciplinarity" (*Ecological Economics*, 2005) einmal feststellte. Seiner Ansicht nach sollte ein erster Schritt zu einer notwendigen Transformation der Wissenschaft und der Form, in der wir unsere Studenten ausbilden, auf der Ebene postgradualer Studiengänge erfolgen, die sich, wann immer möglich, an thematischen Bereichen statt an spezifischen Disziplinen orientieren sollten. Ein Postgraduierten-Studiengang zum Thema *Waldschutz könnte* beispielsweise nicht nur Forstingenieure und Agrarwissenschaftler, sondern auch Ökonomen, Juristen, Chemiker, Biologen usw. einbeziehen und in jedem von ihnen Transdisziplinarität erreichen, da das Ergebnis nicht das Studium des Waldes aus der Sicht des Forstingenieurs, des Agrarwissenschaftlers oder des Biologen, sondern eine integrierte Sichtweise wäre. Die Gründung des „Transdisziplinären Forschungszentrums für sozio-ökologische Strategien zur Walderhaltung" (TESES) an der Universidad Austral de Chile (UACh) ist ein solcher Versuch.

Dieses Buch wurde von den TESES-Mitgliedern konzipiert, die größtenteils Professoren an der UACh sind. Es enthält Beiträge von TESES-Mitgliedern, sowie angesehenen Forschern aus der ganzen Welt, die die Bereiche Wirtschaft, Ökologie, Biologie, Anthropologie, Soziologie und Statistik miteinander verbinden. Es handelt sich jedoch nicht einfach um eine Sammlung von Arbeiten, die von Autoren aus verschiedenen Disziplinen verfasst wurden, sondern jedes Kapitel versucht, in sich selbst transdisziplinär zu sein. Wir sind uns bewusst, dass die transdisziplinären Bemühungen um eine nachhaltige Bewirtschaftung der natürlichen Ressourcen viel Ausdauer erfordern, aber wir hoffen, dass dieses Buch einen wichtigen Beitrag zur

Verbesserung der sozialen, betriebswirtschaftlichen und politischen Ansätze für die Waldbewirtschaftung gibt und damit hilft, die Funktionen und Leistungen des Ökosystems Wald zu schützen. Dies wiederum dürfte den lokalen Gemeinschaften und der Gesellschaft insgesamt zugute kommen, da es die negativen externen Effekte der Forstwirtschaft verringert und die Zukunftschancen verbessert.

Dieses Buch versucht, einen transdisziplinären Ansatz für ökologisch-ökonomische und sozio-ökologische Strategien zur Walderhaltung zu finden. Es kombiniert wirtschaftliche, ökologische und soziale Aspekte im Zusammenhang mit Waldschutzstrategien, um eine ganzheitliche Sicht auf dieses komplexe Thema zu ermöglichen. Insgesamt wäre ein schönes Ergebnis der Transdisziplinarität die Schaffung von Governance-Systemen, die in der Lage sind, natürliche und soziale Gemeinschaften zu erhalten. Auf diese Weise möchten wir einen Beitrag zur Gestaltung eines resilienten *Mensch-Wald-Modells leisten,* das die Multikulturalität lokaler Gemeinschaften berücksichtigt und Aspekte der ökologischen Ökonomie, der Entwicklungsökonomie und der Landnutzungsplanung einbezieht. Das Buch kombiniert theoretische Konzepte – von denen einige sogar als philosophisch eingestuft werden könnten – mit praktischen Ansätzen in Brasilien und Chile und liefert konkrete Lektionen, die auf realen Erfahrungen in der Region beruhen. Obwohl sich das Buch auf Fälle in Brasilien und Chile konzentriert, können die Ergebnisse auch auf andere Regionen übertragen werden, d. h. wir hoffen, dass die Fallstudien und Vorschläge für ein breites Publikum von Lesern, die sich mit der Nachhaltigkeit natürlicher Ressourcen befassen, nützlich sind.

Valdivia, Chile   Felix Fuders
August 2019   Pablo J. Donoso

Vorwort

Dieses Vorwort sollte eigentlich von Manfred Max-Neef geschrieben werden, der als Pionier der ökologischen Ökonomie und als Rektor der Universidad Austral de Chile einen großen intellektuellen und institutionellen Beitrag zu den in diesem Band versammelten Werken geleistet hat. Sein plötzlicher Tod verhinderte dies, aber das Buch ist dennoch eines seiner Vermächtnisse an uns und trägt die Spuren seiner DNA in den Schriften derer, die er beeinflusst hat.

Zusammen mit den Autoren dieser Sammlung zähle ich mich zu denen, die von Manfreds Intellekt und Großzügigkeit profitiert haben. Nur ein Beispiel: Nach der Pinochet-Diktatur gab es in Santiago eine Konferenz, die Manfred organisierte, um die ganze Bandbreite der verschiedenen Wirtschaftssysteme zu erörtern, die Chile für die Zukunft annehmen könnte. Am einen Ende des Spektrums stand die ökologische Wirtschaft, und Manfred lud mich ein, über dieses Thema zu sprechen. Damals war ich bei der Weltbank angestellt, die meinte, alle Reden ihrer Mitarbeiter genehmigen zu müssen, und sich weigerte, meine zu genehmigen. Ich teilte dies Manfred mit und bedauerte es. Manfred schrieb daraufhin an die Chile-Abteilung der Weltbank und teilte mit, dass die wirtschaftlichen Ansichten der Weltbank von einem anderen Teilnehmer und nicht von mir vorgetragen werden würden. Ich war eingeladen worden, um in meiner unabhängigen beruflichen Eigenschaft über das Thema ökologische Ökonomie zu sprechen, und es war nur ein Zufall, dass ich derzeit bei der Weltbank beschäftigt war. Nach 17 Jahren Diktatur sehne sich Chile nach einer freien Meinungsäußerung zum Thema Wirtschaft, und er bezweifle, dass die Weltbank wirklich die Absicht habe, eine solche Rede einzuschränken, und sei zuversichtlich, dass sie nach einer erneuten Prüfung die Erlaubnis erteilen werde. Sollte dies jedoch aus irgendeinem Grund nicht möglich sein, bat er um ein Schreiben, in dem die Weltbank ihre Gründe erläutern möge, damit er es auf der Konferenz öffentlich verlesen könne, um meine Abwesenheit zu erklären. Die Erlaubnis wurde mir erteilt. Manfred hatte überzeugt!

Diese Überzeugungskraft überträgt sich auch auf die ökologische und soziale Ökonomie und setzt sich in den überzeugenden Studien seiner jüngeren Kollegen in dieser Sammlung fort. Allgemeine Prinzipien der ökologischen und sozialen

Ökonomie sind zwar für sich genommen schon überzeugend, aber noch viel überzeugender, wenn sie auf konkrete spezifische Anwendungen angewandt werden, wie es in den folgenden Artikeln geschieht. Spezifische Fragen des Waldschutzes in Südchile und Brasilien werden unter transdisziplinären Gesichtspunkten untersucht und die Inkohärenz zwischen der neoklassischen Ökonomie und den biophysikalischen Wissenschaften untersucht. Die Ökosystemleistungen der Wälder, wie z. B. Lebensräume für die biologische Vielfalt, Kohlenstoffsenken und Niederschlagsregulatoren, werden sowohl auf lokaler als auch auf globaler Ebene untersucht. Die Rolle der Wälder als kritisches Naturkapital wird erläutert, und zwar sowohl unter dem Gesichtspunkt des Warenflusses, der Wald als Produzent von Gütern, als auch unter dem Aspekt der Bereitstellung von Dienstleistungen. Untersucht werden auch die Möglichkeiten der Bezahlung solcher Leistungen, die häufig nicht rivalisierend und nicht ausschließbar sind und sich daher nicht für Privateigentum und Märkte eignen, sondern zunehmend knapp sind und einer effizienten Verteilung bedürfen. Die Bewertung von Ökosystemleistungen wird ebenso untersucht wie die Frage nach der minimalen Waldfläche, die zur Aufrechterhaltung solcher Leistungen erforderlich ist. Das Gleichgewicht zwischen Extraktivismus und Naturschutz wird untersucht. Ebenso wird die Bedrohung der natürlichen Ressourcen durch hohe Zinssätze und Barwertmaximierung erläutert; die Ausbeutung der Ressourcen muss sich langsamer entwickeln. Ganz allgemein werden die ökologischen Opportunitätskosten des Wirtschaftswachstums ermittelt und erläutert. Die Rolle der indigenen Weisheit, die als Bremse für die Eile der anthropozentrischen Kultur benötigt wird, wird anerkannt. Auch die Bedeutung der Erhaltung und gutartigen Nutzung der städtischen Wälder wird nicht übersehen.

Dieser Band ist ein großer Beitrag zum Verständnis der richtigen Nutzung von Wäldern im Allgemeinen, der spezifischen Nutzung und Erhaltung der besonderen Wälder des südlichen Südamerikas und der konkreten Anwendung allgemeiner ökologischer Wirtschaftsprinzipien auf die Nutzung und Erhaltung dieser großartigen Mitgift an lebendem Reichtum. Ich bin sicher, Manfred wäre sehr stolz gewesen, dieses Buch zu unterstützen! Ich denke, es rechtfertigt auch seine Weitsicht, vor vielen Jahren die ökologische Ökonomie in die Visionen für die Zukunft der chilenischen Wirtschaft aufzunehmen, die auf der von ihm organisierten Konferenz erörtert wurden. Diese Vision ist noch lange nicht verwirklicht, aber dieses Buch bringt sie näher.

Institut für öffentliche Ordnung   Herman Daly
Universität Maryland
College Park, USA
August 2019

Inhaltsverzeichnis

Hinweise für Herausgeber und Mitwirkende

Herausgeber

Felix Fuders ist M.A. in Internationaler Betriebswirtschaftslehre und Dr. der Wirtschafts- und Sozialwissenschaften (Universität Erlangen-Nürnberg). Professor und Forscher an der Universidad Austral de Chile. Derzeit ist er Direktor des Instituts für Wirtschaftswissenschaften sowie Direktor von SPRING Latin America, einem Master of Science-Programm in Entwicklungsplanung für wachsende Volkswirtschaften, das gemeinsam von Universitäten auf den Philippinen, in Ghana, Tansania und Deutschland angeboten wird. Felix leitet zudem den Bereich Wirtschaftspolitik des Transdisziplinären Forschungszentrums für sozio ökologische Strategien zur Erhaltung der Wälder (TESES). Er war Gastprofessor an der Fachhochschule Münster, Deutschland, und Gastwissenschaftler am RLC Campus der Universität Bonn, Deutschland.

Er ist Autor und Mitautor von Veröffentlichungen zur regionalen Wirtschaftsintegration (EU und MERCOSUR), zur Regulierungsökonomie sowie zur ökologischen Ökonomie und Geldpolitik. Sein Forschungsschwerpunkt liegt auf der Untersuchung wirtschaftlicher und moralisch-ethischer Probleme unseres Finanzsystems, die er für den wichtigsten, aber am wenigsten beachteten Grund für Marktversagen hält. Er ist davon überzeugt, dass die Wirkung des Geldzinssatzes auf die Geldmenge und die Gesamtnachfrage nicht vollständig verstanden wird und dass viele soziale, wirtschaftliche und insbesondere ökologische Probleme ihre Wurzeln in einer unangemessenen Geldpolitik haben. In diesem Zusammenhang arbeitet er derzeit daran, zu erklären, warum die Privatisierung natürlicher Ressourcen weder eine nachhaltige noch eine allokationstheoretisch effiziente Lösung für das ist, was Hardin einmal die „Tragödie der Allmende" genannt hat, und warum wir bei der Zuweisung von Eigentumsrechten zwischen von Menschen hergestellten Produkten und reinen natürlichen Ressourcen unterscheiden sollten. Darüber hinaus plädiert er für ein Wirtschaftsmodell, in dem Nächstenliebe anstelle von Wettbewerb die treibende Kraft zur Erreichung allokativer Effizienz ist.

Er ist Vorsitzender der Stiftung Natürliche Wirtschaftsordnung (www.inwo.de), Frankfurt, Mitglied der Gesellschaft für Nachhaltigkeit, Berlin und des Netzwerks Nachhaltige Wirtschaft, Berlin. Er hat in international renommierten Verlagen wie Palgrave MacMillan, Springer-Nature, HART Publishing und Duncker & Humblot veröffentlicht und ist regelmäßiger Referent auf Kongressen und wissenschaftlichen Tagungen auf nationaler und internationaler Ebene.

Pablo J. Donoso ist Ingenieur für Forstwirtschaft an der Universidad Austral de Chile. Er erwarb seinen M.Sc. und seinen Doktortitel in Forstressourcenmanagement an der State University of New York, College of Environmental Science and Forestry. Er ist Professor und Forscher in der Abteilung für Wald und Gesellschaft an der Fakultät für Forstwissenschaften der Universidad Austral de Chile (UACh) in Valdivia, Chile, war Prodekan der Fakultät (2007–2010) und Direktor der Abteilung für Waldbau (2011–2012).

Derzeit ist er Direktor des Transdisziplinären Forschungszentrums für sozio-ökologische Strategien zur Erhaltung der Wälder (TESES) an der Universidad Austral de Chile. Seine Hauptforschungsgebiete sind die Walddynamik und der Waldbau, insbesondere bei einheimischen Wäldern, aber er hat sich auch mit Fragen der Forstpolitik in Chile beschäftigt. Er hat 65 Artikel in WOS sowie 26 Buchkapitel veröffentlicht und vier Bücher herausgegeben, von denen viele das Ergebnis zahlreicher drittmittelfinanzierter Forschungsprojekte sowie der Zusammenarbeit mit Kollegen und Doktoranden sind. Er hat als Doktorvater für zehn Doktoranden gearbeitet. Das Hauptziel seiner Forschung war es, zunächst die ökologischen Grundlagen für die Bewirtschaftung von Mischwäldern zu schaffen und dann die Ergebnisse der waldbaulichen Maßnahmen in verschiedenen Arten einheimischer Wälder, einschließlich Plantagen mit einheimischen Arten, zu bewerten. Er ist der festen Überzeugung, dass vor allem langfristige waldbauliche Experimente aussagekräftige Informationen zur Unterstützung einer nachhaltigen Waldbewirtschaftung (SFM) liefern werden, und in diesem Sinne hat er in den meisten seiner Forschungsprojekte Dauerbeobachtungsflächen eingerichtet, davon mehr als 100 im gesamten südlichen Zentralchile, viele davon im Llancahue-Reservat (1300 ha) nahe der Stadt Valdivia. Er ist sich jedoch bewusst, dass die nachhaltige Waldbewirtschaftung letztlich das Ergebnis einer guten Governance sozial-ökologischer Systeme sein wird, und aus diesem Grund hält er TESES und einige NRO für wichtig, um in diese Richtung voranzukommen.

Mitwirkende

José Aylwin ist Rechtsanwalt, spezialisiert auf Menschenrechte und indigene Völker, und Professor an der juristischen Fakultät der Universidad Austral de Chile, Valdivia. Anfang der 1990er-Jahre war er Mitglied der Sonderkommission für indigene Völker (Comisión Especial de Pueblos Indígenas (CEPI)), die an dem Entwurf des aktuellen Gesetzes über indigene Völker arbeitete. Zwischen 1994 und

1997 war er Direktor des Instituts für Indigene Studien an der Universidad de La Frontera (UFRO). Er war auch Koordinator des Programms für indigene Rechte des Instituts (2002–2004). Er hat Studien und Forschungen über die Rechte indigener Völker in Nordamerika (Master der British Columbia University, Kanada) und Lateinamerika für ECLAC (UN), die University of Montana, das Interamerikanische Institut für Menschenrechte und das IWGIA in Dänemark durchgeführt. Er hat an mehreren internationalen Konferenzen teilgenommen und Kontakte zu nationalen und internationalen Organisationen im Bereich der Rechte indigener Völker und des Umweltschutzes geknüpft. Er ist Autor mehrerer Publikationen über die Menschenrechte und die Rechte der indigenen Völker in Chile und im Ausland.

Jan Börner ist ordentlicher Professor für Ökonomie der nachhaltigen Landnutzung und Bioökonomie an der Universität Bonn, Deutschland, mit angewandter Forschungserfahrung in Lateinamerika, Afrika und Europa. Von 2012 bis 2017 war er Robert-Bosch-Juniorprofessor für Ökonomie der nachhaltigen Naturressourcennutzung am Zentrum für Entwicklungsforschung (ZEF) in Bonn, wo sich seine Arbeit auf die ökonomische Analyse und Bewertung von Tropenwaldschutzmaßnahmen konzentrierte. Zuvor arbeitete er als wissenschaftlicher Mitarbeiter am Center for International Forestry Research (CIFOR) und dem International Center for Tropical Agriculture (CIAT) in Brasilien, wo er an mehreren globalen Forschungsprojekten zu REDD+ und den Wechselwirkungen zwischen Mensch und Umwelt beteiligt war. Seine derzeitige Forschungsagenda erstreckt sich von der Analyse der Umweltpolitik auf nationaler Ebene auf die Rolle des globalen Handels und der Verbrauchsmuster bei der Bereitstellung von Ökosystemleistungen in ökologisch sensiblen Landschaften.

Liviam Elizabeth Cordeiro-Beduschi ist Forstwirtschaftsingenieurin. Sie schloss ihr Studium der Ökologie von Agrarökosystemen an der Hochschule für Landwirtschaft „Luiz de Queiroz" (ESALQ) ab und promovierte im Rahmen des Graduiertenprogramms für Umweltwissenschaften (PROCAM/IEE) des Instituts für Energie und Umwelt an der Universität von São Paulo, Brasilien. Sie war als internationale Beraterin für die Forstwirtschaftsabteilung der Ernährungs- und Landwirtschaftsorganisation der Vereinten Nationen (FAO) tätig. Sie forschte im Bereich Agroforstwirtschaft bei der brasilianischen Agrarforschungsgesellschaft (EMBRAPA) und beim Nationalen Umweltfonds des brasilianischen Umweltministeriums (FNMA/MMA). Derzeit ist sie Forscherin der Forest Governance Research Group an der USP und Partnerin der Vereinigung der Forstingenieure für die einheimischen Wälder Chiles (AIFBN). Sie forscht zu den Themen öffentliche Politik und Governance für einheimische Wälder und nachhaltige ländliche Entwicklung mit Schwerpunkt auf der kommunalen Waldbewirtschaftung in Südamerika.

Jiří Dušek schloss sein Studium der Geobotanik und angewandten Ökologie an der Biologischen Fakultät der Südböhmischen Universität České Budějovice, Tschechische Republik, ab und promovierte in Pflanzenanatomie und -physiologie an der Masaryk-Universität in Brünn, Tschechische Republik. Derzeit arbeitet er als

Forscher am Forschungsinstitut für globale Veränderungen (CzechGlobe) der Tschechischen Akademie der Wissenschaften. Er ist leitender Forscher der Station für Feuchtgebietsökosysteme, die zur nationalen Forschungsinfrastruktur (Cze-COS) und zur europäischen Forschungsinfrastruktur des Integrated Carbon Observation System (ICOS) gehört. Er hat etwa 30 wissenschaftliche Publikationen veröffentlicht und ist Mitverfasser von 3 Gebrauchsmustern im Zusammenhang mit Gasmessungen mittels Kammermethode in Feuchtgebieten.

Alfredo Erlwein schloss sein Studium der Ganzheitlichen Wissenschaft (Systeme und Komplexität in der Ökologie) am Schumacher College der Universität Plymouth, England, ab und promovierte zum Thema „Nachhaltige Nutzung von Bioenergie" am Interdisziplinären Zentrum für Nachhaltige Entwicklung der Georg-August-Universität, Göttingen, Deutschland. Er ist Agrarwissenschaftler der Päpstlichen Katholischen Universität in Chile und derzeit Professor am Institut für Agrartechnik und Böden der Fakultät für Agrarwissenschaften sowie am Transdisziplinären Zentrum für Umweltstudien und nachhaltige menschliche Entwicklung (CEAM), beide an der Universität Austral in Chile. Zu seinen Forschungsschwerpunkten gehören die nachhaltige Energienutzung (Biokraftstofftechnologie, Energiebilanz und ökologischer Fußabdruck der Energienutzung, Bewirtschaftung organischer Abfälle, Bioenergie und Klimawandel) und die Raumplanung ländlicher Ökosysteme (Macht und Raum, Kognition und Raum, Landschaftsökologie, ökologisches Design).

Joshua Farley ist Professor für Community Development and Applied Economics und Fellow am Gund Institute for Ecological Economics an der UVM und gewählter Präsident der International Society for Ecological Economics. Er hat einen Bachelor of Science in Biologie (Grinnell), einen Master-Abschluss in internationalen Angelegenheiten (Columbia) und einen Doktortitel in Agrar- und Ressourcenökonomie (Cornell). Obwohl er in der neoklassischen Ökonomie ausgebildet wurde, hat er viele ihrer zentralen Axiome oder ethischen Grundlagen nie akzeptiert. Sein breit gefächertes Forschungsinteresse gilt der Gestaltung von Wirtschaftsinstitutionen, die in der Lage sind, das biophysikalisch Mögliche mit dem sozial, psychologisch und ethisch Wünschenswerten in Einklang zu bringen. Zuvor war er Programmdirektor am Zentrum für Regenwaldstudien der School for Field Studies, geschäftsführender Direktor des UMD-Instituts für ökologische Ökonomie sowie Fulbright-Stipendiat und Gastwissenschaftler an der Universidade Federal de Santa Catarina. Seine jüngsten Forschungsarbeiten konzentrieren sich auf Agrarökologie, den Lebensunterhalt von Landwirten und Ökosystemleistungen im Atlantischen Wald Brasiliens, die Ökonomie essentieller Ressourcen, die Neugestaltung von Finanz- und Geldsystemen für eine gerechte und nachhaltige Wirtschaft und die Nutzung der menschlichen Fähigkeit zur Zusammenarbeit, um Gefangenendilemmata zu lösen. Er ist zusammen mit Herman Daly Autor von Ecological *Economics: Principles and Applications*.

Isabel Jurema Grimm ist Forscherin am Forschungszentrum für Ökosozialökonomie (NECOS) und der Forschungsgruppe für alternative Entwicklung, Innovation und Nachhaltigkeit (GPADIS) an der Bundesuniversität von Mato Grosso und Koordinatorin des Postgraduierten-Masterprogramms für Governance und Nachhaltigkeit (PPGS) des Höheren Instituts für Management und Wirtschaft (ISAE). Sie promovierte in Umwelt und Entwicklung an der Bundesuniversität von Paraná (UFPR). Sie arbeitet auch mit Forschungsschwerpunkten in den Bereichen Governance, Stadtmanagement, „Ökosozialökonomie", Klimawandel und kohlenstoffarmer Tourismus.

Christian Henríquez Zúñiga schloss seinen Bachelor in Business Tourism Administration an der Universidad Austral de Chile und seinen Master in Regionalentwicklung an der Universität von Blumenau, Brasilien, ab. Er ist Doktorand der Humanwissenschaften an der Universidad Austral de Chile mit Aufenthalten an der Universidad Federal de Parana (UFPR) und der Universität von São Paulo, Brasilien; Forscher am Transdisziplinären Zentrum für Umweltstudien (CEAM) und Koordinator des Right Livelihood College Austral Campus, beide an der Universidad Austral de Chile; und Dozent an der Katholischen Universität von Maule, Chile.

Teodoro Kausel studierte Bauingenieurwesen an der Universidad de Chile und promovierte in Wirtschaftswissenschaften an der Universität Münster, Deutschland. Er hat in Chile, Deutschland und Botswana (Afrika) gearbeitet, wo er als Regierungsberater in den Bereichen Energie und natürliche Ressourcen tätig war. Seit 1992 ist er Professor an der Universidad Austral de Chile in Valdivia, wo er in den Bereichen Regionalwirtschaft, Wirtschaftsregulierung, Klimawandel, Energie und Hochschulpolitik forscht und lehrt.

Jozef Kiseľák promovierte in Angewandter Mathematik an der Comenius-Universität in der Slowakei. Er arbeitete als wissenschaftlicher Projektassistent an der Johannes Kepler Universität in Linz. Derzeit ist er Assistenzprofessor an der P.J. Šafárik Universität in Košice, Slowakei. Seine Forschungsinteressen liegen im Bereich der dynamischen Systeme mit Anwendungen in Biologie, Medizin, Ökologie und Finanzen. Er beschäftigt sich auch mit optimalen Versuchsplänen und Informationstheorie. Er hat Forschungsartikel in renommierten internationalen Fachzeitschriften der mathematischen und statistischen Wissenschaften veröffentlicht und ist Gutachter für mehrere internationale Zeitschriften im Bereich der reinen und angewandten Mathematik.

Daniela Manuschewitsch ist seit 2017 Professorin an der Geografischen Fakultät der Universidad Academia de Humanismo Cristiano in Santiago, Chile. Sie ist eine transdisziplinäre Nachwuchswissenschaftlerin, die versucht, die wirtschaftlichen, politischen, kulturellen und ökologischen Veränderungen zu verbinden, die durch die Ausweitung von Baumfarmen in Chile gefördert werden. Sie hat Arbeiten zu historischen Tendenzen des Landnutzungswandels, politikbasierten Szenarien des Landnutzungswandels, der Modellierung von Ökosystemleistungen sowie der Diskursanalyse der Forstpolitik in Chile veröffentlicht. Die in diesem Buch vorgestellten Kapitel sind die ersten Ergebnisse einer zweijährigen ethnographischen Untersuchung mit Bauern, die am Rande der Ausdehnung von Baumfarmen und der historischen Waldzerstörung leben. Sie ist Fulbright-Stipendiatin und Mitglied der International Society of Ecological Economics.

Alejandro Mora-Motta hat einen Bachelor-Abschluss in Wirtschaftswissenschaften und einen Master-Abschluss in Entwicklung und Umwelt. Derzeit schreibt er seine Doktorarbeit im Bereich der Entwicklungsstudien an der Universität Bonn, Deutschland. Er ist Junior Researcher am Zentrum für Entwicklungsforschung und seit August 2015 Mitglied des Right Livelihood College (RLC) Campus Bonn. Zwischen 2016 und 2017 führte er seine Feldarbeit in Chile in Zusammenarbeit mit dem RLC Campus Universidad Austral de Chile, Valdivia, durch. Sein Promotionsprojekt befasst sich mit der Frage, wie sich die territoriale Transformation durch Baumplantagen auf das lokale Wohlbefinden in ländlichen Gebieten in der Region Los Rios im Süden Chiles ausgewirkt hat. Er verfügt über Forschungserfahrung an der Schnittstelle von politischer Ökologie, ökologischer Ökonomie und Entwicklungsstudien und hat bereits in Kolumbien und Chile gearbeitet. Derzeit untersucht er, wie sich Entwicklungsprozesse, insbesondere in der Forstwirtschaft, auf lokale Gemeinschaften auswirken und auf welche Weise sich nachhaltige Alternativen ergeben können.

Nicolás Nazal hat einen Bachelor-Abschluss in Wirtschaft von der Universidad Diego Portales, Chile, und einen Master-Abschluss in Wirtschaft von der Waikato University in Hamilton, Neuseeland. Derzeit promoviert er an der Universidad Austral de Chile, Valdivia, im Bereich Waldökosysteme und natürliche Ressourcen. Sein Forschungsinteresse gilt den anthropogenen Einflüssen auf Waldökosysteme und politischen Maßnahmen zur Wiederherstellung einheimischer Wälder und zur nachhaltigen sozioökonomischen und ökologischen Wiederherstellung. Derzeit ist er Dozent für ökologische Ökonomie an der Fakultät für Natur- und Forstwissenschaften der Universidad Austral de Chile und Direktor des Small Business Development Center, einem Regierungsprojekt, das gemeinsam mit der Universidad Austral de Chile betrieben wird. Zuvor unterrichtete er einen Kurs über nachhaltige Wirtschaft und internationalen Handel an der Fakultät für Wirtschaft und Verwaltung. Er verfügt über mehr als 10 Jahre Berufserfahrung in Privatunternehmen in der Werftindustrie und in der Lachszucht als Finanzvorstand und Projektleiter.

Iván Oliva schloss sein Studium der Biologie an der Päpstlichen Katholischen Universität Valparaíso ab und promovierte in Erziehungswissenschaften an der Päpstlichen Katholischen Universität von Chile. Derzeit ist er Dozent an der Päpstlichen Katholischen Universität Valparaíso und am Institut für Erziehungswissenschaften der Philosophischen und Humanistischen Fakultät der Universidad Austral de Chile.

Guillermo Pacheco Habert hat einen Abschluss in Tourismusmanagement von der Universidad Austral de Chile (UACh) und einen Master in Entwicklung regionaler Gesellschaften vom CEDER, ULA. Derzeit schreibt er seine Doktorarbeit im Bereich Territoriale Studien am „Center of Regional Development Studies and Public Policies" (CEDER), Universidad de Los Lagos, Chile. Er ist Nachwuchswissenschaftler am Right Livelihood College (RLC), Zentrum für Entwicklungsforschung (ZEF), Universität Bonn, Deutschland, und Forscher am „Transdisciplinary Environmental Studies Center" (CEAM) und am Tourismusinstitut, Universidad Austral de Chile. Er verfügt über 10 Jahre Erfahrung in der Forschung und der Entwicklung von Projekten im Bereich der lokalen Wirtschaft mit den Schwerpunkten ökologische und solidarische Ökonomie, territoriale Dynamik, Landschaftsproduktion, gemeindebasierter Tourismus und Beteiligung ländlicher und indigener Gemeinschaften an Entscheidungsprozessen. Er ist Mitbegründer der Genossenschaft „Trawün", die 2017 von Bauern mit indigenem Hintergrund gegründet wurde und sich der Familienlandwirtschaft und dem gemeinschaftsbasierten Tourismus in der Gemeinde Panguipulli in den südchilenischen Anden widmet.

Roberto Pastén erwarb seinen M.Sc. und seinen Doktortitel in Wirtschaftswissenschaften an der Universidad de Chile bzw. der University of Alabama, USA. Er ist außerordentlicher Professor für Wirtschaftswissenschaften an der Universidad Austral de Chile und ehemaliger Richter am Dritten Umweltgerichtshof in Chile. Er verfügt über umfangreiche Erfahrungen in den Bereichen Umwelt- und Ressourcenökonomie, Risiko und Unsicherheit, ökonomische Analyse des Rechts sowie Ökonometrie von Zeitreihen und dynamischen Panels und hat zahlreiche Arbeiten in renommierten Fachzeitschriften veröffentlicht. Er war außerordentlicher Professor für Wirtschaftswissenschaften an der Universidad de Talca, Chile, und Gastprofessor im Master- und Promotionsprogramm an der Universidad de Chile und für Umweltökonomie an der Universität Groningen, Niederlande. Im Jahr 2017 wurde er in die Hall of Fame der Fakultät für Wirtschaftswissenschaften der Universidad de Chile aufgenommen.

João Henrique Tomaselli Piva erhielt seinen B.A. in Betriebswirtschaft von der Universidade Positivo, Curitiba, wo er Techniker im Bereich Umweltschutz ist. Derzeit studiert er einen Masterstudiengang in Umwelt und Entwicklung an der Bundesuniversität von Paraná in der Forschungsrichtung Ökosoziale Ökonomie von Organisationen.

Jennifer E. Romero ist Forstingenieurin an der Universität von Chile. Sie erwarb ihren M.Sc. in Ressourcenmanagement und Umweltstudien an der Universität von British Columbia. Ihre Ausbildung und berufliche Entwicklung konzentrierte sich auf Projektmanagement und Umweltpolitik, mit Schwerpunkt auf den chilenischen und argentinischen Wäldern. Derzeit ist sie Geschäftsführerin der chilenischen NGO Foresters for Native Forests (AIFBN). Kommunikation ist ein wichtiger Bestandteil ihres Studiums und ihrer Praxis. In den letzten drei Jahren war sie Chefredakteurin der Zeitschrift Bosque *Nativothoth, die* von AIFBN herausgegeben wird, und hat Veröffentlichungen zur Waldpolitik in Buchkapiteln und auch in Massenmedien für die breite Öffentlichkeit geschrieben und herausgegeben, im Allgemeinen mit dem Ziel, das Bewusstsein für die Erhaltung der einheimischen Wälder zu schärfen.

Hugo Rosa da Conceição schloss sein Studium der Internationalen Beziehungen an der Universität Brasília, Brasilien, mit einem B.A. ab; seinen Master in Umweltmanagement absolvierte er an der Universität Freiburg, Deutschland, und seinen Doktortitel an der Universität Bonn, Deutschland. Er arbeitete als Programmassistent beim Umweltprogramm der Vereinten Nationen und als Junior Professional Associate in den Büros der Weltbank in Brasilien, wo er an Naturschutzprogrammen im brasilianischen Amazonasgebiet arbeitete. Sein Forschungsschwerpunkt liegt auf Waldschutzmaßnahmen, insbesondere auf anreizbasierten Maßnahmen zur Verringerung der Entwaldung in der Amazonasregion, wie REDD+ und Zahlungen für Umweltleistungen.

Carlos Alberto Cioce Sampaio erwarb seinen Master- und Doktortitel in Planung und Organisationsmanagement für nachhaltige Entwicklung an der UFSC mit einem Praktikum in Sozialwirtschaft (EHESS, Frankreich). Er hat Postdoc-Stipendien in Ökosozialökonomie (Universidad Austral de Chile), Unternehmens-Kooperativismus (Universidad Mondragon) und Umweltwissenschaften (WSU). Er ist Verwaltungsangestellter bei PUCSP, Forscher bei CNPq, Professor des Graduiertenprogramms für Regionalentwicklung bei FURB, Umweltmanager bei UP und Umwelt- und Entwicklungsmanager bei UFPR. Außerdem war er 2015 Stipendiat der Fulbright-Stiftung (USA) und 1996 bzw. 2005 Gastprofessor am Brasilianischen Zentrum für Zeitgenössische Studien (CRBC) an der Hochschule für Sozialwissenschaften (EHESS) in Paris und am Zentrum für Umweltstudien an der Universidad Austral de Chile (UACh). Gegenwärtig koordiniert er das Zentrum für Ökosozialökonomie und, in Partnerschaft, das Zentrum für öffentliche Politiken. Er gilt als Pionier in der theoretischen und empirischen Forschung zum Thema Ökosoziale Ökonomie, die Planung und Organisationsmanagement für eine nachhaltige territoriale Entwicklung, sozio-produktive und konstitutionelle Gestaltung der gemeinschaftlichen Solidarität und nachhaltigen Tourismus in Lateinamerika umfasst. Er veröffentlichte 117 Beiträge in Fachzeitschriften und 183 Studien auf nationalen und internationalen wissenschaftlichen Kongressen, sowie 13 Bücher und 59 Buchkapitel.

Abdon Schmitt Filho ist Professor an der Universität von Santa Catarina (UFSC), Brasilien. Seine Lehr- und Forschungstätigkeit konzentriert sich auf die Entwicklung agrarökologischer Systeme, die ökologische Wiederherstellung, ländliche Existenzsicherung und erneuerbare Landwirtschaft im Süden Brasiliens synergetisch miteinander verbinden. Er ist Koordinator des Silvopastoral Systems and Ecological Restoration Lab (LASSre), einer Initiative für partizipative Aktionsforschung, die mit mehr als 622 Landwirten zusammenarbeitete, um den Übergang von der konventionellen Landwirtschaft zu agrarökologischen Systemen zu schaffen. Heute sind einige dieser Landwirte Partner in einem Projekt zur ökologischen

Wiederherstellung des atlantischen Waldes mit Schwerpunkt auf silvopastoralen Systemen mit hoher Biodiversität und multifunktionalen Auwäldern. Er war Gastprofessor am Gund Institute for Environment an der Universität von Vermont, USA, als er Mitglied des Gund IEE wurde. Seine Forschung befasst sich mit Agrarökologie, silvopastoralen Systemen, nachhaltigem Lebensunterhalt und der ökologischen Wiederherstellung des Atlantischen Waldes.

Milan Stehlík promovierte in Statistik an der Comenius Universität, Slowakei, und habilitierte sich an der Johannes Kepler Universität, Österreich. Derzeit ist er ordentlicher Professor an der Universität von Valparaiso, Chile, und außerordentlicher Professor an der Johannes Kepler Universität, Österreich. Er ist Mitglied des Linzer Instituts für Technologie, Mitglied des Instituts für mathematische Statistik und eingeladenes Mitglied der Gwalior Academy of Mathematical Sciences. Er hat mehr als 170 wissenschaftliche Arbeiten veröffentlicht und mehr als 180 wissenschaftliche Vorträge gehalten. Seine Forschungsinteressen umfassen Versuchsplanung, Extreme, exakte Tests, Modellierung von Lebensdaten, medizinische und ökologische Statistik, wirtschaftliche Anwendungen und Zuverlässigkeitstheorie.

Till Stellmacher hat einen Master-Abschluss in Entwicklungsgeographie und einen Doktortitel in Agrarwissenschaften. Er ist Programmkoordinator und Senior Researcher am Zentrum für Entwicklungsforschung (ZEF) der Universität Bonn, Deutschland. Seit 2011 koordiniert er das Right Livelihood College (RLC) Campus Bonn. Seine wissenschaftlichen Schwerpunkte sind Governance, Waldmanagement und Umweltveränderungen im ländlichen Raum des Globalen Südens. Seine Doktorarbeit „Governing the Ethiopian Coffee Forests" zeigt lokale Einblicke in die Waldnutzung, -bewirtschaftung und -erhaltung in Kontexten von Rechtspluralismus und landwirtschaftlicher Transformation. Er verfügt über mehrjährige Berufserfahrung in der empirischen Entwicklungsforschung in Äthiopien, Bangladesch, Indien, Tansania und Burkina Faso. Derzeit beschäftigt er sich mit Fragen zur Zukunft der kleinbäuerlichen Landwirtschaft und der Waldbewirtschaftung.

Manuel von der Mühlen hat seinen Master of Science (M.Sc.) in Regionaler Entwicklungsplanung und Management an der TU Dortmund und der Universidad Austral de Chile gemacht. Er ist auch Kandidat für den Master of Advanced Studies (MAS) in Entwicklung und Zusammenarbeit an der ETH Zürich. Er ist ein Entwicklungsplaner mit einer Leidenschaft für partizipative Planungsprozesse. Er hat zusammen mit indigenen Völkern und lokalen Gemeinschaften in Südamerika und Asien an partizipativer Landnutzungsplanung (PLUP) gearbeitet. Während seiner Arbeit für das Projekt OneMap Myanmar des Centre for Development and Environment (CDE) leitete er die Forschungsaktivitäten zur Erstellung von Landnutzungskarten und anderen Wissensprodukten. Derzeit arbeitet er für Plan International Schweiz und ist für die Koordination verschiedener Projekte verantwortlich. Sein Hauptprojekt ist der Aufbau der Widerstandsfähigkeit gegen Überschwemmungen in hochwassergefährdeten Gemeinden in El Salvador und Nicaragua.

Teil I
Allgemeine Überlegungen zu Transdisziplinarität, Ökonomie und Ökologie

Kapitel 1
Auf dem Weg zu einer transdisziplinären Ökologischen Ökonomie: Ein kognitiver Ansatz

Alfredo Erlwein, Iván Oliva, Felix Fuders und Pablo J. Donoso

1.1 Einleitung

Es ist klar, dass sich die Menschheit und insbesondere die westliche Zivilisation inmitten einer multidimensionalen globalen Krise befindet, die alle Aspekte des menschlichen Lebens, einschließlich des eigenen langfristigen Überlebens, betrifft (Max-Neef 2010; IPCC 2011). Es ist auch klar, dass wir dank des Fortschritts der Umweltwissenschaften in den letzten zwei Jahrhunderten[1] in der Lage waren, die wichtigsten wissenschaftlichen Ursachen einer solchen Krise und die technischen Lösungen, um ihr zu entkommen, klar zu identifizieren. Außerdem waren die Umweltwissenschaften in der Lage, das Eintreten einer solchen globalen Krise seit

---

[1] Malthus war einer der ersten wissenschaftlichen Kritiker des Wachstums als Weg des Fortschritts, der mit einer einfachen mathematischen Demonstration der demografischen Grenzen aufwartete. Auch 220 Jahre nach seiner Veröffentlichung bleibt seine Kritik gültig.

A. Erlwein (✉)
Institut für Agrartechnik und Böden, Fakultät für Agrarwissenschaften. Transdisziplinäres Zentrum für Umweltstudien (CEAM), Universidad Austral de Chile, Valdivia, Chile
E-Mail: aerlwein@uach.cl

I. Oliva
Institut für Bildungswissenschaften. Fakultät für Philosophie und Humanismus, Universidad Austral de Chile, Valdivia, Chile

F. Fuders
Volkswirtschaftliches Institut, Fakultät für Wirtschaft und Verwaltung, Universidad Austral de Chile, Valdivia, Chile

P. J. Donoso
Institut für Wälder und Gesellschaft, Universidad Austral de Chile, Valdivia, Chile

© Der/die Autor(en), exklusiv lizenziert an Springer Nature Switzerland AG 2023   3
F. Fuders, P. J. Donoso (Hrsg.), *Ökologisch-ökonomische und sozio-ökologische Strategien zur Erhaltung der Wälder*, https://doi.org/10.1007/978-3-031-29470-9_1

mindestens 50 Jahren mit großer Detailgenauigkeit vorherzusagen.[2] Mit anderen Worten, die bis vor einem halben Jahrhundert entwickelte Wissenschaft war zu Folgendem in der Lage:

* Vorhersage der aktuellen globalen Umweltkrise
* Verstehen der Hauptursachen dafür
* Verhaltensvorschläge zur Problemlösung zu entwickeln

Daher können wir behaupten, dass die globale Umweltkrise und unsere Fähigkeit, sie zu bewältigen, nicht auf einen Mangel an wissenschaftlichen Erkenntnissen oder unbekannten Fakten zurückzuführen ist. Obwohl die Komplexität der natürlichen Welt die Unvorhersehbarkeit vieler Prozesse und Phänomene mit sich bringt, sind die Triebkräfte und Ursachen des globalen Wandels schon seit langem bekannt. Tatsächlich haben die Umweltwissenschaften in den letzten Jahrzehnten die ursprünglich ermittelten Ursachen nicht vernachlässigt, sondern ihre Gültigkeit durch eine ständig wachsende Zahl von Fakten untermauert. Es ist irgendwie frustrierend festzustellen, dass die meisten wissenschaftlichen Arbeiten im Bereich der Umweltwissenschaften in den letzten Jahrzehnten lediglich weitere Beweise für die bereits ermittelten Hauptursachen der Umweltkrise liefern. Mit anderen Worten, die Wissenschaft hat sich darauf konzentriert, mehr *zu wissen*, aber nicht notwendigerweise mehr zu *verstehen* (Max-Neef 2005), vielleicht weil die Hauptursache der globalen Krise keine wissenschaftliche ist und den Rahmen der Naturwissenschaften oder der Wissenschaften im Allgemeinen sprengt. Dies deutet darauf hin, dass es falsch wäre, eine Lösung für die Krise aus dem Bereich der Naturwissenschaft und Technik zu erwarten, da nach unserer Auffassung die Aufgabe der Wissenschaft bereits erfüllt ist. Das heißt, konkrete Fragen zur globalen Krise zu stellen und die Hypothesen, die sie beantworten, mit Beweisen zu untermauern.

Da die Gesellschaften noch nicht ernsthaft versucht haben, die von den Naturwissenschaften schon vor langer Zeit identifizierten Hauptursachen der gegenwärtigen Krise zu beseitigen, ist die Relevanz der Technologie für die Erarbeitung einer konkreten Lösung (z. B. erneuerbare Energien) durch die Existenz diskreter natürlicher Grenzen begrenzt. Mit anderen Worten: Technologische Lösungen können die Grenzen der Machbarkeit verschieben und damit das Problem vorübergehend lösen, aber solange z. B. ein unbegrenzter wirtschaftlicher Wachstumszwang besteht, ist das System dem Zusammenbruch geweiht. Mit anderen Worten: Die Zivilisation und ihre Wirtschaft können nicht „business as usual" betreiben, wenn die wichtigsten biophysikalischen Ursachen der Krise nicht angegangen werden.

Folglich klafft eine dramatische Lücke zwischen dem, was man *weiß*, und dem, was man *tut*. Daher liegt der Kern der Umweltkrise nicht in einer Krise des Wissens (der Wissenschaft), sondern in einer *Krise des Bewusstseins*, was unsere Beziehung zur Natur und zu uns selbst betrifft, und in unserer Fähigkeit, uns von alten Ver-

---

[2] Obwohl es viele frühere wissenschaftliche Arbeiten gibt, die den gleichen Rahmen vorgeben, hat „Die Grenzen des Wachstums" (Meadows et al. 1972) des Club of Rome viele Probleme angesprochen, mit denen wir heute konfrontiert sind.

haltensmustern zu lösen und das zu ändern, was uns die Beweise schon so lange und so deutlich sagen.

1.2 Kognition

In diesem Kapitel wird ein kognitionswissenschaftlicher Hintergrund verwendet, um das Problem der Transdisziplinarität in Bezug auf die Erforschung von Wäldern und der Natur im Allgemeinen und ihre Folgen für die Funktionsweise der Rationalität der neoklassischen Wirtschaftswissenschaften zu behandeln. Die Kognitionswissenschaft ist jedoch Teil eines breiteren Spektrums von Disziplinen und Wissenschaften, die einen ganzheitlichen, systemischen, transdisziplinären und postmodernen Ansatz zum Wissen verfolgen. In diesem Sinne können viele der Postulate in diesem Artikel auch in anderen Begriffen dieser Disziplinen ausgedrückt werden, z. B. in der Phänomenologie, der systemischen Erkenntnistheorie, der Kybernetik zweiter Ordnung und der Quantenphysik, um nur einige zu nennen. Außerdem ist dieses Kapitel eine sehr kurze Zusammenfassung von Referenzkonzepten der Kognitionswissenschaft, die für die Entwicklung der nächsten Abschnitte benötigt wird.

Kognition ist die Wissenschaft vom Prozess des Wissens. Da sie Beiträge aus verschiedenen Disziplinen (Philosophie, Neurowissenschaften, Semiotik) enthält, ist sie eine „interdisziplinäre Disziplin". Kognition kann als „ein vielversprechender Ausgangspunkt für ein angemessenes und vereinheitlichendes Paradigma" in Bezug auf die Erfordernisse interdisziplinärer Ansätze betrachtet werden (Röling 2000, S. 5). Unter den verschiedenen Strömungen innerhalb der Kognitionswissenschaft liefert die von Humberto Maturana und Francisco Varela entwickelte Santiago-Theorie der Kognition erstmals eine wissenschaftliche Theorie, die die kartesische Trennung von Geist und Materie überwindet (Capra 1997). Eine der wichtigsten Erkenntnisse dieser Theorie besteht darin, den Widerspruch zwischen dem Gehirn und dem Geist zu überwinden. Für Maturana und Varela (1980) ist die Beziehung zwischen Geist und Gehirn einfach und klar: Der Geist ist kein Ding, sondern ein Prozess, und das Gehirn ist eine Struktur, durch die der Geist ausgeführt wird. In dieser Theorie sind das Leben und der Prozess des Wissens miteinander verbunden. Mit anderen Worten: Die zentrale Einsicht der Santiago-Theorie ist die Identifizierung der Erkenntnis mit dem Prozess des Lebens (Capra 1997). Die geistige Welt ist nicht vom physischen Prozess des Lebens getrennt, sondern ein immanentes Merkmal dieses Prozesses, da Leben immer mit Wissen verbunden ist. Mit den Worten von Maturana und Varela (1980): „Lebende Systeme sind kognitive Systeme, und Leben als Prozess ist ein Prozess der Erkenntnis. Diese Aussage gilt für alle Organismen, mit oder ohne Nervensystem".

Da es sich bei der Kognition um ein Forschungsgebiet handelt, das sich mit Wissen befasst, ist sie eng mit dem philosophischen Studium des Wissens verbunden. Die *Erkenntnistheorie* ist der Zweig der Philosophie, der sich mit der Natur des Wissens und der Schaffung von neuem Wissen befasst (Novak und Cañas 2008).

Dies verleiht der Diskussion über die Rolle der Sprache unter kognitiven Gesichtspunkten besondere Bedeutung, da Philosophie und Wissenschaften durch Sprache realisiert werden.

1.3   Das Entstehen der Umwelt

Merkwürdigerweise ändert sich das, was wir als Umwelt verstehen, ständig, und dementsprechend ändert sich auch die Wertschätzung der Umwelt. Das ist so, weil wir als Beobachter eigentlich nicht von unserer Umwelt abhängig sind, sondern von unserer ökologischen Nische. Die erste ist das, was ein Beobachter wahrnimmt, und die zweite ist der Bereich, in dem sich die Existenz eines Lebewesens tatsächlich abspielt (Maturana und Mpodozis 2000). Wenn wir zum Beispiel einen Baum beobachten, können wir seine Umgebung unterscheiden, indem wir einfach die Umgebung des Baumes betrachten. Allerdings ist das, was wir von der Umgebung des Baumes sehen können, nur das, was unsere Sinne uns zu sehen erlauben. In Wirklichkeit interagiert der Baum und ist von viel mehr Merkmalen abhängig, als die, die wir für seinen Lebensprozess unterscheiden können. Wir können weder die unterirdischen Interaktionen von Millionen von Wurzelradikalen sehen, die Elemente mit dem Boden austauschen, noch können wir den Gasaustausch seiner Blätter mit der Atmosphäre sehen (aber grob darauf schließen). Die Summe aller Merkmale der Umwelt ist es, die die Nische als den eigentlichen Lebensbereich des Baumes ausmacht.

Das gleiche Phänomen tritt bei uns in Bezug auf unsere Umwelt auf. Unsere Umwelt ist nicht eine objektive Menge diskreter Ressourcen, sondern eine sich ständig verändernde Wahrnehmung, solange wir neue Elemente unserer Nische ausmachen können. Hier findet ein großes Paradoxon statt: Solange wir Menschen einen immer größeren Einfluss auf die Biosphäre ausüben, entstehen durch unsere Veränderung neue Elemente der Nische, die neue Wahrnehmungen unserer Umwelt hervorbringen. So schenkten wir beispielsweise vor 200 Jahren der elektromagnetischen Umwelt oder der Luft- und Wasserqualität in den meisten Städten keine Beachtung. Die Aufmerksamkeit begann, als sich die ursprünglichen Merkmale unserer Nische zu verändern begannen. Wie der französische Chirurg René Leriche (1879–1955) feststellte, dass „*Gesundheit das Leben in der Stille der Organe ist*" (Fantuzzi 2014), da wir die Organe nur dann spüren, wenn sie krank werden, erscheinen die neuen Merkmale der Umwelt häufig als Ergebnis unserer Veränderung der natürlichen Merkmale unserer Nische. Sicherlich gibt es eine Kohärenz zwischen dieser Sichtweise und der klassischen ökonomischen Sichtweise von Angebot und Nachfrage: Je knapper eine Ressource wird, desto teurer wird sie (*ceteris paribus*). Warum also werden so viele Merkmale unserer Umwelt bis heute von der neoklassischen Ökonomie nicht bewertet, wo doch einige von ihnen für unser Überleben unerlässlich sind? Wir werden auf dieses Thema zurückkommen, wenn wir den quantitativen Fokus der klassischen Ökonomie diskutieren.

1.4 Unterscheidungen und Objektivität

Die Operation der *Unterscheidung* ist die grundlegende Operation, die ein Beobachter in der Praxis des Lebens durch die Spezifizierung einer Entität ausführt, indem er sie operativ von einem Hintergrund abspaltet (Maturana 1988). In der Operation der Unterscheidung bringt ein Beobachter eine Entität (eine Einheit, ein Ganzes) sowie das Medium, in dem die Entität unterschieden wird, hervor und bringt in letzteres alle operativen Zusammenhänge ein, die die Unterscheidung der Einheit in seiner Lebenspraxis ermöglichen.

Da die Wahrnehmung durch die Struktur des Nervensystems bestimmt wird, kann der Beobachter nur das wahrnehmen, was in ihm einen kognitiven Prozess auslöst, der durch die Eigenschaften des Nervensystems als solches definiert ist. Auf diese Weise ist die Wahrnehmung durch die Struktur des Beobachters begrenzt. Da wir nicht wahrnehmen können, was außerhalb unseres kognitiven Bereichs liegt, wird der Erkenntnisprozess durch einen *strukturellen Determinismus* gesteuert.

Das Nervensystem hat eine nach außen hin geschlossene Organisation und funktioniert nur, indem es interne Sinnes-Wirkungs-Zusammenhänge realisiert (Maturana 1989). Auf diese Weise löst die Umwelt durch unsere Sinne einen kognitiven Prozess in uns aus, der durch das Nervensystem bestimmt wird und an dem die Umwelt nicht beteiligt ist. Aus diesem Grund können wir uns nicht auf eine von uns unabhängige äußere Realität beziehen (Maturana 1988).

Im Leben, im Kosmos, in der Existenz im Allgemeinen ist alles direkt oder indirekt mit allem anderen verbunden. Da alles in Bewegung ist, hat jedes Phänomen unter bestimmten Maßstäben von Raum und Zeit eine Verbindung mit jedem anderen und mit der Gesamtheit. Viele dieser Beziehungen finden in jedem Moment statt, auch wenn sie nicht schnell oder langsam genug sind, um von uns wahrgenommen zu werden, oder einfach nicht sensorisch (materialistisch) gefühlt werden, so wie Schwerkraft, Synergie oder Empathie. Wir können einige Variablen, die mit ihnen zusammenhängen, messen, aber wir sehen sie nicht wirklich. Wir sehen die Geschichte eines Menschen nicht, obwohl seine Geschichte es ihm erlaubt, da zu sein. Wir sehen nicht das Bergwerksfeld, aus dem ein Messer stammt, obwohl der Ort des Bergbaus und das Metall des Messers sich gegenseitig verändert haben, so dass es eine Beziehung zwischen dem Messer und dem heutigen Aussehen des Bergwerks gibt. Messer und Bergwerk sind Teile eines einzigen Prozesses, der mit der Kulturgeschichte (Bergbau, Kochen usw.), mit dem tektonischen Prozess, der das Eisen hervorbrachte, mit der Geschichte der Supernova, in der das Eisen entstand, und mit dem Ursprung des Universums zusammenhängt. Aber in unserer Erfahrung erscheinen uns diese Prozesse oder ihre Bestandteile als unterschiedliche Realitäten. Diese Wirklichkeiten entstehen durch einen physiologischen Prozess, der es uns ermöglicht, einem Phänomen Grenzen zu setzen, um es als Einheit zu spezifizieren, und der es uns daher erlaubt, es als eine individuelle Erfahrung zu sehen.

Höchstwahrscheinlich hat diese Tatsache bei der Anpassung der Organismen an ihre Umwelt eine Rolle gespielt, indem sie die Fähigkeit entwickelten, Ereignisse zu unterscheiden und entsprechende Fähigkeiten zu entwickeln, aber auch, um zu sprechenden Organismen zu werden, da Unterscheidungen die Grundlage für die Entwicklung der Sprache zu sein scheinen. In der Tat ist das, was wir „benennen", d. h. was wir mit einem Wort (Konzept, Idee) identifizieren, in der Regel kein „Ding", sondern eine Unterscheidung, so dass eine enge Beziehung zwischen dem, was wir unterscheiden, und dem, was wir sprachlich spezifizieren, besteht.

Die ersten Unterscheidungen waren wahrscheinlich sensorische Begegnungen mit der Natur, was erklärt, warum es eine Korrelation zwischen der Antike und Sprachen gibt, die einfach sind und der Natur ähneln. Da Unterscheidungen rekursiv sind, d. h. sie können aus früheren Unterscheidungen heraus konfiguriert werden, wurden Sprache und menschliches Leben (Kultur) immer komplexer (und weniger natürlich) und bildeten mit der Zeit eine „künstliche" Gesellschaft, die den Kontakt zur natürlichen Welt verloren hat.

Der Akt des Unterscheidens ist ein kognitiver Prozess, der durch unser Nervensystem realisiert wird. Wenn wir nicht unterscheiden können, schauen wir, aber wir sehen nicht; der Prozess der Unterscheidung ist der Kern unserer Anpassung als lebende Organismen. Er findet in uns selbst statt, in unserem eigenen Nervensystem, und nicht in den Phänomenen, die wir unterscheiden. Es handelt sich um eine dynamische innere Erfahrung, die es uns ermöglicht, mit der Welt, in der wir leben, in Kontakt zu treten. Aber als innerer Prozess ist es nicht die Welt selbst, die wir wahrnehmen, sondern nur unsere menschliche Art, sie zu begreifen. Was wir sehen, ist keine von uns unabhängige Welt, wie das Konzept der Objektivität impliziert, sondern das Ergebnis der Begegnung von uns mit der Welt, da die Wahrnehmung ein Prozess ist, der aus dieser Begegnung resultiert. Daher sind wir an dem, was wir wahrnehmen und unterscheiden, beteiligt. Da die Wahrnehmung durch den Körper realisiert wird, ist sie eine persönliche Erfahrung, die nicht mit anderen geteilt werden kann. Wir können mit anderen über diese Erfahrung *sprechen,* aber unsere Erfahrung nicht auf andere übertragen. Da verschiedene menschliche Gruppen (d. h. verschiedene Gesprächsnetze) unterschiedliche Wege der Interaktion untereinander und mit ihrer Umwelt beschreiten, nehmen diese verschiedenen menschlichen Gruppen häufig (wenn nicht sogar immer) unterschiedliche Unterscheidungen vor, was erklärt, warum verschiedene Kulturen die Welt so unterschiedlich sehen.

Tief in den Ursprüngen der abendländischen Kultur steckte der Glaube an die Existenz eines Naturgesetzes, das rationalisiert und nachvollzogen werden kann. Mit dem Aufkommen der Aufklärung legte der Glaube an die Immanenz der physischen Realität, die von harten, unbestechlichen und von uns Menschen unabhängigen Gesetzen bestimmt wird, den Grundstein für den Glauben an eine objektive Realität. In der Tat ist das Wesen der Objektivität die Domäne einer physischen Realität, denn ihre Wurzel ist das „Objekt",[3] d. h. das, was mit den Sinnen berührt und gefühlt werden kann. Auf diese Weise ist die objektive Welt im Wesentlichen eine materialistische Welt, da nur das zählt, was gesehen, erfasst und quantifiziert werden kann.

---

[3] Etymologie (https://www.etymonline.com/): von mittelalterlichem lateinischem objectum „Ding, das vorgesetzt wird" (wörtlich „entgegengeworfen"). Spätes 14. Jh., „greifbare Sache, etwas, das mit den Sinnen wahrgenommen oder präsentiert wird".

Objekte sind aber auch keine Realitäten, die unabhängig davon sind, wer sie sieht. Schon der Akt der Unterscheidung eines Objekts ist ein sprachlicher Akt und damit abhängig von einer bestimmten Kultur, die das Objekt als solches bestimmt.

Im Alltag erscheinen uns die Objekte als immanente Realitäten. In gewisser Weise sind sie zum Symbol einer von uns unabhängigen immanenten Realität geworden und haben diesem modernen Paradigma auch den Namen gegeben: Objektivität. Da ein Unterschied, der von unserer visuellen Wahrnehmung wahrgenommen wird, der grundlegende Prozess der Unterscheidung ist (z. B. das Setzen verschiedener Farben), werden Entitäten, die sichtbare Grenzen haben, universeller unterschieden, d. h. der Konsens unter den Beobachtern wird fast absolut sein (Grenzen sind für jeden sichtbar). Diese Partikularität der „Dinge" verleiht der Untersuchung von Objekten (wie in der Physik) einen so robusten Grad an Unhinterfragbarkeit. Außerdem sind Objekte auch *diskrete Einheiten, die es erlauben, sie zu zählen oder zu nummerieren*. Dadurch können die Objekte von der Mathematik „berücksichtigt" werden, was wiederum den modernen Naturwissenschaften zugute kommt, deren Methoden größtenteils auf einem *quantitativen* Ansatz beruhen.

Die „Dinge", die wir als Objekte bezeichnet haben, sind in der Tat spezifische Unterscheidungen, die von uns als Beobachter konfiguriert werden. Da diese Unterscheidungen nützlich sind, begannen sie den sprachlichen Bereich (den Bereich der kollektiven Koordination) zu durchdringen, so dass wir sie benennen, und auf diese Weise beginnen die Objekte für uns zu Realitäten zu werden, die immer „fester" werden, je mehr Menschen und Zeit beteiligt sind.

Daher ist das, was die westliche Gesellschaft als objektives Wissen bezeichnet, in Wirklichkeit konsensuales Wissen, das sich unter menschlichen Gruppen mit einem bestimmten Hintergrund in einem bestimmten Zeitalter als „Wahrheiten" konsolidiert hat. Aus diesem Grund verändern sich objektive Wahrheiten im Laufe der Geschichte ständig, da neues Wissen die vorherrschenden Überzeugungen durch verschiedene kulturelle Prozesse verändert (von Bertalanfy 1955; Popper 1959; Kuhn 1970). So ist nach Varela et al. (1991) das, was wir als objektiv bezeichnen, in Wirklichkeit ein „intersubjektives" Phänomen, da das subjektive individuelle Wissen durch den kollektiven Konsens konsolidiert wird.

1.5 Unterscheidungen und Sprache

Die Sprache hat uns zu Menschen gemacht. Sprache ist nicht einfach eine Form der Kommunikation, sondern hat die menschliche Spezies als eine soziale Spezies definiert, die sich durch sprachliche Interaktionen selbst organisiert. Wie Maturana (1988) feststellt, „findet alles, was in der Lebenspraxis des Beobachters stattfindet, als Unterscheidungen in der Sprache durch das Sprechen statt, und das ist alles, was er oder sie als solches tun kann". Er schlug auch vor (Maturana 1989):

(a) Diese Sprache ist eine Lebensweise, die auf einer wiederkehrenden einvernehmlichen Koordinierung von Handlungen beruht.

(b) Dass die menschliche Lebensweise unter anderem ein Geflecht aus Sprache und Emotion beinhaltet, das er Konversation nennt.

(c) Der Mensch entsteht in der Geschichte mit dem Ursprung der Sprache und der Bildung einer Abstammungslinie, die durch die Erhaltung eines ontogenetischen Phänotyps definiert ist, zu dem auch die Konversation gehört.

(d) Das Ausmaß der Beteiligung des Gehirns und der Anatomie des Kehlkopfs und des Gesichts an der Sprache als unserer wichtigsten Art zu sprechen zeigt, dass die Sprache nicht später als vor zwei bis drei Millionen Jahren entstanden sein kann.

(e) Die Rationalität bezieht sich auf die operativen Zusammenhänge des Sprachgebrauchs, und die verschiedenen rationalen Bereiche werden durch unterschiedliche Grundbegriffe konstituiert, die *a priori*, d. h. aufgrund von Präferenzen, akzeptiert werden.

(f) Dass Verantwortung und Freiheit eine Funktion unseres Bewusstseins für die Beteiligung unserer Emotionen (Präferenzen) an der Konstitution der rationalen Bereiche sind, in denen wir agieren.

Wir nehmen keine objektive, von uns unabhängige Realität wahr, sondern das, was die Realität bei uns auslöst, vermittelt durch den Prozess der Unterscheidung, der von unserer eigenen Nervenstruktur durchgeführt und bestimmt wird. Wir wollen noch einmal sagen, dass unsere „Realität" auf einer Reihe von Unterscheidungen und nicht auf Objekten oder diskreten Informationseinheiten aus der „Außenwelt" beruht. Daher gibt es eine enge Beziehung zwischen Unterscheidungen und Sprache als Koordinationsprozess zwischen unseren menschlichen Gruppen. Als relationale Prozesse können Unterscheidungen als direkte Stimuli (wie Farben oder Formen), als Beziehungen zwischen diesen Stimuli (wie die Unterscheidung einer Form oder Farbe als Objekt) oder als Beziehungen, die keine Stimuli oder sinnliche Dimension haben (wie jede Art von nicht-materieller Beziehung: Beobachtungen von Ordnung, Gefahr, Ähnlichkeit, Gerechtigkeit, Kategorien usw.) betrachtet werden.

Auch die Sprache hat diesen relationalen Charakter. Wörter haben viel mehr mit Unterscheidungen zu tun als mit physischen „Dingen", da Wörter abstrakte oder relationale Bedeutungen haben können, genau wie Unterscheidungen. Mit anderen Worten: Wir gehen davon aus, dass Wörter durch Unterscheidungen entstehen, die allgemein werden und dann innerhalb einer menschlichen Gruppe durch einen Prozess der Koordination von Handlungen geteilt werden. Dies geschieht im Zuge des kollektiven Gebrauchs solcher Wörter, die zum Konsens werden. Worte sind dann keine objektiven Realitäten, sondern verweisen auf bestimmte Unterscheidungen. Aber auch wenn wir durch die Sprache koordiniert werden, ist die Erfahrung immer persönlich. Nach Maturana (1988):

> ... Objektivität in Klammern[4] bringt das Multiversum mit sich, bringt mit sich, dass die Existenz konstitutiv vom Beobachter abhängt, und dass es so viele Bereiche der Wahrheiten gibt wie Bereiche der Existenz, die sie oder er in ihren oder seinen Unterscheidungen hervorbringt.

---

[4] Mit Klammern ist gemeint: Objektivität in Frage gestellt.

1.6 Sprache und Ideen

Ideen treten in der Sprache auf und sind daher eng mit der Natur der sprachlichen Unterscheidungen verbunden. Aus diesem Grund können Ideen kommuniziert werden, haben eine gewisse Logik (Kohärenz) und können verstanden werden. In der Tat ist jede Unterscheidung im sprachlichen Bereich gleichzeitig eine Idee, einschließlich des Konzepts der „Realität", das in der Sprache vorkommt.[5] Auch die Mathematik ist eine Sprache, die ihre eigenen Gültigkeitscodes und ihre eigene Logik hat. Wie Worte sind auch Zahlen Unterscheidungen, keine objektiven Realitäten.[6]

Im Allgemeinen funktioniert Sprache innerhalb einer internen Rationalität, die der Sprache ihre Kohärenz verleiht. In den westlichen Gesellschaften ist diese Struktur durch die Logik gegeben: eine Realität, die strukturiert ist, und durch diese logische Struktur kann Verhalten induziert, abgeleitet und vorhergesagt werden, was uns das Gefühl von Sinn und die Macht der Kontrolle über die Natur gibt. Mit den Worten von Maturana und Varela (1980):

> Die Sprache überträgt keine Informationen, und ihre funktionelle Rolle besteht in der Schaffung eines kooperativen Interaktionsbereichs zwischen den Sprechern durch die Entwicklung eines gemeinsamen Bezugsrahmens, obwohl jeder Sprecher ausschließlich innerhalb seines kognitiven Bereichs handelt, in dem alle endgültige Wahrheit von der persönlichen Erfahrung abhängt.

Die Sprache bringt einen rationalen Verstand mit sich, aber es gibt noch andere Bereiche des Geistes. Diese Bereiche gehören zum vorsprachlichen oder nichtsprachlichen Geist. Wenn wir den Begriff „nicht-sprachlich" (oder „nicht-rational") verwenden, springen wir in einen kognitiven Bereich, über den wir nicht direkt sprechen können, weil wir offensichtlich nur durch eine sprachliche Interaktion sprechen können. Damit beziehen wir uns auf eine Ebene der Kognition, die nicht durch den rationalen Verstand vermittelt wird, wie sie bei Tieren, vorsprachlichen Kindern, in einer kontemplativen oder lebensbedrohlichen Erfahrung zu finden ist, die auch mit Meditationstechniken erreicht werden kann. Es ist der Zustand des Geistes, in dem die Vernunft nicht tätig ist. Eine Erfahrung kann nicht-sprachlich sein, aber sie wird sprachlich, sobald wir über sie denken oder sprechen.

1.7 Ideen und Kultur

Da Wörter und Ideen im kollektiven Zusammenspiel der sozialen Kommunikation entstehen, verändern sie sich mit der Entwicklung dieser Kommunikation als eine andere Art von biologischem Prozess. Im Laufe der Erziehung wird uns beigebracht,

---

[5] *Die Wirklichkeit* ist ein Wort und daher ein sprachliches Konstrukt und keine objektive Realität.
[6] In den von der Sprache „Mathematik" geschaffenen Logik- und Gültigkeitscodes kann $1 + 1 = 2$ als „Realität" definiert werden.

bestimmte Konfigurationen von Unterscheidungen vorzunehmen, so dass diese Konfigurationen schließlich die Art und Weise sind, wie wir die Welt wahrnehmen. Die vorherrschenden Ideen einer jeden Epoche bilden den kulturellen Hintergrund, der die Identität jeder menschlichen Gruppe, Gemeinschaft oder jedes Landes bestimmt. Auf diese Weise kann die Kultur als ein Netzwerk von Gesprächen betrachtet werden (Maturana 1997). Jedes Netzwerk von Gesprächen bringt eine Art und Weise mit sich, die Welt zu sehen und sich ihr zu nähern. Da sich jedes Netzwerk vor seinem eigenen ökologischen und sozialen Hintergrund entwickelt, entwickelt jeder eine andere Sichtweise der Realität.

1.8   Kultur, Disziplinen und Wissenschaft

Definiert als ein geschlossenes Netzwerk von Gesprächen, das über Generationen hinweg erhalten bleibt (Maturana 1997), sind Kulturen jede Gemeinschaft von Mitgliedern, die durch ein diskretes (mit Grenzen versehenes) Netzwerk von Gesprächen miteinander verbunden sind, sie sind nicht nur durch Länder oder landgebundene Gruppen bestimmt. In diesem Sinne ist jede Disziplin, da sie eine Gemeinschaft mit gemeinsamer Tradition und spezifischem Wissen umfasst, ein kleineres Netzwerk mit operativer Schließung, das gleichzeitig Teil einer Kultur ist. Die Etymologie stammt direkt vom lateinischen Wort „*disciplina*" (Lehre, Unterricht, Lernen, Wissen), das wiederum vom Wort „*disciple*" (Schüler, Student, Anhänger) abstammt,[7] als Anhänger eines Meisters oder einer Tradition in Bezug auf ein bestimmtes Wissen. Wie jede Disziplin haben auch die verschiedenen Wissenschaften ihre eigenen Meister (oder Wissenschaftsgründer) und werden durch einen gemeinsamen kulturellen Hintergrund aus Geschichte und Ideen definiert. Im Allgemeinen teilen die wissenschaftlichen Disziplinen die Grundlagen der wissenschaftlichen Erkenntnis,[8] einschließlich der wissenschaftlichen Methode, der Rationalität und des Vorrangs von Beweisen vor Überzeugungen. Allerdings hat jede wissenschaftliche Disziplin ihre eigene Art und Weise, die Realität zu beschreiben, die im Allgemeinen nicht auf eine andere übertragbar ist. Genau aus diesem Grund ist jede Disziplin in sprachlicher Hinsicht ziemlich geschlossen, d. h. jede Person verwendet unterschiedliche Logiken, die von unterschiedlichen Unterscheidungen geleitet werden (deshalb konzentrieren sie sich auf unterschiedliche Probleme der Realität).

Es gibt nur eine dünne Linie zwischen Disziplinen und Wissenschaften, wobei die Wissenschaft als eine Gruppe von Disziplinen anerkannt wird. Auf diese Weise ist eine wissenschaftliche Wahrheit auch ein kontextueller Konsens, der in Raum

---

[7] https://www.etymonline.com/.

[8] Es ist daher sehr schwierig, eine allgemeingültige Definition von Wissenschaft zu finden, und es gibt keinen allgemeingültigen Konsens über eine Definition von Wissenschaft in der wissenschaftlichen Welt.

und Zeit angesiedelt ist und innerhalb der so genannten „wissenschaftlichen Gemeinschaft" gilt.[9] Die Wissenschaft ist auch ein Netzwerk von Gesprächen, die eine gemeinsame Rationalität teilen. Entgegen der landläufigen Meinung, dass die Naturwissenschaften aufgrund ihrer vermeintlichen Objektivität „harte" Wissenschaften und die Sozialwissenschaften „weiche" Wissenschaften seien – da sie subjektiv und nicht beweisbar seien und deren Postulate immer davon abhängen, wer sie aufstellt – teilen die Naturwissenschaften die Subjektivität mit den Sozialwissenschaften.

Die Wissenschaft als eine andere Form des menschlichen Wissens ist in erster Linie ein kollektiver Prozess. Das heißt, sie funktioniert durch den Austausch von Ideen, die Anerkennung von konsolidierten Ideen, die als gemeinsame Basis angenommen werden, und die Ausübung von Demonstration oder, mit anderen Worten, ein Verfahren, bei dem eine Aussage der (wissenschaftlichen) Gemeinschaft bewiesen werden muss. Die Zustimmung zu einer bestimmten Aussage hängt mehr von der Zeit in der Geschichte und dem Ort ab, als von einem (vermeintlichen) inhärenten Wahrheitswert. Tatsächlich gibt es so etwas wie eine unmittelbare wissenschaftliche Wahrheit nicht. Vielmehr gibt eine sich ständig verändernde Reihe von Annahmen, die sich auf der Grundlage des bereits vorhandenen Wissens und manchmal mit radikalen Änderungen (was dann oft als „Revolution" bezeichnet wird) weiterentwickeln. Dies ist der Kern der Arbeiten von Popper (1959) und Kuhn (1970) im Zusammenhang mit dem Paradigma, und dies steht im Einklang mit dem kognitiven Modell, das in diesem Kapitel entwickelt wird. Die Sätze und Überzeugungen ändern sich im Laufe der Zeit, aber sie sind nicht etwas ohne Rahmen oder nur relativ; zu jeder Zeit scheinen sie fest zu sein, da jedes Zeitalter seine eigenen konsolidierten Wahrheiten hat, genau wie viele andere Wissenssätze. Für die Wissenschaft war die Erde vor 500 Jahren flach, und jetzt ist sie kugelförmig. In beiden Epochen gab es Konsense, die die jeweilige wissenschaftliche Wahrheit definierten, ebenso wie die intersubjektive Natur der Sprache als Hauptquelle des Wissens. Da wir die letzte Wahrheit noch nicht erreicht haben, werden wir auch in Zukunft immer wieder Veränderungen in der Art und Weise erleben, wie wir die Welt sehen und denken.

So ist die Naturwissenschaft als kollektives, sprachliches und historisches Phänomen paradoxerweise auch ein sozialer Prozess, der dem folgt, was die Sozialwissenschaften und nicht die Naturwissenschaften beschrieben haben. Aus diesem Grund haben die Sozialwissenschaften das Konzept der Objektivität schon lange vor den Naturwissenschaften aufgegeben. Aus dieser kognitiven Perspektive als kulturelles Phänomen betrachtet, scheint die Trennlinie zwischen Natur- und Sozialwissenschaften – weichen und harten Wissenschaften – zwecklos zu sein.

---

[9] In diesem Zusammenhang ist es bemerkenswert, dass die ehemalige deutsche Gesundheitsministerin Ulla Schmidt in einer offiziellen Stellungnahme schrieb, es sei „internationaler Konsens", dass HIV AIDS verursacht (Schmidt 2004).

1.9   Wissenschaft und Werte

Werte sind wie eine Brücke zwischen Rationalität und Emotionen, denn sie inte‐
grieren Ideen, Symbole und tiefe Gefühle der Gemeinschaft, die sich ihnen an-
schließt. Sie werden von jeder einzelnen Gemeinschaft hervorgebracht, inspiriert
durch das Selbstbild der Gruppe, wie sie sich selbst wahrnimmt, was ihr zutiefst
zusteht oder was sie gerne sein möchte. In diesem Sinne sind Werte in Emotionen
verwurzelt, die diese Bilder antreiben, wie Erwartung, Zuneigung, Sehnsucht, Vertrauen, Hoffnung oder der Glaube an eine positive Natur des Lebens und der Gemeinschaft. Werte bestimmen, was für jede Kultur wichtig ist, und drücken die gemeinsamen Präferenzen aus, die die Grundlagen für politische, rechtliche und
wirtschaftliche Entscheidungsprozesse bilden. Aus dieser Perspektive sind Werte
als Leitbegriffe in jede Kultur eingebettet, auch in die Wissenschaft als kulturelles
Phänomen.

   Wie jeder kulturelle Prozess hat auch die Wissenschaft ihre eigenen Grundüber-
zeugungen, die durch die Idee der Objektivität oder den Glauben, dass die wissenschaftliche Erkenntnis eine universelle, immanente Wahrheit sei (so dass es nichts
zu *glauben*, sondern nur zu *wissen gibt*), verdunkelt wurden. Die *Leitmotive* der
Wissenschaften sind die Ideen des Fortschritts, der Entwicklung, des Gemeinwohls, des Wohlbefindens oder des Beitrags zur Gesellschaft. Begriffe wie Wahrheit, Wissen (im Gegensatz zu Unwissenheit) oder so genannte „Naturgesetze"[10]
können ebenfalls als Werte der Wissenschaft angesehen werden. Ein weiterer Wert,
der in der modernen Wissenschaft impliziert ist, aber nicht notwendigerweise der
Moderne vorausgeht, ist die grundlegende Bedeutung der Rationalität in der
Wissenschaft. Mit anderen Worten, die Überzeugung, dass die Welt durch die Vernunft beschrieben, verstanden und vorhergesagt werden kann. In engem Zusammenhang damit steht die Suche nach Vorhersagen, die Genauigkeit erfordern,
was eine natürliche Affinität der Wissenschaft zur Gewissheit offenbart. Dies ist ein
sehr wichtiges Thema, da die Suche nach Gewissheit und die Fähigkeit zur Vorhersage die modernen Wissenschaften auf natürliche Weise in den Bereich des quantitativen Ansatzes und der Spezialisierung gedrängt haben. Ja, durch diese beiden
Tatsachen ist die Wissenschaft in der Tat genauer in ihren Vorhersagen geworden,
hat aber eine große Dimension des Lebens unbeachtet gelassen. Indem sie sich für
Quantitäten entschieden hat, hat die heutige reduktionistische Wissenschaft die
Welt der Qualitäten verlassen. Indem sie sich für die Spezialisierung entschieden
hat, um mehr Details der untersuchten Phänomene zu erhalten, hat sich die Wissenschaft atomisiert und ist immer weniger in der Lage, die Probleme des wirklichen
Lebens zu lösen.

---

[10]Es ist noch nicht bewiesen, dass sich das Universum immer gleich verhält, eine Annahme, die im
Konzept des Naturrechts implizit enthalten ist.

Die moderne Naturwissenschaft und folgerichtig die neoklassische Wirtschaftswissenschaft haben Zahlen als praktische Lösung für das Problem der Demonstration gewählt, aber damit wurde ein großer Teil des menschlichen Lebens abgeschnitten und beiseite gelegt. Dies könnte die Ursache für das mangelnde Verständnis der gegenwärtigen ökologischen und sozialen Krise und für die mangelnde Wirksamkeit ihrer Lösung (durch angewandte Wissenschaften) sein. Quantitäten sind diskrete Unterscheidungen, die es nicht erlauben, mit komplexen Phänomenen umzugehen, die in der Regel das Zusammenspiel verschiedener Disziplinen implizieren, die nicht unter einem Paradigma der Objektivität interagieren können. Glück, Entwicklung, Gesundheit, Politik oder Umwelt sind Themen, die nicht in einer bestimmten Disziplin angesiedelt sind, und deshalb ist keine Disziplin in der Lage gewesen, diese Probleme vollständig zu lösen. Wasser, Leben oder Schönheit gehören nicht in ein wissenschaftliches Fachgebiet, da sich ihr Wesen nicht auf eine diskrete Wissensmenge reduzieren lässt. Die Wissenschaft war bei der Entdeckung neuer Erkenntnisse über die Welt äußerst erfolgreich, ist aber weit davon entfernt, unsere Existenz zu verstehen. Es ist genau umgekehrt: Der Sinn des Lebens, den jede Gemeinschaft für sich selbst festlegt, bestimmt, welche Wissenschaften und Disziplinen sie studieren wird.

1.10   Neoklassische Ökonomie, Wissenschaft und Werte

In ihrer Erwartung, einer Naturwissenschaft zu ähneln (Smith und Max-Neef 2011), hat die neoklassische Wirtschaftswissenschaft den Weg eines quantitativen Ansatzes zur Untersuchung wirtschaftlicher Angelegenheiten gewählt. Dabei hat sie sich dafür entschieden, mit quantifizierbaren Phänomenen zu arbeiten, in erster Linie mit materialistischen, da Objekte leicht zu erfassen sind, wie wir oben erläutert haben. Dieser Ansatz hat die meisten der qualitativen Dimensionen des menschlichen Lebens ausgeklammert. Wie bereits erwähnt, sind jedoch viele relevante Grundlagen der menschlichen Kultur nicht-materiell, und diese Grundlagen wurden von der neoklassischen Wirtschaftswissenschaft absichtlich oder unabsichtlich vernachlässigt, was ihre Unfähigkeit beweist, sich mit der realen Welt auseinanderzusetzen.

Wie bereits erwähnt, unterliegt jede Disziplin einer Reihe von Überzeugungen und Präferenzen, die *a priori* festgelegt werden. Im Fall der neoklassischen Wirtschaftswissenschaften gibt es eine große Reminiszenz an die klassische Sichtweise, in der die Begründer der Aufklärung ebenfalls eine Reihe von Werten entwickelten. Für Bacon beispielsweise ist „das eigentliche und legitime Ziel der Wissenschaften die Ausstattung des menschlichen Lebens mit neuen Erfindungen und Reichtümern", da er glaubte, dass immaterielle, philosophische oder spirituelle Ansätze für das menschliche Glück keine Rolle spielen (Freudenthal und McLaughlin 2009). In gewisser Weise gehen die Beziehung zwischen dieser Denkweise und dem neoklassischen Ansatz, der sich auf Materialismus und Konsum konzentriert, Hand in Hand: Wie bereits erwähnt, gibt es keine wertfreie Wissenschaft, und das gleiche

Argument gilt auch für die neoklassische Wirtschaftswissenschaft. Unserer Auffassung nach sind einige Werte, Annahmen oder Überzeugungen der neoklassischen Wirtschaftswissenschaften:

- Der Mensch ist berechenbar und kann als physikalisches Phänomen untersucht werden.
- Der Mensch ist egoistisch und daher ist der Wettbewerb als treibende Kraft der Wirtschaft natürlich.[11]
- Monetärer Reichtum ist etwas Positives und ein Indikator für persönlichen Erfolg.
- Die Menschheit hat das Recht, sich jede nützliche natürliche Ressource anzueignen.
- Bei der menschlichen Entwicklung geht es um materielle Dinge.
- Das menschliche Glück besteht darin, Geld (oder Dinge) zu haben, und je mehr, desto besser.
- Was die seit Langem existierende Kritik des Wirtschaftswachstums angeht: Die Naturwissenschaften sind nicht so relevant, als dass man sie ernst nehmen müsste.
- Was die Verwendung des BIP (Bruttoinlandsprodukts) als Wohlfahrtsindikator betrifft, so sind vergangene und zukünftige Generationen für die Wirtschaft irrelevant.
- Was die enormen Auswirkungen wirtschaftlicher Entwicklungsinitiativen auf das Leben und die Menschen betrifft: Wirtschaftswissenschaftler kennen den Wert von Dingen besser als andere Visionen, und daher reichen wirtschaftliche Argumente aus (erste Priorität), um sie zu rechtfertigen.[12]

Im Hinblick auf Letzteres gibt es viele Fakten, die darauf hinweisen, dass sich die neoklassische Wirtschaftswissenschaft in den letzten Jahrzehnten wie eine isolierte Disziplin verhalten hat, die keineswegs als wissenschaftlich angesehen werden kann. Wie in den vorangegangenen Abschnitten dieses Kapitels dargelegt, sind die Hauptkriterien der Wissenschaft folgende:

- Berücksichtigung der bereits vorhandenen wissenschaftlichen Erkenntnisse
- Ideen offen zu diskutieren und eventuellen Kritikern argumentativ entgegenzutreten
- Aussagen mit logischen Argumenten zu untermauern, die mit der Rationalität der Wissenschaft übereinstimmen
- Im Falle der auf Mathematik basierenden Wissenschaften: zukünftige Szenarien können vorhersagt werden
- Hypothesen können nachgewiesen werden

Diese Kriterien werden von der neoklassischen Wirtschaftswissenschaft definitiv nicht erfüllt. Allein das erste Kriterium würde schon ausreichen, um diese Disziplin aus der Wissenschaft herausfallen zu lassen. Wenn man das Konzept des (immer-

---

[11] Es wurde ein Modell einer Wirtschaft beschrieben, in der Nachbarschaftsliebe statt Wettbewerb die treibende Kraft der Wirtschaft ist (Fuders 2017; Fuders und Nowak 2019).

[12] Diese Annahme ist besonders wichtig, da sie voraussetzt, dass die Ökonomen verstehen, was bei solchen Umweltauswirkungen auf dem Spiel steht.

währenden) Wirtschaftswachstums analysiert, stellt man einen großen Widerspruch zum ersten Hauptsatz der Thermodynamik[13] fest. Dabei handelt es sich nicht nur um eine Banalität, sondern um eines der solidesten und grundlegendsten wissenschaftlichen Gesetze einer Wissenschaft, die traditionell als die solideste gilt (Physik). Es ist einfach unvorstellbar, so zu tun, als ob dieses Gesetz nicht auch für die Wirtschaft gelten würde. Einfach ausgedrückt: Das Wirtschaftswachstum, wie es von der neoklassischen Wirtschaftswissenschaft definiert wird, hat keine naturwissenschaftliche Grundlage. Schlimmer noch, dieser Widerspruch ist seit mindestens vier Jahrzehnten bekannt, aber die Ökonomen dieses Ansatzes haben dieses Argument bis heute nicht beachtet. Trotz der jahrzehntelangen Beweise gegen die erwartete Funktion des Parameters verwenden und unterstützen neoklassische Ökonomen und Politiker immer noch Indikatoren wie das BIP-Wachstum. Kritiker zu vernachlässigen ist eine Option. Wie jede Idee ist auch das BIP ein kulturelles Konstrukt, das durch den Willen und nicht durch sein objektives Wesen bestimmt wird, so dass es eine Option statt einer Wahrheit ist. Wie bei jeder Option muss es einen Grund geben, sich für diese Option zu entscheiden, z. B. Ideologie, Bequemlichkeit, usw.

Angesichts einer multidimensionalen globalen Krise sucht die Gesellschaft nach einem Ausweg aus dieser Krise, diskutiert über Lösungen und bewertet alle verfügbaren Methoden, um die zahlreichen mit dieser Krise verbundenen Probleme anzugehen. Wie wir zu Beginn dieses Kapitels festgestellt haben, sind wir der Meinung, dass die Wissenschaft seit vielen Jahrzehnten über technische Lösungen für die meisten der aktuellen Umweltprobleme verfügt. Damit eine Lösung Realität werden kann, muss sie jedoch eine große Hürde überwinden: die wirtschaftliche Machbarkeit.

Wir können die meisten verschmutzten Gewässer der Erde reinigen, die meisten verschmutzenden Energiequellen durch saubere ersetzen, die weggeworfenen Reststoffe reduzieren, die Gewinnung/Ausbeutung schwindender natürlicher Ressourcen oder gefährdeter Arten verringern, die Verschwendung von Materialien und Energie erheblich reduzieren und die Anzahl und Größe von Alternativen zu den Produkten des Massenmarktes erhöhen. Ja, es gibt genügend Wissen und technologische Lösungen, um diese globalen Hauptprobleme anzugehen. Aber die Gesellschaft setzt sie nicht um. Und warum? Weil es wirtschaftlich nicht machbar ist (siehe auch Kap. 2 in diesem Buch).

Die Naturwissenschaften haben einen hohen Stellenwert erlangt, da viele ihrer Errungenschaften unbestreitbar zu sein scheinen. Diese Art von Macht lässt die Menschen glauben, dass etwas, das von der Wissenschaft behauptet wird, auch wahr sein muss. Da die meisten Menschen davon ausgehen, dass die Wirtschaft eine Wissenschaft ist, besteht die Tendenz, das Argument der „wirtschaftlichen Un-

---

[13] Kurz gefasst besagt es, dass Energie (und Materie) weder geschaffen noch zerstört, sondern nur umgewandelt werden kann. Bezogen auf die Produktion von Waren und Dienstleistungen bedeutet dies, dass diese nicht aus dem Nichts entstehen können. Wenn das reale BIP steigt, muss auch der Energie- und Materialeinsatz steigen, es sei denn, es findet eine rein qualitative Umwandlung statt. Das ist natürlich nicht der Fall bei einer quantitativ ausgerichteten Wissenschaft wie der neoklassischen Wirtschaftswissenschaft.

rentabilität" als etwas zu akzeptieren, das wahr sein muss. Daher akzeptiert die Gesellschaft ein solches Argument als gültig und hält es für besser als andere Argumente, bei denen es sogar um das Überleben von Tieren, Menschen oder ganzen Ökosystemen gehen kann. Die Beweise zeigen jedoch, dass die klassischen wirtschaftlichen Argumente weder objektive Realitäten noch in den Naturwissenschaften verwurzelte wissenschaftliche Fakten sind. Im Gegenteil, viele der ökonomischen Argumente stehen in direktem Widerspruch zum Kern der Naturwissenschaften, hier vor allem zum wirtschaftlichen Wachstumsimperativ, denn nichts in der Natur wächst ewig.

1.11 Auf dem Weg zu einer transdisziplinären Ökologischen Ökonomie

Ökonomie (von griechisch „oikonomia") ist die Wissenschaft vom effizienten Umgang mit dem „oikos", den knappen Ressourcen eines Haushalts (Aristoteles 1995). Übertragen auf die heutige Welt würde dies die effiziente Nutzung des natürlichen und sozialen Kapitals der Gesellschaft bedeuten. Um diesem Anspruch gerecht zu werden, muss die Ökonomie die neuen Erkenntnisse der Wissenschaften und Disziplinen einbeziehen, um eine neue Vision der menschlichen Entwicklung und der Natur zu finden. Dazu ist es unerlässlich, Brücken zu anderen Disziplinen zu schlagen, die zu ihrem Verständnis der gegenwärtigen Welt beitragen können. Letzteres kann im Rahmen einer transdisziplinären Arbeit geschehen, die weit über das Konzept der Interdisziplinarität hinausgeht.

Das Wesen der transdisziplinären Arbeit besteht darin, die Grenzen der einzelnen Disziplinen bei der Konstruktion einer neuen Linguistik zu überschreiten, die den Hintergrund für die Entstehung neuer Konzepte und Ideen bildet, mit denen die Herausforderungen, die die gegenwärtige und künftige Ausübung der Wirtschaft so dringend erfordert, besser bewältigt werden können. In diesem Buch werden viele dieser Konzepte, wie z. B. die Ökosystemleistungen, mit neuen interessanten Vorschlägen den Boden der traditionellen Wirtschaftswissenschaften betreten. Sicher, dieses Kapitel ist eine Kritik an dem neoklassischen, monodisziplinären ökonomischen Ansatz. Es wäre nicht fair zu sagen, dass alles, was diese Disziplin erreicht hat, wertlos ist. Der Grund dafür, dass diese Disziplin immer noch so hegemonial daherkommt, mag teilweise der Unreife einer alternativen Schule der Wirtschaftswissenschaften geschuldet sein.

Dieses Kapitel ist ein Versuch, die Wurzeln der globalen Krise zu verstehen, aber es ist auch ein Vorschlag, wie man neue Wege für eine alternative Schule der Ökonomie einschlagen kann, um sie zu bewältigen. Eine solche Ökonomie sollte auch über neue Instrumente verfügen, um mit dem qualitativen Bereich der menschlichen Existenz umzugehen, und einen starken Schwerpunkt auf relationale, holistische und nicht-materialistische Phänomene des Lebens als Ganzes legen. Auf der Suche nach Objektivität versucht die Wissenschaft, sich aus allen subjektiven, emotionalen oder spirituellen Angelegenheiten herauszuhalten, und das tat auch die neoklassische Wirtschaftswissenschaft. Wir brauchen jedoch eine Wirtschaftswissenschaft, die es wagt, mit den verschiedenen Dimensionen des menschlichen Lebens zu arbeiten, oder, um es mit den Worten von Theodor Roszak zu sagen, der das Buch „Small is Beautiful" (Schumacher 2010) einleitet, wir brauchen „eine edlere Wirtschaftswissenschaft, die sich nicht scheut, über Geist und Gewissen, moralische Ziele und den Sinn des Lebens zu diskutieren, eine Wirtschaftswissenschaft, die darauf abzielt, die Menschen zu erziehen und zu erheben (…)".

Literatur

Aristotle (1995) Aristotle, 1995 Politik, 1. Buch. In: Aristoteles Phillosophische Schriften in sechs Bänden. Felix Meiner Verlag, Hamburg
von Bertalanfy L (1955) An essay on the relativity of categories. Philos Sci 22(4):243
Capra F (1997) The web of life; a new synthesis of mind and matter. Harper Collins Publishers, London
Fantuzzi G (2014) The sound of health. Front Immunol 5:351
Freudenthal G, McLaughlin P (2009) The social and economic roots of the scientific revolution: texts by Boris Hessen and Henryk Grossmann. Springer, Netherlands
Fuders F (2017) Neues Geld für eine neue Ökonomie – Die Reform des Geldwesens als Voraussetzung für eine Marktwirtschaft, die den Menschen dient. In: Finanzwirtschaft in ethischer Verantwortung – Erfolgskonzepte für Social Banking und Social Finance. Springer-Gabler, Wiesbaden, S 121–118
Fuders F, Nowak V (2019) The Economics of Love: How a meaningful and mindful life can promote allocative efficiency and happiness. In: Steinebach C, Langer A (Hrsg) Enhancing Resilience in Youth – Mindfulness Interventions in Positive Environments. Springer, Cham, S 259–277. ISBN 978-3-030-25512-1. https://doi.org/10.1007/978-3-030-25513-8_17
IPCC (2011) Special report renewable energy sources (SRREN) – summary for policymakers. IPCC, Abu Dhabi
Kuhn TS (1970) The structure of scientific revolutions, Bd II, 2. Aufl. The University of Chicago, Chicago
Maturana H (1988) Ontology of observing, the biological foundations of self-consciousness and the physical domain of existence. Conference workbook: texts in cybernetics, American Society for cybernetics conference, Felton, 18–23 October
Maturana H (1989) Language and reality: the constitution of what is human. Arch Biol Med Exp 22:77–81
Maturana H (1997) Metadesign. Instituto de Terapia Cognitiva INTECO. http://www.inteco.cl/articulos/006/texto_ing.htm
Maturana H, Mpodozis J (2000) The origin of species by means of natural drift. Rev Chil Hist Nat 73:261–310
Maturana HR, Varela FJ (1980) Autopoiesis and cognition. The realization of the living. Reidel, Dordrecht, S 13
Max-Neef M (2005) Foundations of transdisciplinarity. Ecol Econ 53:5–16
Max-Neef M (2010) The world on collision course and the need for a new economy. Ambio 39:200–210
Meadows DH, Meadows DL, Randers J et al (1972) The limits to growth; a report for the Club of Rome's project on the predicament of mankind (PDF). Universe Books, New York
Novak JD, Cañas AJ (2008) The theory underlying concept maps and how to construct and use them, technical report IHMC Cmap Tools 2006–01 Rev 01–2008, Florida Institute for Human and Machine Cognition. http://cmap.ihmc.us/Publications/ResearchPapers/TheoryUnderlyingConceptMaps.pdf

Popper KR (1959) The logic of scientific discovery. Hutchinson & Co., London

Röling N (2000) Gateway to the global garden: beta/gamma science for dealing with ecological rationality, Eight annual Hopper lecture. University of Guelph, Guelph

Schmidt U (2004) Official answer from January 5, 2004 to an inquiry of Rudolf Kraus (member of parliament), Bundestag, BMGS Leitungsabteilung registry no 3538. Bundestag, Berlin

Schumacher EF (2010) Small is beautiful; economics as if people mattered. Harper Perennial, New York

Smith P, Max-Neef M (2011) Economics unmasked: from power and greed to compassion and the common good paperback. Green Books, UK

Varela F, Thompson E, Rosch E (1991) The embodied mind: cognitive science and human experience. MIT Press, Cambridge

Kapitel 2
Die „Tragödie der Allmende" und die Rolle des Geldzinssatzes

Felix Fuders

2.1 Einleitung

Die Ermittlung der makroökonomischen Ursachen für die Verschlechterung des Zustands der natürlichen Ressourcen ist der Schlüssel zur Verhinderung eines weiteren Verlusts der weltweiten biologischen Vielfalt. In vielen Schriften zur Ökologischen Ökonomie, Umweltökonomie oder Grünen Ökonomie (*Green Economy*) wird darauf hingewiesen, dass die Zerstörung der Umwelt und der Raubbau an natürlichen Ressourcen teilweise durch die „Tragödie der Allmende" (Hardin 1968) erklärt werden kann. In dieser Metapher resultiert der Raubbau an der Natur daraus, dass natürliche Ressourcen und Ökosystemleistungen frei zugängliche Güter sind (*Open Access Regimes*). Die klassische Wirtschaftstheorie konzeptualisiert dies als „Marktversagen", das durch die *Zuweisung privater Eigentumsrechte an diesen Gütern* korrigiert werden könnte (Demsetz 1967; Cheung 1970; Hardin 1978; Ault und Rutman 1979; Barkley und Seckler 1972; Dales 1972; Smith 1981; Welch 1983; siehe auch: Stevenson 1991; Common und Stagl 2008; Daly und Farley 2011). Dieses Argument beruht auf der Annahme, dass nur Marktgüter (die ausschließbar sind und dem Wettbewerb unterliegen) vom Markt effizient zugeteilt werden können. Einfacher ausgedrückt: Private Akteure werden ihre Investitionen hegen und pflegen, um ihren wirtschaftlichen Nutzen zu maximieren.

In diesem Kapitel soll aufgezeigt werden, dass der eigentliche Grund für die Übernutzung der natürlichen Ressourcen nicht in den Regelungen für den freien Zugang zu suchen ist. Vielmehr liegt er in der *Verpflichtung zum Wachstum* der Realwirtschaft begründet. Diese Verpflichtung ergibt sich aus dem Geldzins als

F. Fuders (✉)
Volkswirtschaftliches Institut, Fakultät für Wirtschaft und Verwaltung,
Universidad Austral de Chile, Valdivia, Chile
E-Mail: felix.fuders@uach.cl

© Der/die Autor(en), exklusiv lizenziert an Springer Nature Switzerland AG 2023
F. Fuders, P. J. Donoso (Hrsg.), *Ökologisch-ökonomische und sozio-ökologische Strategien zur Erhaltung der Wälder*, https://doi.org/10.1007/978-3-031-29470-9_2

Opportunitätskosten jeder produktivwirtschaftlichen Investition und stellt einen Imperativ dar, der sowohl für private als auch für gemeinsame Güter gilt. Folglich wird die künstliche Privatisierung natürlicher Ressourcen, die schon immer frei zugänglich waren, entgegen der konventionellen Wirtschaftstheorie weder das zugrundeliegende Problem beseitigen noch die wirtschaftliche Effizienz erhöhen, sondern sie zuweilen sogar verringern. In diesem Kapitel wird auch erläutert, dass die Zuweisung von Eigentumsrechten an natürlichen Ressourcen, die ursprünglich frei zugänglich waren, nicht unbedingt eine nicht nachhaltige Bewirtschaftung dieser Ressourcen verhindert und sogar nicht einmal sicherstellt, dass diese Ressourcen nicht bis zu ihrer völligen Ausrottung ausgebeutet werden.

Das Kapitel beginnt mit einer klassischen Analyse der Kurve des nachhaltigen Ertrags (*Maximum Sustainable Yield*), die seit ca. 100 Jahren in der Bewirtschaftung natürlicher Ressourcen verwendet wird (Tsikliras und Froese 2019), da dies für das Verständnis der Argumentationslinie erforderlich ist. Jeder Abschnitt endet mit einer Schlussfolgerung, auf der jeder nachfolgende Abschnitt aufbaut.

2.2 Der *homo oeconomicus* wird seine Einkommensquelle nicht zerstören

2.2.1 Maximaler nachhaltiger Ertrag

Um zu verstehen, warum die Wirtschaftstheorie in der Regel davon ausgeht, dass die Privatisierung zur Lösung des Problems beiträgt, das Hardin (1968) als „*Tragödie der Allmende*" bezeichnet hat, stellen wir uns als Beispiel eine Fischpopulation in einem Bewirtschaftungsgebiet vor. Abb. 2.1 zeigt eine modifizierte Kurve des nachhaltigen Ertrags für diese Population. Obwohl sich die Kurve auf das Fischereimanagement bezieht, kann dieses Modell auch auf *Wälder oder jede andere erneuerbare natürliche Ressource* angewendet werden (Maunder 2008).

Die Abszisse zeigt den Fischbestand und die Ordinate den Fluss, multipliziert mit dem Fischpreis P_f. Die klassische Kurve des nachhaltigen Ertrags stellt die Netto-Wachstumsrate des Bestands entsprechend jedem Bestandsniveau dar. Sie wird so genannt, weil der Bestand gleich bleibt, wenn jedes Jahr genau die Anzahl von Einheiten entnommen wird, die nachwächst (der Abstand zwischen der Abszisse und der Kurve) (ceteris paribus).[1] Da Abb. 2.1 die klassische Kurve des nachhaltigen Ertrags (*sustainable yield* – SY) so abwandelt, dass auf der Ordinate die Menge des gefangenen Fisches (N) mit dem Marktpreis P_F multipliziert wird, wird

---

[1] Es besteht große Unsicherheit darüber, wie diese Kurve des nachhaltigen Ertrags in der realen Welt aussieht. Es ist nicht genau bekannt, mit welcher Geschwindigkeit sich eine bestimmte Population fortpflanzt, da dies von vielen unvorhersehbaren Faktoren abhängt, z. B. Zeit, Räuber-Beute-Zyklen, Krankheiten usw. Darüber hinaus ist die genaue Größe einer Population oft unbekannt. Außerdem beeinflussen die Zerstörung von Lebensräumen, die Verschmutzung von Luft und Wasser, der Klimawandel usw. die Form der Kurve (Daly und Farley 2011).

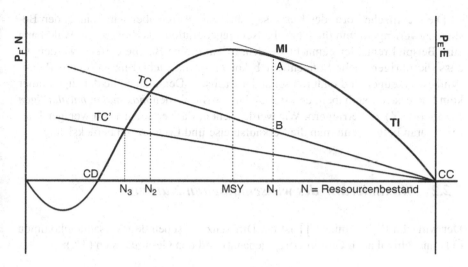

Abb. 2.1 Maximierung des Nutzens (Beispiel Fischerei). (Quelle: eigene Darstellung, in Anlehnung an Daly und Farley 2011, S. 215)

die Kurve des nachhaltigen Ertrags (SY) zu einer Kurve des nachhaltigen Gesamteinkommens (*total income* – TI).[2]

Langfristig erreicht jede Population von Lebewesen (von Fischen bis hin zu Bakterien) einen Punkt des stabilen Gleichgewichts, an dem die Reproduktionsrate und die Sterberate gleich sind: Punkt CC auf der Grafik (*carrying capacity* – *Tragfähigkeit*). Der Grund dafür ist, dass der Lebensraum keine Ressourcen für eine ständig wachsende Bevölkerung hat; wenn die Bevölkerung wächst, werden die Ressourcen knapper. Am Punkt CC ist die Wachstumsrate des Bestands gleich 0.

Der Punkt CD (*critical depensation*) stellt den kritischen Bestand dar, d. h. den Punkt, an dem sich die Population nicht mehr selbst erhalten kann und von selbst zu schrumpfen beginnt. Dies ist die *minimal lebensfähige Population*. Unterhalb dieses Punktes können negative Rückkopplungsschleifen zu einem Aussterben der Population führen. Dies könnte beispielsweise bei Fischen der Fall sein, wenn die Eier nicht befruchtet werden, weil die Männchen sie nicht finden können. Oder wenn es in einem Wald nur noch sehr wenige Bäume gibt, können Bodenerosion und Nährstoffauswaschung dazu führen, dass die Samen nicht mehr keimen können. Wenn es nur noch wenige Arten gibt, macht eine geringe genetische Vielfalt die Populationen außerdem anfälliger für Erbkrankheiten, ansteckende Krankheiten, Parasiten, usw. Obwohl viele Autoren den CD-Punkt aus den Kurven für den nachhaltigen Ertrag herauslassen (z. B. Turner et al. 1994; Maunder 2008; Tsikliras und Froese 2019), ist es wichtig zu verstehen, dass sehr kleine Populationen auch ohne weitere menschliche Ausbeutung der Ressource vom Aussterben bedroht sind (Daly und Farley 2011).

---

[2] Die Form der Kurve ändert sich im Vergleich zur klassischen Kurve des nachhaltigen Ertrags nicht, da sie mit einer Konstanten multipliziert wird. Der Fischpreis ist jedoch nicht unbedingt eine Konstante und hängt unter anderem von der Menge des gefangenen Fisches ab. Hier wird zur Vereinfachung der Analyse ein konstanter Fischpreis angenommen.

Die spezifische Form der Kurve sagt uns, dass es rentabel sein könnte, den Bestand zu verringern, um die jährliche Nettoregeneration zu erhöhen. Ein Wald kann zum Beispiel rentabler gemacht werden, indem einige Bäume entfernt werden, so dass die übrigen mehr Sonnenlicht bekommen und mehr Energie durch Photosynthese erzeugen und dadurch schneller wachsen. Dennoch sollte der Eigentümer kein Interesse daran haben, den Bestand um mehr als den *maximalen nachhaltigen Ertrag* (MSY) zu verringern. Wir werden sehen, dass er sogar noch weniger Interesse daran hätte, wenn man die Verkaufspreise und Erntekosten berücksichtigt.

2.2.2 Maximierung des wirtschaftlichen Nutzens

Der wirtschaftliche Nutzen $\prod$ ist die Differenz zwischen dem Gesamteinkommen (TI) (manchmal auch Gesamtertrag genannt) und den Gesamtkosten (TK):

$$\prod = TI - TC \tag{2.1}$$

Die Gesamtkosten beziehen sich auf die *Kosten für die Ernte einer nachhaltigen Menge* (die Menge, die reproduziert wird). Diese Kosten umfassen Arbeit, Ausrüstung, usw. Wenn wir diese Kosten als unseren „Aufwand" definieren, dann sind unsere Kosten der Preis für den Aufwand P_E multipliziert mit dem Aufwand E:

$$P_E E \tag{2.2}$$

Wenn wir eine Fischpopulation am Punkt CC in Abb. 2.1 abfischen, dann steigen unsere Kosten, wenn die Fischpopulation abnimmt. Das liegt daran, dass der Aufwand für den Fang von Fischen mit abnehmender Dichte des Fischbestandes steigt. Um die Analyse zu erleichtern, nehmen wir an, dass es eine lineare Beziehung zwischen den Gesamtkosten und der Menge der gefangenen Fische gibt. Diese Beziehung ist jedoch nicht unbedingt eine gerade Linie. Vielmehr könnte man sich vorstellen, dass mit abnehmender Population die Schwierigkeit, einen zusätzlichen Fisch zu fangen, zunimmt, so dass die Kurve nach links hin eine steilere Neigung aufweist (Daly und Farley 2011).

Für den Fischer, der seinen wirtschaftlichen Gewinn maximieren will, ist es sinnvoll, den Fischbestand so lange zu nutzen, bis er sich an dem Punkt befindet, an dem die Differenz zwischen der Kurve der Gesamteinnahmen (TI) und der Kurve der Gesamtkosten (TC) am größten ist (Abb. 2.1, Punkt N_1). Hier sind die Steigungen der beiden Kurven gleich und werden im Diagramm durch parallele Tangenten dargestellt.[3, 4] Dieser Ge-

---

[3] Der Abstand zwischen zwei Kurven ist an dem Punkt am größten, an dem ihre Steigungen gleich sind. Da die Steigung einer Kurve in einem bestimmten Punkt gleich der Steigung einer Tangente ist, die die Kurve in diesem Punkt berührt, haben die beiden Kurven TI und TC gleiche Steigungen, wenn ihre Tangenten parallel sind.

[4] Die Steigung der Gesamtkostenkurve (TC) entspricht den Grenzkosten (MC), d. h. den Kosten für den Fang eines weiteren Fisches. Die Steigung der Gesamteinkommenskurve (TI) ist der Grenz-

danke lässt sich intuitiv erklären: Wenn es einen Überfluss an Fischen gibt, ist es einfach, sie zu fangen, und die Kosten für den Fang jedes einzelnen Fisches sind gering. Es ist nicht vorteilhaft, den Bestand über den Punkt N_1 hinaus zu verringern, auch wenn der Fischer ein hohes einmaliges Einkommen erzielen könnte, da dies die Fischerei in Zukunft teurer machen würde. Diese letzte Beobachtung ist *nur gültig, wenn wir den Geldzinssatz aus unserer Analyse herauslassen.* Weiter unten werden wir sehen, wie die Berücksichtigung des Zinssatzes die Situation verändert.

2.2.3 Schlussfolgerung

Die klassische Schlussfolgerung aus dem bisher Gesagten ist, dass der *homo oeconomicus* in seinem Bestreben, den Nutzen zu maximieren, den Bestand nicht einmal über den höchstmöglichen nachhaltigen Ertrag hinaus reduzieren wird, geschweige denn so weit, dass die Ressource vom Aussterben bedroht ist.

2.3 Der Fall frei zugänglicher Ressourcen

2.3.1 Die „Tragödie der Allmende"

In der vorangegangenen Analyse sind wir von einem privaten Eigentümer der Fischpopulation (Bewirtschaftungsgebiet) ausgegangen. In Wirklichkeit sind die Meere im Wesentlichen frei zugängliche Systeme mit rivalisierenden Gütern (Fisch). Hier trifft das zu, was Hardin (1968) als „Tragödie der Allmende" beschrieben hat. Anstatt zu vermeiden, den Bestand über N_1 hinaus zu reduzieren, werden neue Fischer in den Markt eintreten, solange es möglich ist, einen gewissen Gewinn zu erzielen, d. h. solange das Gesamteinkommen (TI) größer ist als die Gesamtkosten (TC). Mit anderen Worten: Die geerntete Menge wird größer sein als die Menge, die jährlich reproduziert wird (Stevenson 1991; Daly und Farley 2011). Infolgedessen beginnt der Fischbestand zu sinken.

Neue Fischer werden in den Markt eintreten, bis kein wirtschaftlicher Nutzen mehr erzielt werden kann, d. h. bis sich die Kurve der Gesamtkosten (TC) und die Kurve des Gesamteinkommens (TI) kreuzen (siehe Bestand N_2 in Abb. 2.1). Wenn die Erntekosten ebenfalls gesenkt werden, z. B. weil eine effizientere Art des Fischfangs entdeckt wird, wird der Bestand an diesem Punkt noch kleiner (dargestellt durch die Linie TC' in Abb. 2.1). Der verbleibende Bestand kommt dem Bestand am CD-Punkt gefährlich nahe und bedroht die Überlebensfähigkeit der Population (Daly und Farley 2011).

---

erlös (MI), d. h. der Ertrag aus der Ernte des nächsten Fisches. Wir sehen, dass die klassische Regel der Nutzenmaximierung Grenzkosten = Grenzerlös (z. B. Frank 2015) auch für die Ausbeutung der natürlichen Ressourcen gilt.

2.3.2 Schlussfolgerung

Nach dem bisher Gesagten lautet die Schlussfolgerung: Der Raubbau am Meer findet statt, weil es sich um ein System mit freiem Zugang handelt. Würde der Ozean hingegen privatisiert (durch Zuweisung von Privateigentum in Form von Bewirtschaftungsgebieten oder exklusiven Nutzungsrechten), würde er nicht übernutzt werden, weil die privaten Eigentümer versuchen würden, ihren Bestand an Naturkapital zu erhalten. Dies ist der Kernpunkt der Idee, dass die Privatisierung der Natur eine nicht nachhaltige Ausbeutung der Ressourcen verhindern oder verringern würde. Im nächsten Abschnitt wird gezeigt, dass der Ozean – oder andere frei zugängliche natürliche Ressourcen – in Wirklichkeit nicht übermäßig ausgebeutet werden, weil sie frei zugänglich sind. Im Gegenteil, es wird gezeigt, dass es wirtschaftlich wünschenswert sein kann, dass sie frei zugänglich sind.

2.4 Freier Zugang zu natürlichen Ressourcen ist ökonomisch wünschenswert

2.4.1 Die natürliche Dividende ist eine Monopolrente

Im theoretischen Modell der „vollständigen Konkurrenz" (auch vollkommene Konkurrenz oder vollkommener Wettbewerb genannt) drückt der Wettbewerb zwischen den Produzenten die Preise nach unten, bis sie kurz- und langfristig den Minimalpunkt auf der Kurve der durchschnittlichen Gesamtkosten erreichen (SATC; LATC in Abb. 2.2). Gewinne, die größer sind als die Opportunitätskosten der investierten Produktionsfaktoren, gibt es nicht[5] (Frank 2015). Wenn ein Produzent in der Lage wäre, einen größeren wirtschaftlichen Nutzen zu erzielen, würde dies darauf hindeuten, dass der Nutzen nicht durch die Investition von Produktionsfaktoren gerechtfertigt ist, d. h. der Gewinn würde nicht auf der Leistung des Produzenten beruhen und würde aufgrund eines *Marktversagens* (Monopol, Kartell, unlauterer Wettbewerb) entstehen.[6]

Man beachte, dass dieses erwünschte Ergebnis des Wettbewerbs nicht durch die „unsichtbare Hand" des Egoismus hervorgerufen wird, wie manche die berühmte Metapher von Adam Smith (1952) fehlinterpretiert haben (z. B. Frank 2015), sondern *obwohl* wir uns so verhalten, dass wir nur an uns selbst denken. Auch wenn wir nur an unseren eigenen Vorteil denken, zwingt uns der Wettbewerb, gute Produkte zu guten Preisen zu produzieren, um nicht an Wettbewerbsfähigkeit zu verlieren. Mit anderen Worten: Der Wettbewerb schränkt unseren Egoismus ein und veranlasst uns, uns so zu verhalten, als würden wir einander lieben (Fuders 2017; Fuders und Nowak 2019). Wir

---

[5] Hier sind die Opportunitätskosten in den Gesamtkosten enthalten.
[6] Aus diesem Grund verbietet das Wettbewerbsrecht in der Regel Absprachen, unlauteren Wettbewerb und den Missbrauch einer marktbeherrschenden Stellung (Fuders 2009b).

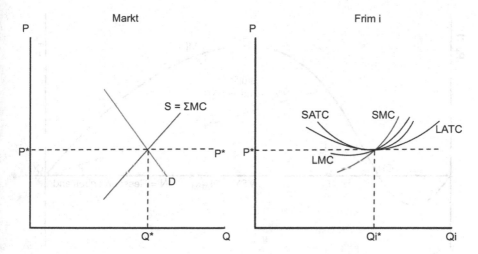

Abb. 2.2 Langfristiges Gleichgewicht bei vollständiger Konkurrenz. (Quelle: eigene Darstellung. Erläuterung: Der Marktpreis $P*$ liegt auf dem niedrigstmöglichen Niveau (Minimum der Kurve der kurzfristigen durchschnittlichen Gesamtkosten [*Short-term Average Total Costs* – SATC] und der Kurve der langfristigen durchschnittlichen Gesamtkosten [Long-*Term Average Total Costs* – LATC]))

können studieren, welche unerwünschten Ergebnisse der Egoismus hervorruft, wenn wir ein Monopol betrachten, welches das Gegenteil der vollständigen Konkurrenz ist.

Monopolisten können ihre marktbeherrschende Stellung nutzen und ihre Produkte z. B. zu einem über die Produktionskosten (welche die Opportunitätskosten der investierten Produktionsfaktoren enthalten) hinausgehenden Preis verkaufen. Das daraus resultierende Einkommen wird als *Monopolrente* bezeichnet. Ein solches Einkommen ist nicht auf die Leistung des Monopolisten (die hohe Qualität des Produkts) zurückzuführen, sondern auf den Missbrauch der mit der marktbeherrschenden Stellung verbundenen Marktmacht. Der Terminus „Rente" unterstreicht in den Wirtschaftswissenschaften die Tatsache, dass die Zahlung nicht durch die Leistung des Produzenten gerechtfertigt ist: Sie ist ein Gewinn ohne Gegenleistung. Die Ausbeutung natürlicher Ressourcen kann auch zu Gewinnen führen, die über die bloße Vergütung der eingesetzten Produktionsfaktoren in Höhe der Opportunitätskosten hinausgehen; in Abb. 2.3 ist dies die Differenz zwischen den Punkten A und B. Dieser Gewinn wird oft als „natürliche Dividende" (Daly und Farley 2011, S. 226) oder „Einkommen aus natürlichen Ressourcen" (Acquatella et al. 2013; Conrad und Clark 1995, S. 89, 94; Neher 1990, S. 51) bezeichnet, da er von der Reproduktionskraft der Natur und nicht vom Ausbeuter stammt.

Dieser Gewinn ist nur möglich, wenn die Nutzung auf einen *einzigen Eigentümer* beschränkt ist, unabhängig davon, ob es sich um einen privaten oder öffentlichen Eigentümer handelt. Im Gegensatz dazu würde, wie oben dargelegt, bei freiem Zugang die Nutzung durch eine wachsende Zahl von Menschen zu dem in Abb. 2.3 dargestellten Bestand N_{OA} führen, bei dem die privaten Gesamtkosten (*total private costs* – TPC) = Gesamteinkommen (*total income* – TI) sind, d. h. bei dem es keinen Gewinn gibt, der über die Vergütung für die investierten Produktionsfaktoren in Höhe ihrer Opportunitätskosten hinausgeht.

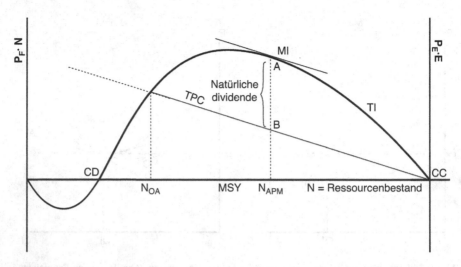

Abb. 2.3 Natürliche Dividende. (Quelle: eigene Darstellung in Anlehnung an Daly und Farley 2011, S. 226)

In Anbetracht all dessen können wir argumentieren, dass die „natürliche Dividende" in Wirklichkeit eine *Monopolrente* ist und dementsprechend als *ungerechter* Gewinn betrachtet werden kann. Alle Einkünfte, die über die Deckung der Gesamtkosten hinausgehen – zu denen auch die Opportunitätskosten gehören, d. h. der Gewinn, den man mit demselben Aufwand bei der besten alternativen Tätigkeit hätte erzielen können –, sind Einkünfte, die nicht auf der Leistung des Produzenten beruhen. In einer Situation vollständiger Konkurrenz gibt es diesen Gewinn nicht.

2.4.2 Freier Zugang sorgt für Effizienz

Wenn wir davon ausgehen, dass eine natürliche Dividende besser als Monopolrente charakterisiert werden kann, dann kann man argumentieren, dass ein freier Zugang zu den Ressourcen eigentlich wünschenswert sind, da ihr Ergebnis dem Ergebnis des vollkommenen Wettbewerbs entspricht. Wenn es keine künstlichen Zugangsbeschränkungen gibt, treten immer mehr Wettbewerber (hier Fischer) in die Branche (hier das Meeresfischerei) ein. Dies erhöht das Fischangebot auf den Märkten und drückt die Preise auf das niedrigstmögliche Niveau, d. h. auf den Punkt, an dem sie nur noch die Gesamtkosten decken. *Dies ist eine erwünschte Situation.* In dieser Situation ist der Preis gleich dem Grenzeinkommen und den Grenzkosten, und wir können das erreichen, was in den Wirtschaftswissenschaften „effiziente Ressourcenallokation" oder „*allocative efficiency*" genannt wird (Frank 2015, S. 346; Common und Stagl 2008, S. 310).

Genau diese Situation bestand jahrhundertelang: eine unbestimmte Anzahl von Kleinfischern (Lieferanten), die ohne jegliche Einschränkung fischten; ein großes Angebot an Fisch im Verhältnis zur damaligen Nachfrage; und folglich niedrige Fischpreise. Der Fischpreis war früher so niedrig, dass noch heute viele Christen freitags und in der Karwoche Fisch essen, anstatt zu fasten, weil Fisch als ein so geringwertiges Nahrungsmittel angesehen wurde, dass sein Verzehr dem Fasten gleichkam. Dies ist ein Beispiel für einen vollkommenen Wettbewerb, der Jahrtausende lang ohne nennenswerte Ausbeutung der Ozeane funktionierte. Dass natürliche Ressourcen nicht privatisiert werden sollten, haben bereits John Stuart Mill (1885), Henry George (1935) und Silvio Gesell (1949) mit demselben Argument wie in diesem Text betont: Es geht darum, Monopolgewinne zu vermeiden, die dem Individuum zufallen, das die Ausbeutungsrechte besitzt.

2.4.3 Schlussfolgerung

Der freie Zugang zu natürlichen Ressourcen ist wirtschaftlich wünschenswert, da er Allokationseffizienz gewährleistet. Im Gegensatz dazu ermöglicht die künstliche Beschränkung des Zugangs zu Ressourcen, die schon immer frei zugänglich waren und von der Natur produziert werden, Monopolrenten, die in Texten der Ökologischen Ökonomie manchmal als Naturdividende (oder -Einkommen) bezeichnet werden. Neben den beschriebenen negativen Effekten (Monopolrenten) löst die Privatisierung nicht unbedingt das Problem der Übernutzung, da sie den eigentlichen Grund für die Übernutzung der Meere nicht angeht, wie im nächsten Abschnitt erläutert wird.

2.5 Der Zinssatz als Opportunitätskosten

2.5.1 Gigantismus: Nur Gier?

Man könnte argumentieren, dass die Überausbeutung natürlicher Ressourcen nicht darauf zurückzuführen ist, dass es sich um frei zugängliche Güter handelt, sondern dass es sich vielmehr um ein *Größenproblem handelt*. Um mit dem Beispiel der Fischerei fortzufahren: Wenn wir weiterhin mit kleinen Bötchen fischen würden, wie sie vor 100 Jahren verwendet wurden, gäbe es keine Übernutzung, *obwohl es sich um ein frei zugängliches System handelt*. Mit traditioneller Fischereitechnik wäre die TPC-Kurve in Abb. 2.3 so steil, dass der Schnittpunkt mit der TI-Kurve weit vom CD-Punkt entfernt wäre. Es bestünde keine Gefahr der Überfischung. Die Tatsache, dass Hardins *„Tragedy of the Commons"* heute aktueller denn je ist, liegt daran, dass die Welt im Verhältnis zu den Nutzungstechnologien relativ klein geworden ist, und nicht daran, dass die Bevölkerung gewachsen ist, wie Hardin behauptet. Während der gesamten Menschheitsgeschichte war der Ozean frei zugänglich, aber früher war er nicht „leer" oder auch nur annähernd so ausgebeutet, wie er es heute ist. Man könnte sagen, dass Gott die Welt mit einem solchen Überfluss beschenkt hat, dass es unwahrscheinlich ist, dass wir den Ozean jemals so weit ausbeuten könnten, dass er leer wird, selbst wenn sich die Weltbevölkerung verdoppeln würde, solange wir nur traditionelle Fischfangtechniken anwenden würden. Vielmehr könnte man behaupten, dass der Ozean durch „*Gigantismus*" geleert wird, um es mit den Worten von Max-Neef (1986 S. 58, 63, 136, 149, 151 f., 184) zu sagen. Wenn wir in *menschlichem Maß* fischen würden (Max-Neef et al. 1991), dann würden wir den Ozean wahrscheinlich nie leeren.

Man könnte also fragen: Was ist der Grund für den Gigantismus? Liegt er in der menschlichen Gier begründet? Die Antwort ist, dass es nicht (nur) mit Gier zu tun hat. Der Eigner eines modernen Fischereischiffs, der heutzutage den Ozean ausbeutet, indem er regelmäßig große Mengen an Fisch fängt, verdient nicht unbedingt mehr als ein Fischer vor 100 Jahren.[7] Das liegt daran, dass die Kosten des Fischereibesitzers enorm sind und daher eine entsprechend große Menge Fisch gefangen werden muss, um diese Kosten zu decken. Warum werden dann immer größere Fischereischiffe gebaut? Die Antwort ist, dass das Streben nach größeren Schiffen aus dem Zwang resultiert, *wirtschaftlich zu wachsen.* Dieser Zwang ergibt sich seinerseits aus *dem Zins,* der einen unterschwelligen, aber ständigen Druck auf die Realwirtschaft ausübt, stetig mehr zu produzieren, eine Tatsache, die in den Wirtschaftswissenschaften bisher leider nur wenig verstanden wird. Unser derzeitiges Finanzsystem besteht seit etwa 700 Jahren, und in dieser Zeit ging es der Wirtschaft nur dann gut, wenn sie in der Lage war, ihre Produktion stetig zu steigern.[8] Die folgenden Abschnitte sind der Erklärung dieses Phänomens gewidmet.

2.5.2　Das exponentielle Wachstum der Einlagen

Je nach Zinssatz verdoppelt sich das Geldvermögen auf Bankkonten in etwa 15 Jahren (durch Zins und Zinseszinsen). Das heißt, wenn man mit 100 € beginnt, würde der Betrag auf diesem Konto in 15 Jahren auf 200 € ansteigen und in weiteren 15 Jahren auf 400 €. Das bedeutet, dass der Gewinn im Verhältnis zum ursprünglich investierten Betrag immer schneller wächst. Das wiederum bedeutet, dass selbst der leistungsfähigste Computer der Welt irgendwann nicht mehr in der Lage sein wird, den auf diese Weise angehäuften Geldbetrag zu berechnen, weil ihm die Nullen fehlen. Dies ist die Logik einer Exponentialfunktion (Kennedy 1990, 2011; Creutz 1993; Costanza et al. 2012; Lietaer et al. 2013).[9] Es ist die absurde und immanente Logik unseres derzeitigen unnatürlichen (Soddy 1934, S. 176) Finanzsystems, in dem Geld mit Geld geschaffen wird, eine Tatsache, die bereits von *Aristoteles* kritisiert wurde (Aristoteles 1995, S. 23).

Es ist erwähnenswert, dass *alle* Bankkonten, auf denenZinsen gezahlt, werden exponentiell wachsen, wenn die Zinsen nicht abgehoben werden. Selbst wenn der

---

[7] Es kann sogar sein, dass das Fischereiunternehmen so hoch verschuldet ist, dass es nicht einmal genügend Einnahmen hat, um seine Schulden abzubauen.

[8] Vor etwa 700 Jahren wurden die „*Bracteaten*", eine schwer zu hortende und zinslose Münze, durch den „*Denarius perpetuus*", das heutige Geld, ersetzt (siehe: Walker 1959; Azkarraga et al. 2011, S. 54; Fuders und Max-Neef 2014b).

[9] Wurde beispielsweise vor 2000 Jahren ein Cent bei einer Bank zu einem Zinssatz von 5 % angelegt, so entspräche diese Investition heute dem Gegenwert von rund 707 Mrd. Planeten Erde aus reinem Feingold (unter der Annahme, dass der Goldpreis konstant bleibt) (Kennedy 2006, S. 243).

Zinssatz sehr gering ist, wird der Moment kommen, in dem sich die Einlage verdoppelt haben wird. Solange sich ein Wert in regelmäßigen Abständen verdoppelt, wächst er exponentiell. Viele Bankangestellte verwenden dieses Argument sogar, um Kunden davon zu überzeugen, bei ihnen zu investieren, und veranschaulichen anhand einer Exponentialfunktion wie die Ersparnisse des Kunden im Laufe der Zeit wachsen werden.[10] Für die Wirtschaft als Ganzes gilt dies sogar, wenn das Geld von einem Bankkonto abgehoben wird, da es höchstwahrscheinlich auf einem anderen Bankkonto innerhalb der Wirtschaft erscheint (dieser Effekt wird als *Geldschöpfungsmultiplikator bezeichnet*) und dort Zinsen generiert. Das heißt, auch wenn diese Exponentialfunktion auf einem bestimmten Bankkonto nicht zu erkennen ist, werden alle Bankkonten einer Volkswirtschaft zusammengenommen im Laufe der Zeit ein exponentielles Wachstum aufweisen. Die Exponentialfunktion ist in Abb. 2.4 zu sehen, in der die Geldmenge M3 in den USA dargestellt ist (bestehend aus Münzen und Banknoten, Sicht- und kurzfristigen Einlagen). Die gleiche Exponentialfunktion ist in den meisten Volkswirtschaften der Welt zu beobachten.[11]

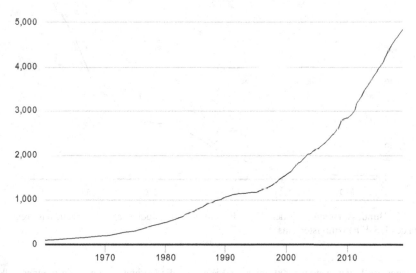

Abb. 2.4 Geschätzte Geldmenge M3 USA (Mrd. USD) (Seit 2006 veröffentlicht die Federal Reserve (Fed) die Geldmenge M3 nicht mehr, die für Zentralbanken weltweit ein Indikator für die Inflationsprognose ist. Dennoch kann man eine Schätzung vornehmen, indem man die verschiedenen Komponenten der Geldmenge M3 (Geldbasis, Bargeld, Sichteinlagen und kurzfristige Einlagen), die noch veröffentlicht werden, zusammenzählt). (Quelle: eigene Arbeit, basierend auf Daten der OECD)

---

[10] In einer Werbung erklärt ein großer deutscher Finanzkonzern den Zinseszinseffekt mit einem anschaulichen Beispiel. Geld, das in diesem Institut angelegt wird, vermehre sich wie Hühner. Wenn Hühner Eier legen, schlüpfen aus diesen Eiern wieder Hühner, die dann wieder Eier legen, siehe: Deka 2019.

[11] Einen aktuellen Überblick bietet (Wikipedia 2019). Die Tatsache, dass die Geldmenge in Industrieländern und Entwicklungsländern gleichermaßen einer Exponentialfunktion folgt, wird von Lietaer et al. (2013) hervorgehoben.

2.5.3 Das exponentielle Wachstum der Gesamtverschuldung

Letztlich sind es die Kreditnehmer, die für die Zinsen aufkommen, die die Banken an ihre Einleger auszahlen. Dementsprechend sind die Banken nicht nur bestrebt, jeden getilgten Kredit so schnell wie möglich durch einen neuen Kredit zu ersetzen, um die Zinszahlungen aufrechtzuerhalten, sondern sie müssen auch das Kreditvolumen ständig erhöhen, weil auch die Einlagen durch Zins und Zinseszins wachsen.[12] Deshalb *muss* die *Gesamtverschuldung eines Landes in gleicher Weise wachsen* wie die Geldmenge (Soddy 1934; Kennedy 1990, 2011; Farley et al. 2013; Costanza et al. 2012) (für die US-Wirtschaft siehe Abb. 2.5). Solange eine Einlage durch die Zah-

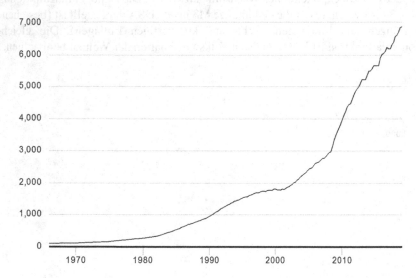

Abb. 2.5 Bundesverschuldung der USA (in Mrd. USD). (Quelle: eigene Arbeit, basierend auf Daten des US-Finanzministeriums)

---

[12] Je länger ein Finanzsystem funktioniert und je größer die Gesamtverschuldung in einer Volkswirtschaft ist, d. h., je gesättigter die Schulden der Wirtschaftsakteure (Haushalte, Unternehmen und Staat) sind, desto schwieriger ist es für die Banken, das Schuldenvolumen weiter zu erhöhen. In ihrem Bemühen, neue Kreditnehmer zu finden, beginnen die Banken, Geld auch an Kreditnehmer zu verleihen, deren Bonität fraglich (*sub prime*) ist, wie es in den USA bis 2008 auf dem Markt für Hypothekenkredite geschah und wie es heute in Chile und auch in Europa mit Krediten an die Regierungen der Bundesstaaten weitergeht; dies sind die Kredite, die zuletzt durch den „Rettungsfonds" ESM (Europäischer Stabilitätsmechanismus) abgesichert wurden. Hier wird deutlich, warum Finanzkrisen in jedem Land in regelmäßigen Abständen auftreten und warum die so genannte „Subprime"-Krise und die „Euro-Krise" eigentlich ein und dieselbe Krise sind: Das Finanzsystem steht immer mehr vor dem Zusammenbruch. Das System bricht zusammen, wenn die Banken nicht genügend solvente Kreditnehmer finden, die die Zinsen zahlen können, die die Banken für ihre Einlagen zahlen müssen. Das letzte Mal, dass dies in großem Maßstab geschah, war 1929, und es wird wahrscheinlich bald wieder geschehen. Siehe: Fuders 2009a, 2010a, 2016, 2017; Fuders et al. 2013; Fuders und Max-Neef 2014a, b.

lung von Zinsen wächst, muss es mehr Schulden im Land geben, *da es ohne Schulden keine Zinsen gibt*. Um es mit den Worten von Frederick Soddy (1934, S. 25) zu sagen: „Denn es gibt keinen Kredit ohne Schulden (…) Geld ist ein Guthaben-Schulden-Verhältnis, aus dem sich niemand wirksam befreien kann". Dies ist eine einfache Tatsache, aus der es keinen Ausweg gibt. Es ist notwendig, dies zu betonen; denn einige kritisieren diese Ansicht mit dem Argument, dass einfachen Erklärungen zu misstrauen sei (Strunz et al. 2015). Aber ist ein kompliziertes Modell immer besser als ein einfaches? In der Tat ist die Wahrheit meist einfach. Um es mit den Worten von Albert Einstein und Leopold Infeld zu sagen: „Die meisten der grundlegenden Ideen der Wissenschaft sind im Wesentlichen einfach und können in der Regel in einer für jedermann verständlichen Sprache ausgedrückt werden" (Einstein und Infeld 1938, S. 29). Tatsächlich erhöhen komplizierte „pseudomathematische" Modelle die Fehlerwahrscheinlichkeit (Keynes 1936, S. 297) und erschweren oft die Konzentration auf das Wesentliche. Hier hatte Goethe wohl Recht, als er sagte: „Was ist das Schwerste von allem? Was dir das Leichteste dünkt: Mit den Augen zu seh'n, was vor den Augen dir lieget" (Goethe 1996, S. 230).

2.5.4 Der Zwang zum Wachstum (mikroökonomische Sicht)

Wir können nun verstehen, warum unser Finanzsystem der Grund dafür ist, dass sowohl neoklassische als auch keynesianische Modelle stets Wirtschaftswachstum anstreben. In den Lehrbüchern der Wirtschaftspolitik ist das Allheilmittel gegen die Arbeitslosigkeit das Wirtschaftswachstum (siehe z. B. Lachmann 2006; Fernández et al. 2006; Cuadrado et al. 2006). Empirische Beobachtungen legen in der Tat nahe, dass die Wirtschaft (BSP) um drei Prozentpunkte wachsen muss, damit die Arbeitslosigkeit um einen Punkt zurückgeht (Okun 1962). Infolgedessen wächst entweder die Wirtschaft oder die Zahl der Arbeitslosen und die damit verbundenen sozialen Kosten. Aus diesem Grund predigen alle herrschenden politischen Parteien in ihren Wahlprogrammen in der Regel Wirtschaftswachstum. Obwohl wir wissen, dass wir wachsen müssen, um Arbeitslosigkeit zu vermeiden, wird in der Wirtschaftswissenschaft nicht genau verstanden, warum dies so ist.

Der Wachstumszwang hat seinen Ursprung in der Tatsache, dass Einlagen (und Schulden) durch Zinsen wachsen, die am Ende des Tages jemand zahlen muss. Das Problem ist nicht, dass Geld das Gegenstück zu Schulden ist, wie manche meinen, sondern dass sowohl die Geldmenge als auch die Schulden aufgrund von Zinsen exponentiell wachsen (für eine ähnliche Argumentation siehe: Kennedy 1990, 2011; Creutz 1993; Constanza et al. 2012; Löhr 2012; Lietaer et al. 2013). Staaten, Unternehmen und Haushalte sind immer stärker verschuldet. Dies lässt sich bestätigen, wenn man die Bilanzen der Unternehmen von heute mit denen von vor etwa 20 Jahren vergleicht: Es ist zu erwarten, dass immer mehr Fremdkapital aufgenommen wird. Aber auch die glücklichen Produzenten, die sich nicht mit Fremdkapital finanzieren müssen, sind nicht frei von Expansionsdruck. Denn auch ihre finanziellen Belastungen nehmen zu, da in den meisten Ländern die Staatsverschuldung wächst

und der Staat somit gezwungen ist, die Steuern für Bürger und Unternehmen zu erhöhen. Darüber hinaus wollen die Arbeitnehmer Lohnerhöhungen, um die Inflation
auszugleichen, die letztlich auch das Ergebnis der wachsenden Geldmenge ist (Fuders et al. 2013; Fuders und Max-Neef 2014a, b).

Es gibt einen vierten und vielleicht wichtigsten Grund, warum die Realwirtschaft wachsen muss: *Zinsen als Opportunitätskosten.* Der Zinssatz, den Banken
zahlen, ist ein Referenzpunkt, an dem der Erfolg jeder produktiven Investition
gemessen wird (z. B. Copeland et al. 2008), selbst in Texten der Ökologischen
Ökonomie (Common und Stagl 2008). Erzielt ein Unternehmen nicht mindestens
eine gleichwertige Rendite, wird seine Existenz sinnlos (siehe auch Suhr 1988).
Mit anderen Worten: Selbst, wenn ein Unternehmen kein Fremdkapital in seiner
Bilanz hätte und der Staat die Steuern nicht erhöhen würde und die Arbeitnehmer
keinen Inflationsausgleich bräuchten, müsste das Unternehmen wegen des Geldzinses als Opportunitätskosten trotzdem wachsen. Der Zinssatz gibt also den
Rhythmus vor, zu dem die Realwirtschaft „tanzen" muss (Fuders 2017, S. 127 f.).
Infolgedessen kann das Wirtschaftswachstum in unserem gegenwärtigen Finanzsystem *als eine Verpflichtung*[13] *– und nicht nur als ein „Fetisch"* (Hamilton
2003) – angesehen werden.

Wenn es Unternehmen nicht gelingt, durch eine Ausweitung des Absatzes ihrer
Produkte zu wachsen, werden sie versuchen, Kosten zu sparen, damit ihre Rentabilität nicht unter die Opportunitätskosten der eingesetzten Produktionsfaktoren fällt.
Eine häufig angewandte Kostensenkungsmaßnahme besteht darin, die menschliche
Arbeit, die in der Regel die größte Kostenbelastung darstellt, durch Maschinen zu
ersetzen, d. h. die Arbeitsproduktivität zu erhöhen. Daraus lässt sich schließen, dass
ein ständiger Druck auf die Unternehmen besteht, *entweder den Umsatz zu steigern
oder menschliche Arbeitskräfte durch Maschinen* zu *ersetzen*, um die ständig steigenden Kosten zu senken. Aus diesem Grund sehen wir überall diese bekannte (aber
nicht gut verstandene) Dichotomie, bei der entweder die Wirtschaftsleistung oder
die Arbeitslosigkeit steigt. Da jeder Politiker die Arbeitslosigkeit und die damit verbundenen sozialen Unruhen fürchtet, wird alles getan, um das Wirtschaftswachstum
zu fördern. Wir verstehen nun, warum Degrowth-Strategien – auch wenn sie höchst
notwendig sind, um einen weiteren Raubbau an unserer natürlichen Umwelt zu vermeiden – zu Arbeitslosigkeit und einer tiefen wirtschaftlichen Depression führen
werden, wenn das derzeitige Finanzsystem beibehalten wird.

---

[13] Dies ist richtig, wenn der einzige Zweck des Unternehmens darin besteht, Geld zu verdienen.
Aber natürlich könnten Unternehmer ihr Unternehmen auch gründen, weil sie ihre Talente nutzen
wollen, um Produkte herzustellen, die zum Gemeinwohl, d. h. zur Lebensqualität der Menschen,
beitragen, und nicht nur zum finanziellen Gewinn. Wenn alle Unternehmer dies verstehen würden,
könnten wir uns dem annähern, was man eine „Ökonomie der Nächstenliebe" nennen könnte (Fuders 2017; Fuders und Nowak 2019). In diesem Fall würden sich die Unternehmer weniger um
Zinsen als Opportunitätskosten kümmern, und es könnte ausreichen, dass sie genug verdienen, um
davon leben zu können.

2.5.5 Die Verpflichtung zum Wachstum (makroökonomische Sicht)

Was wir gerade aus mikroökonomischer Sicht (Angebotsseite) gesehen haben, können wir auch aus makroökonomischer Sicht (Nachfrageseite) beobachten. Auf der einen Seite sind wir gezwungen zu wachsen, auf der anderen Seite *ermöglicht* der *Zins dieses Wachstum.* Wir können uns das aus drei Perspektiven vorstellen.

Je höher der Geldzinssatz ist, desto schneller wachsen die Einlagen und desto höher wird die Gesamtgeldmenge (bestehend aus Bargeld und Einlagen). Die Rolle des Geldzinssatzes für das exponentielle Wachstum der Geldmenge ist in den USA zu sehen (Abb. 2.4) und kann in allen anderen Ländern in ähnlicher Weise beobachtet werden. Eine höhere Geldmenge bedeutet wiederum, dass mehr Geldeinheiten im Umlauf sind, und da mehr Geld ausgegeben wird, steigt die Gesamtnachfrage. Mit anderen Worten: Der Geldzins zwingt die Produzenten nicht nur dazu, ständig eine gleichwertige (oder höhere) Rentabilität zu erzielen, sondern er ermöglicht auch Wirtschaftswachstum, da er die Geldmenge und die Gesamtnachfrage erhöht. Das heißt, selbst wenn alle Kredite in einer Volkswirtschaft zurückgezahlt würden, würde die Geldmenge nicht auf ihr ursprüngliches Niveau zurückkehren, da die Einlagen verzinst worden wären. Wir könnten diesen Effekt als „*Zinsgeldschöpfung*" bezeichnen (Fuders et al. 2013). In der klassischen Geldtheorie wird die Auswirkung des Geldzinssatzes auf die Geldmenge und das Wirtschaftswachstum jedoch genau andersherum gesehen. Die Zentralbanken senken die Zinssätze, wenn sie die Wirtschaftstätigkeit steigern wollen.

Dass der Geldzins die Gesamtnachfrage steigen lässt, lässt sich auch mit dem so genannten Geldschöpfungsmultiplikatormodell (manchmal auch *Buchgeldschöpfung* genannt) erklären. Dies ist ein Modell, das von den Zentralbanken und der konventionellen Geldtheorie angewandt wird, um die Wirkung des Geldzinssatzes auf die Geldmenge zu erklären. Nach diesem Konzept wächst die Gesamtgeldmenge durch die Ausweitung des Kreditvolumens in der Volkswirtschaft (z. B. Galbraith 1983; Stiglitz 1998; Larroulet und Mochón 2003; Mankiw und Taylor 2014). Aus diesem Grund versuchen die Zentralbanken, die Zinssätze zu erhöhen, wenn sie Inflation befürchten und das Wirtschaftswachstum bremsen wollen, da dies die Kreditvergabe hemme (z. B. Cuadrado et al. 2006; Fernández et al. 2006). Allerdings wird sich die Kreditausweitung nach einer Anhebung der Zinssätze höchstwahrscheinlich *nur anfänglich* verlangsamen. Mittel- und langfristig werden höhere Zinssätze dazu führen, dass mehr Menschen Geld auf Bankkonten einzahlen, und auch diese Einlagen werden bei höheren Zinssätzen noch schneller zunehmen. Das auf Bankkonten eingezahlte Geld wird aber *nicht für lange Zeit aus dem Verkehr gezogen werden.* Denn die wachsenden Einlagen üben einen enormen Druck auf die Bank aus, mehr Geld zu verleihen, denn irgendjemand muss die Zinsen, die die Banken für die Einlagen zahlen, bezahlen, sonst würde die Bank bald bankrott gehen. Wie oben dargelegt, gibt es keine Zinsen ohne Schulden. Daher zirkuliert das auf Bankkonten eingezahlte Geld über Kredite in der Wirtschaft.[14] Je mehr Geld eingezahlt wird, desto mehr (und nicht weniger) Kredite muss die Bank gewähren. Das heißt, auch unter Anwendung des Geldschöpfungsmultiplikator-Ansatzes führen höhere Zinsen letztlich zu einer verstärkten Kreditexpansion und damit zu einer erhöhten Geldmenge, gesamtwirtschaftlicher Nachfrage und Wirtschaftswachstum und umgekehrt (Fuders et al. 2013; Fuders 2017; Stehlík et al. 2017), weshalb man sich darauf einigen kann, dass die konventionelle Geldpolitik komplett überdacht werden sollte (Lee und Werner 2018).

Die dritte und einfachste Erklärung, warum höhere und nicht niedrigere Zinssätze die Gesamtnachfrage fördern, ist, dass der Geldzinssatz eine „Belohnung für den Verzicht auf Liquidität" darstellt (Keynes 1936, S. 167).[15] Je höher der Zinssatz ist, desto größer ist der Anreiz, Geld zu verleihen (oder es bei einer Bank zu sparen, die es für einen verleiht). Je höher also der Zinssatz, desto leichter zirkuliert das Geld in der Wirtschaft und umgekehrt.

Das Gesagte lässt sich empirisch nachweisen. Ungeachtet der Möglichkeit starker kurzfristiger Schwankungen sind der Geldzins und die BIP-Wachstumsrate über lange Zeiträume betrachtet eindeutig positiv miteinander korreliert. Abb. 2.6 zeigt diesen Zusammenhang für die US-Wirtschaft (für andere Volkswirtschaften siehe Lee und Werner 2018). Wäre die klassische Interpretation des Einflusses des Geldzinssatzes auf Geldmenge und BIP richtig, dann müssten Zinssatz und BIP-Wachstumsrate stattdessen negativ korreliert sein (Fuders et al. 2013; Stehlík et al. 2017).

2.5.6 Klare Unterscheidung zwischen Geldzinssätzen und realwirtschaftlichen Gewinnen

Die Tatsache, dass in der Wirtschafts- und Finanzwissenschaft häufig alle Arten von Erträgen als „Zinsen" bezeichnet werden, darf nicht dazu verleiten, die aus produktiven Investitionen erzielten Erträge mit den Zinsen zu verwechseln, die für Kredite

---

[14] In diesem Zusammenhang kann man auch die Frage stellen, ob der so genannte „keynesianische Multiplikator" wirklich existiert. Nach Auffassung der postkeynesianischen Ökonomie kann der Staat durch antizyklisches Sparen und Geldausgaben Konjunkturzyklen abschwächen. Das heißt, in Zeiten des Wirtschaftsbooms und hoher Steuereinnahmen spart der Staat Geld in Fonds an, das später ausgegeben werden kann, wenn die Wirtschaft in eine Rezession gerät, um den Konjunkturabschwung abzumildern. Das Geld, das auf Bankkonten gespart wird, zirkuliert jedoch weiterhin über Kredite in der Wirtschaft. Macht es einen Unterschied, ob das Geld von der Regierung oder vom Bankensystem in Umlauf gebracht wird?

[15] Dies ist eine ausgezeichnete Definition. In vielen Lehrbüchern heißt es jedoch, der Geldzins sei eine „Grundvoraussetzung für Konsumverzicht" (z. B. Süchting 1995, S. 437; Engelkamp und Sell 2005, S. 166). Geld ist jedoch nur ein Gutschein, eine Verrechnungseinheit, die den Tauschhandel erleichtert. Geld ist kein Gut und hat keinen Eigenwert, auf dessen Konsum man verzichten könnte. Nur wenn der Gutschein gegen ein reales Gut, wie z. B. ein Auto, eingetauscht wird und der Besitzer beschließt, es jemandem zu leihen, anstatt es selbst zu nutzen, nur dann verzichtet er auf den Konsum. Und nur dann macht es „Sinn" (Steiner 1979, S. 50) und scheint es gerechtfertigt zu sein, eine Miete zu verlangen (zu den moralisch-ethischen Aspekten des Zinses siehe Fuders 2010b, 2017).

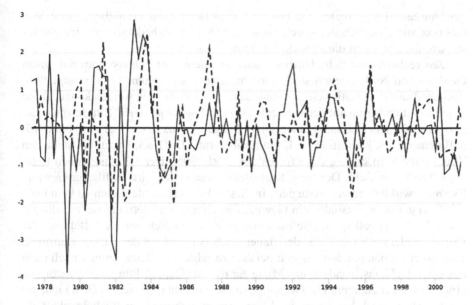

Abb. 2.6 Zinssatz und reales BIP-Wachstum (prozentuale Veränderung gegenüber dem Vorjahr). Durchgehende Linie: reales BIP-Wachstum; gestrichelte Linie: 10-Year Treasury Constant Maturity Rate. (Quelle: eigene Darstellung, basierend auf Daten der Federal Reserve Bank of St. Louis)

erhoben werden.[16] Nur der Geldzins erzeugt ständig und unabhängig von der realwirtschaftlichen Produktion Zinsen und schafft so die unnatürliche, exponentielle Ausweitung der Geldmenge und zwingt damit die produktive Wirtschaft, Schritt zu halten. Natürlich gibt es auch in einer Nullzinsumgebung Möglichkeiten, durch produktive Investitionen einen Gewinn zu erzielen. Allerdings würde dieser Gewinn dann auf der realen Wirtschaftsleistung basieren, also auf dem real geschaffenen Wert. Dies würde nicht nur aus moralisch-ethischer Sicht einen großen Unterschied zum derzeitigen System machen (siehe Fuders 2010b, 2017), sondern auch eine produktive Wirtschaft schaffen, die nicht ständig versuchen muss, den wachsenden Zinslasten nachzukommen.

In der Geldtheorie haben wir heute ziemliche Schwierigkeiten, den Geldzins von den realen wirtschaftlichen Gewinnen zu unterscheiden, da wir die Begriffe „Geld" und „Kapital" in der Regel als Synonyme verwenden, so als ob Geld ein Produktionsfaktor wie Kapital wäre. Doch Geld ist kein Produktionsfaktor, arbeitet nicht (auch wenn uns die Banken dies manchmal weismachen wollen) und hat keine Nachkommen (Aristoteles 1995, S. 23). Geld ist auch kein reales Gut und hat somit keinen Eigenwert (Galbraith 1983, S. 78; Keynes 1983). Geld ist nur ein Medium, das

---

[16]Interessanterweise verbietet der Koran für Muslime diese Gleichsetzung von Produktivitätsgewinnen mit Zinsen für das Verleihen von Geld, vgl. Sure 2,275. Auch die Heilige Bibel verbietet den Geldzins (z. B. Deuteronomium 23,19; 23,20–21; 24,10; Exodus 22,25; Levitikus 25,35–37; Hesekiel 18,8; 18,13; 22,12; Psalm 15,5; 112, 5; Sprüche 28,8; Lukas 6,30; 6,35; 1 Timotheus 6, 9; siehe auch Fuders 2017).

den Austausch von realen Gütern und Dienstleistungen ermöglicht. Jede Vermehrung von Geldeinheiten durch Zinsen (und Schulden) bedeutet, dass jemand für sie arbeiten und somit die Produktion steigern muss.

Dass realwirtschaftliche Gewinne auch in einem Wirtschaftssystem mit einem Geldzins von Null möglich sind, wird manchmal als Argument dafür angeführt, dass der Zins etwas Natürliches sei und daher nicht vermieden werden könne. Diese Argumentation beruht auf der *Verwechslung von Kapital mit Geld*. Ein Beispiel: Ein Schmied leiht einem Bauern einen seiner Pflüge für eine bestimmte Zeit und erhält dafür einen Sack Kartoffeln als Lohn für die Ernte. Der Sack Kartoffeln stelle den Zins für die Verpachtung des Pfluges dar (Rösl 2006). Der Pflug ist jedoch Realkapital und kein Geld. Der Sack Kartoffeln ist ein realer wirtschaftlicher Gewinn. Es wurde wirklich etwas produziert. In diesem Beispiel hat der Schmied kein Geld mit Geld gemacht, weshalb sein Gewinn kein Zins ist, sondern die Leihgebühr für ein reales Gut (Realkapital). Selbst wenn der Schmied nicht mit Kartoffeln bezahlt würde, sondern mit Geld, das der Bauer durch den Verkauf des Sackes Kartoffeln eingenommen hat, handelte es sich bei dem zu zahlenden Betrag immer noch nicht um einen Geldzins, sondern um Miete für das Realkapital Pflug. Geld fließt von einer Person zur anderen: Die Gesamtgeldmenge nimmt nicht zu. Da Geld nicht mit Geld verdient wird, kann sich das Finanzsystem nicht von der Realwirtschaft abkoppeln. Wenn alle Kredite so funktionieren würden, gäbe es keine Geld- (und Preis-)blasen und keinen Druck, eine bestimmte Wachstumsrate einzuhalten.

In diesem Zusammenhang stellen sich einige interessante Fragen. In Südamerika gibt es noch immer Gruppen von Ureinwohnern, die ihre traditionelle Lebensweise beibehalten und mehr oder weniger autark leben konnten. Würden alle Menschen so leben, würden die natürlichen Ressourcen sicherlich nicht übermäßig ausgebeutet werden. Können wir also von ihnen lernen? Wie ist es ihnen gelungen, diese Lebensweise zu bewahren? Liegt es daran, dass sie besser mit der Natur verbunden sind? Ja, das könnte möglich sein. Es könnte aber auch sein, dass der Grund für ihre bessere Naturverbundenheit darin liegt, dass sie kein Finanzsystem haben, das sie in den letzten 700 Jahren zu Wachstum gezwungen hat.

2.5.7 Schlussfolgerung

Ein positiver Geldzinssatz zwingt zu Wachstum, ermöglicht aber auch Wachstum. Jedenfalls solange, wie die Schuldenblase nicht platzt, was passieren wird, wenn irgendwann zu viele Schuldner ausfallen und Banken in großen Umfang bankrott gehen. Dann verlieren die Menschen das Vertrauen in den Bankensektor und beginnen, ihr Geld unter dem Kopfkissen aufzubewahren. In Folge zirkuliert das Geld nicht mehr über Kredite, der Geldschöpfungsmultiplikator schrumpft, und es kommt zu Deflation und tiefer wirtschaftlicher Depression (so wie während der Weltwirtschaftskrise – siehe Dornbusch et al. 2009). Da dies alles andere als ein wünschenswertes Ergebnis ist, sind die Volkswirtschaften der Welt seit Jahrhunderten gewachsen oder streben nach Wachstum. Das exponentielle Wachstum der realen Produktionskapazitäten, das durch unser Finanzsystem hervorgerufen wurde, wirkte sich auch auf die Größe der Fischerboote aus, um auf dieses Beispiel zurückzukommen. Das heißt, der Wachstumsimperativ hat nicht nur die wirtschaftliche Entwicklung, sondern auch die technologische Evolution über Jahrhunderte hinweg ausgelöst.

Unser Finanzsystem übt einen ständigen Druck in Richtung Wirtschaftswachstum aus, aber so wie es „kein kostenloses Mittagessen gibt" (Dolan 1971, S. 14), gibt es auch kein „nachhaltiges Wachstum". Wie der erste Hauptsatz der Thermodynamik besagt, können wir nicht etwas aus dem Nichts schaffen. Je mehr produziert wird, desto mehr Ressourcen werden benötigt, von denen viele jedoch endlich sind (Maedows et al. 2004; Daly und Farley 2011; Azkarraga et al. 2011; Costanza et al. 2012; Farley ct al. 2013). Dass ein endloses physisches Wachstum nicht möglich ist, wurde bereits von Aristoteles (1995, S. 17) thematisiert. Stetiges Wirtschaftswachstum muss zu einem Raubbau an der Natur führen. Dies gilt sogar für erneuerbare natürliche Ressourcen, da stetiges Wirtschaftswachstum bedeutet, dass wir irgendwann anfangen, die Ressource schneller abzubauen, als sie sich reproduziert. Dies führt uns zum nächsten Punkt.

2.6   Privatisierung löst nicht die „Tragödie der Allmende"

2.6.1   Privatisierung verhindert nicht notwendigerweise den Raubbau an Ressourcen

Der Geldzins bringt das Bedürfnis nach Wachstum mit sich, was allmählich zu einem *Gigantismus* führt, der bei freiem Zugang zu einer Überausbeutung der Ressource führt. Doch selbst wenn diese gemeinsam genutzte Ressource privatisiert würde (durch Bewirtschaftungszonen mit einem *einzigen Eigentümer* pro Zone), könnte es zu einer Übernutzung kommen, die sogar die Lebensfähigkeit der Populationen bedrohen könnte, wie das Beispiel des Meeres zeigt. Auch Ostrom (1990) hat darauf hingewiesen, dass selbst eine begrenzte Anzahl von Eigentümern die Menge der von ihnen geernteten Ressourceneinheiten so steigern könnte, dass sie entweder alle potenziellen Erträge aufbrauchen oder die Ressource vollständig zerstören. Der Grund dafür ist wiederum der Zinssatz: Je höher der Zinssatz ist, desto geringer ist der Nettobarwert (NPV) der künftigen Ernten.[17] Wenn der Barwert künftiger Ernten geringer ist als der Betrag, den ich durch den Verkauf meines gesamten Fischbestands (oder Holzes im Falle eines Waldes) heute erzielen kann, ist es wirtschaftlich rentabel, den gesamten Bestand heute zu verkaufen, anstatt die Ernten nachhaltig zu bewirtschaften und jedes Jahr nur die Menge zu ernten, die sich reproduziert (Ackermann 1994). Oder anders ausgedrückt: Wenn der von der Bank gezahlte Zinssatz hoch genug ist, lohnt es sich, den gesamten Bestand zu ernten und das Geld auf der Bank „arbeiten" zu lassen. Mit Blick auf eine solche Situation bemerkte Herman Daly einmal, dass alles in der Natur, was sich nicht im Rhythmus des Zinssatzes vermehrt, potenziell vom Aussterben bedroht ist (Daly et al. 1989).

---

[17] Der Barwert eines zukünftigen Gewinns ist der Wert, der heute bei einer Bank zum aktuellen Zinssatz eingezahlt werden müsste, damit die Einlage den erwarteten zukünftigen Wert erreicht.

2.6.2   Privatisierung verhindert nicht notwendigerweise ein nicht nachhaltiges Ressourcenmanagement

Wir sollten erwähnen, dass der Zinssatz der Zeit einen Wert beimisst („Zeit ist Geld"). Dies ist wahrscheinlich der Hauptgrund dafür, dass erneuerbare Ressourcen oft auf nicht nachhaltige Weise bewirtschaftet werden. Ein Beispiel dafür ist die Waldlandschaft im südlichen Zentralchile, die von nicht-heimischen, schnell wachsenden Arten dominiert wird, während die einheimischen Wälder in der Regel sekundär und degradiert sind (siehe auch Kap. 4, 5 und 8 in diesem Buch). Warum pflanzen Forstunternehmen lieber Eukalyptus- oder Kiefernmonokulturen anstelle von einheimischen Arten? Eine Kiefer wächst schnell, aber sie lässt sich auch billig verkaufen. Ein einheimischer Baum hingegen wächst langsamer, wird aber zu einem höheren Preis verkauft. Wenn ein einheimischer Baum zum Beispiel doppelt so lange wie eine Kiefer (*Pinus radiata*) braucht, bis er geerntet werden kann, aber auch etwa den dreifachen Preis erzielt, wie es bei der chilenischen Raulí – *Nothofagus alpina* (Cubbage et al. 2007) der Fall ist, könnte man meinen, dass der Plantagenbesitzer die Anpflanzung von Raulí vorziehen würde, da der Ertrag im Verhältnis zu der Zeit, die er braucht, bis er geerntet werden kann, höher ist als der einer Kiefer.

Dies ist jedoch nicht der Fall. Stattdessen pflanzen die Forstunternehmen lieber exotische Arten an und fördern damit auch den Verlust der biologischen Vielfalt, die Bodendegradation und die Gefahr von Waldbränden. Der Grund ist, dass ihre Gewinnkalkulation durch die Tatsache verzerrt wird, dass *Zeit kein neutraler Faktor ist*, sondern der Zins der Zeit einen Wert beimisst. Dementsprechend erscheint eine Art, die schneller wächst, oft profitabler als eine Art, die langsam wächst, auch wenn sie im Verhältnis zu der Zeit, die bis zur Ernte benötigt wird, zu einem viel höheren Preis verkauft wird. Mit anderen Worten: Je nach Zinssatz kann der Barwert des Preises eines Baumes, der in 30 Jahren geerntet wird, geringer sein als der Barwert einer Baumart, die in 15 Jahren geerntet wird, auch wenn erstere zu einem doppelt so hohen Preis verkauft wird. Dieser „Zeit-ist-Geld-Druck" gilt sowohl für Ressourcen in privatem als auch in gemeinschaftlichem Besitz. Hier hat Elinor Ostrom recht, wenn sie in Bezug auf Common-Pool-Ressourcen (CPR) und in Anknüpfung an die Erkenntnisse der Spieltheorie zu dem Schluss kommt, dass „je höher der Diskontsatz ist, desto mehr nähert sich die Situation einem One-Shot-Dilemma an, bei dem die dominante Strategie aller Teilnehmer darin besteht, die CPR übermäßig zu nutzen" (Ostrom 1990, S. 91).

Es gibt zwei Wege, um Monokulturen nicht-heimischer Arten zu vermeiden. Die erste besteht darin, dass die Regierung Vorschriften erlässt, die solche Praktiken einschränken, wie es in vielen Teilen der Welt geschieht. Der zweite Weg wäre ein Finanzsystem, in dem der Zinssatz die Gewinnberechnung der Wirtschaftsakteure nicht verzerrt. Dies würde langfristige Investitionen in natürliche Ressourcen ermöglichen und somit zu einer verstärkten Anpflanzung von einheimischen Wäldern führen.

2.6.3 Schlussfolgerung

Das derzeitige System zwingt uns zu einer Entscheidung zwischen nicht nachhaltigem Wachstum und Arbeitslosigkeit und damit Elend, wie Costanza et al. (2012, S. 42 f.) es richtig formulieren. Infolgedessen kommt es weltweit zu einer Umweltzerstörung auf Rekordniveau, und es ist klar, wir können so nicht weitermachen (Maedows et al. 2004; WWF 2018). Es sollte erwähnt werden, dass der Zinssatz, der für das Verleihen von Geld gezahlt wird, ein sehr *unnatürliches,* von Menschen erfundenes *Konstrukt* ist (Aristoteles 1995, S. 23; Kennedy 2011, S. 19 f.) und den Gesetzen der Physik widerspricht (Soddy 1934). Es ist möglich, das Finanzsystem zu verändern und ein System zu etablieren, das eine nachhaltige Entwicklung ermöglicht (Kennedy 2011; Azkarraga et al. 2011; Fuders 2009a, 2010a, 2016, 2017; Fuders und Max-Neef 2014a, b). Im nächsten Abschnitt wird angesprochen, wie dies erreicht werden könnte.

2.7 Zusammenfassung, Ausblick und Schlussbetrachtungen

Die Zuweisung privater Eigentumsrechte an ursprünglich frei zugänglichen natürlichen Ressourcen mag kurzfristig Vorteile bringen, da der *homo oeconomicus* nicht danach bestrebt sein wird, seine Einkommensquelle zu erschöpfen. Die Privatisierung als Strategie für den Umweltschutz geht jedoch nicht an die Wurzel des Problems und ermöglicht zudem Monopolrenten (*natural dividend*) für einige Personen, was zu ungerechten Einkommen, Ungleichheit und Allokationsineffizienz führt. Da die Privatisierung das Problem nicht an der Wurzel packt, gewährleistet sie auch keine nachhaltige Bewirtschaftung der Ressourcen und garantiert noch nicht einmal, dass diese Ressourcen nicht bis zu ihrer völligen Ausrottung ausgebeutet werden.

Chile ist ein hervorragendes Beispiel. Obwohl sich seine Küstengebiete (Bewirtschaftungsgebiete) und Wälder weitgehend in privater Hand befinden, wird die biologische Vielfalt in diesen Ökosystemen immer stärker beeinträchtigt. In diesem Kapitel wird die Hypothese vertreten, dass die Umweltzerstörung nicht nur ein Produkt des klassischen Marktversagens ist, sondern aus der Tatsache resultiert, dass die Wirtschaft zum Wachstum gezwungen ist. *Dies ist das primäre und transversale Versagen* unseres Wirtschaftsmodells, auch wenn es in der Wirtschaftstheorie bisher kaum als solches erkannt wird. Der Wachstumszwang entspringt nicht (nur) der Gier und dem Interesse der Wirtschaftsakteure an der Steigerung ihrer Gewinne, sondern hat seinen Ursprung im Finanzsystem, in dem das Geld das Gegenstück zur Verschuldung ist und sowohl die Geldmenge als auch die Gesamtverschuldung eines Landes durch eine auf dem Zinssatz basierende mathematische Logik ständig wachsen. Dies übt einen konstanten, unterschwelligen Druck auf die Wirtschaft aus, mindestens mit der gleichen Rate zu wachsen. Mit anderen Worten: Unabhängig davon, ob es sich bei den natürlichen Ressourcen um frei verfügbare Güter handelt oder nicht, werden sie aufgrund dieser Wachstumslogik langfristig übermäßig ausgebeutet.

Die Wirtschaftswissenschaften sollten die herkömmlichen Wirtschaftstheorien kritisch hinterfragen, um ein neues Modell für eine Marktwirtschaft zu formulieren, die nicht durch den Zwang zum Wachstum pervertiert wird. Von dem deutsch-argentinischen Wirtschaftswissenschaftler Silvio Gesell (1949) und seinem Werk „Die Natürliche Wirtschaftsordnung" könnten wir hier wahrscheinlich viel lernen. Gesell schlug eine Währung vor, die nicht ewig gehortet werden kann, die also zirkuliert, ohne dass Zinsen als „Belohnung für den Verzicht auf Liquidität" (Keynes 1936, S. 167) notwendig sind. Diese zinslose Währung, Gesell nannte sie *„Freigeld",* würde ausschließlich als Mittel zur Erleichterung des Austauschs von Waren und Dienstleistungen dienen und nicht zur Aufbewahrung von Vermögen. Folglich entspräche dieses Geld tatsächlich dem Konzept, das in der konventionellen Wirtschaftstheorie üblicherweise als „monetäre Neutralität" bezeichnet wird (Stiglitz 1998, S. 187), das aber im heutigen Finanzsystem nicht aufrechterhalten werden kann (Fuders 2017). Heute ist Geld nicht neutral. Vielmehr führt es zu einem ständigen Anstieg der Gesamtverschuldung eines Landes (und faktisch auch der Ungleichheit, da Einlagen und Schulden in gleicher Weise wachsen); es erzeugt den Zwang zum Wachstum und trägt damit erheblich zur Zerstörung des Planeten bei.

Wir können uns vorstellen, dass ohne den Zwang zum Wachstum und ohne die Möglichkeit, große Mengen an *virtuellem Reichtum* (Soddy 1933, 1934, S. 36) auf Bankkonten anzuhäufen, die sich „von selbst" vermehren (was selbst der alte Aristoteles (1995, S. 23) für unnatürlich hielt), der Missbrauch an der Natur deutlich zurückgehen könnte. Festzuhalten ist in jedem Fall, dass mit dem derzeitigen Finanzsystem eine nachhaltige Zukunft nicht möglich ist (Azkarraga et al. 2011). Eine Umweltschutzpolitik, die dieses System nicht hinterfragt, kann daher nur als Farce bezeichnet werden (Fuders und Max-Neef 2014a).

Es ist erwähnenswert, dass eine positive Entwicklung eines Landes nicht unbedingt Wirtschaftswachstum voraussetzt. Wachstum ist quantitativ und bezieht sich auf die Steigerung der Gesamtleistung einer Wirtschaft, während Entwicklung ein qualitatives Konzept ist und von der subjektiven Wahrnehmung der Befriedigung menschlicher Bedürfnisse abhängt. Wir können uns unendlich entwickeln, ohne die Produktion von Waren und Dienstleistungen ständig steigern zu müssen. So können wir beispielsweise unsere Computer verbessern und sie effizienter und effektiver machen, ohne dass die Zahl der verkauften Einheiten steigen muss. Wenn wir eine Wirtschaft wollen, die die grundlegenden menschlichen Bedürfnisse befriedigt, d. h. eine „Entwicklung nach menschlichem Maß" (Max-Neef et al. 1991),[18] wenn

---

[18] Menschliche Bedürfnisse werden im so genannten *Human-Scale-Development*-Approach (Max-Neef et al. 1991) als ontologisch betrachtet, d. h. sie ergeben sich aus der Bedingung des Menschseins und können als wenige, endliche und klassifizierbare Bedürfnisse charakterisiert werden, die in allen menschlichen Kulturen und über historische Zeiträume hinweg dieselben sind und sich nicht verändern. Im Gegensatz hierzu steht, was die Wirtschaftswissenschaften als „Bedürfnisse" definieren, die unendlich und unersättlich sind. Was sich jedoch im Laufe der Zeit und zwischen den Kulturen ändert, sind die Strategien, mit denen diese Bedürfnisse befriedigt werden. Ein Index, der die subjektive Wahrnehmung der Befriedigung der grundlegenden menschlichen Bedürfnisse misst, ist der „Human Scale Development Index" (Fuders et al. 2016).

wir unsere Welt vom derzeitigen „Kollisionskurs" (Max-Neef 2010) abbringen wollen, dann müssen wir zuerst unser Geld reformieren.

Schließlich sollten wir vielleicht auch die Gesetze zum Privateigentum an natürlichen Ressourcen überdenken. Aus wirtschaftlicher Sicht ist das Privateigentum sinnvoll, wenn es sich um von Menschen hergestellte Produkte handelt, aber nicht unbedingt, wenn es sich um natürliche Ressourcen handelt. Sicherlich würde niemand etwas herstellen, das er später nicht als „sein Eigentum" bezeichnen kann. Aber dieses Argument gilt nicht für natürliche Ressourcen, wie z. B. Urwälder, da diese bereits von der Natur bereitgestellt werden; und dass ein privater Eigentümer eine natürliche Ressource besser schützt als der Staat, ist nicht unbedingt wahr, wie in diesem Kapitel dargelegt wurde. Wir haben gesehen, dass der Geldzins auch unter privater Kontrolle zu einer nicht nachhaltigen Bewirtschaftung der Wälder und der Fischereiwirtschaft führt und Monopoleinkünfte ermöglicht. Ausführlichere Überlegungen zum Privateigentumsrecht und zur Bewirtschaftung natürlicher Ressourcen werden in Kap. 3 dargelegt.

Literatur

Ackermann F (1994) The natural interest rate of the forest: macroeconomic requirements for sustainable development. Ecol Econ 10:21–26

Acquatella J, Altomonte H, Arroyo A, Lardé J (2013) Rentas de Recursos naturales no renovables en América Latina y el Caribe. Cepal, Santiago de Chile

Aristotle (1995) Politik, 1. Buch. In: Meiner F (Hrsg) Aristoteles Philosophische Schriften in sechs Bänden, Bd 4. Felix Meiner Verlag, Hamburg

Ault D, Rutman G (1979) The development of individual rights to property in tribal Africa. J Law Econ 22(1):163–182

Azkarraga J, Max-Neef M, Fuders F, Altuna L (2011) La evolución sostenible II. Lanki (Mondragon Unibertsitatea), Eskoriatza

Barkley PW, Seckler DW (1972) Economic growth and environmental decay – the solution becomes the problem. Hartcourt Brace, New York

Cheung S (1970) The structure of a contract and theory of a non-exclusive resource. J Law Econ 13(1):49–70

Common M, Stagl S (2008) Introducción a la Economía Ecológica. Reverté, Barcelona

Conrad J, Clark C (1995) Natural resource economics – notes and problems, 5. Aufl. Cambridge University Press, Cambridge

Costanza R, Alperovitz G, Daly H, Farley J, Franco C, Jackson T et al (2012) Building a sustainable and desirable economy-in-society-in-nature. United Nations Devision for Sustainable Development, New York

Copeland T, Weston J, Shastri K (2008) Finanzirungstheorie und Unternehmenspolitik. Konzepte der Kapitalmarkorientierten Unternehmensfinanzierung, 4a. Aufl. Pearson, Munich

Creutz H (1993) Das Geldsyndrom. Wege zu einer krisenfreien Marktwirtschaft. Wirtschaftsverlag Langen Müller/Herbig, Munich

Cuadrado JR, Mancha T, Villena JE, Casares J, González M, Marín JM, Peinado ML (2006) Política Económica – Elaboración, objetivos e instrumentos, 3. Aufl. McGraw-Hill, Madrid

Cubbage F, Mac Donagh P, Sawinski Junior J, Rubilar R, Donoso P, Ferreira A et al (2007) Timber investment returns for selected plantations and native forests in South America and the southern United States. New For 33(3):237–255

Dales JH (1972) Pollutions property and prices, 4a. Aufl. University of Toronto Press, Toronto

Daly H, Farley J (2011) Ecological economics – principles and applications, 2da. Aufl. Island Press, Washington, USA

Daly H, Cobb J, Cobb C (1989) For the common good: redirecting the economy toward community, the environment, and a sustainable future. Beacon Press, Boston

Deka (2019) Youtube. [Online]. https://www.youtube.com/watch?v=CSmBku1qZsg. Zugegiffen am 30.07.2019

Demsetz H (1967) Toward a theory of property rights. Am Econ Rev 57(2):347–359

Dolan EG (1971) TANSTAAFL – the economic strategy for environmental crisis. Holt, Rinehart and Winston, New York

Dornbusch R, Fischer S, Startz R (2009) Macroeconomía, 10. Aufl. McGraw-Hill, México

Einstein A, Infeld L (1938) The evolution of physics. Cambridge Uiversity Press, London

Engelkamp P, Sell F (2005) Einführung in die Volkswirtschaftslehre, 3. Aufl. Springer, Berlin

Farley J, Burke M, Flomenhoft G, Kelly B, Murray F, Posner S et al (2013) Monetary and fiscal policies for a finite planet. Sustainability 5:2802–2826

Fernández A, Parejo JA, Rodríguez L (2006) Política Económica, 4. Aufl. McGraw-Hill, Madrid

Frank R (2015) Microeconomics and behaviour, 9. Aufl. McGraw-Hill, New York

Fuders F (2009a) Die natürliche Wirtschaftsordnung als Option nach dem Zusammenbruch. Aufklärung & Kritik 16(2):128–145

Fuders F (2009b) EG-Wettbewerbsrecht. SVH, Saarbrücken

Fuders F (2010a) Alternative concepts for a global financial system – an answer to the present world financial crisis. Estudios Internacionales 166:45–56

Fuders F (2010b) Warum der Zins auch moralisch nicht zu rechtfertigen ist. Humane Wirtschaft 2:26–29

Fuders F (2016) Smarter money for smarter cities: how @regional currencies can help to promote a decentralised and sustainable regional development. In: Dick E, Gaesing K, Inkoom D, Kausel T (Hrsg) Decentralisation and regional development – experiences and lessons from four continents over three decades. Springer, Cham, S 155–185

Fuders F (2017) Neues Geld für eine neue Ökonomie – Die Reform des Geldwesens als Voraussetzung für eine Marktwirtschaft, die den Menschen dient. In: Krämer G (Hrsg) Finanzwirtschaft in ethischer Verantwortung – Erfolgskonzepte für Social Banking und Social Finance. Springer-Gabler, Wiesbaden, S 121–183

Fuders F, Max-Neef M (2014a) Local money as solution to a capitalistic global financial crisis. In: Pirson M, Steinvorth U, Largacha-Martinez C, Dierksmeier C (Hrsg) From capitalistic to humanistic business. Palgrave Macmillan, Hampshire

Fuders F, Max-Neef M (2014b) Dinero, deuda y crisis financieras. Propuestas teórico-prácticas en pos de la sostenibilidad del sistema financiero internacional. In: Fernández J (Hrsg) Economía Internacional. Claves teórica-prácticas sobre la inserción de Latinoamérica en el mundo. Latin, Guayaquil

Fuders F, Nowak V (2019) The economics of love: how a meaningful and mindful life can promote allocative efficiency and happiness. In: Steinebach C, Langer Á (Hrsg) Enhancing resilience in youth – mindfulness-based interventions in positive environments. Springer, Cham, S 259–277

Fuders F, Mondaca C, Azungah Haruna M (2013) The central banks' dilemma, the inflation-deflation paradox and a new interpretation of the Kondratieff waves. Economía 36:33–66

Fuders F, Mengel N, Maria del Valle B (2016) Índice de desarrollo a escala humana: propuesta para un indicador de desarrollo endógeno basado en la satisfacción de las necesidades humanas fundamentales. In: Pérez Garcés R, Espinosa Ayala E, Terán Varela O (Hrsg) Seguridad Alimentaria, actores Territoriales y Desarrollo Endógeno. Laberinto, Iztapalapa, S 63–106

Galbraith JK (1983) El Dinero – De dónde vino/Adónde fue, 2. Aufl. Hyspamerica, Buenos Aires – Madrid

George H (1935) Progress and poverty – an inquiry into the cause of industrial depressions and of increase of want with increase of wealth – the remedy, 50th anniversary edition Ausg. Robert Schalkenbach Foundation, New York

Gesell S (1949) Die natürliche Wirtschaftsordnung durch Freiland und Freigeld. Rudolf Zitzmann, Lauf

Goethe J (1996) Goethe – Werke, Kommentare und Register, Hamburger Ausgabe in 14 Bänden – Band 1: gedichte und Epen I, 16. Aufl. C.H. Beck, Munich

Hamilton C (2003) Growth fetish. Allen & Unwin, Crows Nest

Hardin G (1968) The tragedy of the commons. Science 162:1243–1248

Hardin G (1978) Political requirements for preserving our common heritage. In: Bokaw HP (Hrsg) Wildlife and America. Council on Environmental Quality, Washington, S 310–317

Kennedy M (1990) Geld ohne Zinsen und Inflation – Ein Tauschmittel, das jedem dient. Permakultur-Verlag, Steyerberg

Kennedy M (2006) Geld ohne Zinsen und Inflation – Ein Tauschmittel, das jedem dient, 9. Aufl. Goldmann, München

Kennedy M (2011) Occupy money. Kamphausen Verlag, Bielefeld

Keynes J (1936) General theory of employment, interest and money. Hartcourt, New York

Keynes J (1983) Economic articles and academic correspondence. In: Moggrigde D (Hrsg) The collected writings of John Maynard Keynes. Macmillan, Cambridge, S 402

Lachmann W (2006) Volkswirtschaftslehre 1. Springer, Berlín/Heidelberg

Larroulet C, Mochón F (2003) Economía, 2. Aufl. Mac Graw-Hill, Santiago

Lee KS, Werner R (2018) Reconsidering monetary policy: an empirical examination of the relationship between interest rates and nominal GDP growth in the U.S., U.K., Germany and Japan. Ecol Econ 146:26–34

Lietaer B, Arnsperger C, Goerner S, Brunnhuber S (2013) Geld und Nachhaltigkeit – Von einem überholten Finanzsystem zu einem monetären Ökosystem. Ein Bericht des Club of Rome/EU-Chapter. Europa Verlag, Vienna

Löhr D (2012) The euthanasia of the rentier – a way toward a steady-state economy? Ecol Econ 84:232–239

Maedows D, Randers J, Maedows D (2004) The limits to growth – the 30-year update. Chelsea Green Publishing, Vermont

Mankiw GN, Taylor MP (2014) Economics, 3. Aufl. Cengage Learning EMEA, Hampshire

Maunder M (2008) Maximum sustainable yield. In: Encyclopedia of ecology. Elsevier, Amsterdam, S 2292–2296

Max-Neef M (1986) La Economía Descalza – Señales desde el mundo invisible. Nordan, Estocolmo

Max-Neef M (2010) The world on a collision course and the need for a new economy. Ambio 39:200–210

Max-Neef M, Elizalde A, Hopenhayn M (1991) Human scale development – conception, application and further reflections. Apex, New York

Mill J (1885) Principles of political economy. Appleton, New York

Neher P (1990) Natural resource economics – conservation and exploitation. Cambridge University Press, Cambridge

Okun A (1962) Potential GNP: its measurement and significance. In: I. A. Association (Hrsg) Proceedings of the business and economic statistics section. American Statistical Association, Alexandria

Ostrom E (1990) Governing the commons – the evolution of institutions for collective action. Cambridge University Press, Cambridge

Rösl G (2006) Regionalwährungen in Deutschland – Lokale Konkurrenz für den Euro? Diskussionspapier Reihe 1: Volkswirtschaftliche Studien Nr. 43. Bundesbank, Frankfurt

Smith A (1952) An inquiry into the nature and causes of the wealth of nations. Great books of the western world, Bd 39. W. Benton, Chicago

Smith R (1981) Resolving the tragedy of the commons by creating private property rights in wildlife. CATO 1:439–468

Soddy F (1933) Wealth, virtual wealth and debt – the solution of the economic paradox, 2. Aufl. Briton, London. (Reprint 1961)

Soddy F (1934) The role of money – what it should be contrasted with what it has become. Routledge, London

Stehlík M, Helperstorfer C, Hermann P et al (2017) Financial and risk modelling with semicontinuous covariances. Inf Sci 394–395:246–272

Steiner R (1979) Die soziale Grundforderung unserer Zeit – In geänderter Zeitlage, Zwölf Vorträge, gehalten in Dornach und Bern v. 29. 11. bis 21.12.1918. 2. Aufl. Dornach: s. n

Stevenson G (1991) Common property economics – a general theory and land use applications. Cambridge University Press, Cambridge

Stiglitz J (1998) Macroeconomía. Ariel, Barcelona

Strunz S, Bartkowski B, Schindler H (2015) Is there a monetary growth imperative? Helmholtz-Zentrum für Umweltforschung, Leipzig

Süchting J (1995) Finanzmanagement, Theorie und Politik der Unternehmensfinanzierung, 6. Aufl. Gabler, Wiesbaden

Suhr D (1988) Alterndes Geld – Das Konzept Rudolf Steiners aus geldtheoretischer Sicht. Novalis, Schaffhausen

Tsikliras A, Froese R (2019) Maximum sustainable yield. In: Encyclopedia of ecology, 2. Aufl. Elsevier, Amsterdam, S 108–115

Turner R, Pearce D, Bateman I (1994) Environmental economics – an elementary introduction. Harvester Wheatsheaf, New York

Walker K (1959) Das Geld in der Geschichte. Rudolf Zitzmann, Lauf

Welch W (1983) The political feasibility of full ownership property right: the cases of pollution and fisheries. Policy Sci 16:165–180

Wikipedia (2019). https://en.wikipedia.org/wiki/Money_supply. Zugegriffen am 10.05.2019

WWF (2018) Living planet report – 2018: aiming higher. Gland (Switzerland): s. n

Kapitel 3
Allokationseffizienz und Eigentumsrechte in der Ökologischen Ökonomie: Warum wir zwischen vom Menschen geschaffenem Kapital und natürlichen Ressourcen unterscheiden sollten

Felix Fuders und Roberto Pastén

3.1 Einleitung

3.1.1 Privatisierung von natürlichen Ressourcen schützt nicht vor Raubbau an der Natur

In Kap. 2 wurde dargelegt, warum die Zuweisung von Eigentumsrechten an natürlichen Ressourcen trotz des berechtigten Interesses des *homo oeconomicus* an der Erhaltung künftiger Einkommensquellen nicht unbedingt eine übermäßige Ausbeutung der Ressourcen verhindert. Diese Hypothese steht im Widerspruch zur konventionellen ökonomischen Sichtweise, wonach die Zuweisung von Eigentumsrechten als Mittel gegen den Raubbau gilt. Stattdessen wurde argumentiert, dass der Mangel an Nachhaltigkeit bei der Bewirtschaftung natürlicher Ressourcen seinen Ursprung in unserem Geldsystem hat, in dem der Geldzins (als Opportunitätskosten jeder realwirtschaftlichen Investition) einen ständigen Druck auf die Unternehmen ausübt, eine mindestens ebenso hohe Rentabilität zu erzielen, weshalb die Wirtschaft mindestens im gleichen Tempo wachsen muss. Mit anderen Worten: *Unabhängig* davon, ob es sich bei natürlichen Ressourcen um frei zugängliche Güter handelt oder nicht, werden sie aufgrund dieser Logik des konstanten Wirtschaftswachstums langfristig übermäßig ausgebeutet. Darüber hinaus ermöglicht die Privatisierung der ursprünglich frei zugänglichen natürlichen Ressourcen so genannte Monopolrenten (oft als *„Naturdividende"* – engl. *natural dividend* bezeichnet) und damit ein ungerechtes Einkommen, d. h. ein Einkommen, das nicht nur auf der Leistung des

F. Fuders (✉) · R. Pastén
Volkswirtschaftliches Institut, Fakultät für Wirtschaft und Verwaltung,
Universidad Austral de Chile, Valdivia, Chile
E-Mail: felix.fuders@uach.cl

© Der/die Autor(en), exklusiv lizenziert an Springer Nature Switzerland AG 2023
F. Fuders, P. J. Donoso (Hrsg.), *Ökologisch-ökonomische und sozio-ökologische Strategien zur Erhaltung der Wälder*, https://doi.org/10.1007/978-3-031-29470-9_3

Eigentümers beruht.[1] Chile ist ein gutes Beispiel dafür. Obwohl die Küstengebiete in exklusive Bewirtschaftungszonen (áreas *de manejo*) aufgeteilt und die Wälder überwiegend in Privatbesitz sind, werden weder Aquakultur noch Forstwirtschaft nachhaltig betrieben (zur Aquakultur siehe: Sommer 2009; Allsopp et al. 2008; zur Forstwirtschaft: siehe Kap. 4 und 5). Die nicht nachhaltige Ressourcenbewirtschaftung kann hier nicht mit dem freien Zugang zu den Ressourcen erklärt werden.

3.1.2 Regulierung von Ressourcen in Privatbesitz?

Obwohl in der südamerikanischen Forstwirtschaft nicht-nachhaltige Praktiken nach wie vor sehr üblich sind (z. B. das Anpflanzen von Monokulturen nichteinheimischer Arten und die Praxis des Kahlschlags), könnten die Regierungen solche Praktiken durch Gesetze regulieren. In Deutschland beispielsweise versucht das Bundeswaldgesetz, die Interessen der Waldeigentümer und des Gemeinwohls in Einklang zu bringen (§ 1, Nr. 3 Bundeswaldgesetz). Die Waldbesitzer sind verpflichtet, ihre Wälder ordnungsgemäß und nachhaltig zu bewirtschaften (§ 11 Bundeswaldgesetz). Die entsprechenden Landesgesetze in Deutschland bauen auf dieser Prämisse auf, indem sie Länder und Kommunen verpflichten, Waldnutzungspläne aufzustellen, die das Ziel verfolgen, die Schutz- und Erholungsfunktionen des Waldes sowie seine Artenvielfalt zu erhalten (z. B. Art. 6 Bayerisches Waldgesetz). Ähnliche Vorschriften, die in ganz Europa erlassen wurden, haben zu deutlichen Verbesserungen bei der Waldbewirtschaftung geführt. So ist beispielsweise der Kahlschlag in vielen Ländern nur noch sehr selten anzutreffen (Paletto et al. 2008; Lundmark et al. 2017).

Noch besser als die Regulierung wäre es jedoch, ein Finanzsystem zu etablieren, das die produktive Wirtschaft nicht zu ständigem Wachstum zwingt und in dem der Geldzins die Gewinnkalkulationen der Wirtschaftsakteure nicht verzerrt, wie in Kap. 2 erläutert. Die Zuweisung privater Eigentumsrechte und die künstliche Beschränkung des Zugangs zu natürlichen Ressourcen und damit die Ermöglichung von Monopolrenten wären dann unnötig. Wie bereits skizziert (Kap. 2), wurde ein solches Geldsystem bereits vor 100 Jahren von Silvio Gesell (1949) vorgeschlagen.[2] Gesell schlug eine Währung (*Freigeld*) vor, die in der Wirtschaft zirkuliert, ohne dass Zinsen als „Belohnung für den Verzicht auf Liquidität" (Keynes 1936, S. 167) notwendig wären. Diese Währung würde ausschließlich als Mittel zur Erleichterung des Tauschhandels dienen und nicht zum Anhäufen „virtuellem Reichtums" (Soddy 1933). Sie würde wahrscheinlich wirklich dem Konzept entsprechen, das in der Wirtschaftstheorie üblicherweise als

---

[1] Der Begriff „wirtschaftliche Rente" bezeichnet einen Geldbetrag, der über die Opportunitätskosten der investierten Produktionsfaktoren hinausgeht. Ökonomische Renten entstehen oft durch Markineffizienzen.

[2] Siehe: Fuders 2009, 2010, 2016, 2017; Fuders und Max-Neef 2014a.

„Neutralität des Geldes" bezeichnet wird (z. B. Stiglitz 1998, S. 187), das aber in den derzeitigen Finanzsystemen nicht eingehalten werden kann (Fuders 2017).

Es ist durchaus denkbar, dass ohne den Wachstumszwang ein Gleichgewicht erreicht werden könnte, das der von Herman Daly (1991) beschriebenen *„steady-state-economy"* nahekommt, ohne dass der Staat Input und Durchsatz von Produktionsprozessen künstlich regulieren muss (Fuders 2016).[3] Leider ist es unwahrscheinlich, dass eine solche Reform unseres Finanzsystems in naher Zukunft stattfinden wird. Es sei auch darauf hingewiesen, dass technologische Innovationen (die möglicherweise selbst durch den Wachstumsimperativ ausgelöst wurden) nicht zurückgenommen werden können. Selbst wenn es zu einer solchen Reform käme, würden wir nicht zu Äxten zurückkehren, um Bäume zu fällen, oder zu kleinen handwerklichen Fischerbötchen, um Fische zu fangen. Betrachtet man die Metapher der *„Tragödie der Allmende"* von Hardin (1968), so hat der technologische Fortschritt dazu geführt, dass riesige Flächen natürlicher Ressourcen ebenso leicht ausgebeutet werden können wie das gemeinsame Weideland in einem Dorf.

Es stellt sich die Frage, wie wir unsere natürlichen Ressourcen schützen können, solange das gegenwärtige System so funktioniert, wie es funktioniert, d. h. solange alle produktiven Prozesse mindestens im Rhythmus des Geldzinses als Opportunitätskosten jeder produktivwirtschaftlichen Investition wachsen müssen. Wäre es bei unserem derzeitigen Weltfinanzsystem nicht immer noch empfehlenswert, den Zugang zu natürlichen Ressourcen zu beschränken, *verbunden mit strengen Regulierungen* (z. B. Verbot von Kahlschlägen und Monokulturen exotischer Arten), um eine nachhaltige Bewirtschaftung zu erreichen, auch wenn dies Monopoleinkommen ermöglicht? Diesen Fragen wird in den nächsten Abschnitten nachgegangen werden.

3.2 Natürlichen Ressourcen gehören allen Menschen

3.2.1 *Unterscheidung zwischen vom Menschen geschaffenen Produkten und Erzeugnissen der Natur*

Da die übermäßige Ausbeutung der Natur nicht aus dem freien Zugang zu den Ressourcen resultiert, sondern aus dem Wachstumszwang, den der Geldzins seit etwa 700 Jahren auf unsere Volkswirtschaften weltweit ausübt, wurde in Kap. 2 gefolgert, dass die natürlichen Ressourcen, insbesondere Land und Boden, Bodenschätze, Wasser und Luft, frei zugänglich bleiben sollten. Aus Sicht der Allokationstheorie

---

[3] Gleichzeitig würde dieses Geldsystem eine starke Kraft hinter der stetig wachsenden Einkommensungleichheit abschaffen, Inflation und Deflation sowie Finanzkrisen vermeiden. Siehe dazu: Fuders 2009, 2010, 2016, 2017; Fuders und Max-Neef 2014a, b.

ist der freie Zugang (ohne Wachstumsimperativ) am effizientesten und führt zu Preisen, die den Grenzkosten entsprechen.

Wir brauchen Privateigentum an von Menschen hergestellten Gütern, sonst würde sie niemand herstellen. Stellen wir uns zum Beispiel ein kaffeeliebendes Land vor, dessen Regierung das Kaffeetrinken zu einem Menschenrecht erklärt und deshalb den privaten Besitz von Kaffeemaschinen verbietet. Würden in diesem Land Kaffeemaschinen hergestellt oder verkauft werden? Wahrscheinlich nicht. Jeder, der eine Kaffeemaschine herstellt, könnte sie nicht verkaufen, da der Hersteller in dem Moment, in dem er sie herstellt, das Eigentumsrecht verlöre. Es erscheint auch gerecht, dass jemand, der Waren produziert, für die Schaffung des Mehrwerts, also für seine Arbeit oder Arbeitsleistung, entlohnt wird. Privateigentum hat es immer gegeben, auch wenn es nicht immer ausdrücklich in Gesetzen verankert war. Das biblische Gebot „Du sollst nicht stehlen" zum Beispiel wäre überflüssig, wenn man das Privateigentum nicht für notwendig hielte, um ein Zusammenleben in Gerechtigkeit, Frieden und Harmonie zu gewährleisten. Man könnte sich jedoch fragen, ob es richtig und gerecht ist, „reine Naturressourcen", d. h. Güter, die ausschließlich von der Natur produziert und bereitgestellt werden, als Privateigentum zu betrachten. Dabei handelt es sich um Güter, die der Mensch weder geschaffen noch ihnen einen Wert hinzugefügt hat, wie Land, Wasser (Seen, Ozeane, Grundwasser) oder Ressourcenbestände, die Urwälder, ursprüngliche Fischgründe oder Bodenschätze uns liefern. Privateigentum ist also nicht notwendig, um einen Anreiz zu schaffen, damit diese Güter produziert werden, da die Natur dies für uns tut oder bereits getan hat. Es ist daher sinnvoll, zwischen von Menschen hergestellten und von der Natur produzierten Gütern zu unterscheiden und *nur den von Menschen hergestellten Gütern Privateigentum* zuzuweisen. Dies würde dazu führen, dass die reinen Naturressourcen für alle Menschen und Tiere frei zugänglich wären. Diese Idee ist nicht ganz neu, aber fast ganz vergessen. Sie wurde bereits vor 150 Jahren von Henry George (1935) in seiner eingehenden Untersuchung der Gerechtigkeitsaspekte einer solchen Unterscheidung ins Auge gefasst. Fünfzig Jahre später nahm Silvio Gesell (1949) ähnliche Gedanken in sein Modell einer „Natürlichen Wirtschaftsordnung" auf.

3.2.2 Freier Zugang für alle zu „reinen natürlichen Ressourcen"

Der freie Zugang zu den „reinen natürlichen Ressourcen" ist nicht nur aus Gründen der Allokationseffizienz erforderlich (Kap. 2), sondern auch unter dem Gesichtspunkt der Gerechtigkeit empfehlenswert. Schließlich wurden sie für alle gleichermaßen geschaffen (George 1935). Dies wäre in der Tat eine natürliche Eigentumsordnung, da Völker der Ureinwohner überall auf der Welt keine Eigentumsrechte an der Natur anerkennen, wohl aber das Eigentum anderer Menschen respektieren, das das Ergebnis der menschlichen Arbeit bei der Umwandlung der natürlichen Ressourcen ist, auch wenn dieses „Eigentumsrecht" möglicherweise nirgendwo niedergeschrieben steht, sondern nur als eine Art Gewohnheitsrecht in diesen Völkern existiert.

Übrigens gab es zu biblischen Zeiten kein Privateigentum an Land, Bodenschätzen oder Wasser unterhalb des Königs, d. h. der Staatsregierung (Levitikus 25,23). Das biblische Gebot „Du sollst nicht stehlen" kann sich daher *nur* auf Güter beziehen, die von Menschen produziert oder geerntet werden. Dies steht im Einklang mit dem ersten Brief des Paulus an die Korinther: „Ich habe gepflanzt, Apollos hat gegossen, aber Gott hat das Wachstum gegeben. So ist weder der, der pflanzt, noch der, der gießt, etwas, sondern allein Gott, der das Wachstum gibt" (1 Kor 3,6–7). Heutzutage ernten wir jedoch oft das, was wir noch nicht einmal gepflanzt oder gegossen haben, ohne dass wir dafür arbeiten müssen – sollten wir dann ein Privateigentum an solchen Naturprodukten beanspruchen? Nur wenn der Mensch selbst Arbeit verrichtet, um das Endprodukt zu erzielen, ist es gerecht, Privateigentum zu beanspruchen (George 1935). Es lohnt sich also zu fragen, ob die Arbeitsleistung des Erntens (ohne jegliche weitere Bearbeitung) den Anspruch auf Eigentum an diesen Ressourcen rechtfertigt?

Man könnte argumentieren, dass das Ernten in der Tat eine ausreichende Arbeitsleistung darstellt, um Eigentum an den geernteten Ressourcen zu begründen. Holz oder Fisch würden dann demjenigen gehören, der den Baum gefällt bzw. das Netz ausgeworfen hat. Aber auch dann muss der *Zugang* zu Urwäldern und Fischgründen oder zu anderen von der Natur geschaffenen und vom Menschen genutzten Ressourcen *für jeden möglich* sein. Dies ist ein starkes Argument dafür, dass reine Naturressourcen nicht privatisiert werden sollten. Hätte der Mensch auch schon zu Zeiten Moses versucht, Land, Wasser und neuerdings auch Luft zu privatisieren (der Emissionshandel kann als eine Form der Privatisierung der Luft angesehen werden; Lohmann 2006), hätte Gott vielleicht in den Zehn Geboten festgelegt, dass das Gebot, nicht zu stehlen, nicht für Land, Wasser und Luft gilt, die ohnehin als Gaben an die gesamte Menschheit angesehen werden können und damit allen gleichermaßen gehören (Psalm 115; George 1935).

3.2.3 Potenzieller Zugang für jedermann zum Pflanzen und Ernten

Was bisher gesagt wurde, gilt nicht für land- und forstwirtschaftliche Produkte, die vom Menschen selbst angebaut wurden. Diese sollten nicht frei zugänglich bleiben, da die Mühe belohnt werden muss. Hier rechtfertigt der Mehrwert, der dem Produkt durch die Mühe des Pflanzens und Bewässerns hinzugefügt wird, das Privateigentum. Interessanterweise stimmt dies mit dem bereits zitierten Brief an die Korinther überein: „Wer pflanzt und wer begießt: Beide arbeiten am gleichen Werk, jeder aber erhält seinen besonderen Lohn, je nach der Mühe, die er aufgewendet hat" (1 Kor 3,8). Heutzutage ist dies jedoch nicht immer der Fall, da der Eigentümer von Grund und Boden mehr als einen entsprechenden Lohn (mehr als die Opportunitätskosten der investierten Produktionsfaktoren) für seine Bemühungen erhalten kann. Diese zusätzliche Vergütung wird als „*Naturdividende*" bezeichnet, stellt aber, wie in Kap. 2 erläutert, eine Monopolrente dar und resultiert gerade aus der Zuteilung von Boden, Bodenschätzen oder Wasser an eine begrenzte Anzahl von Privateigentümern. Einerseits muss also der Zugang zu Boden beschränkt werden, damit derjenige, der gepflanzt hat, auch eine Ernte einfahren kann. Andererseits sollte es vermieden werden, Eigentumsrechte zu vergeben, die einer kleinen Anzahl von Personen das Erzielen von Monopoleinkommen ermöglicht. Und aus moralischer Sicht: Müssen nicht alle Menschen das gleiche Recht auf Zugang zu den land- und forstwirtschaftlich genutzten Flächen haben?

Wie kann man den Zugang zu Land oder anderen Ressourcen für alle gewähren, aber gleichzeitig (1) eine nachhaltige Nutzung sicherstellen und (2) denjenigen, die pflanzen, bewässern und ernten, eine gerechte Entlohnung entsprechend ihrer Arbeitsleistung, d. h. der investierten Produktionsfaktoren, gewähren? Hier ist die Forderung nach gleichen Rechten für den *potentiellen* Zugang zu Land und Wasser gerechtfertigt, damit jeder die gleiche Chance hat, zu pflanzen, zu bewässern und später zu ernten. Mit anderen Worten: Während es kein Privateigentum an Land und Wasser als reine Naturprodukte geben sollte, sollten die mit Land und Wasser gewonnenen Produkte sowie deren Bearbeitung dennoch privat sein. In den nächsten Zeilen werden je nach Ressource drei Maßnahmen vorgeschlagen, um aus diesem Dilemma herauszukommen.

3.3 Politiken

3.3.1 „Reine" Erzeugnisse der Natur: Konzessionen oder Quoten

Wir lösen das Problem der Umweltzerstörung nicht nur nicht durch Zuweisung von Privateigentum an biotischen oder abiotischen Ressourcen, die ausschließlich von der Natur erzeugt wurden. Vielmehr würde unser Privateigentumssystem *höchst ungerecht*. Wie kann es z. B. sein, dass in vielen südamerikanischen Ländern ein erheblicher Teil des gesamten Landbesitzes nur wenigen Familien gehört? Mit welchem Recht beuten private Unternehmen in ihrem Namen (und mit ihrem Geldbeutel) Kupfer in Chile aus, obwohl in der chilenischen Verfassung richtig steht, dass Kupfer dem chilenischen Volk gehört?[4]

---

[4]„Disposición Tercera Transitoria", Verfassung von 1980 in Verbindung mit „Disposición 17ª Transitoria", Verfassung von 1925. Man könnte sogar argumentieren, dass die natürlichen Ressourcen der ganzen Welt gehören und nicht nur den Menschen, die zufällig auf, über oder in der Nähe des Gebiets leben, in dem die Ressource ausgebeutet wird (Gesell 1949).

3.3.1.1 Konzessionen

Wenn der Staat die natürliche Ressource nicht selbst ausbeuten will, kann er Konzessionen an private Unternehmen vergeben, die die Ressource in *seinem Namen* abbauen und vermarkten. Der Kupferabbau in Chile erfolgt auf der Grundlage von Konzessionen. Die Unternehmen vermarkten das Kupfer jedoch nicht im Namen des Staates, sondern für sich selbst, wofür eine relativ geringe Lizenzgebühr von ~4–9 % erhoben wird. Diese Steuer könnte sicherlich noch viel höher sein. Eigentlich müsste der Ertrag aus dem Verkauf *vollständig* an den Staat abgeführt werden, der dann einen Teil der Einnahmen dazu verwenden könnte, dem Bergbauunternehmen eine Betrag zu zahlen, die den Opportunitätskosten der investierten Produktionsfaktoren entspricht. Mit den restlichen Einnahmen kann der Staat seinen Haushalt finanzieren. So würden indirekt *alle Bürger* von der Ausbeutung der natürlichen Ressourcen profitieren, wie es die chilenische Verfassung vorsieht. Das Gleiche könnte für die Ausbeutung der ursprünglichen Fischbestände oder die Abholzung von Urwäldern gelten (falls man sich denn für deren Nutzung entscheidet). Konzessionen ermöglichen es dem Staat, Regeln aufzustellen und die Ausbeutung zu überwachen, um eine nachhaltige Gewinnung zu gewährleisten. Das derzeitige Konzessionsmodell in Chile, das privaten Unternehmen die Ausbeutung *und den Verkauf* der natürlichen Ressourcen in eigenem Namen erlaubt, könnte jedoch als eine Form der getarnten Privatisierung von natürlichen Ressourcen, die allen gehören, interpretiert werden.

Der Vorschlag, dass die Ausbeutung der reinen Naturressourcen, bei denen der Mensch keinen Mehrwert geschaffen hat (in Form von Pflanzung und Bewässerung), von privaten Unternehmen im Auftrag des Staates durchgeführt werden sollte, *darf nicht mit dem Marxismus verwechselt werden*. In diesem Text wird argumentiert, dass *nur* die rein von der Natur produzierten Waren Gemeineigentum sein sollten, nicht aber alle Produktionsmittel, wie es Karl Marx vorschlägt (Marx 1872). Dies entspricht der *natürlichen*, jahrtausendealten Praxis, ist, wie oben (Kap. 2) ausgeführt, allokationstheoretisch zu befürworten und erscheint gerecht und im Übrigen auch christlich. Es wurde bereits erwähnt, dass es zu biblischen Zeiten (Könige) kein Privateigentum an Land, Wasser und Luft gab. Alles Land (und andere natürliche Ressourcen) war im Besitz des jeweiligen Königs. Dieses System spiegelte sich in Europa wider, wo bis zum frühen Mittelalter nur der König und seine Adligen Land besaßen (eine Machtstruktur mit Parallelen zu den heutigen Bundesstaaten). Alle anderen waren Pächter, die von den von ihnen produzierten Gütern Pacht oder „Tribute" zahlten. Je mehr Land eine Familie für die landwirtschaftliche Produktion nutzen wollte, desto mehr Tribut musste sie zahlen. Dieses System wurde als Ursprung der Steuerpflicht beschrieben (Pfeifer 1993).[5]

---

[5] Erst später wurde diese Regierungsstruktur aufgeweicht, als die Könige in Europa immer mehr Adligen Landtitel verliehen, die ihrerseits wiederum Landtitel an Adlige niedrigerer Kategorie vergaben. Obwohl dies dazu führte, dass mehr Privatpersonen (Adlige) Landbesitz hatten, besaß die große Mehrheit der Bürger immer noch kein Land. In der Folge fühlten sich viele diskriminiert, der göttliche Vorrang der staatlichen Struktur wurde in Frage gestellt, und es kam zu sozialen Klassenkämpfen. Dies führte in vielen europäischen Ländern zu Bodenreformen und zur Eintragung des Grundbesitzes in Kataster, in denen jede Person Land besitzen konnte.

Um sicherzustellen, dass es sich bei einer Konzession wirklich um eine Konzession und nicht um eine versteckte Form der Privatisierung handelt, sollten Konzessionen drei Grundsätze erfüllen: Erstens sollten sie nach einer bestimmten Zeitspanne neu ausgeschrieben werden. Zweitens sollten sie an so viele Einzelpersonen oder Unternehmen wie wirtschaftlich sinnvoll vergeben werden. Diese beiden Maßnahmen erhöhen die *potenziellen* Zugangschancen für alle. Drittens müssen die Konzessionäre die ausgebeuteten Ressourcen direkt an den Staat abtreten oder alternativ die Ressourcen im Namen des Staates verkaufen und den *gesamten Erlös* an den Staat abführen. Sie würden dann vom Staat eine marktübliche Rendite erhalten, entsprechend ihrer Kostenstruktur und den investierten Produktionsfaktoren.

3.3.1.2 Quoten

Für die Nutzung von Urwäldern mit altem Baumbestand sowie von Fischgründen können auch *Quoten (Kontingente)* an Einzelpersonen oder Unternehmen vergeben werden. Ein wesentlicher Unterschied zwischen Quoten und Konzessionen besteht darin, dass Quoten an eine relativ große (aber begrenzte) Anzahl von Personen vergeben werden können. Außerdem müssen im Gegensatz zu Konzessionen bei Quoten keine komplizierten Verträge zwischen dem Konzessionär und der jeweiligen Regierung ausgehandelt werden. Konzessionen eignen sich daher besonders für die Vergabe von Nutzungsrechten, die hohe Anfangsinvestitionen erfordern, wie z. B. solche, die auf Größenvorteile angewiesen sind (z. B. Bergbau). Dies ist bei der Ausbeute von Primärwäldern oder Fischgründen nicht der Fall. Quoten sollten nur eingeführt werden, wenn eine wirksame Überwachung gewährleistet werden kann. Eine strenge Überwachung ist einer der acht Gestaltungsgrundsätze für eine effiziente Verwaltung von Ressourcen im Gemeineigentum, die Elinor Ostrom vorschlägt (Ostrom 1990). Wenn es der Regierung gelingt, die Quoten wirksam zu kontrollieren (z. B. durch Geldstrafen bei Überschreitung), führt dies zu der vorherrschenden spieltheoretischen Strategie, bei der alle kooperieren (Ostrom 1990), d. h. zu einer Situation, in der alle Beteiligten gewinnen.

In Bezug auf Quoten stellen sich einige schwierige Fragen:

- Sollen die Quoten verkauft oder frei zugeteilt werden?
- Wenn sie verkauft werden sollten, zu welchemr Preis?
- Wenn sie frei zugeteilt würden, wem sollten sie gegeben werden, und wer trifft die Entscheidung?
- Sollten sie übertragbar (marktfähig) sein oder nicht?

Es ist unwahrscheinlich, dass ein von einer Regierung festgelegter Preis dem Marktgleichgewichtspreis entspricht, d. h. dem *Pareto-optimalen* Preis, der Angebot und Nachfrage ausgleicht. Eine Regierung (oder ein lokaler Entscheidungsträger bei selbstverwalteten Ressourcen im Gemeineigentum) könnte die Quoten jedoch über eine Auktion vergeben, bei der sie denjenigen Personen zugeteilt werden, die am meisten bieten. Auf diese Weise kann der Preis als rationales Medium fungieren, um die Ressource denjenigen zuzuweisen, die sie am meisten schätzen, z. B. den-

Abb. 3.1 $MU_M = f(W_v)$.
(Quelle: eigene
Darstellung)

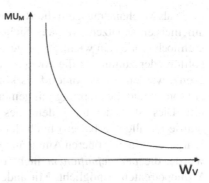

jenigen, die den höchsten Nutzen aus der Ernte des Holzes oder des Fisches ziehen.
Darüber hinaus hat der Verkauf den Vorteil, dass diejenigen, die kein Kontingent erhalten haben, indirekt davon profitieren, da die Einnahmen aus dem Verkauf bedeuten könnten, dass der Staat an anderer Stelle weniger Steuern erheben muss.

Hier gibt es ein Problem, das in der ökonomischen Mainstream-Literatur nicht
allgemein diskutiert wird, das aber erwähnenswert ist: Der Grenznutzen des Geldes
(MU_M), d. h. der Nutzen, den wir aus dem Erwerb der nächsten Geldeinheit ziehen,
hängt von unserem „virtuellen Vermögen" (W_v) ab (Soddy 1933), d. h. von den
Geldeinheiten, die wir bereits besitzen: $MU_M = f(W_v)$. Je mehr Geldeinheiten jemand besitzt, desto weniger ist es ihm wert, die nächste Einheit zu verdienen
(Abb. 3.1). Dies ist kein spezifisches Problem von Quoten, sondern ein allgemeines
Problem des Marktgleichgewichts, das durch extreme Vermögensungleichheit
(Überblick in Piketty 2014)[6] unvollkommen wird. Die klassische Definition von
Allokationseffizienz, wonach die Kosten der letzten produzierten Einheit dem Wert
entsprechen, den der Verbraucher diesem Gut beimisst (Grenzkosten gleich Preis),
wird durch die Tatsache pervertiert, dass die Geldeinheiten, die zum Ausdruck von
Kosten und Preisen verwendet werden, nicht für jeden einzelnen Verbraucher den
gleichen wahrgenommenen Wert (Nutzen) haben. Ein bestimmter Preis kann für
eine Person unerschwinglich und für eine andere extrem günstig sein. Daher können
die Grenzkosten der Produktion dem Preis entsprechen, aber nicht unbedingt dem
Grenznutzen des Verbrauchers.

Alternativ könnten die Quoten auch kostenlos vergeben werden. Personen, die
weniger an der Ausübung des Nutzungsrechts interessiert sind, könnten sich dann
dafür entscheiden, ihre Quoten zu verkaufen, wenn die Quoten übertragbar wären.
Dann könnte jemand, der ein besonders starkes Interesse an der Nutzung der natürlichen Ressource hat, zusätzliche Quoten von anderen dazu kaufen, die ein geringe-
res Interesse an der Ausbeutung der Ressource haben (z. B. von denjenigen, die dem
Geld, das sie durch den Verkauf ihres Kontingents erhalten können, einen höheren
Wert beimessen, als die Ressource selbst auszubeuten). Auch hier funktioniert der

---

[6] Piketty hat anhand von Steuerunterlagen gezeigt, dass das Kapital-Einkommens-Verhältnis β seit
dem Ende des Zweiten Weltkriegs weltweit von etwa 2,5 auf über 4 gestiegen ist. Er prognostiziert,
dass β bis zum Ende des Jahrhunderts auf mehr als 6,5 gestiegen sein wird.

Preis als Mechanismus, um die Ressource denjenigen Personen zuzuweisen, die sie am meisten schätzen, was aus Sicht der Allokationseffizienz wünschenswert ist. Dennoch gibt es ein wichtiges Argument dafür, dass Quoten nicht übertragbar sein sollten oder zumindest die Anzahl der Quoten, die eine Person kaufen kann, begrenzt werden sollte. Andernfalls könnte nämlich eine reiche Person alle Quoten aufkaufen und die ursprünglich gemeinschaftlich genutzte Ressource monopolisieren. Dies ist weder unter dem Gesichtspunkt der Gerechtigkeit (die Ressource wurde für alle geschaffen) noch der Allokationseffizienz wünschenswert, da derjenige, der einen größeren Anteil an Quoten erwirbt, eine Monopolstellung erhalten würde, die *per definitionem* nicht effizient ist (Preis ungleich Grenzerlös) und Monopolrenten ermöglicht. Mit anderen Worten: Die Möglichkeit, dass eine oder wenige Personen die Mehrheit der Ausbeutungsrechte erhalten, kann als getarnte Privatisierung angesehen werden, vergleichbar mit einer Konzession, bei der es dem Konzessionär erlaubt ist, die geförderte Ressource in seinem eigenen Namen (und Geldbeutel) zu verkaufen.

Hinsichtlich der Frage, wer für die Vergabe von Nutzungsrechten zuständig sein sollte, spricht vieles dafür, dass dies so weit wie möglich auf lokaler Ebene geschehen sollte (auch wenn dies nicht immer möglich ist, z. B. im Falle von Fischgründen im Meer). Allen vier Beispielen für eine erfolgreiche nachhaltige Nutzung gemeinsam genutzter Ressourcen, die Elinor Ostrom in ihrem Meisterwerk „*Governing the Commons*" beschreibt, ist gemeinsam, dass die Nutzung der Allmende-Ressource lokal geregelt wurde. Besser als durch eine Zentralregierung ist es auf lokaler Ebene möglich, (1) die Nutzungsrechte (Grenzen) klar zu definieren, (2) den Menschen vor Ort die Möglichkeit zu geben, sich zu beteiligen (Collective Choice Agreements), (3) die Einhaltung der aufgestellten Regeln zu überwachen und (4) bei Bedarf Sanktionen anzuwenden. Dies sind vier der acht Gestaltungsprinzipien, die Ostrom (1990) für eine nachhaltige gemeinsame Nutzung von Ressourcen vorschlägt. Hier hat eine föderale Regierungsstruktur, wie sie in der Schweiz oder in Deutschland zu finden ist, einen Vorteil gegenüber einem stärker zentralisierten Regierungssystem. Dennoch ist es auch möglich, dass stark zentralisierte Regierungen, wie z. B. in Chile, versuchen könnten, die Zuteilung von Quoten durch die regionalen Verwaltungseinheiten der Zentralregierung (*regiones*) zu dezentralisieren, die dann lokal ansässige Komitees bilden könnten, um die gemeinsam genutzte Ressource unter Beteiligung der lokalen Interessengruppen zu verwalten.

3.3.2 Verpachtung von Land und Küstenmanagementgebieten

Als Alternative zur Vergabe von Konzessionen oder Quoten könnte der Staat auch Land und Bewirtschaftungsgebiete in den Küstenzonen des Meeres verpachten. Dieses Modell eignet sich wahrscheinlich am besten für natürliche Ressourcen, die *vom Menschen angebaut und geerntet* werden, wie z. B. landwirtschaftliche Erzeugnisse. Auf diese Weise können wir die oben definierte Regel einhalten, dass die reinen Naturressourcen (hier Land und Wasser) in öffentlicher Hand sein sollten, während die Produkte, die der Mensch aus den Naturressourcen herstellt (hier die forstwirtschaftlichen oder landwirtschaftlichen Produkte), in privatem Besitz sein sollten. Die Höhe der Pacht könnte sich entweder nach der gepachteten Fläche oder nach den Gewinnen des Forst- (oder Aquakultur-) Unternehmens richten. Da das Land für alle Menschen geschaffen wurde, sollte der Pachtvertrag so gestaltet sein, dass sich die Verpachtung lohnt, aber keine Monopolrenten möglich sind. Der Boden, auf dem selbst genutzte Häuser gebaut werden, könnte von der Pacht ausgenommen werden. Wie bei der Gewährung von Konzessionen kann der Staat auch bei der Verpachtung von Grundstücken Regeln aufstellen. Beispielsweise würde es nur an Personen oder Unternehmen verpachtet, die eine nachhaltige Forstwirtschaft, Landwirtschaft oder Aquakultur nachweisen. Eine solche Lösung würde voraussetzen, dass der Staat alle Grundstücke von privaten Eigentümern zurückkauft.

Dieser Ansatz wurde bereits von Silvio Gesell (1949) vorgeschlagen, der neben einem zinsfreien Geld (*Freigeld*) eine Bodenreform forderte, bei der alle Grundstücke in öffentlicher Hand sind, aber gepachtet werden können, während Gebäude in Privatbesitz sind. Gesell nannte dieses Land „*Freiland*" und er argumentierte, wie auch dieser Text, dass Land ein Geschenk der Natur an alle Menschen ist. In einer zivilisierten Gesellschaft ist beim Zugang zu Land ein weiterer Aspekt zu berücksichtigen: Die Preise sind in den Regionen besonders hoch, in denen die Infrastruktur gut ist. Allerdings wird die Infrastruktur in der Regel nicht vom Eigentümer des Landes geschaffen, sondern stellt eine Gemeinschaftsleistung der Gesellschaft dar (George 1935; Daly und Farley 2011; Löhr 2013, 2018). Dies ist ein weiteres Argument dafür, dass der Boden selbst nicht in Privatbesitz sein sollte (im Gegensatz zu den angepflanzten Produkten oder den Gebäuden darauf). Darüber hinaus stellt der Boden eine universelle Lebensgrundlage dar und hat als solche eine besondere Stellung innerhalb der natürlichen Ressourcen (ähnlich wie Luft und Wasser): Jeder Mensch braucht Land, um darauf zu leben. Der Boden auf einem endlichen Planeten ist jedoch begrenzt (unelastisches Angebot). Landbesitzkonflikte zwischen Ureinwohnern und Zuwanderern (siehe Kap. 7) würden deutlich reduziert.

3.3.3 Privateigentum und Erhebung von Monopolrenten

Eine andere Möglichkeit besteht darin, das *Privateigentum* an natürlichen Ressourcen weiterhin *zuzulassen*, aber zu versuchen, Monopolrenten durch Steuern zu erheben. In Bezug auf Immobilien könnte eine Steuer, die nur auf dem Wert der Bodenfläche basiert, d. h. ohne den Wert von Gebäuden oder Ernten, wie von Henry George (1935) vorgeschlagen, die gewünschte Wirkung erzielen. Dies ähnelt einem aktuellen Vorschlag für eine Grundsteuerreform von der Initiative „*Grundsteuer: Zeitgemäß!*" in Deutschland (Löhr 2013, 2018; Kriese et al. 2019). Auch diese Initiative schlägt vor, den Wert von Gebäuden aus der Bemessung der Grundsteuer herauszunehmen und nur noch den Bodenwert zu besteuern, d. h. vom Wert des gesamten Grundstücks würde der Wert jeglicher Bebauung abgezogen werden. Ein solcher Plan steht im Gegensatz zu den derzeitigen Steuersystemen in Deutschland,

Chile und wahrscheinlich den meisten anderen Ländern der Welt. Im herkömmlichen System ist die Grundlage für die Bemessung der Grundsteuer der Wert des gesamten Grundstücks, der sich aus dem Bodenwert und dem Wert der Gebäude zusammensetzt.

Die vorgeschlagene Form der Besteuerung respektiert die Unterscheidung zwischen dem Boden als reiner, von der Natur geschaffener natürlicher Ressource, die allen gehört, und der vom Menschen auf diesem Boden geleisteten Arbeit, dem das Recht eingeräumt werden sollte, seine Bemühungen zu verwerten. Eine etwaige Wertsteigerung des Bodens allein (ohne den Wert der Gebäude und Pflanzen) kann als monopolistischer Gewinn des Eigentümers betrachtet werden, da er sich aus der Übertragung von Eigentumsrechten (Landtiteln) an ihn und nicht aus seiner Arbeit ergibt. Es erscheint daher *gerecht*, diesen Wertzuwachs durch den Staat in Form von Steuern abzuschöpfen, der ihn dann an alle umverteilen kann (George 1935). In der Praxis könnte, wie John Stuart Mill vorschlug (Mill 1885), eine gerechte Schätzung des Marktwertes des Bodens vorgenommen werden, und künftige Wertsteigerungen, die nicht auf die Verbesserungen, die vom Eigentümer etwa an der Infrastruktur vorgenommen wurden, zurückzuführen sind, könnten vom Staat abgeschöpft werden. Diese Lösung unterscheidet sich nicht wesentlich von der oben diskutierten Lösung der Verpachtung von Grundstücken an Bürger. Während in dem einen Fall die Bürger eine Pacht an den Staat zahlen, um *öffentliches* Eigentum zu nutzen, zahlen sie in dem anderen Fall Steuern auf den Wert *ihres* Eigentums.

Wir sind der Ansicht, dass die vorgeschlagene Form der Bodenbesteuerung auch aus einem anderen Grund gerechter ist als die derzeitige Grundsteuer. Wie bereits erwähnt, sind die Immobilienpreise in Regionen mit guter Infrastruktur besonders hoch, aber dieser Wert wird meist von der Gemeinschaft und nicht vom Grundeigentümer geschaffen (George 1935). Auf diese Weise *privatisiert* das derzeitige Steuersystem *kommunale Anstrengungen*. Eine reformierte Grundsteuer würde auch die in vielen Städten weltweit übliche Situation verhindern, dass die besten Lagen lange Zeit brach liegen. Da das derzeitige Steuersystem den gesamten Wert der Immobilie (einschließlich Grundstück und Gebäude) besteuert, werden Grundstückseigentümer davon abgehalten, in teure, qualitativ hochwertige und nachhaltige Bauten zu investieren, da sie dann höhere Steuern zahlen müssten. Im Gegensatz dazu fallen für brachliegende Flächen derzeit keine oder relativ niedrige Steuern an. Dies schafft in den Städten einen starken Anreiz, Grundstücke brachliegen zu lassen, zumindest solange die Immobilienpreise aus spekulativen Gründen stetig steigen.[7] Zunehmend kaufen Investoren erstklassige Grundstücke aus spekulativen Gründen und nicht, um sie tatsächlich zu bebauen oder zu bepflanzen, was zu überhöhten Preisen führt. Anlieger, die Grundstücke für den Bau von Häusern benötigen, können sich dann einen Kauf in solchen Gebieten nicht mehr leisten.

Eine solche Steuer, die sich nur am Bodenwert orientiert, würde den Anstieg der Bodenpreise besteuern und Spekulationsrenten vernichten und so spekulative Investitionen reduzieren (George 1935). Gleichzeitig würde sie einen eleganten An-

---

[7] Dies kann als ein Symptom unseres Geldsystems gesehen werden, das eine exponentiell wachsende Geldmenge erzeugt, die investiert werden will (Fuders 2016, 2017; Fuders Max-Neef 2014a, b; Fuders et al. 2013).

reiz schaffen, in guten Lagen mit hochwertigen und ökologischen Standards zu bauen, da die Steuerbelastung des Grundstückseigentümers im Vergleich zu weniger anspruchsvollen Bauten nicht steigen würde. Das heißt, der Eigentümer würde nicht mehr dafür bestraft, dass er langlebige, nachhaltige und architektonisch schöne Gebäude errichtet, wie es derzeit der Fall ist. Hier sehen wir auch einen Vorteil der reinen Bodenwertsteuer gegenüber der oben erwähnten Lösung der Verpachtung von Grundstücken: Im Gegensatz zu einem Pächter hat ein Grundstückseigentümer einen größeren Anreiz, mit höheren Qualitätsstandards zu bauen, und wird dadurch positive externe Effekte erzeugen, die allen zugute kommen. Eine reine Bodenwertsteuer würde auch bedeuten, dass Bodenmonopole, wie sie in Chile und Brasilien zu beobachten sind, weniger profitabel wären, da brachliegende Flächen zwar Steuern, aber keine Einnahmen für die Eigentümer generieren würden.

Dabei ist zu beachten, dass die Gesamtsteuerlast einer Person nicht unbedingt steigt, da die Regierung des Staates das Einkommen zur Senkung anderer Steuern verwenden könnte („Steuerverlagerung"). Henry George war überzeugt, dass *allein* die Grundsteuer so festgesetzt werden könnte, dass alle Ausgaben des Staates finanziert würden (George 1935). Wie bereits erwähnt, gehen die Ursprünge der Steuern auf die Abgaben zurück, die die Bürger an den König als eine Art Pacht für die Nutzung seines Landes zahlten. Wenn die Bodenwertsteuer die einzige existierende Steuer wäre, dann wäre es nicht notwendig, die Produktion, den Handel oder die Arbeit zu besteuern, wie es die Steuersysteme in den meisten Ländern heute tun, was einen Druck auf die produktive Wirtschaft, die Beschäftigung, unser kreatives Potenzial und schließlich den Wohlstand ausübt. Eine reine Bodenwertsteuer würde daher den Anreiz zur Verbesserung des Wohlstandes nicht beeinträchtigen ((George 1935). Vielmehr könnte die *internationale Wettbewerbsfähigkeit* der Wirtschaft des Landes durch ein solches System gestärkt werden.

3.4 Zusammenfassung

Dieser Text baut auf der Erkenntnis aus Kap. 2 auf, dass der Zugang zu natürlichen Ressourcen frei bleiben sollte. Dies wäre nicht nur aus allokationstheoretischer Sicht empfehlenswert, sondern auch, weil es ein gerechteres System fördert, da die natürlichen Ressourcen für alle Menschen (und Tiere) gleichermaßen geschaffen wurden. Diese Lösung ist jedoch nicht nachhaltig, wenn das bestehende Geldsystem beibehalten wird, das eine starke Triebkraft für den Wachstumsimperativ der Wirtschaft ist. In Anbetracht dieses Finanzsystems lädt dieses Kapitel dazu ein, über eine Reform des Eigentumsrechts an Ressourcen nachzudenken, die es ermöglicht, natürliche Ressourcen zu schützen und darüber hinaus Gerechtigkeit zu fördern. Es wurden drei konkrete Vorschläge für eine solche Reform je nach Art der Ressource beschrieben:

1. Konzessionen und Quoten
2. Verpachtung von Grundstücken und Küstengebieten
3. Privateigentum, aber Abschöpfung von Monopolrenten

Bei den aktuellen Grundbesitzverhältnissen ist der Reformvorschlag Nummer drei besonders vielversprechend, da er an bestehende Gesetze anknüpft und daher die größten Chancen auf Umsetzung hat. Darüber hinaus hat der private Vermieter im Gegensatz zum Mieter einen stärkeren Anreiz, nach Qualitäts- und Nachhaltigkeitsstandards zu bauen und damit positive externe Effekte zu erzeugen, die dem Gemeinwohl zugute kommen. Aus dieser Perspektive wäre der Vorschlag einer reinen Bodenwertsteuer der Pachtlösung vorzuziehen. Für die Ausbeutung rein von der Natur erzeugter natürlicher abiotischer oder biotischer Ressourcen wie Kupfer, Kohle, seltene Erden, ursprüngliche Fischbestände und Urwälder scheint dagegen Reformvorschlag Nummer eins (Konzessionen und Quoten) am besten geeignet.

In der klassischen liberalen Sichtweise sind alle Produktionsfaktoren, einschließlich der natürlichen Ressourcen, in privatem Besitz. Aus marxistischer Sicht hingegen sind alle Produktionsfaktoren Allgemeingut. Das Ziel dieses Kapitels war es jedoch, dazu anzuregen, über ein Schema zur Definition von Eigentumsrechten nachzudenken, das von der Herkunft des Produkts selbst abhängt, wie es zuerst von Henry George vorgeschlagen wurde. Nur für die Produkte des Menschen sollte es Privateigentum geben, während es für reine Naturprodukte (Land, Boden, Wasser, Luft, Bodenschätze, Urwälder, Fischgründe im Meer), denen der Mensch keinerlei Wert hinzugefügt hat, kein Privateigentum geben sollte. Ein solches System wäre nicht nur gerechter, sondern würde auch die Allokationseffizienz verbessern. Wir haben anhand konkreter Beispiele Vorschriften und politische Maßnahmen erörtert, die dazu beitragen würden, dieses System zu verwirklichen und zu erleichtern. Eine solche Reform der Eigentumsrechte wäre jedoch nicht ohne Schwierigkeiten umzusetzen und erfordert eine ausführlichere Untersuchung, als sie hier geleistet werden kann.

Literatur

Allsopp M, Johnston P, Santillo D (2008) Challenging the aquaculture industry on sustainability. Greenpeace, Amsterdam

Daly H (1991) Steady-state economics, 2. Aufl. Insland Press, Washington

Daly H, Farley J (2011) Ecological economics-principles and applications, 2. Aufl. Island Press, Washington

Fuders F (2009) Die natürliche Wirtschaftsordnung als Option nach dem Zusammenbruch. Aufklärung & Kritik 16(2):128–145

Fuders F (2010) Alternative concepts for a global financial system – an answer to the present world financial crisis. Estudios Internacionales 166:45–56

Fuders F (2016) Smarter money for smarter cities: how regional currencies can help to promote a decentralised and sustainable regional development. In: Decentralisation and regional development – experiences and lessons from four continents over three decades. Springer, Cham, S 155–185

Fuders F (2017) Neues Geld für eine neue Ökonomie – Die Reform des Geldwesens als Voraussetzung für eine Marktwirtschaft, die den Menschen dient. In: Finanzwirtschaft in ethischer Verantwortung – Erfolgskonzepte für Social Banking und Social Finance. Springer-Gabler, Wiesbaden, S 121–183

Fuders F, Max-Neef M (2014a) Local money as solution to a capitalistic global financial crisis. In: From capitalistic to humanistc business. Palgrave Macmillan, Hampshire/New York

Fuders F, Max-Neef M (2014b) Dinero, deuda y crisis financieras. Propuestas teórico-prácticas en pos de la sostenibilidad del sistema financiero internacional. In: Economía Internacional. Claves teórica-prácticas sobre la inserción de Latinoamérica en el mundo. LATIn, Guayaquil

Fuders F, Mondaca C, Azungah Haruna M (2013) The central' banks dilemma, the inflation-deflation paradox and a new interpretation of the Kondratieff waves. Economía (U de los Andes) 36:33–66

George H (1935) Progress and poverty – an inquiry into the cause of industrial depressions and of increase of want with increase of wealth – the remedy, 50th anniversary edn. Robert Schalkenbach Foundation, New York

Gesell S (1949) Die natürliche Wirtschaftsordnung durch Freiland und Freigeld. Rudolf Zitzmann, Lauf

Hardin G (1968) The tragedy of the commons. Science 162:1243–1248

Keynes JM (1936) The general theory of employment, interest and money. Hartcourt, New York

Kriese U, Löhr D, Wilke H (2019) Grundsteuer: Zeitgemäß! – Der Reader zum Aufruf. Verlag Thomas Kubo, Münster

Lohmann L (2006) Carbon trading – a critical conversation on climate change, privatisation and power. Dev Dialogue 48:1–159

Löhr D (2013) Prinzip Rentenökonomie – Wenn Eigentum zu Diebstahl wird. Metropolis, Marburg

Löhr D (2018) Boden – die verkannte Umverteilungsmaschine. Z Sozialökon (ZfSÖ) 198/199:3–19

Lundmark H, Josefsson T, Östlund L (2017) The introduction of modern forest management and clear-cutting in Sweden: Ridö State Forest 1832–2014. Eur J For Res 136(2):269–285

Marx K (1872) Das Kapital – Kritik der politischen Oekonomie. Buch 1 Der Produktionsprozess des Kapitals. Otto Meissner, Hamburg

Mill JS (1885) Principles of political economy. Appleton, New York

Ostrom E (1990) Governing the commons – the evolution of institutions for collective action. Cambridge University Press, Cambridge

Paletto A, Sereno C, Furuido H (2008) Historical evolution of forest management in Europe and in Japan. Bull Tokyo Univ For 119:25–44

Pfeifer W (1993) Etymologisches Wörterbuch des Deutschen, digitalisierte und von Wolfgang Pfeifer überarbeitete Version im Digitalen Wörterbuch der deutschen Sprache. https://www.dwds.de/wb/wb-etymwb. Zugegriffen am 04.07.2019

Piketty T (2014) Capital in the 21st century. Harvard University Press, Cambridge

Soddy F (1933) Wealth, virtual wealth and debt – the solution of the economic paradox. Briton, London. (Reprint 1961)

Sommer M (2009) Acuicultura Insostenible en Chile 10(3):1–23

Stiglitz JE (1998) Macroeconomía, 2. Aufl. Ariel, Barcelona

Teil II
Chile

Kapitel 4
Subventionierung grüner Wüsten in Südchile: Zwischen schnellem Wachstum und nachhaltiger Waldbewirtschaftung

Roberto Pastén, Nicolás Nazal und Felix Fuders

4.1 Einleitung

Lokaler Naturschutz wird oft kritisiert, weil er die Ausdehnung der Landwirtschaft oder den Abbau von Ressourcen vor allem in armen Regionen einschränkt (Yergeau et al. 2017; Adams et al. 2004). Naturschützer hingegen argumentieren, dass der Naturschutz die Armut lindern kann, indem er Ökosystemleistungen, vor allem touristische Leistungen, erbringt und gleichzeitig die Umwelt schützt (Grimm et al. 2008). Somit sind „Win-Win"-Szenarien möglich, bei denen Ökosysteme und ihre Leistungen geschützt und die Armut gelindert werden. Für lokale Unternehmen und öffentliche Entscheidungsträger gleichermaßen reicht die Bereitstellung von Ökosystemleistungen, insbesondere des Tourismus, jedoch nicht aus, um die Armut zu verringern, und ein gewisses Maß an Ausbeutung (z. B. des Waldes) sollte erlaubt sein. Kritiker betonen die Rolle, die Naturschutzgebiete bei der Begrenzung der landwirtschaftlichen Entwicklung und der Ausbeutung natürlicher Ressourcen spielen können. Es hat sich gezeigt, dass Naturschutzgebiete eine wichtige Rolle bei der Bereitstellung von Ökosystemleistungen, der Förderung des Tourismus und der Verbesserung der Infrastruktur spielen können. Empirische Studien haben beispielsweise ergeben, dass Naturschutzgebiete die Entwaldung wirksam reduzieren können, wenn auch nicht in dem Maße, wie die Befürworter erwartet hatten (z. B. Cropper et al. 2001; Andam et al. 2008; Pfaff et al. 2009; Sims 2009).

R. Pastén (✉) · F. Fuders
Volkswirtschaftliches Institut, Fakultät für Wirtschaft und Verwaltung,
Universidad Austral de Chile, Valdivia, Chile
E-Mail: roberto.pasten@uach.cl

N. Nazal
Centro de Desarrollo de Negocios Valdivia, Universidad Austral de Chile, Valdivia, Chile

Für einige Autoren stehen die Ziele des Naturschutzes und der Armutsbe-kämpfung im Widerspruch zueinander, für andere führt die Einrichtung von Schutz-gebieten zu einer Steigerung des Wohlstands der Bevölkerung (siehe Yergeau et al. 2017 für weitere Referenzen). Ausgehend von der Einsicht, dass eine starke Natur-schutzpolitik keine Option zur Armutsbekämpfung ist und dass eine wenigstens teilweise Nutzung der natürlichen Ressourcen notwendig sind, um ein Mindestmaß an Wohlstand zu erhalten, führte Chile Anfang der 1980er-Jahre Subventionen ein, um die Entwicklung eines starken Forstsektors zu unterstützen. Diese Subventionen wurden weitgehend unabhängig von der angepflanzten Baumart gewährt.

In diesem Artikel wird am Beispiel des Forstsektors in Chile untersucht, wie sich diese Subventionspolitik (Negativsteuer) auf vermarktete Forstprodukte, auf das Bareinkommen und die Bereitstellung von Ökosystemleistungen auswirken kann und unter welchen Bedingungen diese Negativsteuer eher wohlfahrtsmindernd als wohlfahrtssteigernd wirkt. In diesem Kapitel wird der ständige Konflikt zwischen der Entnahme einer natürlichen Ressource (z. B. Holz) und ihrer Erhaltung hervor-gehoben und die Wirkung einer Negativsteuer für Forstplantagen kritisch analysiert. Aus der Fallstudie ziehen wir einige Lehren für die Reaktion der regionalen Wirt-schaft auf die Forstsubventionspolitik und ihre Auswirkungen auf die Verteilung von Land zwischen Ressourcengewinnung und -erhaltung. Im folgenden Abschnitt wird dieses theoretische Modell entwickelt und gelöst, gefolgt von einer Diskussion des Modells und seiner Vorhersagen, der Forschungsfragen und der politischen Im-plikationen, die sich daraus ergeben. Es folgt ein abschließender Abschnitt mit Schlussfolgerungen.

4.2 Fallstudie

4.2.1 Kontext/Hintergrund

In Chile gibt es derzeit 101 staatlich geschützte Wildnisgebiete, von denen 36 Nationalparks, 49 nationale Reservate und 16 Naturdenkmäler sind. Insgesamt be-wahren diese staatlich geschützten Gebiete eine Fläche von 14,6 Mio. Hektar, was 20 % des nationalen Territoriums entspricht (CONAF 2019).

In einer Welt, in der die geschützten Gebiete 14,81 % der gesamten Landfläche ausmachen (Worldbank 2014) und damit von 8,2 % im Jahr 1990 deutlich ge-wachsen sind, haben einige Länder erhebliche Anstrengungen unternommen, um die geschützte Fläche zu vergrößern. Doch 75 % aller Pflanzen-, Amphibien-, Rep-tilien-, Vogel- und Säugetierarten, die seit dem 16. Jahrhundert ausgestorben sind, wurden erst in den letzten Jahren ausgerottet, und zwar durch Raubbau oder land-wirtschaftliche Aktivitäten oder beides (WWF 2018). Solche Statistiken können da-rauf hindeuten, dass die Schutzbemühungen noch nicht ausreichen, um das Ziel der Erhaltung und der Nachhaltigkeit der terrestrischen Ökosysteme zu erreichen.

In Chile beispielsweise gibt es nur noch weniger als 100.000 ha Alerce (*Fitzroya cupressoides*). Diese Art, die von den Mapuche-Indianern auch Lawal oder Lahuen genannt wird, ist einzigartig in ihrer Art, die älteste in der südlichen Hemisphäre und die zweitälteste auf dem Planeten nach dem Mammutbaum (*Sequoia sempervirens*). Diese Ressource wurde durch den Raubbau des letzten Jahrhunderts stark reduziert, indem ihr wertvolles Holz genutzt oder durch nicht-heimische Plantagen ersetzt wurde (Torrejon et al. 2011). Trotz der Erhaltungsbemühungen des chilenischen Staates und der Tatsache, dass dieser Baum 1977 zum Naturdenkmal erklärt wurde, war das chilenische Schutzgebietssystem nicht in der Lage, diese ikonische und einzigartige Art der südlichen Geografie zu schützen. Dabei ist noch zu bedenken, dass ein großer Teil der verbleibenden 100.000 ha durch private Initiativen von Nichtregierungsorganisationen wie The Nature Conservancy (TNC) und der Pumalín-Stiftung geschützt wird (Rivera und Vallejos-Romero 2015).

Chile dient als Beispiel für die Anwendung der von der Regierung seit den 1970er-Jahren durchgeführten Strukturreformen (Klein 2007). Zu diesen Reformen gehört die Umsetzung der Regierungspolitik zur Förderung der industriellen Forstwirtschaft im Land (siehe auch Kap. 5 und 6 in diesem Buch). Diese Politik förderte die Umwandlung der einheimischen Wälder im Süden und in der Mitte Chiles in industrielle Monokulturen mit schnell wachsenden nicht-heimische Arten, insbesondere Kiefern (*Pinus radiata*) und Eukalyptus (*Eucalyptus globulus*, *E. nitens* und andere).

4.2.2 Wirtschaftlicher Lebenszyklus der Forstwirtschaft

Um den Lebenszyklus und die wirtschaftlichen Folgen von Forstplantagen zu analysieren, ist es notwendig, die einzelnen Phasen des Produktionsprozesses von Holzprodukten sowie ihre Auswirkungen auf die Umwelt zu betrachten. Wenn das Land zum ersten Mal für die Anpflanzung von Monokulturen genutzt wird, beginnt der Prozess mit einer Phase der „Reinigung" und Vorbereitung des Bodens. Dies erfordert relativ wenige und ungelernte Arbeitskräfte, um vorhandene Baumarten zu entnehmen, oder es wird einfach die Methode der Brandrodung angewendet, die heute nicht mehr erlaubt ist, die aber bis 1990 in großem Umfang angewendet wurde. Wenn der Boden für landwirtschaftliche Zwecke genutzt wurde, ist diese Phase nicht notwendig und der Boden wird direkt für die Anpflanzung verwendet. Nach dieser Phase erfolgt die Anpflanzung, gefolgt von der Waldbewirtschaftung (Durchforstung und Beschneidung bei der *Radiata-Kiefer*). Im weiteren Verlauf des Produktionszyklus erfolgt die Ernte und Verarbeitung des Holzprodukts mit einem höheren Bedarf an Arbeitskräften und Kapital als in den früheren Phasen. In dieser Phase werden Arbeitskräfte vor allem während des Abholzungsprozesses benötigt, der alle 15–20 Jahre stattfindet. Das geerntete Holz wird hauptsächlich zu Papierzellstoff und anderen Produkten verarbeitet, die im Jahr 2017 Exporte in Höhe von 5377 Mio. Dollar ermöglichten (DIRECON 2017).

4.2.3 Beschäftigung

Die Forstwirtschaft schafft rund 300.000 direkte Arbeitsplätze, was etwa 3 % der Gesamtbeschäftigung der chilenischen Erwerbsbevölkerung entspricht (Lignum 2019). Laut der nationalen sozioökonomischen Erhebung CASEN (2016) ist die Arbeitslosigkeit in den für die Forstwirtschaft besonders geeigneten Gebieten durchweg höher als im Landesdurchschnitt. In Gebieten, deren Haupttätigkeit die Forstwirtschaft ist, liegt die Arbeitslosigkeit zwischen 1,5 % und 3 % über dem nationalen Durchschnitt und ist konstant höher als in der Makroregion, in der diese Gemeinden liegen. Ein Grund für diese Situation könnte die Tatsache sein, dass die meisten dieser Gemeinden von Forstplantagen mit einer Fruchtfolge von mehr als 15 Jahren bedeckt sind und die Ernte- und Wiederaufforstungsaktivitäten nicht genügend langfristige direkte Beschäftigung und Wertschöpfung schaffen. Während die in diesen Gebieten lebenden Familien früher ihren Lebensunterhalt mit der traditionellen landwirtschaftlichen Tätigkeit während des ganzen Jahres bestritten, sind sie heute überwiegend mit Aufgaben beschäftigt, die mit den langen Waldzyklen zusammenhängen. Diese Schlussfolgerungen sind jedoch mit Vorsicht zu genießen, da wir nicht wissen, ob die Beschäftigungsquoten ohne die industrielle Forstwirtschaft niedriger wären oder nicht.

4.2.4 Einkommen und Armut

Die Verringerung der Armut war in Chile in den letzten drei Jahrzehnten ein makroökonomischer und sozialer Erfolg, der sicherlich auf die Arbeit aller Branchen im „unternehmerischen Ökosystem" zurückzuführen ist. Wenn wir jedoch den Beitrag der Forstindustrie betrachten, stellen wir fest, dass trotz der allgemeinen Verringerung der Armut die Armut in den Gemeinden mit Forstindustrie im Vergleich zum Rest der Kommunen in Chile immer noch höher ist (CASEN 2016). Hier gilt derselbe Vorbehalt wie zuvor, da wir dies nicht mit der kontrafaktischen Situation vergleichen können, weshalb wir Hinweise darauf nicht außer Acht lassen können, dass die Armut ohne die Forstwirtschaft noch höher gewesen sein könnte.

Was die Haushaltseinkommen im gleichen Zeitraum und nach der gleichen Erhebung betrifft, so sind sie in Kommunen mit ausgedehnten Forstplantagen deutlich niedriger als anderswo. Die sozioökonomischen Auswirkungen der Forstwirtschaft, gemessen an den Indikatoren für Beschäftigung, Geldeinkommen und Armutsquote im Einzugsbereich der Forstunternehmen, scheinen also eindeutig negativ zu sein.[1]

---

[1] Dies kann jedoch auch auf den „Kupferzyklus" zurückzuführen sein. Kupfer ist neben den forstwirtschaftlichen Erzeugnissen das zweite wichtige Produkt, das Chile exportiert. In der Phase des Kupferbooms steigen in den Regionen mit Bergbauaktivitäten die Einkommen und die Beschäftigung und die Armutsindikatoren sinken, während in den Regionen mit Land- und Forstwirtschaft das Gegenteil der Fall ist. Dies kann als eine Art Fluch für Volkswirtschaften angesehen werden, die auf der Gewinnung natürlicher Ressourcen basieren. Wenn der Bergbausektor in Mitleidenschaft gezogen wird, kehrt sich der Effekt in die andere Richtung um. In der Studie wird die Zeit des Bergbaubooms berücksichtigt, nicht aber die Zeit, in der der Kupferpreis niedrig war.

4.2.5 Umweltschäden der Forstindustrie

Die Ausdehnung der Agroforstwirtschaft ist wie jede wirtschaftliche Aktivität mit Umweltkosten verbunden, insbesondere was die biologische Vielfalt angeht. Wie in weiten Teilen Asiens und Europas wurde auch in Chile die Landwirtschaft in der zweiten Hälfte des 20. Jahrhunderts von besser geeigneten und leichter zu bewirtschaftenden Böden auf Gebiete mit empfindlicheren Böden ausgedehnt, die bis dahin von menschlichen Aktivitäten kaum betroffen waren. Die Ausdehnung der Landwirtschaft und später der Forstwirtschaft auf unberührte Ökosysteme verursachte erhebliche Umweltbelastungen, vor allem durch den Verlust der einheimischen Wälder und einen dramatischen Rückgang der biologischen Vielfalt (Stephens und Wagner 2007).

Die intensive forstwirtschaftliche Tätigkeit in Chile, deren Folgen wir analysieren, begann Mitte des vergangenen Jahrhunderts, zunächst zur energetischen Nutzung (Holz und Kohle) als Brennstoff für Haushalte und Industrie, später zur Gewinnung von einheimischen Waldhackschnitzeln, die vollständig auf die asiatischen Märkte (insbesondere nach Japan) exportiert wurden, und schließlich mit der Ersetzung von Hunderttausenden von Hektar natürlicher Wälder durch Kulturen nicht-heimischer Baumarten. Die einheimischen Wälder wurden durch Monokulturen eingeführter (nicht-einheimischer) Baumarten, vor allem Kiefern und Eukalyptus, zur Herstellung von Zellulose und Holzprodukten ersetzt, wobei diese Aktivitäten durch staatliche Anreize subventioniert wurden (Gesetz DL 701, siehe nächster Abschnitt).

Obwohl die Situation der forstwirtschaftlich bedingten Umweltschäden nur spärlich dokumentiert ist und ihre Messung und Bewertung schwierig ist, können wir unter den wichtigsten Schädigunge der Forstindustrie folgende finden:

• Verlust der biologischen Vielfalt
• Verringerung der Fließgewässer in Gebieten mit Anpflanzungen
• Landschaftszerschneidung und kulturelle Entwurzelung
• Der Konflikt zwischen Kommunen und Unternehmen wurde zu einer nationalen Angelegenheit zwischen dem chilenischen Staat und Gruppen indigener Völker (Mapuche).

Die Debatte über die sozialen und ökologischen Folgen der Forstindustrie begann in Chile Mitte der 1980er-Jahre. Die Forderung nach Zertifizierungen der sozialen und ökologischen Verantwortung kann als ein Ergebnis dieser Debatte angesehen werden.

4.2.6 DL 701: ein Anreiz, einheimische Wälder durch nicht-heimische zu ersetzen

Im Jahr 1974 unterzeichnete die chilenische Regierung das Dekret DL 701, das einen Bonus von 75 % der Kosten für Kiefern- und Eukalyptusplantagen gewährte. Nach 23 Jahren in Kraft wurde die DL 701 1998 um weitere 15 Jahre verlängert, rückwirkend ab 1996. Bei dieser Gelegenheit wurde das Gesetz neu formuliert, um den Nutzen auf kleine und mittlere Erzeuger zu verlagern.

Im Jahr 2012 verlängerte die chilenische Regierung das DL 701 erneut um zwei Jahre. Im Jahr 2015 wurde das Gesetz dem Kongress zur erneuten Verlängerung vorgelegt, diesmal trotz des Widerstands von Sozial- und Umweltgruppen. Das Argument für eine erneute Verlängerung dieser Subvention war, dass die Förderung der Forstwirtschaft im Land zur Verringerung der Treibhausgasemissionen beitragen würde. Im Grunde genommen ging es darum, dass Chile durch die Anpflanzung von mehr Kiefern und Eukalyptus seine Kohlenstoffbilanz verbessern würde. Das neue Gesetz über die Entwicklung der Forstwirtschaft Nr. 19.561 definierte die kleinen und mittleren Forstbetriebe als Hauptnutznießer der Prämie neu.

Nach Angaben von (Gysling et al. 2017) wurden zwischen 1974 und 2015 Aufforstungen für insgesamt 1.250.347 ha subventioniert. Die in diesem Zeitraum durchgeführten Aufforstungen erfolgten hauptsächlich mit Monokulturen von Kiefern und Eukalyptus. Zwischen 1976 und 2016 hat der chilenische Staat jährlich fast 15 Mio. USD an Leistungen aus dem DL 701 bereitgestellt. Laut (Gysling et al. 2017) hat der chilenische Staat aufgrund dieses Gesetzes insgesamt über 566 Mio. USD für die forstwirtschaftliche Entwicklung bewilligt und damit Monokulturen mit nichtheimischen Arten subventioniert, zumeist zugunsten von großen Forstunternehmen.

Die einheimischen Wälder im südlichen Zentralchile, die sich zwischen der achten und zehnten Region befinden, wurden im Zeitraum zwischen 1980 und 1996 größtenteils ökologisch geschädigt, weil uralte Wälder durch Plantagen mit nichteinheimischen, schnell wachsenden Arten ersetzt wurden. Aufgrund der Subvention DL 701 nahmen die Plantagen um 77.583 ha/Jahr zu und erreichten 1984 ein Maximum von einer Million ha. (Gysling et al. 2017). Der kalte, immergrüne Wald scheint in der Region i nicht mehr so stark geschädigt worden zu sein wie seit der Ankunft der Siedler im frühen neunzehnten Jahrhundert, nur dass es dieses Mal anders als früher nicht der Kampf ums Überleben der Siedler war, der zur Brandrodung und Kahlschlag von Tausenden von Hektar Urwald führte. Trotz des einträglichen Geschäfts mit forstwirtschaftlichen Exporten wurden die Unternehmen weitgehend mit der angeblichen Absicht subventioniert, degradierte Böden oder wenig produktive Gebiete mit Wald wiederherzustellen.

4.2.7 Umweltauswirkungen

Die so genannten Schnellwuchsplantagen mit Arten wie Kiefer und Eukalyptus können je nach Bodenbeschaffenheit, Wasser- und Temperaturbedingungen Fruchtfolgen (Zeitraum zwischen Aussaat und Ernte) von 12 bis 25 Jahren erreichen (Frêne und Núñez 2010). Im Gegensatz dazu ist die Fruchtfolge in Plantagen mit einheimischen Waldarten viel langsamer und kann bei einigen Nothofagus-Arten zwischen 35 und 50 Jahren betragen.

Einige der bedeutendsten Auswirkungen der industriellen Forstwirtschaft, die als intensive Monokulturen mit hauptsächlich exotischen (nicht-einheimischen) Arten verstanden werden, sind diejenigen, die sich direkt auf den Boden auswirken, auf dem die Plantagen wachsen. Der Verband der Forstingenieure für den heimischen Wald hat einige der wichtigsten negativen Folgen wie Verdichtung, Abtragung, Erosion und Verarmung an Nährstoffen ermittelt (Astorga und Burschel 2017). Was die Auswirkungen auf die Wasserverfügbarkeit in Plantagengebieten betrifft, haben wissenschaftliche Studien festgestellt, dass die Feuchtigkeitsreserven des Bodens durch Eukalyptusplantagen schnell abnehmen: nach nur 4–6 Jahren ist der Wasserverbrauch im Laufe des Jahres ähnlich hoch wie in einem ausgewachsenen einheimischen Wald. Daher ist der Wasserverbrauch dieser Art von Plantagen so hoch, dass sie, um eine schnelle Entwicklung zu erreichen, ein hydrisches Ungleichgewicht erzeugen und die physikochemische Qualität der Gewässer beeinträchtigen. Untersuchungen von Forschern der Universidad Austral de Chile ergaben, dass die Wassermenge, die erforderlich ist, um einen Kubikmeter Waldvolumen in *Pinus radiata*-Pflanzungen in Süd-Zentral-Chile zu erzeugen, zwischen 241 und 717 m³ liegt. Bei Eukalyptus schwanken die Transpirationsraten je nach Art zwischen 20 und 40 l pro Baum und Tag (Huber und Trecaman 2000).

Aufgrund dieses hohen Wasserverbrauchs steht den Bewohnern der umliegenden Gebiete weniger Wasser zur Verfügung, was sich negativ auf ihre Lebensqualität auswirkt (Donoso und Otero 2005). Während ursprüngliche Wälder ein integriertes ökologisches System sind, das von lokalen Baumarten und natürlicher Begleitvegetation sowie von Tieren, Pilzen und Bodenmikroorganismen beherrscht wird, sind Waldplantagen künstliche Ökosysteme mit einer einzigen schnell wachsenden Art, die in homogenen Blöcken gleichen Alters gepflanzt werden und in denen nur sehr wenige andere Tier- und Pflanzenarten vorkommen. Im Gegensatz zu Plantagen erbringen ursprüngliche Wälder eine Reihe von Ökosystemleistungen, die für das Leben und das Wohlergehen der Menschen von grundlegender Bedeutung sind, wie z. B. Wasserreinigung, Klimaregulierung, Bodenbildung, CO_2-Absorption und Sauerstoffabgabe, zusätzlich zu anderen Kultur-, Erholungs- und Tourismusdienstleistungen, und sie dienen als Heimat von Menschen und angestammten Gemeinschaften, die komplexe, ausgewogene Systeme entwickelt haben, um diese Orte in ständiger Anpassung zu bewohnen (Chazdon et al. 2008).

4.3 Das Modell

Wir entwickeln und lösen ein analytisches theoretisches Modell, um die Reaktion der Menschen auf die Einführung einer Subvention (Negativsteuer) auf vermarktete Forstprodukte zu beschreiben. Das Modell basiert auf Anthon et al. (2008), wo die Autoren ein Zwei-Sektoren-Modell verwenden, um die Auswirkungen einer Steuer auf Forstprodukte zu untersuchen, die von den ärmsten Menschen vermarktet werden. Diese Autoren berücksichtigen in ihrem Modell keine Umwelteffekte, aber sie beziehen Freizeit in die Nutzenfunktion ein, die leicht an den Umweltfall angepasst werden kann. Das hier vorgestellte Modell weist jedoch einige wesentliche Unterschiede zu Anthon et al. (2008) auf. Während in einem Zwei-Sektoren-Modell Arbeit in beiden Sektoren benötigt wird, ist die Umwelt in unserem Modell nicht unbedingt von zwei Sektoren betroffen. In dem hier vorgestellten Modell wird Land entweder für extraktive Nutzungen (z. B. Bergbau, Landwirtschaft, Forstwirtschaft usw.) oder für die Erhaltung verteilt. Doch während die Erhaltung einen Fluss von Ökosystemleistungen hervorbringt, schließt die extraktive Nutzung diese Ökosystemleistungen aus, und dies ist der zweite und wichtigste Unterschied zu Anthon et al. (2008), der sich bei der Bewertung der hier vorgestellten Ergebnisse als entscheidend erweisen wird.

Wir verwenden den Rahmen eines regionalen repräsentativen Agentenmodells und gehen davon aus, dass die Gesamtfläche T entweder für den Naturschutz z_C oder für extraktive Aktivitäten z_F bestimmt ist. Für die Zwecke dieses Modells identifizieren wir die extraktive Tätigkeit mit der Holzgewinnung, aber es könnte sich auch um jede andere Tätigkeit handeln (z. B. Bergbau, Landwirtschaft, Handel, Fischerei usw.), bei der ein Produkt marktfähig ist und die Bereitstellung von Ökosystemleistungen ganz oder teilweise beeinträchtigt wird. Die lokale Wirtschaft maximiert den Gesamtnutzen u aus der Bereitstellung von Ökosystemleistungen q und dem Konsumfluss c. Das Einkommen für den Konsum stammt aus der Waldproduktion und aus allen Zahlungen, die aus der Bereitstellung von Ökosystemleistungen durch den Naturschutz erzielt werden können, z. B. aus dem Tourismus. Ein Mindestmaß an Konsum kann nicht ausschließlich durch Einnahmen aus dem Naturschutz (d. h. Tourismus oder Zahlungen aus Ökosystemleistungen im Allgemeinen) gedeckt werden, was vor allem darauf zurückzuführen ist, dass es nicht möglich ist, alle durch den Naturschutz erbrachten Ökosystemleistungen finanziell zu erfassen. Das Einkommen aus forstwirtschaftlicher Tätigkeit ist pz_F und das Einkommen aus Zahlungen für Ökosystemleistungen, wie Tourismus oder andere mit dem Naturschutz verbundene Aktivitäten, ist wz_C, wobei p und w der Preis für vermarktete Forstprodukte bzw. Zahlungen für Ökosystemleistungen sind. Naturschutzaktivitäten erzeugen Ökosystemleistungen, die durch $q = z_C^{\theta}$ gegeben sind. Wenn kein Holz entnommen wird, sind die gesamten Ökosystemleistungen durch $\bar{q} = T^{\theta}$ gegeben. Forstwirtschaftliche Tätigkeiten verhindern die Bereitstellung von Ökosystemleistungen in Höhe von $T^{\theta} - (T-z_F)^{\theta}$. Der Preis w repräsentiert den Preis für jedes Stück Land, das erhalten werden kann, aber nicht den gesamten sozialen Wert der Ökosystemleistungen. Das zu lösende Problem der Haushalte lautet:[2]

$$\max_{c,q} u(c,q) = c^{\beta} q^{(1-\beta)} \tag{4.1}$$

$$\text{s.t. } c = pz_F + wz_C \tag{4.2}$$

$$T = z_c + z_F \tag{4.3}$$

$$q = z_C^{\theta} \tag{4.4}$$

$$c \geq wT \tag{4.5}$$

---

[2] Die Bedeutung von s.t.: wichtige Bedingung, der die Funktionen folgen müssen.

$$c, q, T, z_C, z_F > 0 \tag{4.6}$$

$$0 < \beta < 1; 0 < \theta < 1 \tag{4.7}$$

Die Haushalte maximieren ihren Nutzen unter der Budgetbeschränkung (4.2), einer Landbeschränkung (4.3) und einer Umweltbeschränkung (4.4) sowie einer Mindestkonsumbeschränkung (4.5). Der Einfachheit halber gehen wir von einem statischen Modell aus, d. h. das Einkommen ist gleich dem Konsum. Der Preis des Konsums ist auf 1 normiert.

4.4 Ergebnisse

Der Ergebnisteil ist wie folgt aufgebaut. Zunächst betrachten wir die optimale Landverteilung, den Verbrauch und die Bereitstellung von Ökosystemleistungen. Dann führen wir eine negative Steuer (eine Subvention) im Forstsektor ein, um die Auswirkungen auf die optimalen Werte der Kontrollvariablen zu untersuchen. Zweitens beobachten wir die Auswirkungen von Änderungen des Preises, der für Ökosystemleistungen gezahlt wird, und deren Auswirkungen insbesondere auf das Einkommen für den Konsum. Schließlich diskutieren wir einige Wohlfahrtseffekte, die mit der Negativsteuer verbunden sind.

4.4.1 Grundlegende Ergebnisse

Wir werfen zunächst einen Blick auf die optimale Landzuteilung, die Bereitstellung von Ökosystemleistungen und den Verbrauch. Das konzentrierte Problem kann wie folgt definiert werden:

$$\max_{z_C} u = \left(p \left(T - z_C \right) + w z_C \right)^{\beta} z_C^{\theta(1-\beta)} \tag{4.8}$$

Daraus ergibt sich die folgende Landzuteilung des Agenten:

$$z_C^* = \frac{(\alpha - \beta) p T}{\alpha (p - w)} \tag{4.9}$$

$$z_F^* = \frac{T \beta p - \alpha w T}{\alpha (p - w)} \tag{4.10}$$

$$\alpha = \beta + \theta (1 - \beta) \tag{4.11}$$

Unter Gl. (4.5), Z^*_C, $Z^*_F \in [0, T]$ wie im Anhang gezeigt.

Sowohl die für die Erhaltung als auch die für die Gewinnung von Wald bestimmten Flächen sind komplexe, nichtlineare Funktionen des Preises der Wälder p und des Preises der Ökosystemleistungen w, so dass es nicht einfach ist zu sagen, wie die Auswirkungen sein werden. Dies ist das Ziel des folgenden Abschnitts. Die Ergebnisse der Gl. (4.9) und (4.10) können verwendet werden, um die Bereitstellung von Ökosystemleistungen $q*$ und das gesamte Bareinkommen für den Konsum $c*$ zu berechnen.

$$q^* = \left(\frac{(\alpha - \beta) pT}{\alpha (p - w)} \right)^\theta \tag{4.12}$$

$$c^* = \frac{T \beta p}{\alpha} \tag{4.13}$$

Das optimale Niveau der Bereitstellung von Ökosystemleistungen hängt in unserem Modell ausschließlich von der für die Erhaltung bestimmten Fläche z_c ab und davon, wie produktiv diese Fläche in Bezug auf die Bereitstellung von Ökosystemleistungen ist θ. Unter Verwendung von Gl. (4.3) kann $q*$ auch in Bezug auf die für die Gewinnung z_F und nicht für die Erhaltung bestimmte Fläche bestimmt werden, d. h. $q* = (T - z_F)^\theta$, was zeigt, dass die Ökosystemleistungen mit zunehmender Fläche für Extraktionstätigkeiten, z. B. Holzgewinnung, abnehmen. Das optimale Bareinkommen der Haushalte für den Konsum ist direkt proportional zum Preis der extraktiven Ressource, hängt aber überraschenderweise nicht vom Preis der Ökosystemleistungen ab.

4.4.2 Auswirkungen einer Negativsteuer (Subvention)

Nun wenden wir uns den Auswirkungen einer negativen Steuer zu, d. h. den Auswirkungen einer Subvention. Diese Subvention wird als eine Erhöhung des Preises p pro Einheit der für die Waldnutzung genutzten Fläche modelliert:

$$\frac{\partial z_C^*}{\partial p} = \frac{-\alpha (\alpha - \beta) wT}{(\alpha (p - w))^2} < 0 \tag{4.14}$$

$$\frac{\partial z_F^*}{\partial p} = \frac{\alpha wT (\alpha - \beta)}{(\alpha (p - w))^2} > 0 \tag{4.15}$$

$$\frac{\partial q^*}{\partial p} = -\theta z_C^{\theta-1} \frac{\alpha (\alpha - \beta) wT}{(\alpha (p - w))^2} < 0 \tag{4.16}$$

$$\frac{\partial c^*}{\partial p} = \frac{T\beta}{\alpha} > 0 \qquad (4.17)$$

Wie erwartet, zeigen die Ergebnisse, dass eine Subvention pro Waldfläche die für die Ressourcengewinnung vorgesehene Fläche vergrößert, die für den Naturschutz vorgesehene Fläche verkleinert und somit die Bereitstellung von Ökosystemleistungen verringert. Allerdings erhöht die Subvention das regionale Einkommen der Haushalte.

4.4.3 Auswirkungen der Zahlung für Ökosystemleistungen

Eine dieser Ökosystemleistungen ist der Tourismus. In diesem Fall ist w der Preis pro Flächeneinheit, die für den Naturschutz bestimmt ist und in der nur touristische Aktivitäten erlaubt sind. Wie aus Gl. (4.5) hervorgeht, ist es nicht möglich, ein Mindestverbrauchsniveau nur auf der Grundlage der Einnahmen aus diesen Ökosystemleistungen zu erreichen. Dies ist mehr als eine Annahme, es ist eine Voraussetzung für die Konsistenz des Modells. Es ist außerdem konsistent mit der Tatsache, dass die meisten vom Ökosystem erbrachten Ökosystemleistungen öffentliche Güter ohne die Möglichkeit der Zuweisung privater Eigentumsrechte sind und daher nicht entlohnt werden können, abgesehen von einigen wenigen Fällen, in denen Zahlungen für Ökosystemleistungen eingeführt wurden, aber wie oben gezeigt, waren diese Instrumente zumindest als umfassender Mechanismus zur Finanzierung der Erhaltung nur teilweise erfolgreich.

$$\frac{\partial z_C^*}{\partial w} = \frac{\alpha(\alpha-\beta)pT}{(\alpha(p-w))^2} > 0 \qquad (4.18)$$

$$\frac{\partial z_F^*}{\partial w} = -\frac{\alpha(\alpha-\beta)pT}{(\alpha(p-w))^2} < 0 \qquad (4.19)$$

$$\frac{\partial q^*}{\partial w} = \theta z_C^{\theta-1} \frac{\alpha(\alpha-\beta)pT}{(\alpha(p-w))^2} > 0 \qquad (4.20)$$

$$\frac{\partial c^*}{\partial w} = 0 \qquad (4.21)$$

Wie aus den obigen Ergebnissen zu erwarten war, nehmen als Reaktion auf eine Erhöhung von w die für z_C^* bereitgestellten Flächen sowie die Bereitstellung von Ökosystemleistungen $q*$ zu, während die für z_F^* bereitgestellten Flächen abnehmen. Überraschenderweise hat eine Erhöhung von w keine Auswirkungen auf das regionale Einkommen $c*$. Wie im Anhang erläutert, liegt die Vermutung nahe, dass, obwohl die Einnahmen aus dem Naturschutz zunehmen, dies durch die Zunahme der konservierten Flächen und die Verringerung der für die Ressourcenextraktion zugewiesenen Flächen vollständig kompensiert wird, da letztere produktiver sind (in Bezug auf die Erzielung von Geldeinkommen) als erstere.

4.4.4 Wohlfahrtseffekte

Die indirekte Nutzenfunktion ist gegeben durch

$$u = \left(\frac{T\beta p}{\alpha}\right)^{\beta}\left(\frac{(\alpha-\beta)pT}{\alpha(p-w)}\right)^{\theta(1-\beta)} \qquad (4.22)$$

Es ist möglich zu zeigen, dass in unserem Rahmen eine Erhöhung der Rendite der Holzentnahme wohlfahrtssteigernd ist, wenn die Bedingung $p > \dfrac{\alpha w}{\beta}$ erfüllt ist, oder gleichwertig, wenn das Einkommen aus der Zahlung für Ökosystemleistungen nicht ausreicht, um den Mindeststandard des Konsums zu erfüllen, d. h., wenn $c > wT$. In einem allgemeineren Rahmen können höhere Erträge im Entnahmesektor jedoch wohlfahrtsmindernd sein, wenn

$$\frac{p}{w} < \left(1 + \theta\frac{1-\beta}{\beta}\right) \qquad (4.23)$$

Die Subvention ist wohlfahrtsmindernd, wenn der Ausdruck in Gl. (4.23) zutrifft, d. h. wenn die relative Rendite des Naturschutzes im Vergleich zu extraktiven Aktivitäten w/p hoch ist; wenn die Umwelt im Verhältnis zum Verbrauch einen hohen Wert hat (d. h. ein hohes $(1-\beta)/\beta$); oder wenn das für den Naturschutz bestimmte Land im Hinblick auf die Quantität und Qualität der von ihm erbrachten Ökosystemleistungen sehr reich ist (d. h. θ ist hoch).

4.5 Diskussion und politische Implikationen

Besonders interessant ist die Tatsache, dass die Subvention die Wohlfahrt verringert, wenn das für den Naturschutz vorgesehene Land in Bezug auf die Quantität und Qualität der von ihm erbrachten Ökosystemleistungen sehr reich ist (d. h. θ ist hoch). Die Naturwissenschaften sind noch weit davon entfernt (und werden es wahrscheinlich immer sein), alle Ökosystemleistungen und vor allem die Wechselwirkungen und Verbindungen der verschiedenen Ökosystemleistungen untereinander und mit der Fauna/Flora und dem Menschen vollständig zu verstehen

(Daly und Farley 2011). Wir können daher weder die „Quantität" noch die „Qualität" der Ökosystemleistungen, die ein Wald erbringt, beurteilen (d. h. ob θ hoch ist oder nicht). Wir können daraus schließen, dass eine solche allgemeine Subvention, die jede Art von Aufforstung (einschließlich Monokulturen nicht-heimischer Arten) fördert, wie sie bisher in Chile umgesetzt wurde, sehr vorsichtig angewendet werden sollte.

Das Modell unterscheidet nicht zwischen Subventionen, die für die Entnahme und Wiederaufforstung beliebiger Arten gewährt werden, und Subventionen, die theoretisch für die Wiederaufforstung ausschließlich einheimischer Arten in heterogenen und diversifizierten Plantagen (keine Monokulturen) gewährt werden könnten. Im letzteren Fall würden der Verlust an Ökosystemleistungen und der damit verbundene Wohlfahrtsverlust minimiert, während gleichzeitig die Wohlfahrtsgewinne aus der Entnahme nicht unbedingt geringer ausfallen würden. Einheimische Arten lassen sich in der Regel deutlich teurer verkaufen als Kiefern oder Eukalyptusbäume, und einige Arten brauchen nicht einmal so viel länger, um geerntet zu werden (Donoso 2014). Ein starker Anreiz, warum Investoren Kiefern- oder Eukalyptusplantagen bevorzugen, ist die Tatsache, dass der Geldzins der Zeit einen (relativ hohen) Wert verleiht, der die schnell wachsenden Arten wirtschaftlich attraktiver macht (siehe dazu Kap. 2 in diesem Buch). Wenn also eine Subvention nur für die Anpflanzung einheimischer Arten und nicht, wie bisher in Chile, für jede Art von Aufforstung gewährt würde, könnte dies den Wohlfahrtsverlust (der eigentlich als Zinsverlust interpretiert werden kann) ausgleichen, der durch die längere Zeitspanne bis zur Ernte entsteht. Da bei der Aufforstung einheimischer Arten in heterogenen Kulturen keine (oder nur minimale) negative Auswirkungen auf die Ökosystemleistungen entstehen würden, würde eine solche Subvention die Wohlfahrt erhöhen. Es ist daher empfehlenswert, Subventionen einzuführen, die nur für die Wiederaufforstung heimischer Arten und die Gewährleistung der Artenvielfalt gewährt werden.

Unser Modell zeigt (siehe Anhang, Gl. (4.32)), dass der Ertrag des Ökosystems keine negativen Auswirkungen auf das Einkommen der Haushalte hat, aber einen positiven Effekt auf die Erhaltung der Umwelt. Man könnte meinen, dass dies zu einer vollständigen Erhaltung der natürlichen Landschaft führen sollte. Dies ist jedoch nicht der Fall, da unsere Beschränkungen zeigen, dass es nicht möglich ist, ein Mindestverbrauchsniveau nur durch die erfassten Einnahmen aus Ökosystemleistungen zu erreichen, wenn die gesamte Fläche nur dem Naturschutz gewidmet wird.

In unserem Modell ist ein hohes Konsumniveau durch den Verlust von Ökosystemleistungen wohlfahrtsmindernd. Im Gegensatz dazu ist im konventionellen ökonomischen Denken der Konsum ein Indikator für Wohlfahrt; je mehr wir produzieren und konsumieren, desto höher soll unsere Gesamtwohlfahrt sein. „Mehr ist besser als weniger" wird in der Mikroökonomie als eines der Merkmale der Verbraucherpräferenzen angesehen (Frank 2008, S. 64). Deshalb wird das BIP – obwohl kritisiert (siehe z. B. Costanza et al. 2014) – immer noch häufig als Wohlfahrtsindikator verwendet. Unser Modell zeigt deutlich, dass ein stetiger Anstieg des Konsums nicht wohlfahrtssteigernd ist; wir sehen sogar einen Trade-off zwischen Konsum und Wohlfahrt. Es ist erwähnenswert, dass wir diesen Zielkonflikt auch in alternativen Entwicklungs- und Lebensqualitätsindizes erkennen, da viele dieser Indizes willkürlich gewählte Artefakte oder Umstände verwenden, um das zu messen, was von ihren Autoren als Indikator für die Lebensqualität angesehen wird. So sind beispielsweise die Anzahl der Krankenhausbetten oder die Zahle der Ärzte pro Kopf oder der Zugang zu Trinkwasser solche Indikatoren, die wir in diesen Indizes üblicherweise finden. Um eine solche Infrastruktur bereitstellen zu können, ist jedoch ein bestimmtes Volkseinkommen (BIP) und damit die Zerstörung von Ökosystemleistungen erforderlich. Außerdem ist es fraglich, ob z. B. eine hohe Zahl von Ärzten pro Kopf wirklich bedeutet, dass wir gesünder leben. Wenn wir, wie es immer noch viele Menschen in Chile und Brasilien tun, autark in den Bergen leben, mit frischer Luft, wenig Stress (im Vergleich zum Leben in Großstädten) und dem Verzehr von kleinbäuerlichen Bio-Lebensmitteln, werden wir wahrscheinlich weniger krank und brauchen weniger medizinische Versorgung, als wenn wir in einer modernen Metropole leben. Wir brauchen auch nicht unbedingt Leitungswasser, wenn wir eine Quelle oder einen sauberen Wasserfall haben, der von den Gletschern neben dem Haus ankommt und uns mit dem reinsten Wasser versorgt, das man sich vorstellen kann.

Eine Alternative zur Messung der Wohlfahrt, die den erwähnten Zielkonflikt zwischen BIP-Wachstum und Zerstörung von Ökosystemleistungen nicht fördert, ist der „Human Scale Development Index" (Fuders et al. 2016), der die subjektive Wahrnehmung der Befriedigung grundlegender menschlicher Bedürfnisse misst. Dieser Index baut auf dem *Human-Scale-Development-Ansatz* von Max-Neef et al. (1991) auf. Diesem Konzept zufolge sind die menschlichen Bedürfnisse nicht unendlich, sondern endlich und klassifizierbar und über alle Kulturen und historischen Zeiträume hinweg gleich. Was sich in verschiedenen Kulturen oder Zeiten ändern kann, ist die Form, in der diese Bedürfnisse befriedigt werden (Max-Neef et al. 1991). Viele grundlegende menschliche Bedürfnisse wie „Zuneigung", „Schutz", „Kreativität", „Freizeit", „Verständnis" oder „Freiheit" lassen sich in den chilenischen Gebirgskordilleren wahrscheinlich leichter befriedigen als in der Großstadt, auch wenn das durchschnittliche BIP in den Bergregionen relativ niedrig ist. Die Erhaltung von Ökosystemen erhöht das Ergebnis dieses Indexes, da die Bereitstellung von Ökosystemleistungen der Schlüssel zur Befriedigung der meisten menschlichen Grundbedürfnisse ist. Die Verwendung dieses oder eines ähnlichen Indexes zur Messung der Entwicklung eines Landes oder einer Region könnte das Verständnis für die Bedeutung des Ökosystemschutzes in der Politik erheblich verbessern.

Anhang A. Anhang

Grundlegende Ergebnisse

Das zentrierte Modell ist

$$\max_{z_C} u = \left(p \left(T - z_C \right) + w z_C \right)^{\beta} z_C^{\theta(1-\beta)} \tag{4.24}$$

Und die Bedingung erster Ordnung ist:

$$
\frac{\partial L}{\partial z_c} = -\beta \left(p(T - z_c) + wz_c \right)^{\beta-1} (p - w) z_C^{\theta(1-\beta)}
$$
$$
+ \left(p(T - z_C) + wz_C \right)^{\beta} \theta(1-\beta) z_C^{\theta(1-\beta)-1} = 0
$$

(4.25)

Durch Umstellen von Gl. (4.25) erhält man

$$
-\frac{\beta(p-w)}{p(T-z_C)+wz_C} + \frac{\theta(1-\beta)}{z_c} = 0
$$

(4.26)

und aus Gl. (4.26)

$$
z_C^* = \frac{\theta(1-\beta)pT}{(\beta+\theta(1-\beta))(p-w)}
$$

(4.27)

wenn wir die Präferenz-Parameter sammeln in

$$
\alpha = \beta + \theta(1-\beta)
$$

(4.28)

Kombiniert man (4.27) und (4.28) und stellt gemäß (4.28) fest, dass $\alpha > \beta$ ist, erhält man die optimale Allokation für die Erhaltung in Gl. (4.9) im Text

$$
z_C^* = \frac{(\alpha-\beta)pT}{\alpha(p-w)}
$$

Man beachte bei der Bedingung erster Ordnung in (4.26), dass der zweite Term auf der linken Seite den Grenznutzen einer zunehmenden Erhaltung angibt, der nicht von den Erträgen der einzelnen Sektoren p, w abhängt, sondern nur vom Grenzschaden der verlorenen Ökosystemleistungen $(1-\beta)$ und davon, wie produktiv das Ökosystem in Bezug auf die Bereitstellung von Ökosystemleistungen θ ist. Der erste Term auf der linken Seite zeigt die Opportunitätskosten des Naturschutzes in Form eines geringeren Einkommens für die Waldproduktion, das positiv ist, wenn der Ertrag für den Forstsektor p höher ist als der Ertrag, der durch die Bereitstellung von Ökosystemleistungen w erzielt wird.

Die optimale Zuteilung von Land an den Forstsektor kann durch Einsetzen von z_C^* in die Gesamtlandbeschränkung in Gl. (4.3) bestimmt werden.

$$
z_F = T - z_c
$$

$$
z_F = T - \frac{\theta(1-\beta)pT}{(\beta+\theta(1-\beta))(p-w)}
$$

$$z_F^* = \frac{T\beta p - \left(\beta + \theta\left(1-\beta\right)\right)wT}{\left(\beta + \theta\left(1-\beta\right)\right)\left(p-w\right)},$$

Dieser Ausdruck entspricht der optimalen Zuteilung von Land an den extraktiven Sektor (d. h. Wald) in Gl. (4.10) im Haupttext, wenn Gl. (4.28) gilt:

$$z_F^* = \frac{T\beta p - \alpha wT}{\beta\left(p-w\right)}$$

Beachten Sie, dass $z_F^* \geq 0$ wenn

$$\frac{p}{w} \geq \frac{\alpha}{\beta} \tag{4.29}$$

Da $\alpha > \beta$ ist, setzt diese Bedingung voraus, dass der Ertrag des extraktiven Sektors (Wald, Landwirtschaft, Bergbau usw.) höher sein muss als der Wert, der für die Zahlung von Ökosystemleistungen (Tourismus, Nutzung von Süßwasser, usw.) erhoben wird. Wie wir weiter unten zeigen, ist dieser Ausdruck äquivalent zu der Einschränkung in Gl. (4.5) $c \geq wT$.

Die gesamte Umweltqualität q wird aus den Gl. (4.4) und (4.9) berechnet

$$q^* = z_C^\theta$$

$$q^* = \left(\frac{\left(\alpha - \beta\right)pT}{\alpha\left(p-w\right)}\right)^\theta.$$

Das Bareinkommen für den Konsum wird berechnet, indem die optimalen Werte für die Bodenerhaltung in Gl. (4.9) und die Waldfläche in Gl. (4.10) in die Budgetbeschränkung (4.2) eingesetzt werden:

$$c^* = pz_F^* + wz_C^*$$

$$c^* = p\frac{T\beta p - \alpha wT}{\alpha\left(p-w\right)} + w\frac{\left(\alpha - \beta\right)pT}{\alpha\left(p-w\right)}$$

$$c^* = \frac{T\beta p^2 - \alpha wpT + \left(\alpha - \beta\right)wpT}{\alpha\left(p-w\right)}$$

$$c^* = \frac{T\beta p^2 - w\beta pT}{\alpha\left(p-w\right)}$$

$$c^* = \frac{T\beta p(p-w)}{\alpha(p-w)}$$

$$c^* = \frac{T\beta p}{\alpha} \tag{4.30}$$

Man beachte, dass, wenn (4.29) gilt, dann

$$c^* \geq wT \tag{4.31}$$

Das bedeutet, dass selbst wenn das gesamte Land für Naturschutzmaßnahmen bestimmt wäre, dies nicht ausreichen würde, um den Mindestverbrauch zu decken, und dass einige Extraktionsaktivitäten erforderlich sind.

Auswirkungen einer Negativsteuer (Subvention)

$$\frac{\partial z_C^*}{\partial p} = \frac{(\alpha-\beta)Tu(p-w)-\alpha(\alpha-\beta)pT}{(\alpha(p-w))^2}$$

$$\frac{\partial z_C^*}{\partial p} = \frac{-\alpha(\alpha-\beta)wT}{(\alpha(p-w))^2} < 0$$

$$\frac{\partial z_F^*}{\partial p} = \frac{T\beta\alpha(p-w)-\alpha(T\beta p-\alpha wT)}{(\alpha(p-w))^2}$$

$$\frac{\partial z_F^*}{\partial p} = \frac{\alpha wT(\alpha-\beta)}{(\alpha(p-w))^2} > 0$$

$$\frac{\partial q^*}{\partial p} = \theta z_C^{\theta-1} \frac{\partial z_C^*}{\partial p}$$

$$\frac{\partial q^*}{\partial p} = -\theta z_C^{\theta-1} \frac{\alpha(\alpha-\beta)wT}{(\alpha(p-w))^2} < 0$$

$$\frac{\partial c^*}{\partial p} = \frac{T\beta}{\alpha} > 0$$

Auswirkungen von Zahlungen für Ökosystemleistungen

$$\frac{\partial z_C^*}{\partial w} = \frac{\alpha(\alpha - \beta)pT}{(\alpha(p-w))^2} > 0$$

$$\frac{\partial z_F^*}{\partial w} = \frac{-\alpha T\alpha(p-w) + \alpha(T\beta p - \alpha wT)}{(\alpha(p-w))^2}$$

$$\frac{\partial z_F^*}{\partial w} = -\frac{\alpha(\alpha - \beta)pT}{(\alpha(p-w))^2} < 0$$

$$\frac{\partial q^*}{\partial w} = \theta z_C^{\theta-1}\frac{\partial z_C^*}{\partial w}$$

$$\frac{\partial q^*}{\partial w} = \theta z_C^{\theta-1}\frac{\alpha(\alpha - \beta)pT}{(\alpha(p-w))^2} > 0$$

$$c^* = \frac{T\beta p}{\alpha}$$

$$\frac{\partial c^*}{\partial w} = 0 \tag{4.32}$$

Das Ergebnis von Gl. (4.32) ist verblüffend. Es zeigt, dass der Ertrag des Öko-systems sich nicht negativ auf das Einkommen der Haushalte auswirkt, aber eine positive Wirkung auf die Umwelt hat. Auf den ersten Blick scheint dies darauf hin-zudeuten, dass es möglich ist, die Umwelt ohne Opportunitätskosten im Sinne des Konsums nur durch eine Erhöhung von w zu erhalten, was letztendlich zu einer voll-ständigen Erhaltung der natürlichen Landschaft führen würde. Dies ist jedoch nicht der Fall. Unsere Beschränkungen zeigen, dass es nicht möglich ist, nur durch die Einnahmen aus den Ökosystemleistungen ein Mindestmaß an Konsum zu erreichen, wenn die gesamte Fläche nur dem Naturschutz gewidmet wird. Ein gewisses Maß an Extraktionsaktivitäten ist notwendig, um das Leben zu erhalten.

Eine andere Möglichkeit, die Nullwirkung von w auf das Gesamteinkommen zu erkennen, ist die vollständige Differenzierung der Budgetbeschränkung

$$c^* = pz_F^* + wz_C^*$$

$$\frac{dc^*}{dw} = p\frac{dz_F^*}{dw} + z_C^* + w\frac{dz_C^*}{dw} \tag{4.33}$$

Entsprechend der Landbeschränkung

$$-\frac{dz_F^*}{dw} = \frac{dz_C^*}{dw},$$

umgeschrieben in Gl. (4.33)

$$\frac{dc^*}{dw} = z_C^* - (p-w)\frac{dz_C^*}{dw}.$$

Es lässt sich zeigen, dass $z_C^* = (p-w)\left(dz_C^*\right)/dw$ und damit $(dc*)/dw = 0$

$$z_C^* = \frac{(\alpha-\beta)pT}{\alpha(p-w)}$$

$$(p-w)\frac{dz_C^*}{dw} = (p-w)\frac{\alpha(\alpha-\beta)pT}{(\alpha(p-w))^2} = \frac{(\alpha-\beta)pT}{\alpha(p-w)}$$

Das zusätzliche Einkommen, das durch den höheren Preis für die Konservierung z_C^* erzielt wird, wird also vollständig durch die Erhöhung von z_C^* und die Verringerung von z_F^* kompensiert, während erstere durch letztere weniger produktiv ist.

Wohlfahrtseffekte

Nach den Gl. (4.1), (4.9) und (4.10) ist die indirekte Nutzenfunktion gegeben durch

$$u = \left(\frac{T\beta p}{\alpha}\right)^{\beta}\left(\frac{(\alpha-\beta)pT}{\alpha(p-w)}\right)^{\theta(1-\beta)}.$$

Dieser Ausdruck in Logarithmen wird zu:

$$\ln u = \lambda + \beta\ln p + \theta(1-\beta)\ln p - \theta(1-\beta)\ln(p-w)$$

wobei λ, eine Konstante, gegeben ist durch

$$\lambda = \beta\ln\left(\frac{T\beta}{\alpha}\right) + \theta(1-\beta)\ln\left(\frac{(\alpha-\beta)T}{\alpha}\right)$$

$$\frac{\partial \ln u}{\partial p} = \frac{\beta}{p} + \frac{\theta(1-\beta)}{p} - \frac{\theta(1-\beta)}{(p-w)} \tag{4.34}$$

Gemäß Gl. (4.34) kann gezeigt werden, dass ein Anstieg des Ertrags von Wald p wohlfahrtssteigernd ist, wenn die Bedingung $p > \dfrac{\alpha w}{\beta}$ erfüllt ist oder wenn das Einkommen aus Ökosystemleistungen nicht ausreicht, um den Mindestkonsumstandard zu befriedigen, d. h., es ist erforderlich, dass $c > wT$. In einem allgemeineren Rahmen kann ein Preisanstieg und damit ein höherer Ertrag im Entnahmesektor jedoch wohlfahrtsmindernd sein, wenn

$$\frac{p}{w} < \left(1 + \theta \frac{1-\beta}{\beta}\right) \tag{4.35}$$

Wenn Gl. (4.35) zutrifft, sind höhere Erträge im extraktiven Sektor (z. B. eine Subvention) wohlfahrtsmindernd, wenn die linke Seite von Gl. (4.35) niedrig oder die rechte Seite hoch ist. Wenn also das Verhältnis zwischen dem Ertrag des Naturschutzes und dem Ertrag des extraktiven Sektors w/p hoch ist, wenn die relative Bewertung der Umwelt im Verhältnis zur Bewertung des Konsums $(1-\beta)/\beta$ hoch ist oder wenn der Reichtum der Ökosysteme in Bezug auf die Bereitstellung von Ökosystemleistungen θ hoch ist.

Literatur

Adams WM et al (2004) Biodiversity conservation and the eradication of poverty. Science 306:1146–1149

Andam KS et al (2008) Measuring the effectiveness of protected areas networks in reducing deforestation. Proc Natl Acad Sci U S A 105:16089–16094

Anthon S, Lund JF, Helles F (2008) Targeting the poor: taxation of marketed forest products in developing countries. J For Econ 14:197–224

Astorga L, Burschel H (2017) Avanzando en la propuesta hacia un Nuevo Modelo Forestal. Bosque Nativo 59:9–15

CASEN (2016) Resultados encuesta CASEN 2016. In: M. d. Social (Hrsg). Ministerio de Desarrollo Social. Santiago de Chile

Chazdon RL et al (2008) Beyond deforestation: restoring forests and ecosystem services on degraded lands. Science 320:1458–1460

CONAF (2019) Parques nacionales. http://www.conaf.cl/parques-nacionales/parques-de-chile. Zugegriffen am 29.01.2019

Costanza R et al (2014) Time to leave GDP behind. Nature 505:283–285

Cropper M, Puri J, Griffiths C (2001) Predicting the location of deforestation: the role of roads and protected areas in North Thailand. Land Econ 77(2):172–186

Daly H, Farley J (2011) Ecological economics – principles and applications, 2. Aufl. Island Press, Washington

DIRECON (Dirección General de Relaciones Económicas Internacionals), M. d. R. E (2017) Reporte anual comercio exterior de Chile. Ministerio de relaciones exteriores, Departamento de estudios, Santiago

Donoso PJ (2014) Ecología Forestal Bases para el Manejo Sustentable y Conservación de los Bosques Nativos de Chile. In: Donoso C, Gonzales M, Lara A (Hrsg) Ecología forestal. Ediciones UACh, Valdivia, S 505–526

Donoso PJ, Otero LA (2005) Hacia una definición de país forestal: ¿Dónde se sitúa Chile? Bosque 26(3):5–18

Frank R (2008) Microeconomics and behaviour. McGraw-Hill/Irwin, New York

Frêne Conget C, Núñez Ávila M (2010) Hacia un nuevo Modelo Forestal en Chile. Bosque Nativo 47:25–35

Fuders F, Mengel N, Maria del Valle B (2016) Índice de desarrollo a escala humana: propuesta para un indicador de desarrollo endógeno basado en la satisfacción de las necesidades humanas fundamentales. In: Pérez Garcés R, Espinosa Ayala E, Terán Varela O (Hrsg) Seguridad Alimentaria, actores Terretoriales y Desarrollo Endógeno. Laberinto, Iztapalapa, S 63–106

Grimm NB, Faeth SH, Golubiewski NE, Redman CL, Wu JG, Bai XM, Briggs JM (2008) Global change and the ecology of cities. Science 319:756–760

Gysling Caselli A, Álvarez González V, Soto Aguirre D, Pardo Velásquez E, Poblete Hernández P, Bañados Munita J (2017) Anuario forestal. INFOR, Santiago

Huber A, Trecaman R (2000) Effect of a Pinus Radiata plantation on the spatial distribution on soil water content. Bosque 21(1):37–44

Klein N (2007) The shock doctrine: the rise of disaster capitalism. Alfred A. Knopf, Toronto

Lignum (2019) El sector forestal genera más de 300.000 empleos en Chile. http://www.lignum. cl/2015/10/22/el-sector-forestal-y-la-generacion-de-empleos. Zugegriffen am 29.01.2019

Max-Neef M, Elizalde A, Hopenhayn M (1991) Human scale development – conception, application and further reflections. Apex, New York

Pfaff A, Robalino J, Sanchez-Azofiefa GA, Andam KS, Ferraro PJ (2009) Park location affects forest protection: land characteristics cause differences in park impacts across Costa Rica. RE J Econ Anal Policy 9(2):1–24

Rivera C, Vallejos-Romero A (2015) The privatization of conservation in Chile: rethinking environmental governance. Bosque 36(1):15–25

Sims KE (2009) Conservation and development: evidence from Thai protected areas. Amherst College – Dep. of Economics, Amherst

Stephens SS, Wagner MR (2007) Forest plantations and biodiversity: a fresh perspective. J For 205(6):307–313

Torrejon FG, Cisternas M, Alvial I, Torres L (2011) Colonial timber felling consequences of the alerce forests in Chiloé, southern Chile (18th and 19th centuries). Magallania 39(2):75–95

Worldbank (2014) Terrestrial protected areas. http://data.worldbank.org/indicator/ER.LND.PTLD. ZS?end=2014&start=2014&view=bar&year=2014. Zugegriffen am 29.01.2019

WWF (2018) In: Grooten M, Almond RE (Hrsg) Living planet report: aiming higher. WWF, Gland

Yergeau M-E, Boccanfuso D, Goyette J (2017) Reprint of: linking conservation and welfare: a theoretical model with application to Nepal. J Environ Econ Manag 86:229–243

Kapitel 5
Landnutzung als sozio-ökologisches System: Entwicklung eines transdisziplinären Ansatzes für Studien zum Wandel der Landnutzung in Süd-Zentral-Chile

Daniela Manuschewitsch

5.1 Einleitung

Die Untersuchung sozio-ökologischer Systeme zielt darauf ab, zu verstehen, wie die Natur mit den sozialen, politischen, wirtschaftlichen und ökologischen Dimensionen bestimmter Gesellschaften verflochten ist (Kates et al. 2001; Clement 2013). Angewandt auf Landnutzungsänderungen untersucht ein sozio ökologischer Ansatz die Wechselwirkungen zwischen politischen, wirtschaftlichen und sozialen Bereichen, die im Laufe der Zeit zu Landnutzungsänderungen beitragen. Landnutzungsänderungen wiederum haben ökologische und ökologische Folgen (Turner et al. 2007), die sich folglich auf die langfristige Nachhaltigkeit und die Anpassungsfähigkeit sozio-ökologischer Systeme auswirken (Gallopin 2006; Turner und Robbins 2008).

Der sozialökologische Ansatz erfreut sich unter Ökologen zunehmender Beliebtheit, da sie erkannt haben, dass eine alleinige Konzentration auf die „Umwelt" zu kurz greift. Tatsächlich ist die Bewirtschaftung der natürlichen Ressourcen eine „Bewirtschaftung von Menschen" (Berkes 2012). Umweltprobleme sind von Natur aus komplex, und es sind hier verschiedene Dynamiken im Spiel. Solche Probleme können nur durch den Einsatz mehrerer Disziplinen und Epistemologien analysiert und letztlich angegangen werden (Holling 2001; Berkes et al. 2003). Doch wie sollten wir die Erkenntnisse der Sozial- und Naturwissenschaften integrieren? Idealerweise, so wurde argumentiert, muss die Transdisziplinarität, also die Integration mehrerer Disziplinen, von Anfang an erfolgen, d. h. bei der Konzeption des Forschungsprojekts (Norgaard und Baer 2005). Die Konzeption des Problems oder der zentralen Forschungsfrage muss ausdrücklich mehrere Aspekte von Umwelt-

D. Manuschewitsch (✉)
Fakultät für Geografie, Universidad Academia Humanismo Crisitian, Santiago, Chile
E-Mail: dimanusc@syr.edu

problemen berücksichtigen. Obwohl der transdisziplinäre Ansatz einen fruchtbaren Boden sowohl für die Problemlösung als auch für die Wissensgenerierung verspricht, stellt er erhebliche intellektuelle und methodische Herausforderungen dar – vom Forschungsdesign bis zur Datenerhebung und -analyse.

In diesem Kapitel wird zunächst das theoretische Konzept der transdisziplinären Forschung in den Umweltwissenschaften vorgestellt. Zweitens wird ein empirischer Fall vorgestellt: Landnutzungsänderung und Forstgesetzgebung in Chile. Drittens wird gezeigt, wie die räumliche Modellierunggenutzt werden kann, um politische Ansichten und Landschaftsergebnisse miteinander zu verbinden. Schließlich werden die ersten Ergebnisse einer dreijährigen ethnographischen Untersuchung in ländlichen Gebieten vorgestellt. Wie wir sehen werden, hat der ethnografische Ansatz zu neuen Erkenntnissen geführt, die für das Denken in politischen Alternativen für eine nachhaltige Entwicklung relevant sind.

Nach Norgaard und Baer (2005) erfordert die Schaffung von transdisziplinärem Wissen, dass die Konzeption der zentralen Forschungsfrage mehrere Disziplinen integriert. Das heißt, dass transdisziplinäre Forschung nicht einfach die Addition verschiedener Kenntnisse ist. Vielmehr bedeutet transdisziplinäre Forschung ein *Überschreiten der eigenen Disziplin* (Max-Neef 2005). Die hier vorgeschlagene Perspektive besagt, dass Transdisziplinarität eine Bewegung ist, ein Versuch, willkürliche Grenzen und Abgrenzungen zu überschreiten, die allzu oft innerhalb der Wissenschaft durchgesetzt werden. Sie zielt darauf ab, die Beziehungen zwischen Mensch und Natur im Detail zu untersuchen, dringende Probleme anzugehen und Wissen für nachhaltige Lösungen einzusetzen. Als Bewegung versucht die transdisziplinäre Forschung nicht, die disziplinären Schranken ein für alle Mal zu beseitigen, sondern ist vielmehr ein Aufruf zur Mobilisierung jenseits der disziplinären Wissensschranken (und zur Verunsicherung). Daher ist Transdisziplinarität ein *offenes Unterfangen,* das nie endgültig ist und immer offen ist für neue Erkenntnisse.

Die Unterscheidung zwischen der Untersuchung sozialer und natürlicher Phänomene ist zum Teil ein historisches Nebenprodukt der westlichen Ontologie (z. B. der kartesianischen Trennung). In einer solchen Perspektive wird beispielsweise die Gesellschaft als von der Natur getrennt betrachtet. Daher wird der Mensch als „störender" Einfluss auf die Umwelt betrachtet, und die Umwelt wird als „gefährlich" für menschliche Populationen angesehen (Binder et al. 2013). Auf diese Weise werden Belastungen – ob durch den Menschen oder die Umwelt – eingebürgert und sind daher scheinbar nicht mehr zu ändern. In beiden Fällen reduziert die fehlende Integration ökologischer und sozialer Formen die Möglichkeiten, die Phänomene zu verstehen, und schränkt vor allem unsere Fähigkeit ein, einzugreifen und Alternativen vorzuschlagen. Wenn die menschliche Spezies *nur* eine Quelle von Druck und Stress für die natürlichen Systeme ist, oder umgekehrt, wenn die Natur *von Natur aus* eine Gefahr darstellt, bleiben uns nur wenige Optionen (Binder et al. 2013) – wir müssen uns vor der Natur schützen und die menschliche Bevölkerung begrenzen. Gleichzeitig wird der Mensch eine eine homogene Masse betrachtet – als gefräßiger Konsum und Zerstörer des Planeten. Es gibt wirtschaftliche, soziale, ideologische und kulturelle Unterschiede, die zu unterschiedlichen Beziehungen, Verständnissen und Bewertungen der Natur führen (Berkes 2012). Unter einem

transdisziplinären Blickwinkel sind soziale und ökologische Dynamiken ontologisch miteinander verknüpft, was bedeutet, dass dies ein gut geeigneter Rahmen
ist, um Nachhaltigkeitsfragen angemessen zu behandeln (Daly und Farley 2011).

Unter Berücksichtigung aller oben genannten Aspekte wird in Abb. 5.1 ein sozio-
ökologischer Rahmen für die Betrachtung der Landnutzungsänderung als sozio-
ökologisches System vorgestellt. Wie in Abb. 5.1 zu sehen ist, sind Landnutzungsänderungen das Ergebnis wirtschaftlicher und politischer Prozesse, der Art und
Weise, wie die Menschen das Land nutzen, der Diskurse über die Landnutzungspolitik und der biophysikalischen Bedingungen. Der Landnutzungswandel wiederum
verändert die Umwelt und beeinflusst das Leben der Menschen sowohl materiell als
auch symbolisch. Der Begriff Sozionaturen zielt darauf ab, die Kluft zwischen Natur
und Kultur zu überwinden und eine dynamischere, ganzheitlichere und sozialere Vision der natürlichen Welt zu schaffen (Swyngedouw 1999; Castree und Braun 2001).
Swyngedouw (1999, S. 443) beschreibt den Begriff der Sozionaturen sehr genau:

> „Damit wird keineswegs die materielle Realität der Dinge geleugnet, die wir routinemäßig
> als natürlich bezeichnen – seien es Bäume, Flüsse, Tiere oder etwas anderes. Es ist vielmehr
> ein Beharren darauf, dass die physischen Möglichkeiten und Beschränkungen, die die
> Natur den Gesellschaften bietet, nur relativ zu bestimmten wirtschaftlichen, kulturellen und
> technischen Beziehungen und Kapazitäten definiert werden können. Mit anderen Worten:
> Ein und derselbe „Brocken" Natur – sagen wir der Amazonas Regenwald – hat unterschied-
> liche physische Eigenschaften und Auswirkungen für Gesellschaften, je nachdem, wie
> diese Gesellschaften ihn nutzen. In diesem Sinne sind die physischen Eigenschaften der
> Natur von den sozialen Praktiken abhängig: Sie sind nicht festgelegt."

In den letzten 30 Jahren haben kritische Geographen, Humanökologen, politische
Ökologen, Anthropologen und ökologische Ökonomen einen umfangreichen
Wissensfundus entwickelt, der die sozialen Grundlagen von Umweltproblemen auf-
zeigt. Die bahnbrechende Studie von Blaikie und Brookfield (1986) beispielsweise
dokumentiert die sozialen Wurzeln der Landdegradation. Sie argumentieren, dass
geologische Prozesse erst im Zusammenhang mit menschlichen Bedürfnissen pro-

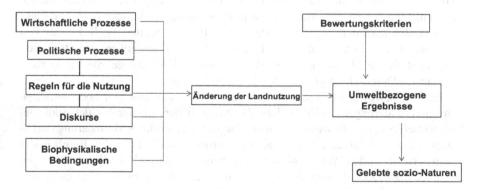

Abb. 5.1 Ein sozio-ökologischer Rahmen für Landnutzungsänderungen. Landnutzungsänderungen sind das Ergebnis der Interaktion zwischen wirtschaftlichen, politischen und ökologischen Variablen. (Rahmen angepasst von Clement und Amezaga (2013); Turner et al. (2007)
und Swyngedouw (1999))

blematisch werden. Watts und Bohle (1993) widersprachen inmitten der internationalen Diskussion über Hungersnöte und Hunger der Vorstellung, dass Hungersnöte durch mangelnde Produktivität verursacht werden, und analysierten die strukturellen Bedingungen, die zu Ernteausfällen und Hunger führen. Für sie waren Hungersnöte nicht einfach das Ergebnis mangelnder Nahrungsmittelproduktion, sondern hingen vielmehr mit dem Anspruch (wirtschaftliche Leistungsfähigkeit), der Befähigung (soziale und politische Macht im Haushalt, am Arbeitsplatz und in der Öffentlichkeit) und der stark klassenbasierten Aneignung von Überschuss und Produktion zusammen.

In einer Studie über geschlechtsspezifische landwirtschaftliche Praktiken stellten Rocheleau und Ross (1995) fest, dass Frauen die Produktion von Nahrungsmitteln bevorzugen, während Männer versuchen, nicht einheimische „Wunderbäume" zu pflanzen, denen sie die Fähigkeit zuschreiben, die Bodendegradation zu beheben. Die Frauen in dieser Studie waren besorgt über die zunehmende Abhängigkeit von der Bargeldwirtschaft und die damit einhergehende Bedrohung der Ernährungssicherheit. Sie fühlten sich innerhalb ihrer Haushalte zunehmend an den Rand gedrängt (da Nahrungspflanzen weniger wertvolle „Begleitarten" waren als männliche Baumpflanzungen). Die vorgenannten Studien verdeutlichen, dass Umweltfragen, einschließlich Landnutzungsänderungen, in hohem Maße sozialer Natur sind. Sie verdeutlichen die Grenzen einfacher Lösungen mit gesundem Menschenverstand und die Notwendigkeit, die Komplexität der sozio-ökologischen Wechselwirkungen zu berücksichtigen.

5.2   Expansion der Holzfarmen in Südchile

In den letzten 40 Jahren hat Chile einen spektakulären Landschaftswandel erlebt. Im Jahr 1973 waren nur 330.000 ha mit Holzfarmen bepflanzt (Camus 2006; Armesto et al. 2010). Bis 2016 stieg diese Zahl um 713 % auf 2.414.000 ha an (INFOR 2016). Bei diesen Baumfarmen handelt es sich in der Regel um exotische Arten, Monokulturen von Radiata-Kiefern (*Pinus radiata*) oder Eukalyptus spp. Die Plantagen werden nach der Logik der industriellen Bewirtschaftung (z. B. Einsatz von Agrochemikalien, hohe Plantagendichte, ausgedehnte Kahlschläge) bewirtschaftet, hauptsächlich zur Herstellung von Papierzellstoff. Kahlschläge werden je nach Baumart im Durchschnitt alle 15–20 Jahre durchgeführt.

Die Landschaft des südlichen Zentrums Chiles kann uns viel über auffällige Umweltveränderungen erzählen. Seit der Ankunft der Spanier hat der Südkegel Lateinamerikas einen Prozess der Entwaldung und territorialen Veränderung durchlaufen (Lara et al. 2012). Die Entwaldung wurde zunächst durch den Bergbau und den exportorientierten Weizenanbau vorangetrieben (Camus 2006). Bis 1940 trugen eine schlechte Bodenbewirtschaftung und die Entwaldung zu Erosionsproblemen bei (Elizalde 1970). Infolgedessen wurde 1931 das erste Waldgesetz[1] erlassen, das

---

[1] Gesetzesdekret 4363, veröffentlicht am 31. Juli 1931.

die Entwaldung eindämmen sollte. Ohne eine angemessene Umsetzung ging die Abholzung jedoch in den Grenzregionen weiter (z. B. in den Bergregionen der Anden, in den Küstengebieten und in Patagonien) (Camus 2006).

Zu Beginn des zwanzigsten Jahrhunderts war die Radiata-Kiefer für ihr schnelles Wachstum bekannt, da sie in nur 20 Jahren ausgewachsen war. Sie wurde daher in Programmen zur Bekämpfung der Bodenerosion eingesetzt. Infolgedessen förderte und legitimierte die National Timber Association die Aufforstung mit nicht einheimischen Arten. Das Modell der industriellen Aufforstung ergänzte und verstärkte die Modelle der Importsubstitution, die in ganz Lateinamerika nach der Wirtschaftskrise von 1929 und dem Zweiten Weltkrieg vorherrschten. In Chile wurde der Holzsektor als Quelle von Rohstoffen für den Export privilegiert (Camus 2006). Die Ausweitung der Baumfarmen wurde in den 1960er-Jahren durch die Verbreitung von öffentlich-privaten Aufforstungsvereinbarungen und die Gründung der Aufforstungsgesellschaft (COREF, später CONAF genannt) gefördert. Später, unter der Regierung von Allende (1970–1973), führte die staatliche Politik zur Entwicklung von Plantagen mit einer Fläche von etwa 40.000 ha (Camus 2006, S. 242). Die tiefgreifendsten Umwälzungen fanden jedoch erst nach 1974 statt (siehe dazu auch Kap. 6 in diesem Buch).

5.2.1 Wirtschaftliche Triebkräfte

Im September 1973 übernahm die vom Militär geführte Regierung gewaltsam die Kontrolle über die chilenische Regierung und blieb bis 1990 an der Macht. Das Militärregime versuchte, das nationale Wirtschaftsmodell umzugestalten, indem es Reformen des freien Marktes durchsetzte und kommerzielle Holzplantagen förderte (Clapp 1995). Zu den wichtigsten Maßnahmen dieses neuen Wirtschaftsmodells, die in den folgenden 40 Jahren direkt zur Veränderung der Landnutzung im südlichen Zentralchile beitrugen, gehören:

1. *Gesetzesdekret (DL) 701 von 1974.* DL 701 zahlte zwischen 75 % und 90 % der Wiederaufforstungskosten innerhalb eines Jahres nach der Anlage einer Plantage und subventionierte damit die Anbauer der gepflanzten Arten. Die Ausgaben wurden entsprechend dem Verbraucherpreisindex angepasst, um dem Inflationsdruck Rechnung zu tragen. Die Holzinvestitionen wurden schnell wieder hereingeholt. DL 701 gewährte auch Steuerbefreiungen und erklärte bewaldete Grundstücke als ungeeignet für Enteignungen (Camus 2006; Niklitschek 2007).
2. *Verbindungskredite.* Eines der Hindernisse für die Aufforstung sind die hohen Vorlaufkosten. Infolgedessen wurden Kreditpakete geschaffen, die Landbesitzern Zugang zu Kapital mit sehr niedrigen Zinssätzen verschaffen (Camus 2006).
3. *Aufhebung der Beschränkungen für die Ausfuhr von Holz.* Im Rahmen des Importsubstitutionsmodells war es vor 1973 illegal, Rohstoffe wie Holzstämme zu exportieren. Die vom Militär geführte Regierung hob diese Beschränkungen

auf und erlaubte die Ausfuhr von Holzprodukten in jeder Produktionsstufe (Niklitschek 2007).

4. *Abschaffung der Weizenpreisbindung.* Mit der Abschaffung der Weizenpreisbindung und dem Rückgang der Rentabilität des Weizenanbaus wurde der Holzanbau immer attraktiver (Niklitschek 2007).

5. *Abschaffung der Einfuhrzölle für Industriegüter.* Ohne Einfuhrzölle war es billiger, die für die Holzverarbeitung benötigten Maschinen zu erwerben (Niklitschek 2007).

6. *DL 600.* Dieses Gesetz legte die Einkommenssteuersätze für ausländische Investoren fest und ermöglichte es ausländischen Unternehmen, ausländische Schulden gegen inländisches Kapital zu tauschen. Im Jahr 1982 gingen viele kleine Forstbetriebe in Konkurs. Sie wurden später vom Staat gerettet und dann an ausländische Investoren oder deren Tochtergesellschaften in Chile übergeben. Dieser Prozess förderte auch die Landkonzentration, da große Unternehmen überlebten, während andere in Konkurs gingen (Moguillasky und Silva 2001; Camus 2006).

7. *Offenheit für internationale Märkte.* Schließlich eröffneten die von den Regierungen der *Concertación*[2] (1990–2010) angestrebten Freihandelsabkommen den Zugang zu neuen internationalen Märkten, was die Nachfrage nach Forstprodukten und damit die Rentabilität der Holzplantagen weiter erhöhte (Niklitschek 2007).

Insgesamt sorgten diese Maßnahmen dafür, dass die chilenischen Holzplantagen zu den profitabelsten der Welt wurden (Sedjo 1983; Cubbage et al. 2007). Dies ist natürlich nicht auf eine magische Eigenschaft dieser Bäume zurückzuführen, sondern vielmehr auf die Produktions- und Kapitalakkumulationsstrategie, die um diese Arten herum aufgebaut wurde. Die Politik, die zum Aufstieg der chilenischen kommerziellen Forstwirtschaft führte, wurde ohne Konsultation der lokalen Bevölkerung und unter der Bedingung einer repressiven autoritären Militärherrschaft umgesetzt.

5.2.2 Politik: Reaktionen aus der sozialen und politischen Welt

Obwohl zivile Dissidenz während der Militärdiktatur offiziell verboten war und während des allmählichen Übergangs zur Demokratie streng kontrolliert wurde (Ulianova und Estenssoro 2010), ist die Abholzung der einheimischen Wälder seit den 1980er-Jahren ein Grund zur Sorge der Zivilgesellschaft (Donoso 2012). Die erste Regierung von *La Concertación* entwickelte ein neues Gesetz zum Schutz des Urwalds[3] (Biblioteca del Congreso Nacional de Chile 2011). Die Diskussionen begannen 1992, führten aber erst 16 Jahre später, im Jahr 2008, zu einem Gesetz

---

[2] *Concertacion de Partidos por la Democracia* (Zusammenschluss von Parteien für die *Demokratie*): eine Mitte-Links-Koalition, die das nationale Referendum zur Abschaffung der vom Militär geführten Regierung anführte. Diese Koalition war von 1990 bis 2010 (5 Vierjahresperioden) an der Macht.

[3] Gesetz Nummer 20.283.

(Biblioteca del Congreso Nacional de Chile 2011). Dieses Gesetz soll den „Schutz, die Wiederherstellung und die Verbesserung der einheimischen Wälder sicherstellen, um die Nachhaltigkeit der Wälder zu gewährleisten" (2008, § 22). Es ist klar, dass das Schicksal der chilenischen Wälder immer noch umstritten ist. Der erste Entwurf des Gesetzes wurde 1994 von der Abgeordnetenkammer verabschiedet und sah sieben Artikel vor, die die Nutzung des einheimischen Waldes regeln und in einigen Fällen den Ersatz von einheimischen durch nicht einheimische Arten verbieten sollten. Es wurde von den Forst- und Landwirtschaftsverbänden, vertreten durch die Chilenische Holzgesellschaft (CORMA) und die Landwirtschaftsgesellschaft (SNA), abgelehnt, da es ihrer Meinung nach ihre in der Verfassung von 1981 verankerten Eigentumsrechte verletzte (Manuschevich und Beier 2016). Infolgedessen war die endgültige Fassung des Gesetzes sehr schwach (Biblioteca del Congreso Nacional de Chile 2008; Manuschevich 2014). Unter der Regierung von Ricardo Lagos (2000–2006) beschloss das Landwirtschaftsministerium, die Forstpolitik fortzusetzen, unter der Bedingung, dass exotische Plantagen ausgeschlossen wurden („Worktable Agreements" (2006)). In der Folge wurde viel über die Bezahlung für die Bewirtschaftung und Erhaltung der einheimischen Wälder diskutiert. Einige forderten eine Vervierfachung der Subventionen im Vergleich zu dem, was schließlich genehmigt wurde (Pizarro und Zolezzi 2003), aber diese Idee wurde letztendlich abgelehnt (Biblioteca del Congreso Nacional de Chile 2008). Die Akteure der Zivilgesellschaft gingen davon aus, dass die finanziellen Anreize für die Erhaltung und Bewirtschaftung unzureichend sein würden, aber wie Regierungsvertreter es ausdrückten: „Man braucht anderthalb Minister, um für ein größeres Budget zu kämpfen" (Manuschevich 2014).

Dies spiegelt die Besonderheit der chilenischen Verfassung wider, die dem Präsidenten die ausschließliche Befugnis über die Zuweisung von Haushaltsmitteln für alle Politikbereiche einräumt. Derzeit ist die NFA ineffektiv und regressiv. Die Landwirte werden nicht für etwaige Bewirtschaftungskosten entschädigt, und der Zugang zu den Subventionen für das Planzen einheimischer Baumarten erfordert die Überwindung eines wahren bürokratischen Hindernisparcours (Cruz et al. 2012). Darüber hinaus ist die Anpflanzung einheimischer Bäume in Chile eine Herausforderung – aus technischen, ökologischen und finanziellen Gründen (z. B. Sommertrockenheit, Mangel an erschwinglichen Setzlingen, nicht einheimische wilde Pflanzenfresser, Mangel an Know-How und technischer Unterstützung) sowie die Tatsache, dass sich die meisten forstwirtschaftlichen Forschungsarbeiten auf Bewirtschaftungstechniken für nicht einheimische Arten konzentrieren (Donoso und Otero 2005).

5.2.3   Umweltbezogene Ergebnisse

Die direkte Substitution von einheimischen Wäldern durch Plantagen ist weitgehend dokumentiert (Echeverria et al. 2006; Echeverría et al. 2007; Miranda et al. 2015, 2016; Zamorano-Elgueta et al. 2015). Darüber hinaus haben Heilmayr et al. (2016) unlängst gezeigt, dass die Expansion von Baumfarmen zu Wäldern im Umbruch führt, die von Baumfarmen dominiert sind, anstatt von heimischem Walde, wie es in Industrieländern der Fall ist. Heimische Wälder und Baumfarmen führen zu völlig unterschiedlichen Landschaften, sowohl in Bezug auf die Ökosystemstruktur als auch auf die Funktion, so dass sich diese beiden Ökosysteme in der Bereitstellung von Gütern unterscheiden (Chazdon et al. 2016). Wie bereits erwähnt, handelt es sich bei Baumfarmen um Monokulturen, die so bewirtschaftet werden, dass ein Maximum an Holzproduktion pro Flächeneinheit erzielt wird. Im Gegensatz dazu umfasst der einheimische Wald 12 verschiedene Waldtypen mit mindestens 80 Baumarten. Obwohl er für seine biologische Vielfalt bekannt ist (Myers et al. 2000), nimmt der Anteil der einheimischen Wälder in der Region trotz der Verabschiedung von Gesetzen zur einheimischen Forstwirtschaft immer noch ab (Reyes und Nelson 2014; Miranda et al. 2016). Derzeit befindet sich die große Mehrheit der chilenischen Holzfarmen in Regionen, die die größte bekannte Vielfalt an Gefäßpflanzen beherbergen (Bannister et al. 2011; Pliscoff 2015).

Bodeneigenschaften wie der Kohlenstoffgehalt und die Nährstoffspeicherung im Sediment werden durch Baumfarmen negativ beeinflusst (Cisternas et al. 2001; Oyarzún et al. 2007, 2011; Soto et al. 2019). Darüber hinaus haben mehrere Studien gezeigt, dass Waldplantagen den sommerlichen Wasserabfluss verringern (Little et al. 2009; Huber et al. 2010; Stehr et al. 2010; Jullian et al. 2018). Der sommerliche Wasserabfluss ist ein kritisches Element für mediterrane Ökosysteme. Während der Sommersaison, die durch hohe Temperaturen und wenig bis gar keine Niederschläge gekennzeichnet ist. Baumfarmen erhöhen auch das Waldbrandrisiko (Carmona et al. 2012; McWethy et al. 2018). Im Jahr 2017 verbrannten fast 11 % der landesweit mit Baumfarmen bepflanzten Fläche bei Waldbränden, die drei Wochen lang andauerten (CONAF 2017). Nach dem Waldbrand ist der Boden freigelegt, was die Bodendegradation und Wasserknappheit weiter verstärkt.

Zusammenfassend lässt sich sagen, dass politische und wirtschaftliche Faktoren die Durchführbarkeit der Erhaltung einheimischer Wälder untergraben und die Umweltzerstörung gefördert haben. Wie können wir in Anbetracht der obigen Ausführungen am besten verstehen, wie wir Alternativen für die Erhaltung der einheimischen Wälder vorschlagen können? Im folgenden Abschnitt werden zwei Beispiele für verschiedene Forschungstechniken vorgestellt. Jede Technik versucht, einen anderen Blickwinkel auf die Alternativen für die Erhaltung der Wälder zu bieten.

5.3 Sozio-ökologische Integration: Rahmen und Forschungsinstrumente

Der Landnutzungswandel in Chile wurde durch die hohe Rentabilität der Holzplantagen in einem funktionalen Tanz mit der öffentlichen Politik angeheizt. Es wurden Versuche unternommen, den Landnutzungswandel zu regulieren, jedoch mit wenig Erfolg aufgrund der in Abschn. 2.2 dargestellten innenpolitischen Dynamik. Dieses Kapitel könnte hier enden. Das Ziel dieses Kapitels besteht jedoch nicht nur darin, den Landnutzungswandel durch eine transdisziplinäre Brille zu beschreiben, sondern auch Forschungsmöglichkeiten zu erkunden, die den Wandel hin zu einem nachhaltigeren Weg erhellen können. Dieser Logik folgend, werden im folgenden Abschnitt zwei Forschungsinstrumente vorgestellt. Das eine ist die Verwendung von Szenarien und Landnutzungsmodellen in Verbindung mit der politischen Analyse. Das zweite ist der Einsatz ethnografischer Methoden, um aus einer materiellen und symbolischen Perspektive zu verstehen, was es bedeutet, in Gebieten zu leben, die sich im Laufe eines Lebens dramatisch verändert haben. Mit anderen Worten, wie sich die sozioökonomische Natur durch die veränderte Landnutzung verändert hat.

5.3.1 Szenario-Modellierung

Die Szenariomodellierung kann ein besonders nützliches Instrument sein, um verschiedene politische Alternativen aus einer breiteren Perspektive zu untersuchen. Politische Alternativen können uns dabei helfen, die Folgen verschiedener politischer Maßnahmen zu visualisieren, bevor sie eintreten, oder uns Lehren aus den Folgen der in der Vergangenheit getroffenen Entscheidungen zu ziehen.

Manuschevich und Beier (2016) entwickelten mit der Software DYNA-CLUE (Verburg und Overmars 2009) drei Szenarien für Landnutzungsänderungen auf der Grundlage der politischen Analyse. Diese Szenarien wurden in Landnutzungskarten für das Wassereinzugsgebiet von Malleco und Vergara in der Region Araucanía umgesetzt. DYNA-CLUE nutzt physische, soziale und ökologische Informationen, um abzuschätzen, wo jede Landnutzung am ehesten möglich ist, und verbindet dabei soziale und ökologische Variablen. Auf diese Weise werden diese Karten zu Bildern von alternativen Vergangenheiten und möglichen Zukünften. Diese Szenarien basieren auf den politischen Ansichten, nämlich

1. Verhandlungsszenario: Die NFA tritt 1994 statt 2008 in Kraft.
2. Industrielles Szenario: das Gesetz, wie es von der chilenischen Holzgesellschaft und der Nationalen Landwirtschaftsgesellschaft vorgeschlagen wurde.
3. Erhaltungs-Szenario: das Gesetz, wie es von Wissenschaftlern und an der Erhaltung interessierten NRO vorgeschlagen wird, d. h. das Verbot der Substitution.

Manuschevich und Beier (2016) fanden für das Einzugsgebiet von Malleco-Vergara, Araucanía, keine großen Unterschiede zwischen den Szenarien für die Änderung der Landnutzung. Es wurde jedoch festgestellt, dass in hoch gelegenen Gebieten dieses Beckens höhere Subventionspakete und Gesetzesänderungen dazu beitragen könnten, die Erholung der einheimischen Wälder zu fördern. Die Auswirkung der Subventionen würde davon abhängen, wie empfindlich die Landbesitzer auf höhere Subventionen reagieren, was wiederum von der Bereitschaft der Landbesitzer, ihren Erwartungen und der Einfachheit des Subventionsverfahrens abhängt.

Interessanterweise war die Wahrscheinlichkeit, dass Grundstücke im Besitz indigener Gemeinschaften von Baumfarmen bedeckt waren, deutlich geringer. Darü-

ber hinaus wichen die Gebiete, in denen es zu Konflikten zwischen dem chilenischen Staat und den Angehörigen der Mapuche-Indianer kam, durchweg von den
Modellvorhersagen ab. Dies deutet darauf hin, dass Landbesitz eine relevante Va-
riable für den Wandel der Landnutzung in der Region Araukanien ist. Die Arbeit
von Manuschevich und Beier (2016) trug dazu bei, zu verstehen, ob die vorgeschlagene Subvention einen großen Unterschied in der Landnutzungsänderung
bewirkt hätte. Ihre Arbeit warf auch ein Licht auf systemische Variablen wie Landbesitz und die Bedeutung einer guten politischen Gestaltung, sowohl in Bezug auf
die Höhe der Subvention als auch auf das Antragsverfahren.

Mithilfe der räumlichen Modellierung kann eine breitere Palette von Szenarien
untersucht werden, die dann im Hinblick auf die Bereitstellung von Ökosystemleistungen bewertet werden können. Manuschevich et al. (2019) erstellten vier Szenarien der Landnutzungsänderung für die gesamte Region. Diese prospektiven Szenarien (für das Jahr 2030) kombinierten Regulierung sowie hohe und niedrige Flächen (Nachfrage) für einheimische Wälder und Holzbetriebe. Anschließend wurde
jedes Szenario mit Hilfe von InVEST im Hinblick auf die Bereitstellung von Ökosystemleistungen bewertet. Dabei wurde festgestellt, dass die Bodenordnung in
jedem Szenario für die Bereitstellung von Ökosystemleistungen wichtig ist. Abb. 5.2

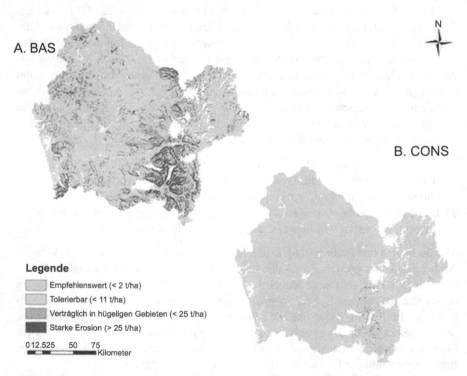

Abb. 5.2 Absolute Unterschiede in den Erosionsraten zwischen den Szenarien. (**a**) BAS-Szenario
(**b**). Optimistisches Erhaltungs-Szenario. Die absoluten Werte sind ein Wert pro Pixel in Tonnen
ha-1 Jahr-1. Die Klassen der Erosionstoleranz basieren auf Ruhoff et al. (2006)

zeigt beispielsweise die potenziellen Unterschiede in der Sedimentproduktion zwischen einem Szenario A. Business as usual: Die Landnutzung wird so fortgesetzt wie bisher, und B. Waldschutz, bei dem genügende Subventionen gezahlt werden, um die durchschnittlichen Opportunitätskosten des Waldschutzes zu decken. Ein Erhaltungs-Szenario würde die Erosion in fast der gesamten Region auf ein erträgliches Maß reduzieren, verglichen mit der Beibehaltung des derzeitigen Trends der Landnutzungsänderung. Auf diese Weise kann die Landnutzungsmodellierung in Kombination mit der Modellierung von Ökosystemdienstleistungen Informationen liefern und helfen, die Ergebnisse alternativer Wege der Landnutzungspolitik zu visualisieren.

Insgesamt kann die Modellierung von Landnutzung und Ökosystemleistungen auf vielfältige Weise genutzt werden, um verschiedene politische Alternativen zu untersuchen und über die möglichen Folgen zu informieren. Landnutzungsmodellierung und -karten sind jedoch nur einer der Ansätze, die zum Verständnis von Landnutzungsänderungen verwendet werden können.

5.3.2 *Eine Ethnographie der* Campesino de Montaña

Zweifelsohne spielt der globale Handel eine entscheidende Rolle bei der Veränderung der Landnutzung (Meyfroidt et al. 2010; Verburg et al. 2014). Allerdings sind nicht alle Landschaften gleichermaßen durchlässig für die globale Nachfrage nach Rohstoffen, und nicht alle Landschaften lassen sich leicht domestizieren, um den globalen Bedarf an Rohstoffen zu decken. In den vorangegangenen Abschnitten dieses Kapitels wurde die politische Ökonomie der Landnutzungsänderung, der kommerziellen Holzexpansion und des Schutzes einheimischer Wälder beleuchtet. Es wurde versucht, aus einer nationalen Perspektive zu erklären, wie bestimmte politische Maßnahmen zu Landnutzungsänderungen beitragen. Dennoch wirken diese Phänomene auf verschiedenen Ebenen auf unterschiedliche Weise. Was bedeutet es auf lokaler Ebene, die Verdrängung des Urwaldes durch standardisierte Holzmonokulturen mitzuerleben? Wie kann man solche tiefgreifenden Veränderungen wahrnehmen, verstehen und ihnen einen Sinn geben? Umweltmodelle können uns helfen, die mit der industriellen Landwirtschaft verbundenen beschleunigten Erosionsrisiken vorherzusagen, aber wie wirkt sich das auf die Art und Weise aus, wie die Menschen das Land bewohnen und dem Leben im Schatten der Plantagen einen Sinn geben? Unter welchen Bedingungen wäre ein Landwirt an der Wiederherstellung des ursprünglichen Waldes interessiert? Aus welchen Gründen?

Die Erforschung dieser Frage erfordert eine Reihe von Forschungstechniken. Mit anderen Worten, sie erfordert eine tiefe Reise in die Sozialwissenschaften. Um die Bedeutung der landwirtschaftlichen Übergänge zu erforschen und die Erfahrungen mit Umweltzerstörung und Standardisierung zu berücksichtigen, ist es wichtig, ein Gefühl für das alltägliche Leben derer zu bekommen, die es ihr Zuhause nennen. Die Ethnographie ist ein Forschungsinstrument, das auf einer detaillierten Beobachtung des Alltagslebens beruht und darauf abzielt, ein kulturelles

Phänomen aus der Sicht des Studienobjekts, d. h. aus der *emischen* Perspektive, zu verstehen. Die im folgenden Abschnitt dargestellten Informationen beruhen auf der Ethnographie. Es handelt sich um die vorläufigen Ergebnisse einer dreijährigen qualitativen Feldforschung, die mit der Landbevölkerung in Süd-Zentral-Chile durchgeführt wurde. Die Ethnographie wurde eingesetzt, um zu verstehen, was der Urwald für die Bauern bedeutet und unter welchen Bedingungen eine Forstpolitik die Erholung der Urwälder fördern könnte.

Identifizierende Details wie Namen, Daten und bestimmte Orte wurden geändert, um Anonymität zu gewährleisten. Die hier vorgestellte Arbeit basiert auf drei Jahren teilnehmender Beobachtung, 40 halbstrukturierten Interviews und drei partizipativen Kartierungsübungen, ergänzt durch Literaturrecherche und Volkszählungsdaten. Insgesamt ist die Ethnographie mehr als jede einzelne Technik der Datenerhebung, sie ist eine Untersuchungsmethode, die sich auf alltägliche Details des bäuerlichen Lebens konzentriert und ein ganzheitliches Verständnis der materiellen und symbolischen Aspekte des bäuerlichen Lebens ermöglicht. Ethnografien werden oft in Form einer Erzählung kommuniziert, die auf den durch Interviews, Beobachtungen und Dokumentation gesammelten Informationen basiert. Die gesamte Erzählung stellt die Ergebnisse der Arbeit dar.

Die Ethikkommission der Universidad Academia Humanismo Cristiano und der Universidad Bernardo O'Higgins beaufsichtigte die Forschung. Die qualitativen Daten wurden mit der Kodierungssoftware ATLAS.ti und die räumlichen Informationen mit Arc GIS 10.3 ausgewertet. Die Feldforschung wurde in einem gebirgigen Küstengebiet (zwischen 500 und 750 m ü.d.M.) durchgeführt, das sich um 38°S im südlichen Zentralchile befindet (Abb. 5.3). Das Klima ist mediterran, mit ozeanischem Einfluss, aufgrund der Höhenlage, mit etwas Schneefall im Winter (Sarricolea et al. 2017). Die Böden in diesem Gebiet sind eher arm und erodiert und sind daher prädestiniert für forstwirtschaftliche Aktivitäten (CIREN 2012). Dennoch betreiben die Einheimischen Weidewirtschaft und hüten Schafe und Kühe.

Das Gebiet umfasst 9019 ha, mit Resten von immergrünem Wald (CONAF 2016). Zwischen 1978 und 2014 gingen 38,5 % der ursprünglichen Waldfläche durch Abholzung und Waldbrände verloren (CONAF 2016; Zhao et al. 2016). Von dem seit 1978 verlorenen Wald wurden 2014 54 % mit Baumfarmen bepflanzt (Zhao et al. 2016). Ein großer Teil dieser Studie fand in einer Gemeinde statt, in der 2011 ein großer Waldbrand etwa 1000 ha zerstörte, der durch einen unbeaufsichtigten Holzkohleofen verursacht wurde. Die Bewohner hatten nach der Umweltzerstörung mit großen Schwierigkeiten zu kämpfen, insbesondere mit Wassermangel, vor allem im Sommer.

Die ländlichen Gebiete der Gemeinde haben in den letzten 35 Jahren einen erheblichen Teil der Bevölkerung verloren. Laut der Volkszählung 2017 ging die Bevölkerung des gesamten Zählbezirks um 26 % zurück (INE 2017a). Detailliertere Daten des örtlichen Krankenhauses zeigen jedoch, dass die dort registrierte Bevölkerung zwischen 1976 und 2018 um 47 % abgenommen hat. Die Bergbewohner haben ein niedrigeres Bildungsniveau (im Vergleich zum nationalen Durchschnitt). Die Zahl der Männer ist leicht höher als die der Frauen. Die Bevölkerung altert, d. h. von 100 Personen im erwerbsfähigen Alter sind 62,5 entweder ältere Menschen oder

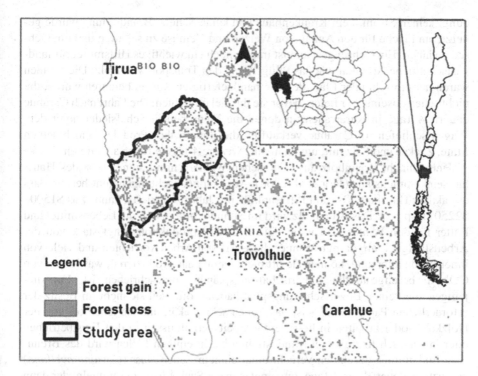

Abb. 5.3 Gebiet, in dem die Ethnographie durchgeführt wurde. Grün steht für Waldzuwachs, orange für Waldverlust. (Daten von 2007 bis 2014 des Forstdienstes (CONAF 2016))

Kinder (INE 2017b). Die Menschen verfolgen mehrere Strategien zur Sicherung ihres Lebensunterhalts, indem sie Holzkohle, Brennholz, Kartoffeln, Rinder und Schafe für den Markt produzieren (sowie Hühner und Gemüsegärten für den Eigenbedarf). Diese Diversifizierung ist typisch für den Lebensunterhalt der Campesinos. Sowohl Männer als auch Frauen ergänzen ihre landwirtschaftlichen Tätigkeiten gelegentlich durch zeitlich befristete Anstellungen (auf monatlicher Basis) bei lokalen Forstunternehmen, als Köche, Wachleute oder Grenzschutzbeamte. Die forstwirtschaftlichen Tätigkeiten sind vorübergehend und dauern selten länger als ein paar Monate.

Die meisten Bergbewohner kamen in den 1930er-Jahren aus den nahegelegenen Städten und Goldgräbersiedlungen (Jara et al. 2006). Zu dieser Zeit vergab der Staat Landzuteilungen an Chilenen, insbesondere 10 ha pro männlichem Kind. Arme und landlose Familien, die zuvor als Teilpächter in den *Fundos (Großbetrieben)* gearbeitet hatten, waren begierig darauf, endlich ein Stück Land zu besitzen. Zu dieser Zeit war der Landbesitz in Chile extrem konzentriert, und es gab nur wenige Möglichkeiten, Land zu besitzen. Im Jahr 1935 besaßen in Zentralchile etwa 4,1 % der Bevölkerung 83,5 % des Bodens, während 79,6 % der Bevölkerung nur 3,9 % der Landfläche besaßen (Bauer 1994). Das Leben war sehr einfach; die Menschen lebten in *Ranchas*, deren Dach aus Bromelienstückchen bestand. Die Häuser waren prekär gebaut, hatten einen Lehmboden, kein fließendes Wasser und wenig Kleidung, keinen Strom, kein Krankenhaus und keine Schule. Brandrodung wurde genutzt, um Fläche für den Anbau von Weizen und Gemüse zu schaffen und um Ochsen zu hüten. Ein Ochsengespann ist immer noch ein wichtiges Hilfsmittel für landwirtschaftliche Arbeiten wie das Pflügen und den Transport von Holz. Die Straßen waren nur ein schmaler Pfad, der von handgefertigten Karren befahren wurde, die nicht selten auseinander fielen, bevor sie ihr Ziel erreichten. Die Fahrt nach Carahue dauerte 4 Tage in Karawanen, in denen die Menschen in Schafsleder unter dem Wagen schliefen. In Carahue verkauften die Bauern ihre Produkte und brachten Mate, Zucker und Salz mit, um dann eine weitere 4-tägige Reise anzutreten.

Heute macht Brennholz aus heimischen Wäldern mindestens 50 % des Haushaltseinkommens aus (Jara et al. 2006). Aus Feldbeobachtungen geht hervor, dass ein aktiver Haushalt 70–100 m³ Brennholz pro Jahr produzieren kann, was $1500–$2250 entspricht. Das Brennholz wird im Sommer produziert, um Lebensmittel und Futter für den Winter zu kaufen. Die Brennholzproduktion hängt stark von der Arbeitsfähigkeit ab, da nur Männer diese Art von Arbeit verrichten und viele von ihnen schon älter sind, können sie oft nicht einmal das produzieren, was in den von CONAF bereitgestellten Bewirtschaftungsplänen vorgeschrieben ist. Für diejenigen, die keinen Bewirtschaftungsplan haben – oft, weil sie nicht im Besitz der erforderlichen Papiere sind – ist das Leben sehr prekär, und sie leben oft von der Holzkohle oder arbeiten in befristeten Arbeitsverhältnissen in den Forstbetrieben oder in staatlich finanzierten Mindestlohnjobs. In einigen Fällen wird das Brennholz-Einkommen durch den Verzehr einer einheimischen Nuss (*Gevuina avellana*) ergänzt. Es dauert 1 bis 2 Tage, um einen ganzen Sack Nüsse zu sammeln, der dann für 30 bis 40 Dollar verkauft wird. Produktive Haushalte können bis zu 70 Säcke sammeln (bei täglicher Arbeit von März bis Mai, wenn die Nüsse reif sind). Dies kann ein Einkommen von bis zu 2800 Dollar pro Jahr bedeuten.

Aus Luftbildern und Berichten älterer Menschen geht hervor, dass dieses Gebiet vollständig von immergrünen Wäldern bedeckt war. Diese Wälder wurden ursprünglich für die Gewinnung von Farbstoffen aus Baumrinden genutzt. Diese Baumrinden wurden dann in die nächstgelegene Stadt transportiert. Nach der Schließung der Farbstoffindustrie begannen die Menschen, wertvolle Baumarten wie *Weinmannia trichosperma* zu sägen, um sie in Trovolhue, Carahue und Tirúa zu verkaufen. Als die wertvollsten Hölzer weniger wurden, begannen die Menschen mit der Herstellung von Holzkohle und verkauften die verbleibenden Wälder weiterhin als Brennholz. Ende der 1980er-Jahre begannen Holzfirmen, Land zu kaufen, und in den 1990er- und 2000er-Jahren kamen CONAF-Vertragspartner zu den Häusern der Bauern und boten ihnen an, mit der DL701-Subvention Bäume zu pflanzen.

Die Bauern sind sich der Umweltzerstörung sehr bewusst, und einige erwähnen, dass früher das Wasser nie knapp war und mehrere Arten verloren gegangen sind. Zum Beispiel, bevor es moscardones naranjos (*Bombus dalbomii*), el león (*Puma concolor*), camarones de agua (*Cryphiops caementarius*), und eine große Vielfalt an Vögeln, wie der carpintero (*Campephilus magellanicus*). Einige erinnern sich an den Honig, den sie aus dem Wald gewannen, und daran, dass der Boden viel fruchtbarer war als heute und Kartoffeln leicht wuchsen. Nach dem Waldbrand veränderte sich die Landschaft grundlegend, und heute sieht das verbrannte Gebiet wie in Abb. 5.4 dargestellt aus.

Abb. 5.4 Bild der Landschaft 6 Jahre nach dem 1000-ha-Wildfeuer

Die Geschichte des Landbesitzes, der Besiedlung, der Umweltzerstörung, der Landnutzungsänderung und der Auswanderung sind wichtig, um zu verstehen, wie die Bedeutung von Land und Wald konstruiert wird. Auf der Grundlage der ethnografischen Arbeit wurden zwei unterschiedliche Sichtweisen in Bezug auf Land und Wald ermittelt. Die eine sieht das Land als Mittel zum Leben, das ein Gefühl von Freiheit und Zugehörigkeit vermittelt, während die andere das Land als Mittel zum Geldverdienen betrachtet. Nach der ersten Auffassung bedeutete Landbesitz, dass sie ihre Familien ernähren konnten und nicht für einen Lohn arbeiten mussten, weshalb für viele Bauern ihr Land Freiheit bedeutete. Mit Land konnten sie sich selbst definieren und ein gewisses Maß an persönlicher Autonomie erlangen, wie die folgenden Zitate verdeutlichen:

> „Wenn ein Landwirt kein Stück Land hat, ist er ein Nichts. Was würde er außerhalb des Hofes tun? Er würde das Elend des Hungers erleiden, was auf dem Hof nicht passieren würde."

Andere wiederum kommentierten dies:

> „Ich habe Familie in Santiago [der Hauptstadt Chiles] und sie sagen: Wenn ich von all dem hier befreit bin, werde ich auf dem Land leben."

Dieses Gefühl der Freiheit ist auch mit dem Gefühl der Zugehörigkeit und der Verbundenheit mit ihren Eltern und Großeltern verbunden

> „Wir sind wie Lachse … wir kehren dorthin zurück, wo wir herkommen."

Für diejenigen, die geblieben sind, bedeutet Land das Opfer, das ihre Eltern gebracht haben, um ein Stück Land zu haben, ihre Kinder aufzuziehen und zu leben. Wie bereits erwähnt, waren die Lebensbedingungen sehr hart. Für viele Ältere hat ihr Land daher keinen monetären Wert, wie dieser 71-jährige Landwirt zum Ausdruck bringt.

> „Es muss so schwer für meinen Vater gewesen sein, das alles zu bekommen! Ich denke, es wäre sehr hässlich, dies zu nehmen und wegzugeben … Sie würden kommen und dafür bezahlen, aber er wird nicht bezahlen, was es wirklich wert ist."

Viele ältere Menschen wollten ihre Heimat in den Bergen nicht verlassen, aber einige mussten es aus gesundheitlichen Gründen tun. Für einen kranken 80-jährigen Mann war dieser Umzug traumatisch.

> „Es war schrecklich, das Land meines Vaters zu verlassen. Ich wollte dort leben, damit das Opfer meines Vaters nicht verloren geht."

Allerdings misst nicht jeder dem Land einen solch positiven, nicht-finanziellen Wert bei. Mit der Ausdehnung der Baumfarmen und der fortschreitenden Umweltzerstörung, die sich in der Landschaft einbürgert, wird die Baumfarm zur Zukunft, die einige Landwirte vorhersehen, insbesondere unter Landwirten im Alter von 40 Jahren, etwa zu der Zeit, als die DL701 erlassen wurde. In dieser Zukunft werden ihre Enkelkinder nicht mehr dort leben. Auf die Frage nach der Zukunft, ob sie sich mehr einheimische Wälder und Menschen in diesem Gebiet wünschen, waren einige Antworten eher düster.

> „Und wozu? Unsere Kinder brauchen das Land nur, um es an die Forstunternehmen zu verkaufen und Geld zu verdienen. Niemand wird sich daran erinnern, dass wir hier gelebt haben."

In Übereinstimmung mit diesem Ideal werden Land, Tiere und Wälder nur in Bezug auf das Geld, das sie damit generieren können, bewertet, daher ist Umweltzerstörung nicht schlimm, solange sie neue Möglichkeiten für die Warenproduktion eröffnet. Bei diesen Waren kann es sich um Tiere, Holz oder Kartoffeln handeln, wie dieser Auszug veranschaulicht:

> „Ich glaube, der Waldbrand war besser so. Denn wir können jetzt viele Tiere haben, die wie eine Bank für den Landwirt sind. Im Sitzen sieht man zu, wie die Herde wächst und man verdient Geld.
> Man muss dem Land etwas wegnehmen, um etwas Ruhe zu haben."

Auf die Frage, ob es eine Politik zur Erhaltung des einheimischen Waldes gäbe, wird die DL 701 als Maßstab für die Entscheidungsfindung herangezogen. Eine 1998 durchgeführte Gesetzesänderung[4] richtete das Gesetz auf mittlere und kleine Landbesitzer aus und sah vor, dass Forstunternehmer die Häuser der Bauern aufsuchten und ihnen anboten, die Holzanpflanzung im Austausch für einen Teil oder die gesamte Subvention durchzuführen. Wenn der Bauer zustimmte, führte der Auftragnehmer die gesamte Beantragung und Anpflanzung durch, und entweder der Landwirt oder der Auftragnehmer erhielt das Geld. Dieses System endete 2015, als die DL 701 Subvention aufgrund eines Korruptionsfalls im Repräsentantenhaus nicht mehr weiter finanziert wurde. Die Bauern nahmen am DL701-System teil und wären nur dann bereit, sich an der Erhaltung oder Rekultivierung von Urwäldern zu beteiligen, wenn es so einfach und profitabel wäre wie das DL701-System. Auf die Frage, ob er einheimische Arten angepflanzt habe, antwortete ein Bauer beispielsweise:

> „Wir haben es hier nicht getan, weil die Wälder verbessert werden mussten … und die CONAF bot an, uns zu bezahlen … so wie sie vorher bezahlt hatten, wenn man pflanzte."

Einer der Leiter der *Komitees* kommentierte dies:

> „mit den gleichen [Geld-]Beträgen … würden alle einheimischen Leute anpflanzen, denn [mit dem], was in den 701 … gezahlt wurde, haben sie fast den größten Teil des einheimischen Waldes abgeholzt und Kiefern und Eukalyptus darauf gepflanzt, weil …. Das war das Geld."

---

[4] Gesetz Nr. 19.561, mit dem die DL701 geändert wurde, veröffentlicht am 16. Mai 1998.

Die DL 701 hat die Gewinnerwartungen geprägt. Heute erwarten die Bauern, dass die Subvention für die Anpflanzung einheimischer Wälder ähnlich funktioniert wie die DL701, andernfalls sind sie nicht an der Anpflanzung interessiert. Dies spricht für eine der Schlüsselvariablen, die in Abschn. 3.1. erwähnt wurden. Würden die Menschen mehr pflanzen, wenn die NFA den Subventionsbetrag erhöhen würde? Aus den in den Interviews gesammelten Informationen geht hervor, dass das Antragsverfahren der DL 701 für die Bauern einen Richtwert darstellt. Ein wirksames Gesetz müsste dies berücksichtigen.

5.4 Schlussfolgerung

In diesem Kapitel wurde eine Kombination aus historischer und politökonomischer Analyse, Modellierungstechniken und qualitativen Forschungsergebnissen vorgestellt. Die Kombination verschiedener Forschungsparadigmen und -techniken ermöglicht ein tieferes und umfassenderes Verständnis des Landnutzungswandels in Chile. Ein transdisziplinäres Projekt kombiniert notwendigerweise mehrere Disziplinen und generiert neues Wissen und eine neue Konzeption des Problems.

In den letzten 45 Jahren förderten politische und wirtschaftliche Veränderungen die Ausbreitung von Baumfarmen, die vom Staat begünstigt wurden. Trotz der Versuche, eine wirksame NFA zu schaffen, war dies aufgrund der innenpolitischen Dynamik nicht möglich. Dennoch kann die Landnutzungsmodellierung dazu verwendet werden, die Auswirkungen verschiedener politischer Vorschläge zu untersuchen. Die Landnutzungsmodellierung ergänzt sich sehr gut mit qualitativen Methoden. Die Ethnographie liefert ein reichhaltiges und tiefes Verständnis dafür, was es bedeutete und heute bedeutet, am Rande der Holzwirtschaft und der Umweltzerstörung zu leben. Allerdings werden die materiellen Bedingungen symbolisch interpretiert. Land und Umweltzerstörung werden auf unterschiedliche Weise interpretiert. Der Staat hat sich jedoch als unwillig erwiesen, wirksame Verpflichtungen zum Schutz der Wälder einzugehen. Mit den Erkenntnissen der Ökologie und der Sozialwissenschaften können wir dazu beitragen, Licht ins Dunkel zu bringen und alternative Zukunftsszenarien zu entwerfen, die durch die Kombination verschiedener Disziplinen eine umfassendere Sicht auf die Landnutzung als sozio-ökologisches System ermöglichen.

Zusammenfassend lässt sich sagen, dass ein sozio-ökologischer Ansatz eine ganzheitlichere – und menschlichere – Sicht auf die Landnutzungsänderungen in Chile in den letzten 70 Jahren ermöglicht. Nur die gleichberechtigte Kombination von Sozial- und Naturwissenschaften ermöglicht ein tieferes Verständnis der Ursachen und Auswirkungen der Ausbreitung von Baumfarmen in Chile als sozio-ökologisches System.

Danksagung Die Autorin möchte sich für die finanzielle Unterstützung durch CONICYT+FONDECYT+ 11150281 sowie für die Beiträge und Anregungen von Dr. Melida Gurr bedanken.

Literatur

Armesto JJ, Manuschevich D, Mora A et al (2010) From the Holocene to the Anthropocene: a historical framework for land cover change in southwestern South America in the past 15,000 years. Land Use Policy 27:148–160

Bannister JR, Vidal OJ, Teneb E, Sandoval V (2011) Latitudinal patterns and regionalization of plant diversity along a 4270-km gradient in continental Chile. Austral Ecol 37. https://doi.org/10.1111/j.1442-9993.2011.02312.x

Bauer AJ (1994) La sociedad rural chilena: desde la conquista española a nuestros dias. Andres Bello

Berkes F (2012) Sacred ecology, 3. Aufl. Routledge, New York

Berkes F, Colding J, Folke C (2003) Navigating social – ecological systems: building resilience for complexity and change. Cambridge University Press, Cambridge

Biblioteca del Congreso Nacional de Chile (2008) (Hrsg) Historia de la Ley No 20.283. Ley sobre recuperación del bosque nativo y fomento forestal

Biblioteca del Congreso Nacional de Chile (2011) (Hrsg) Historia de la Ley No 20.488. Prorroga vigencia del decreto Ley N° 701, de 1974, y aumenta incentivos a la Forestación

Binder CR, Hinkel J, Bots PWG, Pahl-Wostl C (2013) Comparison of frameworks for analyzing social-ecological systems. Ecol Soc 18:26. https://doi.org/10.5751/ES-05551-180426

Blaikie P, Brookfield H (1986) Land degradation and society. Methuen, London

Camus P (2006) Ambiente, Bosques y Gestion Forestal en Chile: 1541–2005. LOM, Santiago

Carmona A, González ME, Nahuelhual L, Silva J (2012) Efectos espacio-temporales de los factores humanos en el peligro de incendio en Chile mediterráneo. Bosque (Valdivia) 33:321–328

Castree N, Braun B (2001) Social nature: theory, practice and politics. Wiley, Massachusetts

Chazdon RL, Brancalion PHS, Laestadius L et al (2016) When is a forest a forest? Forest concepts and definitions in the era of forest and landscape restoration. Ambio 45:538–550. https://doi.org/10.1007/s13280-016-0772-y

CIREN (2012) Estudio Agrologico: Descripción de suelos materiales y simbolos IX región. Centro de Información de Recursos Naturales. Santiago, Chile

Cisternas M, Araneda A, Martínez P, Pérez S (2001) Effects of historical land use on sediment yield from a lacustrine watershed in Central Chile. Earth Surf Process Landf 26:63–76

Clapp RA (1995) Creating competitive advantage: forest policy as industrial policy in Chile. Econ Geogr 71:273–296

Clement F (2013) For critical social-ecological system studies: integrating power and discourses to move beyond the right institutional fit. Environ Conserv 40:1–4. https://doi.org/10.1017/S0376892912000276

Clement F, Amezaga JM (2013) Conceptualising context in institutional reforms of land and natural resource management: the case of Vietnam. Int J Commons 7:140–163

CONAF (2016) Sistema de Informacion Territorial – CONAF 2016. In: Sistema de Informacion Territorial. https://sit.conaf.cl/. Zugegriffen am 19.04.2018

CONAF (2017) Análisis de la Afectación y Severidad de los Incendios Forestales ocurridos en enero y febrero de 2017 sobre los usos de suelo y los ecosistemas naturales presentes entre las regiones de Coquimbo y Los Ríos de Chile. Sanitago de Chile

Cruz P, Cid F, Rivas E et al (2012) Evaluación de la Ley N°20.283 sobre recuperación del bosque nativo y fomento forestal. Subsecretaría de Agricultura

Cubbage F, Mac Donagh P, Sawinski Junior J et al (2007) Timber investment returns for selected plantations and native forests in South America and the southern United States. New For 33:237–255. https://doi.org/10.1007/s11056-006-9025-4

Daly HE, Farley J (2011) Ecological economics, Principles and applications, 2. Aufl. Island Press, Washington

Donoso C (2012) Una mirada a nuestros Bosques Nativos y su defensa. Andros, Santiago

Donoso P, Otero L (2005) Hacia una definición de país forestal: ¿Dónde se sitúa Chile? Bosque 26:5–18

Echeverria C, Coomes D, Salas J et al (2006) Rapid deforestation and fragmentation of Chilean temperate forests. Biol Conserv 130:481–494

Echeverría C, Huber A, Taberlet F (2007) Estudio comparativo de los componentes del balance hídrico en un bosque nativo y una pradera en el sur de Chile. In: Bosque. http://www.redalyc.org/resumen.oa?id=173113292013. Zugegriffen am 19.01.2014

Elizalde R (1970) La sobrevivencia de Chile: la conservación de sus recursos naturales renovables. Ministerio de Agricultura, Servicio Agrícola y Ganadero

Gallopin GC (2006) Linkages between vulnerability, resilience, and adaptive capacity. Glob Environ Change-Human Policy Dimens 16:293–303. https://doi.org/10.1016/j.gloenvcha.2006.02.004

Heilmayr R, Echeverría C, Fuentes R, Lambin EF (2016) A plantation-dominated forest transition in Chile. Appl Geogr 75:71–82

Holling CS (2001) Understanding the complexity of economic, ecological, and social systems. Ecosystems 4:390–405

Huber A, Iroumé A, Mohr C, Frêne C (2010) Efecto de plantaciones de Pinus radiata y Eucalyptus globulus sobre el recurso agua en la Cordillera de la Costa de la región del Biobío, Chile. Bosque (Valdivia) 31:219–230. https://doi.org/10.4067/S0717-92002010000300006

INE (2017a) Compendio estadístico 2016: region de La Aracucanía. Instituto Nacional de Estadisticas, Temuco

INE (2017b) Resultados Censo 2017 por Región, Provincia y Comuna. Santiago de Chile

INFOR (2016) Anuario Forestal 2016. Instiuto forestal, Sanitago de Chile

Jara JC, Palma P, Pantoja R (2006) El bosque ya no es matorral: mujeres rurales revalorizando el bosque a través de la avellana. In: Bosques y comunidades del sur de Chile. Editorial Universitaria, Santiago

Jullian C, Nahuelhual L, Mazzorana B, Aguayo M (2018) Evaluación del servicio ecosistémico de regulación hídrica ante escenarios de conservación de vegetación nativa y expansión de plantaciones forestales en el centro-sur de Chile. Bosque 39:277–289

Kates RW, Clark WC, Corell R et al (2001) Sustainability science. Science 292:641–642. https://doi.org/10.1126/science.1059386

Lara A, Solari ME, Prieto MDR, Peña MP (2012) Reconstrucción de la cobertura de la vegetación y uso del suelo hacia 1550 y sus cambios a 2007 en la ecorregión de los bosques valdivianos lluviosos de Chile (35o – 43o 30' S). Bosque (Valdivia) 33:13–23. https://doi.org/10.4067/S0717-92002012000100002

Little C, Lara A, McPhee J, Urrutia R (2009) Revealing the impact of forest exotic plantations on water yield in large scale watersheds in south-Central Chile. J Hydrol 374:162–170

Manuschevich D (2014) Linking politics to changes in ecosystem services: a social-ecological approach to land use change in Chile. Ph.D. thesis, State University of New York College of Environmental Science and Forestry

Manuschevich D, Beier CM (2016) Simulating land use changes under alternative policy scenarios for conservation of native forests in south-Central Chile. Land Use Policy 51:350–362. https://doi.org/10.1016/j.landusepol.2015.08.032

Manuschevich D, Sarricolea P, Galleguillos M (2019) Integrating socio-ecological dynamics into land use policy outcomes: a spatial scenario approach for native forest conservation in south-Central Chile. Land Use Policy 84:31–42. https://doi.org/10.1016/j.landusepol.2019.01.042

Max-Neef MA (2005) Foundations of transdisciplinarity. Ecol Econ 53:5–16

McWethy DB, Pauchard A, García RA et al (2018) Landscape drivers of recent fire activity (2001–2017) in south-Central Chile. PLoS One 13:e0201195. https://doi.org/10.1371/journal.pone.0201195

Meyfroidt P, Rudel TK, Lambin EF (2010) Forest transitions, trade, and the global displacement of land use. Proc Natl Acad Sci 107:20917–20922

Miranda A, Altamirano A, Cayuela L et al (2015) Different times, same story: native forest loss and landscape homogenization in three physiographical areas of south-central of Chile. Appl Geogr 60:20–28. https://doi.org/10.1016/j.apgeog.2015.02.016

Miranda A, Altamirano A, Cayuela L et al (2016) Native forest loss in the Chilean biodiversity hot-spot: revealing the evidence. Reg Environ Chang. https://doi.org/10.1007/s10113-016-1010-7

Moguillasky G, Silva V (2001) Estrategias empresariales y políticas públicas: el futuro del complejo forestal en Chile. In: Mas alla del bosque. LOM ediciones, Santiago, S 107–144

Myers N, Mittermeier RA, Mittermeier CG et al (2000) Biodiversity hotspots for conservation priorities. Nature 403:853–858

Niklitschek ME (2007) Trade liberalization and land use changes: explaining the expansion of afforested land in Chile. For Sci 53:385–394

Norgaard RB, Baer P (2005) Collectively seeing complex systems: the nature of the problem. Bioscience 55:953–960. https://doi.org/10.1641/0006-3568(2005)055[0953,CSCSTN]2.0.CO;2

Oyarzún C, Aracena C, Rutherford P et al (2007) Effects of land use conversion from native forests to exotic plantations on nitrogen and phosphorus retention in catchments of southern Chile. Water Air Soil Pollut 179:341–350. https://doi.org/10.1007/s11270-006-9237-4

Oyarzún CE, Frêne C, Lacrampe G et al (2011) Soil hydrological properties and sediment transport in two headwater catchments with different vegetative cover at the coastal mountain range in southern Chile. Bosque 32:10–19

Pizarro R, Zolezzi C (2003) Opinión sobre la Ley de Bosque Nativo: Aspectos Económicos

Pliscoff P (2015) Aplicación de los criterios de la Unión Internacional para la Conservación de la Naturaleza (IUCN) para la evaluación de riesgo de los ecosistemas terrestres de Chile. MMA, Sanitago

Reyes R, Nelson H (2014) A tale of two forests: why forests and forest conflicts are both growing in Chile. Int For Rev 16:379–388. https://doi.org/10.1505/146554814813484121

Rocheleau D, Ross L (1995) Trees as tools, trees as text: struggles over resources in Zambrana-Chacuey, Dominican Republic. Antipode 27:407–428. https://doi.org/10.1111/j.1467-8330.1995.tb00287.x

Ruhoff AL, Souza BSP, Giotto E, Pereira RS (2006) Avaliação dos processos erosivos através da equação universal de perdas de solos, implementada com algoritmos em legal. Geomática 1:12–22

Sarricolea P, Herrera-Ossandon M, Meseguer-Ruiz Ó (2017) Climatic regionalisation of continental Chile. J Maps 13:66–73. https://doi.org/10.1080/17445647.2016.1259592

Sedjo R (1983) Comparative economics of plantation forestry a global assessment. Resources for the future, Washington, DC

Soto L, Galleguillos M, Seguel O et al (2019) Assessment of soil physical properties' statuses under different land covers within a landscape dominated by exotic industrial tree plantations in south-Central Chile. J Soil Water Conserv 74:12–23. https://doi.org/10.2489/jswc.74.1.12

Stehr A, Aguayo M, Link O et al (2010) Modelling the hydrologic response of a mesoscale Andean watershed to changes in land use patterns for environmental planning. Hydrol Earth Syst Sci 14:1963–1977. https://doi.org/10.5194/hess-14-1963-2010

Swyngedouw E (1999) Modernity and hybridity: nature, regeneracionismo, and the production of the Spanish waterscape, 1890–1930. Ann Assoc Am Geogr 89:443–465

Turner BL, Robbins P (2008) Land-change science and political ecology: similarities, differences, and implications for sustainability science. Annu Rev Environ Resour 33:295–316. https://doi.org/10.1146/annurev.environ.33.022207.104943

Turner BL, Lambin EF, Reenberg A (2007) The emergence of land change science for global environmental change and sustainability. Proc Natl Acad Sci U S A 104:20666–20671. https://doi.org/10.1073/pnas.0704119104

Ulianova O, Estenssoro F (2010) The Chilean environmentalism: emergency and international insertion. Si Somos Americanos Revista de Estudios Transfronterizos 12:183–214

Verburg PH, Overmars KP (2009) Combining top-down and bottom-up dynamics in land use modeling: exploring the future of abandoned farmlands in Europe with the Dyna-CLUE model. Landsc Ecol 24:1167–1181. https://doi.org/10.1007/s10980-009-9355-7

Verburg R, Filho SR, Lindoso D et al (2014) The impact of commodity price and conservation policy scenarios on deforestation and agricultural land use in a frontier area within the Amazon. Land Use Policy 37:14–26. https://doi.org/10.1016/j.landusepol.2012.10.003

Watts MJ, Bohle HG (1993) The space of vulnerability: the causal structure of hunger and famine. Prog Hum Geogr 17:43–67. https://doi.org/10.1177/030913259301700103

Zamorano-Elgueta C, Rey Benayas JM, Cayuela L et al (2015) Native forest replacement by exotic plantations in southern Chile (1985–2011) and partial compensation by natural regeneration. For Ecol Manag 345:10–20. https://doi.org/10.1016/j.foreco.2015.02.025

Zhao Y, Feng D, Yu L et al (2016) Detailed dynamic land cover mapping of Chile: accuracy improvement by integrating multi-temporal data. Remote Sens Environ 183:170–185. https://doi.org/10.1016/j.rse.2016.05.016

Kapitel 6
Zwischen Extraktivismus und Naturschutz: Baumplantagen, Waldreservate und kleinbäuerliche Territorialität in Los Ríos, Chile

Alejandro Mora-Motta, Till Stellmacher, Guillermo Pacheco Habert, und Christian Henríquez Zúñiga

6.1 Einleitung

Weltweit hängt das Wirtschaftswachstum nach wie vor von der materiellen Expansion wirtschaftlicher Prozesse ab, die auf der zunehmenden Gewinnung natürlicher Ressourcen in ländlichen Gebieten beruhen (Krausmann et al. 2018). Insbesondere in Lateinamerika hat eine solche Expansion zu kontinuierlichen Wellen großer Mengen an Ressourcenabbau geführt, die oft mit nationalen Entwicklungszielen einhergehen. Dieser Prozess wurde als Extraktivismus[1] bezeichnet (Brand et al. 2016; Gudynas 2015). Gleichzeitig folgt der Naturschutz oft globalen und nationalen Nachhaltigkeitszielen. Sowohl der Extraktivismus als auch Naturschutzstrategien sind hauptsächlich in ländlichen Gebieten angesiedelt, wo die lokalen – oft traditionellen und kleinbäuerlichen – Lebensweisen Grundlagen des Lebensunterhaltes sowie der Territorialität sind (Escobar 2014).

---

[1]Nach der Definition von Acosta (2013) besteht Extraktivismus aus „Aktivitäten, bei denen große Mengen natürlicher Ressourcen entnommen werden, die nicht (oder nur in geringem Maße) verarbeitet werden, insbesondere für den Export. Extraktivismus ist nicht auf Mineralien oder Öl beschränkt. Extraktivismus gibt es auch in der Land- und Forstwirtschaft und sogar in der Fischerei" (2013, S. 62).

A. Mora-Motta (✉) · T. Stellmacher
Zentrum für Entwicklungsforschung, Universität Bonn, The Right Livelihood College (RLC)
Campus Bonn, Bonn, Deutschland
E-Mail: amotta@rlc-bonn.de

G. P. Habert
Centro Transdisciplinario de Estudios Ambientales y Desarrollo Humano Sostenible (CEAM-NIAP), Universidad Austral de Chile, Valdivia, Chile

C. H. Zúñiga
Volkswirtschaftliches Institut, Universität Austral de Chile, Valdivia, Chile

In Chile wurde in jüngster Zeit angesichts verschiedener sozio-ökologischer Krise eine Wirtschaft mit „grünem Wachstum" als nachhaltiger Weg in die Zukunft propagiert (Gobierno de Chile 2013). Dieser übertragt das, was man als neoliberales Denken bezeichnen könnte, auf die Nachhaltigkeit[2] (Brand und Lang 2015; Lander 2011). In diesem Zusammenhang verbirgt sich hinter „grünem Wachstum" auch ein Rahmen von Institutionen und Prozessen, der die Gewinnung natürlicher Ressourcen in bestimmten ländlichen Gebieten ermöglicht. In Chile weisen Baumplantagen eine extraktivistische Struktur auf, da sie hauptsächlich auf schnellwachsenden Kiefern- und Eukalyptusmonokulturen basieren, um Holzrohstoffe für die globalen Märkte zu produzieren (Brand et al. 2016; Gudynas 2015). Während dies auf der einen Seite mit kurzfristigen Gewinnen für multinationale Unternehmen einhergeht, verursacht es auf der anderen Seite langfristige gesellschaftliche und ökologische Kosten auf lokaler, nationaler und globaler Ebene (Clapp 1995; Donoso et al. 2015; Millaman et al. 2016; Reyes und Nelson 2014). Dieser „produktive" Nachhaltigkeitsansatz wird heute in Chile durch ein System von Naturschutzgebieten ergänzt, welches eine Mischung aus öffentlichen und privaten Initiativen zum Erhalt der Natur, insbesondere der letzten Primärwälder, darstellt (Pauchard und Villarroel 2002). Es dient dazu, die Zerstörung der Natur zu begrenzen und die biologische Vielfalt zu schützen, kann mitunter aber auch als neoliberale Art der Aneignung der Natur oder als „Green Grabbing" bezeichnet werden (Holmes 2015).

Diese Bedenken haben Diskussionen über widersprüchliche Formen der Naturaneignung ausgelöst, die sich in unterschiedlichen Interpretationen des Begriffs „Nachhaltigkeit" niedergeschlagen haben. Im Mittelpunkt der Debatte stehen Fragen wie: „Nachhaltigkeit wovon?" – weniger häufig jedoch „Nachhaltigkeit für wen?". Die letztgenannte Frage ist diejenige, die die Natur politisiert und eine politische Ökologie erzwingt, die unterschiedliche Formen der Wahrnehmung, Bewertung und Nutzung von Natur, d. h. Formen der Naturaneignung, analysiert. Die Natur materialisiert sich an konkreten „lokalen" Orten mit besonderen territorialen Dynamiken. Aus theoretischer Sicht nähern wir uns Natur und Territorium aus einem relationalen und ontologischen Blickwinkel (Escobar 2014; Leff 2014; Max-Neef 2016), d. h. unter der Prämisse, dass soziale, ökonomische, kulturelle und biophysikalische Aspekte bei der Schaffung und Neuschaffung von Räumen zusammenwirken, die jedoch oft durch Spannungen und Konflikte belastet sind. Wir verstehen Territorialität als eine Art und Weise, in der bestimmte menschliche Gruppen ein geografisches Territorium im Rahmen eines komplexen Beziehungsnetzes konstruieren. Das Territorium ist somit eine politische Einheit, die von verschiedenen Territorialitäten umkämpft wird, die unterschiedliche Wege der Naturaneignung festlegen (Porto-Gonçalves und Leff 2015). Unter diesem Gesichtspunkt ist Nachhaltigkeit politisiert und konstituiert sich durch spezifische und vielfältige kulturelle Formen der Naturaneignung. Die Natur ist umstritten zwischen regionalen, nationalen oder sogar internationalen Akteuren, die aus wirtschaftlichen Gründen Ressourcen abbauen oder sie erhalten wollen, und lokalen Akteuren, die Lebensweisen führen oder danach suchen, die es ihnen ermöglichen, ihre besonderen Territorialitäten zu reproduzieren.

---

[2] Für eine Definition von Nachhaltigkeit siehe Azkarraga et al. (2011).

Dieses Kapitel zielt darauf ab, die entpolitisierte Idee der „Nachhaltigkeit" und ihre Materialisierung am Beispiel eines konkreten Ortes darzustellen und die „Nachhaltigkeit" dieser Wirtschaftsweise und die dadurch verursachten territorialen Veränderungen zu hinterfragen. Zu diesem Zweck analysieren wir einen Fall, in dem sich unterschiedliche Interessen, Wahrnehmungen, Werte, Nutzungen und Strategien der Naturaneignung überschneiden. Wir konzentrieren unsere Aufmerksamkeit auf die Territorialität einer kleinbäuerlichen Gruppe,[3] die in dem Sektor[4] Lomas del Sol – LdS –, Gemeinde Valdivia, Provinz Valdivia, Region Los Ríos, südliches Zentralchile, lebt (siehe Abb. 6.1). Die Gruppe besteht aus etwa 24 Familien, von denen einige Mitglieder der Bauernvereinigung „Comité pro Adelanto Lomas del Sol" sind. Die Bewohner von LdS sind eine der vielen Gruppen in ganz Süd-Zentralchile, deren Lebensweise zwischen Extraktivismus und Naturschutz eingegrenzt und dadurch massiv geprägt ist. Einerseits ist LdS ein Hotspot der Biodiversität und hydrologisch wichtig für die Trinkwasserversorgung der Großstadt Valdivia (Donoso et al. 2014). Auf der anderen Seite grenzt LdS an ausgedehnte Kiefern- und Eukalyptusbaumplantagen, die von drei Unternehmen angelegt wurden: *Hancock Chilean Plantations* (ehemals *Forestal Tornagaleones* des Konsortiums MASISA), *Arauco Sur* und die Plantagen der Familie *Fried* auf einem mittelgroßen Grundstück.

Wir haben uns dieser Fallstudie auf der Grundlage der Idee der „starken Transdisziplinarität" (Max-Neef 2005; Nicolescu 1996) genähert, die darauf abzielt, disziplinäre Grenzen und die kartesische Trennung aufzuweichen, um die Komplexität der Mensch-Natur-Interaktionen, die Dialektik des „einbezogenen Dritten" zu erkennen. Dabei berücksichtigen wir, dass reine Objektivität niemals möglich ist, und die verschiedenen „Realitätsebenen", die uns daran erinnern, dass mehrere und divergierende Logiken zur gleichen Zeit und am gleichen Ort koexistieren (siehe hierzu das Kapitel von Erlwein et al. in diesem Buch). Das Kapitel basiert auf der empirischen Arbeit von zwei Forschungsprojekten, die nach den Prinzipien der partizipativen Aktionsforschung (Fals-Borda 2015) konzipiert wurden.

Im Rahmen des ersten Projekts wurde zwischen 2014 und 2017 eine Reihe von Maßnahmen mit der lokalen Gemeinschaft entwickelt (siehe Pacheco und Henríquez 2016a). Das andere Projekt basierte auf partizipativer Aktionsforschung in der Region Los Ríos zwischen 2016 und 2017, wobei ethnografische Methoden wie teilnehmende Beobachtung (Guber 2011) und partizipative Kartierung (Sletto et al. 2013; Rister und Ares 2013) eingesetzt wurden. Wir nutzen insbesondere die Informationen aus der Kartierung des zweiten Projekts als zentralen Input, um die terri-

---

[3] Die Verwendung des Konzepts der „Gemeinschaft", wie von Roberto Morales (persönlicher Kommentar zu einer frühen Version des Papiers) hervorgehoben, kann in diesem Fall problematisch sein. Wir verwenden den weiter gefassten Begriff der „sozialen Gruppe", die eine gemeinsame Geschichte, produktive Praktiken und eine gemeinsame Art der Naturaneignung teilen. Daher haben wir uns für den Begriff der Territorialität entschieden, der die Strategien und Handlungen dieser gemeinsamen Praktiken erfasst.

[4] Der Begriff „Sektor" entspricht in Chile einer politischen Einheit unterhalb der Gemeindeebene („comuna" in der chilenischen Nomenklatur). Auf dieser Ebene sind lokale Vereinigungen rechtlich anerkannt, wie z. B. Bauern- oder indigene Vereinigungen.

Abb. 6.1 Schematische Karte des Untersuchungsgebiets. (Quelle: eigene Ausarbeitung basierend auf Informationen von UACh 2017)

toriale Transformation zu verstehen, und ergänzten sie durch die vielfältigen Interaktionen mit verschiedenen Mitgliedern der Gemeinschaft, die in beiden Projekten geführt wurden.

Nach dieser Einführung wird im zweiten Abschnitt dieses Kapitels kurz die Geschichte der Baumplantagen in Chile dargestellt. Der dritte Abschnitt skizziert den Naturschutz durch Schutzgebiete in Chile mit besonderem Augenmerk auf das Waldreservat Llancahue. Der vierte Abschnitt gibt einen kurzen Überblick über den Boom der Baumplantagen in Valdivia. Im fünften Abschnitt wird der territoriale Wandel aus der Sicht der Bewohner von LdS dargestellt. Der sechste Abschnitt erörtert die politisierteNachhaltigkeit, die in diesen besonderen territorialen Konflikt eingebettet ist. Der letzte Abschnitt kommt zu dem Schluss, dass der Nachhaltigkeitsansatz von Llancahue zwar mit dem der Bewohner von LdS kollidiert, der eigentliche Grund für den Konflikt aber die Ausweitung der Baumplantagen ist.

6.2 Historischer Kontext des chilenischen Baumpflanzungsmodells

Das chilenische Modell der Baumplantagen expandiert seit über hundert Jahren. Es entwickelte sich von einer staatlichen Wirtschaftsstrategie zu einer neoliberalen Wirtschaftsform getrieben durch multinationale Privatunternehmen und einen subsidiären Staat, der den Anbau riesiger Kiefern- und Eukalyptusplantagen ermöglicht und unterstützt. Im Folgenden wird eine Zusammenfassung dieser Prozesse gegeben.

6.2.1 Vor den 1970er-Jahren

Der Prozess der Naturaneignung im südlichen Zentralchile geht auf die spanische Kolonie und die Enklavenwirtschaft zurück, die mit dem Versuch errichtet wurde, das Gebiet der Mapuche zu kontrollieren.[5] Über drei Jahrhunderte lang waren die Spanier nicht in der Lage, das von Mapuche bewohnte südliche Zentralchile vollständig zu kontrollieren. Nach der so genannten „Befriedung der Araucanía" im XIX. Jahrhundert,[6] bei der der neue unabhängige chilenische Staat seine militärische Kontrolle über das Mapuche-Gebiet festigte, wurde 1872 das erste Waldgesetz erlassen. Es sollte die Abholzung und das Brandroden des Primärwaldes regeln und die Anpflanzung eingeführter Baumarten fördern. Dieses Gesetz hatte jedoch keine nennenswerten realen Auswirkungen. Zu Beginn des 20. Jahrhunderts wurde in Chile das Modell der wissenschaftlichen Forstwirtschaft eingeführt, die erste Forstverwaltungsbehörde geschaffen und 1911 dem Kongress ein Gesetzesprojekt zur Schaffung von Anreizen für die Förderung von Baumpflanzungen vorgelegt, das jedoch abgelehnt wurde (Klubock 2014).

Im Jahr 1931 trat das zweite Waldgesetz in Kraft, welches den Geist des Jahrzehnte zuvor entwickelten, allerdings im Kongress abgelehnten Gesetzes aufgriff. In dieser Zeit nahmen die Abholzung der Primärwälder in Chile und die großflächige Anpflanzung von eingeführten Baumarten rapide zu. 1920 wurde die *Compañía Manufacturera de Papeles y* Cartones -CMPC-, das erste private Unternehmen der industriellen Forstwirtschaft, in Chile gegründet. Mit der Gründung der *Corporación de* Fomento (CORFO) 1937 formulierte Chile ein Industrialisierungsprogramm, in dem die Forstwirtschaft einen wichtigen Wirtschaftszweig darstellte. Mit der Agrarreform der 1960er-Jahre wurde das forstwirtschaftliche Entwicklungsmodell umstrukturiert, und kleine Plantagen wurden durch Genossenschaften gefördert (Clapp 1995; Donoso et al. 2015; Klubock 2014).

---

[5] Gruppe von indigenen Völkern in Chile und Argentinien. Mapuche bedeutet in der ursprünglichen Sprache „Volk der Erde".

[6] Wir schlagen vor, diesen Prozess „Usurpation von Araucanía" zu nennen. Der Prozess begann mit einer Reihe von Verhandlungen und endete mit einer militärischen Kampagne, die sich über den größten Teil des 19ten Jahrhunderts erstreckte. Die militärische Kontrolle über die Gebiete erlangte der chilenische Staat erst in den 1870er-Jahren.

6.2.2 Die Umsetzung eines neoliberalen Modells

Die Regierung der Militärdiktatur (1973–1990) führte eine partielle Agrarreform durch. Die neue Politik begünstigte privates Unternehmertum, die Übertragung von öffentlichem Eigentum in private Hände und dessen Konzentration auf wenige Wirtschaftsgruppen (Gómez 2014). Darüber hinaus wurden Beschränkungen für den internationalen Handel beseitigt (Clapp 1995). Dank des Gesetzesdekrets 701 aus dem Jahr 1974 – DL 701 –, das Subventionen für Baumplantagen vorsah und Eigentum garantierte, kam es zu einer massiven Ausweitung der Baumplantagen in Süd- und Zentralchile (Clapp 1995; Donoso et al. 2015). Auch andere politische Maßnahmen, wie das Wassergesetz von 1981, trugen zur Privatisierung der Ressourcen bei. Außerdem war dieser Zeitraum durch systematische Menschenrechtsverletzungen gekennzeichnet, insbesondere gegenüber Kleinbauern und indigenen Gruppen. In dieser Zeit wuchsen viele der chilenischen Forstplantagenunternehmen zu transnationalen Firmen, die vor allem in andere lateinamerikanische Länder expandierten (Gómez 2014).

6.2.3 Rückkehr zur Demokratie

Trotz der Verabschiedung neuer Sozial- und Umweltgesetze sowie der Anerkennung indigener Gemeinschaften kurz nach dem Ende der Diktatur blieben viele Strukturen, die in der Zeit der Diktatur geschaffen worden waren, intakt. In der Demokratie wurde das Modell der Baumplantagen durch das bereits erwähnte DL 701 geändert, um kleinere Plantagen zu fördern, was auch gelang, aber nichts an der Dominanz der großen industriellen Monokulturen änderte.

Die neuen chilenischen Regierungen strebten die Aufnahme in die Organisation für wirtschaftliche Zusammenarbeit und Entwicklung – OECD – an. Zu diesem Zweck führten die OECD und die Wirtschaftskommission für Lateinamerika und die Karibik – ECLAC – eine gemeinsame Studie durch, in der der wirtschaftliche, soziale und ökologische ‚Zustand' Chiles bewertet wurde. Auf der Grundlage der Empfehlungen der Berichte führte die chilenische Regierung eine Reihe von Veränderungen hin zu einer „grünen Wirtschaft" durch. Im Rahmen der Umstrukturierung wurde 2010 ein Umweltministerium geschaffen und andere institutionelle Einrichtungen, wie z. B. Umweltgerichte, eingeführt, um die Erhaltung und nachhaltige Nutzung der Umwelt zu fördern, zu bewerten und zu überwachen sowie für mehr Umweltgerechtigkeit zu sorgen und Konflikte zu schlichten.

Ein Schwerpunkt wurde auf Primärwälder und Baumplantagen gelegt. So wurde beispielsweise das Gesetz zur Förderung einheimischer Plantagen (Gesetz über einheimische Wälder), das nach 16 Jahren Diskussion im Jahr 2008 in Kraft trat, mit dem Ziel eingeführt, Subventionen für die nachhaltige Bewirtschaftung und Erholung (Wiederherstellung) einheimischer Wälder zu vergeben. Am Ende wurde es zu einem Mechanismus zur Förderung von Monokulturplantagen mit einzelnen einheimischen Arten, gefördert durch begrenzte öffentliche Mittel. Im Einklang mit

dem globalen Trend engagieren sich auch zunehmend private Nachhaltigkeits-
akteure: (i) Ökolabel-Initiativen wie das Forest Stewardship Council[7] – FSC –, das
von Unternehmen wie ARAUCO und MASISA in großem Umfang genutzt wird
(Heilmayr und Lambin 2016; Millaman et al. 2016); (ii) private Naturschutzgebiete
wie das Oncol-Privatreservat in Valdivia, das ARAUCO gehört (Holmes 2015); und
(iii) verschiedene Ansätze für den Ökotourismus (Klubock 2014).

6.2.4 Das aktuelle Baumpflanzungsmodell

Die großflächigen Kiefern- und Eukalyptusmonokulturen werden seit 2012 nicht
mehr durch DL 701 gefördert. Das bedeutet, dass Baumplantagen, die nach diesem
Jahr angelegt wurden, keine Subventionen für die Rückerstattung von 75 % der An-
lageinvestitionen (in manchen Jahren waren es bis zu 90 %) beantragen konnten.
Das Gesetz lief aus und ein neues wurde vom chilenischen Senat nicht in Kraft gesetzt. In der Zwischenzeit sind die Flächen der Baumplantagen in Chile zu den zehn
größten der Welt geworden (CONAF 2014). Im Jahr 2019 berät der Senat immer
noch über eine Fortsetzung von DL 701 für weitere 20 Jahre, und derzeit werden
diese Subventionen immer noch an private Unternehmen vergeben.
  Ende 2016 umfassten die Baumplantagen in Chile mehr als 2,4 Mio. Hektar. Die
wichtigsten Baumarten waren die Radiata-Kiefer (57,6 %) und Eukalyptus (globulus und nitens) (35,6 %) (INFOR 2018). Die meisten Plantagen in Chile befinden
sich in den südlich-zentralen Landesteilen, vor allem in den Regionen Biobío
(38,5 %), Araucanía (20,4 %), Maule (17,8 %) und Los Ríos (7,7 %), d. h. zwischen
37 und 41°S Lat. Baumplantagen in Chile gehören drei großen Unternehmen, 11
mittelgroßen Unternehmen, 714 mittelgroßen Eigentümern und 22.747 kleine
Eigentümern[8] (INFOR 2018). Der Markt wird von drei großen multinationalen
Konsortien dominiert, die in mehreren lateinamerikanischen Ländern vertreten sind
(Gómez 2014): ARAUCO S.A., CMPC und MASISA S.A.
  Die Baumplantagen werden hauptsächlich zur Erzeugung von Schnittholz und
Zellstoff genutzt. Die Gesamtproduktionskapazität in Chile betrug mehr als 4,5 t
(acht Millionen m³) Schnittholz und mehr als 5 t Zellstoff (Abb. 6.2). Abb. 6.2 ver-
anschaulicht die Expansion der Baumplantagen in Chile zwischen 1978 und 2016.

---

[7] FSC ist eine weltweite Organisation, die sich für eine verantwortungsvolle Waldbewirtschaftung
einsetzt. Kurz gesagt, ihre Tätigkeit bezieht die Interessengruppen in den Prozess der Überprüfung
der verantwortungsvollen Praktiken von Unternehmen ein. Unternehmen, die sich für die Einhaltung der FSC-Protokolle entscheiden, müssen bestimmte Standards nachweisen, damit ihre
Produkte das FSC Logo erhalten. Anhand dieses Umweltzeichens können die Verbraucher über-
prüfen, ob die Unternehmen die Standards einhalten (Heilmayr und Lambin 2016; Millaman
et al. 2016).
[8] Bepflanzter Landbesitz (x): (i) Großunternehmen: x > 30.000 ha; (ii) Mittelgroßunternehmen:
5000 ha < x < 30.000 ha; (iii) Mittlerer Eigentümer: 200 ha < x < 5000 ha; und (iv) Kleiner Eigentümer: x < 200 ha.

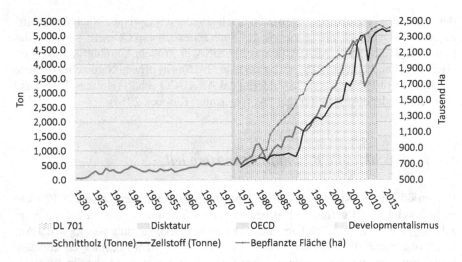

Abb. 6.2 Ausweitung der Baumplantagen und der Forstwirtschaft in Chile. (Quelle: Eigene Ausarbeitung) basierend auf Statistiken von INFOR (2018). (Anmerkung: Wachstum der nationalen Produktion von Schnittholz (t*) und Zellstoff (t) auf der linken Achse. Die für Plantagen genutzte Fläche (ha) auf der rechten Achse). Wichtige historische Perioden sind farblich hervorgehoben. *Die Statistiken für Schnittholz sind ursprünglich in m^3 angegeben. Wir haben den Umrechnungsfaktor der Quelle verwendet: 1 m^3 = 0,55 t

Die Abbildung zeigt auch die Produktion von Schnittholz von 1930 bis 2016 und die Produktion von Zellstoff von 1975 bis 2016.

Wie in Abb. 6.2 dargestellt, breiteten sich die Baumpplantagen in Chile vor allem seit der Diktatur stetig aus. Infolgedessen stieg die Produktion von Holzrohstoffen. Die demokratische Wende in den 1990er-Jahren bremste die Ausbreitung der Baumplantagen nicht, sondern förderte sie sogar. Der einzige größere Rückgang (2006–2010) lässt sich durch die sinkende Nachfrage nach Schnittholz und Zellstoff infolge der weltweiten Finanzkrise erklären. Insgesamt hinterließ der Prozess ein konsolidiertes Modell des Naturextraktivismus, das auf der extensiven Nutzung von Land und Baumplantagen im ganzen Land, vor allem aber in Süd-Zentralchile basiert.

6.3 Das Erhaltungsmodell von Llancahue: Eine Wende zur Nachhaltigkeit?

In Chile entstanden die ersten Naturschutzgebiete zu Beginn des XX. Jahrhunderts. Sie verfolgten im Wesentlichen zwei Ziele: den Schutz der verbliebenen Primärwälder vor Abholzung und die Kontrolle der gemeinsamen politischen Grenzen mit Argentinien (Klubock 2014; Otero 2006). Die ersten „Waldreservate" waren als Reservoirs für ausbeutbare Wälder gedacht. In den 1970er- und 1980er-Jahren gab es eine zweite Welle in der Gründung von Naturschutzgebieten, die auf dem Konzept der „Wildnis" basierte. Im Jahr 1984 wurde das Nationale Öffentliche System für Schutzgebiete (SNASPE, spanische Abkürzung) mit vier Kategorien eingerichtet: (i) Reservate in unberührten Regionen, (ii) Nationalparks, (iii) Naturdenkmäler und (iv) Nationale Reservate (Pauchard und Villarroel 2002). Seit 2003 können Grundstücke, die sich im Besitz des Ministeriums für Nationales Eigentum [*Ministerio de Bienes Nacionales*] befinden, in das SNASPE aufgenommen werden.

Das Waldreservat von Llancahue ist ein „Steuereigentum" und erhielt 2005 den Status eines „Nationalen Schutzguts" (Ministerium für Nationales Eigentum 2006). Es handelt sich um ein 1270 ha großes öffentliches Grundstück, das sich seit 1929 im Besitz der Regierung befindet und 2 km südöstlich der Stadt Valdivia in der Region Los Ríos im südlichen Zentrum Chiles liegt. Zweck des Reservats ist der Schutz des Wassereinzugsgebiets, das die Großstadt Valdivia mit Wasser versorgt, die Erhaltung der biologischen Vielfalt und die Verhinderung von Entwaldung und Walddegradierung (Moorman et al. 2013a). Das hydrographische Einzugsgebiet dieses Waldökosystems liefert fast 80 % des Wassers für die Stadt Valdivia. Außerdem hat das Umweltministerium den Wald von Llancahue als eines der 40 Gebiete mit hoher Priorität für die Erhaltung natürlicher Ökosysteme in den Regionen Los Ríos und Los Lagos ausgewählt (Farías et al. 2004).

Das Waldreservat Llancahue ist eines der letzten Reservate mit Primärwald (ca. 700 ha mit altem Baumbestand) und Sekundärwäldern unterschiedlicher Art (Donoso et al. 2014). Die Geomorphologie des Waldreservats Llancahue besteht aus mittelhohen Hügeln zwischen 181 und 424 m ü. NN mit sanften Hängen (< 30 %), außer in der Nähe der Flussbecken. Nach der Koeppen-Klassifikation ist das Klima gemäßigt regenreich und warm mit mediterranem Einfluss. Die durchschnittliche jährliche Niederschlagsmenge beträgt 2357 mm, wobei normalerweise der Juli der regenreichste und der Februar der trockenste Monat ist (Núñez et al. 2006). Die Durchschnittstemperatur beträgt 12,0 °C, wobei im Durchschnitt der Januar mit 17,0 °C der wärmste Monat und der Juli mit 7,6 °C der kälteste ist (Donoso et al. 2014).

Im Jahr 2008 erhielt die Universidad Austral de Chile – UACh – in Valdivia vom Ministerium für Nationales Eigentum (2008) eine kostenlose Konzession für das Waldreservat Llancahue für einen Zeitraum von 20 Jahren, um gemeinsam mit den lokalen Gemeinden ein Projekt zur nachhaltigen Bewirtschaftung von Wäldern und Wassereinzugsgebieten durchzuführen (UACh 2017). Zu den Zielen des Projekts gehörte die Waldbewirtschaftung, insbesondere in einigen Gebieten mit Sekundärwäldern, „zur Förderung von Altbeständen durch den Einsatz von ökologischen Durchforstungen oder Wiederherstellungsdurchforstungen in Zusammenarbeit mit der lokalen Bevölkerung" (Moorman et al. 2013a). Seitdem hat die UACh einen Prozess eingeleitet, der darauf abzielt, den Primärwald zu erhalten und eine ausgewogene Wasserversorgung zu gewährleisten und gleichzeitig die Bedürfnisse der in der Umgebung lebenden Menschen zu erfüllen (Donoso et al. 2014; Moorman et al. 2013a, b).

Das Waldreservat Llancahue liegt in der Nähe eines kleinen, verstreuten Dorfes mit 24 kleinbäuerlichen Familien im Sektor Lomas del Sol. Der Lebensunterhalt dieser Familien hängt vom Holzeinschlag in ihren eigenen kleinen Waldparzellen und im Waldreservat ab, das sie seit Jahrzehnten ohne Vorschriften und seit 2008 nach den Regeln des Bewirtschaftungsplans des Llancahue-Projekts nutzen. Das

Holz wird für die traditionelle Holzkohleproduktion verwendet, die das Hauptein-
kommen der Gemeinschaft darstellt. Außerdem hängt ihr Lebensunterhalt von der
kleinbäuerlichen Landwirtschaft und seit kurzem auch vom Tourismus ab (Pacheco
und Henríquez 2016a). Unter Beteiligung der Bewohner von LdS wurde ein Nach-
haltigkeitsplan für das Co-Management entwickelt. Auch andere Organisationen
wie die Nichtregierungsorganisation „Agrupación de Ingenieros Forestales por el
Bosque Nativo" (AIFBN) und mehrere öffentliche Einrichtungen waren der Entwicklung beteiligt.

Der Plan der UACh schlug eine nachhaltige Nutzung des Waldreservats Llancahue auf der Grundlage des Konzepts der gemeinsamen Bewirtschaftung vor, ein Ansatz, der auf einer eher technischen Vision der Nachhaltigkeit beruht. Das ursprüngliche Modell der gemeinsamen Bewirtschaftung sah vor, dass Bewohner von LdS
als Holzfäller für die Durchforstung der 317 ha Sekundärwälder im Reservat arbeiten. Jeder Arbeiter erhielt einen Lohn und einen Anteil des gewonnenen Holzes, der
auf Schätzungen der Akzeptanzbereitschaft beruhte (Moorman et al. 2013a). Die
gemeinsamen Treffen ergaben, dass die Holzfäller aus LdS einen Lohn von
346 USD/Monat (200.000 CLP) als angemessen akzeptieren würden. Die Autoren
führten auch eine Studie durch, aus der hervorging, dass die Bewohner von LdS als
Nutzen des Llancahue-Projekts vor allem Arbeitsplätze erwarteten.

In der Studie wurde jedoch auch geschätzt, dass das Projekt nur maximal neun
Arbeiter für drei Monate im Jahr bezahlen kann. Zwischen 2009 und 2016 wurde
der Co-Management-Plan für das Waldreservat Llancahue angewandt. Tab. 6.1
zeigt einige Statistiken. Die bewirtschaftete Fläche erreichte im Jahr 2015 mit 14 ha
ihren Höchststand. Der durchschnittliche Jahreslohn pro Arbeiter schwankte zwischen 225 CPL und 1600 CPL, und die Holzmenge pro Arbeiter und Jahr lag zwischen 15 und 79 m^3 Brennholz (1 m^3 Brennholz entspricht etwa 0,66 m^3 Festholz).

Der Plan zur gemeinsamen Bewirtschaftung war nicht ohne Kritik. Der ursprüngliche Ansatz sah vor, das Waldreservat Llancahue „als Demonstrationsprojekt zu
präsentieren, bei dem öffentliche Primärwälder nachhaltig und im Einklang mit den
Bedürfnissen der lokalen Gemeinschaften bewirtschaftet werden" (Moorman et al.

Tab. 6.1 Merkmale des Plans zur gemeinsamen Bewirtschaftung der Wälder von Llancahue

	2009	2010	2011	2012	2013	2014	2015	2016
Bewirtschaftete Fläche (ha)	11	10	9	12	7	12	14	9
Holzentnahme (mt)	1700	1200	270	1500	920	2400	1430	1320
Holz für UACh	1600	1100	180	1400	800	40	n.d.	610
Holz für Holzfäller von LdS	100	100	90	100	120	n.d.	300	710
Lokale Arbeitnehmer (Anzahl)	6	6	6	6	6	9	9	9
Löhne (CLP/mt)	4000	4500	5000	5000	6000	6000	7000	6000
Jahreslohn insgesamt [II*VI] (1000 CLP)	6800	5400	1350	7500	5520	14,400	10,010	7920
Durchschnittlicher Jahreslohn pro Arbeitnehmer (1000 CLP)	1133	900	225	1250	920	1600	1112	880

Quelle: Pablo Donoso (in Pacheco und Henríquez 2016a)
Einheiten: *CLP* Chilenischer Peso, *mt* Meter

2013a). Während das Programm jedoch das erste Ziel, nämlich die Bewirtschaftung des Primärwalds ohne Degradierung, erreicht hat, wurde das zweite Ziel nicht erreicht: Das Modell steht nicht im Einklang mit den Bedürfnissen der lokalen Bevölkerung. Der Hauptgrund dafür ist, dass das Projekt nicht bezahlen kann, was sich die Menschen in LdS davon versprochen haben, vor allem Arbeitsplätze. Hochgradig saisonale Einkommensmöglichkeiten für 9 Personen in 24 Haushalten können sicherlich nicht als ausreichend angesehen werden. Das zweite Problem ist, dass andere Bedürfnisse, wie z. B. Bildung, nicht berücksichtigt wurden. Ein grundlegenderes Problem besteht schließlich darin, dass der Begriff der „Beteiligung" mitunter nicht die Entscheidungsfindung beinhaltet, so dass es sich nicht um ein „Co-Management", sondern um ein partizipatives Management handelt.

Obwohl der Plan anerkennt, dass „eine große Herausforderung bei gemeinschaftsbasierten Ansätzen darin besteht, zu bestimmen, wie die Beteiligung der lokalen Gemeinschaft sichergestellt werden kann", werden die Bewohner von LdS auch als Bedrohung für den Naturschutz an sich angesehen: „Sie [die Schutzgebiete] sind durch illegale Nutzungen durch benachbarte Gemeinden bedroht, wie z. B. illegale Holzernte und Weidehaltung von Tieren … Das adaptive Co-Management-Modell in Llancahue hat die Notwendigkeit erkannt, mit den Campesinos (…) in der Nachbargemeinde zusammenzuarbeiten, die die Wälder im Wassereinzugsgebiet illegal abholzten" (Donoso et al. 2014).

Die Art und Weise der Nutzung und Bewirtschaftung des Waldes ist in der Tat ein Zusammenspiel von Akteuren mit unterschiedlichen Rechten und Pflichten. Die UACh ist Verwalterin und nicht Eigentümerin des Waldreservats Llancahue. Es gibt keine verbindliche Verpflichtung für die UACh als handelnde Behörde, die Bedürfnisse der Bewohner von LdS in die Entscheidungsfindung einzubeziehen, abgesehen von einer beratenden Funktion. Dies steht jedoch mitunter im Gegensatz zu den Bedürfnissen und Rechten der Menschen, ihre Lebensweise selbst zu bestimmen, und der historisch erlebten Marginalisierung (Pacheco und Henríquez 2016a). In diesem Sinne geht die Verantwortung bis zum Ministerium für Nationaleigentum, welches die Konzession für Llancahue erteilt hat.

Im Verlaufe des Projektes erkannte die UACh diese Defizite und erweiterte den Ansatz der Zusammenarbeit seit 2014. Die Bereitstellung von Arbeitsplätzen in der Waldarbeit wurde durch einen gemeinschaftsbasierten Ökotourismus ergänzt (Pacheco und Henríquez 2016a), der sich an partizipativen Maßnahmen zur Verbesserung der lokalen Lebensbedingungen orientiert, indem er Strategien für eine ökosoziale Entwicklung entwickelt (Henríquez et al. 2010; Sampaio 2005). Die zentrale Rolle des Nachhaltigkeitsansatzes liegt jedoch nach wie vor in der Waldbewirtschaftung.

Wir sehen die Hauptprobleme des Projektes in dem begrenzten Verständnis der Beziehungen zwischen den Menschen, die um das Reservat herum leben, ihren Interessen, ihren Rechten und ihrer Beziehung zum Wald und den angrenzenden Baumplantagen. Anstatt die Bewohner von LdS a priori als „Bedrohung" für den Wald von Llancahue zu zeigen, muss eine gründlichere Analyse der territorialen Prozesse auch in einem größeren Rahmen über das Reservat hinaus vorgenommen werden, um die lokalen Bedürfnisse, Abhängigkeiten und Waldnutzungen zu verstehen. Dabei müssen vor allem drei Arten von Akteuren einbezogen werden: die Menschen in LdS (einige der Familien betreiben illegalen Holzeinschlag oder Aktivitäten im Zusammenhang mit der Forstproduktion), die Universität Valdivia als Verwalterin des Reservats Llancahue sowie Forstunternehmen die die umliegenen Baumplantagen betreiben.

6.4   Der Boom der Plantagen in Valdivia

Im Jahr 2016 gab es in der Region Los Ríos 185.108 ha Eukalyptus- und Kiefernplantagen, allein in der Gemeinde Valdivia waren es 22.933,6 ha (INFOR 2018). Seit 1942 wird in Valdivia industriell Holz verarbeitet, vor allem durch die Zellulosefabriken CMPC und INFODEMA. MASISA, eines der drei größten Forstunternehmen Chiles, wurde 1960 in Valdivia gegründet, eröffnete 1965 ein Sägewerk in der Stadt und gründete 1967 seine Tochtergesellschaft *Forestal Tornagaleones*. Der Boom der Baumplantagen in Los Ríos und insbesondere in Valdivia begann jedoch in den 1970er-Jahren und beschleunigte sich seit den 1990er-Jahren. Die Dynamik der Branche in Valdivia erhielt mit der Eröffnung der Zellulosefabrik in San José de la Mariquina im Jahr 2004 einen weiteren Schub.

Die ersten Baumplantagen im Gebiet von Llancahue entstanden in den 1980er-Jahren. Bis 2013 dehnten sie sich stark aus und entsprachen einer extraktivistischen Matrix (Abb. 6.3c). Abb. 6.3 zeigt die Landnutzung im Gebiet von Llancahue für die Jahre 1960, 1980 und 2013. Zwischen 1960 und 1980 nahmen die Primärwälder innerhalb der Grenzen des Waldreservats Llancahue zu, während sie außerhalb des Reservats abnahmen. Zwischen 1980 und 2013 wuchsen die Primärwälder innerhalb des Reservats, während Baumplantagen sowohl die Primärwälder als auch landwirtschaftliche Flächen außerhalb der Grenzen von Llancahue ersetzten.

6.5   Leben zwischen dem Reservat Llancahue und den Baumplantagen

Die Bevölkerung von LdS besteht aus 24 Familien, von denen einige in der Bauernvereinigung *Comité pro Adelanto Lomas del Sol* zusammengeschlossen sind, die 1997 gegründet und von der Gemeinde Valdivia rechtlich als dezentralisierte lokale soziale Organisation anerkannt wurde. LdS befindet sich in der Pufferzone des Waldreservats Llancahue, aber auch in der Nähe von Baumplantagen (siehe Abb. 6.1). Dies macht es zu einem interessanten Fall, um die territoriale Transformation einer sozialen Gruppe zu untersuchen, die zwischen Extraktivismus und Naturschutz steht. Der Haupterwerb der Menschen aus LdS ist die Produktion von Brennholz und Kohle, die hauptsächlich in Valdivia verkauft wird, ergänzt durch kleine landwirtschaftliche Betriebe. Die Menschen haben Obstgärten und Gewächshäuser und züchten und halten Vieh wie Schweine, Schafe und Rinder. Das formale

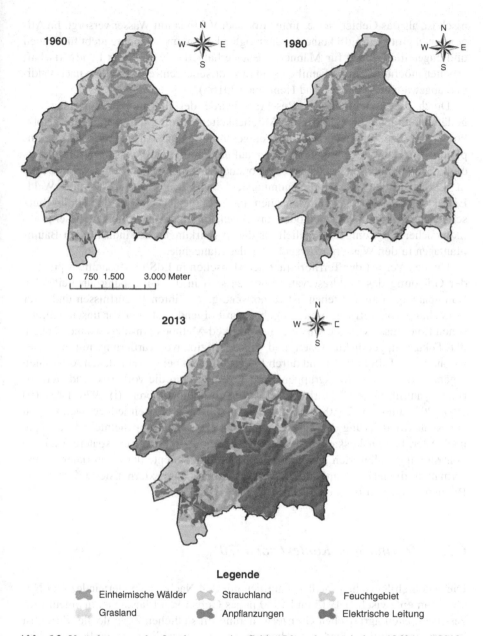

Legende

🦴 Einheimische Wälder   🦴 Strauchland   🦴 Feuchtgebiet

🦴 Grasland   🦴 Anpflanzungen   🦴 Elektrische Leitung

Abb. 6.3 Veränderungen der Landnutzung im Gebiet Llancahue zwischen 1960 und 2013. (Quelle: Medel (2013) in UACh 2017)

Bildungsniveau ist meist niedrig und beträgt nicht mehr als 8 Schuljahre. Eine grundlegende Infrastruktur ist nicht oder kaum vorhanden. Es gibt keine Gesundheitsversorgung und keinen Anschluss an das Trinkwassernetz, was insofern ironisch ist, als das Gebiet die gesamte Großstadt Valdivia mit Wasser versorgt. Im Allgemeinen gibt es in LdS keine Arbeitsmöglichkeiten, insbesondere nicht für Frauen und Jugendliche oder für Männer, die außerhalb der Forst- oder Landwirtschaft arbeiten möchten. Einige Familien sind in städtische Zentren, vor allem nach Valdivia, abgewandert (Pacheco und Henríquez 2016b).

Durch die Errichtung des Reservats wurde der illegale Holzeinschlag eingedämmt, andererseits wurden die Möglichkeiten für die Menschen in LdS, Holzkohle und Brennholz herzustellen, eingeschränkt. Die Ausdehnung der Baumplantagen in der Umgebung übte Druck auf die Familien aus, was dazu führte, dass einige von ihnen ihre Grundstücke an Forstunternehmen verkauften. Die Menschen in LdS befinden sich im Spannungsfeld zwischen Naturschutz und Wald-Extraktivismus. Auch wenn Menschen aus LdS illegale und für den Naturschutz schädliche Waldnutzungsmethoden anwenden, sind die Auswirkungen dieser Praktiken sicherlich weniger schädlich als die Auswirkungen der industriellen Baumplantagen in den Wassereinzugsgebieten des Llancahue.

Um den Verlust der Territorialität der Menschen in LdS im Zusammenspiel mit der Gründung des Waldreservates und den sich in der Umgebung ausbreitenden Baumplantagen zu verstehen, ist es notwendig, von ihren Bedürfnissen und ihrer Vorstellung von Territorium auszugehen. Im Folgenden stellen wir unsere empirischen Ergebnisse vor, die wir mit einem Mixed-Methods-Ansatzgewonnen haben, der Fokusgruppendiskussionen und eine partizipative Kartierung mit den Bewohnern von LdS umfasst und durch Beobachtungen bei verschiedenen Aktivitäten ergänzt wurde. Die Fokusgruppen wurden genutzt, um die vorherrschende territoriale Dynamik in drei historischen Perioden zu rekonstruieren: (i) 1970–1990, (ii) 1990–2010 und (iii) 2010–2016. Die Diskussionen umfassten jedoch auch Fragen zur Kontextualisierung des Zeitrahmens vor 1970. Die Gruppeneinteilung erfolgte nach Alter. Die Diskussionen drehten sich um die Erstellung (und spätere Analyse) von Karten und lieferten eine Synthese der Hauptelemente der territorialen Transformation, die letztlich auf qualitative Weise über lokale externalisierte Kosten von Baumplantagen Aufschluss geben.

6.5.1 Territorialer Kontext vor 1970

Die ersten chilenischen Siedler, Familien mit den Nachnamen Hernández und Noches, kamen zwischen 1915 und 1930 in das Gebiet von Llancahue, in einem Prozess der späten agrarischen Grenzerweiterung im südlichen Zentralchile. Zunächst kamen nur männliche Siedler und begannen mit der Erschließung der Primärwälder um Raum für die Landwirtschaft zu gewinnen. Später brachten sie ihre Ehefrauen und Kinder mit. Diesen ersten Familien folgten weitere, und es entstand eine lokale Wirtschaft, die auf der Gewinnung von Holz aus einheimischen Arten für die Errichtung ihrer Gehöfte, als Brennholz und vor allem als Rohstoff für die Holzkohleherstellung beruhte. Die Holzkohle wurde mit traditionellen hergestellt, eine Technologie, die im gesamten südlichen Zentralchile verbreitet war. Die Kohle wurde mit Karren und Ochsengespannen zum Verkauf nach Valdivia und Collico transportiert

und stellte oft die einzige Einnahmequelle für die Menschen im Gebiet von Llancahue dar. Die Fahrt dauerte mehr als einen Tag mit einer Transportzeit von etwa fünf
Stunden pro Strecke. In den 1960er-Jahren war die Bevölkerung des Sektors LdS so
stark angewachsen, dass eine Schule gebaut wurde, die zwischen 1960 und 1972 in
Betrieb war. Sie war die erste ständige staatliche Einrichtung in LdS. Im Jahr 1974
gab es, wie ein *Comunero*[9] erwähnt, genügend Einwohner, um „Fußball zu spielen".
    Die physische Erreichbarkeit von LdS war schwierig, da die Reitwege zu den
umliegenden Ortschaften sehr beschwerlich und unsicher waren. Erst 2009 wurde
die Straße von Valdivia nach LdS asphaltiert. Insgesamt war LdS bis zu diesem Jahr
relativ isoliert, obwohl es sich in unmittelbarer Nähe der Stadt Valdivia befindet.
    Das Landeigentum der Menschen in LdS wurde nicht formell tituliert, bis sie
1974 durch ein Gesetz zu Privateigentum als Eigentümer ihres Landes anerkannt
wurden. Bis zu diesem Zeitpunkt lebten die Familien als „Landbesetzer" zwischen
den öffentlichen Wäldern und den Grundstücken der Großgrundbesitzer.[10] Bis in die
späten 1970er-Jahre gab es in dem Gebiet keine Baumplantagen, und Wasser war,
wie die älteren Befragten betonten, reichlich vorhanden.

6.5.2 Zeitraum 1970–1990

In den 1970er-Jahren dienten die Obstgärten in LdS noch hauptsächlich der Selbst-
versorgung, und viele Produkte des Waldes wurden für das tägliche Leben genutzt.
Mehrere Pilzarten die im Wald gesammelt wurden, wie z. B. „Loyo" und „Digüe-
ñe",[11] waren für die Ernährung sehr wichtig. In der Landwirtschaft musste jeder
Haushalt „säen, um sich selbst zu versorgen", und es blieben „nicht viele Kartoffeln
zum Verkauf übrig", wie einer der Teilnehmer der Fokusgruppe bemerkte, was auf
fehlende Ertragsüberschüsse hinweist. Das Einkommen wurde hauptsächlich durch
die Herstellung von Holzkohle aus dem Holz der umliegenden Primärwälder erzielt.
    Obwohl das Landeigentum der Menschen in LdS 1974 formell tituliert wurde,
durften die Bauern ihr Land bis 1979 nicht verkaufen. Im Jahr 1979 begannen Forstunternehmen, den Menschen in LdS ihn Land abzukaufen. Die Teilnehmenden
unserer Fokusgruppendiskussionen konnten sich nicht an das konkrete Jahr erinnern, in dem die erste Baumplantage um LdS herum angelegt wurde. Sie wissen
aber, dass die Forstunternehmen 1979 das erste Land gekauft haben. Zu Beginn der
1980er-Jahre folgten mehrere weitere Aufkäufe.
    In den 1980er-Jahren wurden immer mehr großflächige Baumplantagen an-
gepflanzt, während Familien aus LdS kleinere Baumplantagen auf ihren Grundstücken anlegten, um sich mit Brennholz zu versorgen. Die Gründe dafür waren die
zunehmende Degradierung der Primärwälder auf ihren eigenen Grundstücken und

---

[9] Ein Individuum einer Gemeinschaft.

[10] Wie Donoso et al. (2014) berichten, haben jedoch auch in der Gegenwart mehrere Familien keine
offiziellen Titel.

[11] Für eine Beschreibung des chilenischen Pilzes siehe Furci (2008).

die Abholzung der umliegenden Primärwälder durch die Forstunternehmen. Die Teilnehmer unserer Fokusgruppendiskussionen brachten die Landkäufe durch Forstunternehmen mit der Abwanderung der Bevölkerung aus LdS in die Städte, vor allem nach Valdivia, in Verbindung. Sie erinnerten sich etwa an den Kauf von 42 ha Land im Jahr 1989 zu einem Preis von 2,5 Mio. $ CLP, d. h. etwa 59.000 $ CLP pro ha. Gründe für die Abwanderung der Bevölkerung waren vor allem der Mangel an Arbeitsmöglichkeiten und der schwierige Zugang zur Grundbildung. Die Grundschule wurde 1972 geschlossen, so dass die Kinder gezwungen waren, ein Internat in Huellelhue zu besuchen, eine Stadt, die in einem zweistündigen Fußmarsch durch die Baumplantagen erreichbar war.

Abb. 6.3 zeigt, dass die Degradierung der ursprünglichen Primärwälder im Gebiet Llancahue 1960 größer war als 1980, als die Anpflanzung von Baumplantagen begann. Dies deutet darauf hin, dass die Menschen in LdS die umliegenden Primärwälder bis zu diesem Zeitpunkt (1960) bereits stark übernutzt hatten. Die Kombination aus dem Vordringen der Baumplantagen auf der einen Seite und der Etablierung strengerer Normen zum Schutz des Waldes auf der anderen Seite führte jedoch allmählich zu einer Krise der Lebensweise der Menschen in LdS und schließlich zum Verlust ihrer Lebensgrundlagen.

Die Teilnehmenden der Fokusgruppen weisen auf eine Wanderung von „unten", dem Sektor Piedras Blancas, „nach oben" in den Sektor LdS hin (siehe magentafarbener Pfeil in der Mitte von Abb. 6.4). Außerdem ist ein Waldblock außerhalb des Waldreservats Llancahue deutlich zu erkennen (grüner Bereich) (Abb. 6.3). Die

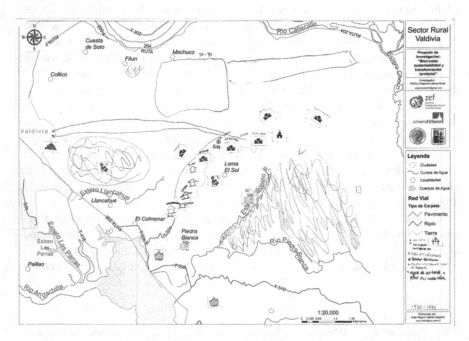

Abb. 6.4 Elemente der territorialen Transformation zwischen 1970 und 1990. (Quelle: Erster Autor, Workshop zur partizipativen Kartierung, Lomas del Sol, Valdivia, Dezember 2016)

Karte zeigt auch Kohleöfen in fast jedem Haushalt, den Reichtum an Holzkohle und Valdivia als wichtigstes Ziel der Holzkohleproduktion (lila Pfeile). Zwei weitere Elemente wurden durch die Fokusgruppendiskussionen aufgedeckt. Erstens gab es in LdS eine Kirche. Zweitens befindet sich das Symbol für Flora und Fauna nicht nur auf dem Primärwäldern im Reservat von Llancahue, sondern auch auf den Grundstücken der Menschen in LdS, was darauf hinweist, dass es auf ihren Grundstücken auch kleinere Primärwälder gibt. Eines der Hauptelemente der territorialen Umwandlung zwischen 1970 und 1990 ist die Pflanzung der ersten großflächigen Baumplantage zwischen LdS und dem Fluss Calle-Calle (brauner Kasten und Rechteck). Dabei handelt es sich um die Baumplantage des *Fundo Fried*, ein Grundstück im Besitz der Person gleichen Nachnamens, welches noch heute existiert.

In einer der Fokusgruppendiskussionen kam ein weiteres interessantes Ereignis zur Sprache. Ein großes Waldstück in der Nähe des Pillpillo-Baches wurde von Menschen aus LdS genutzt. Sie erinnerten sich, dass sie früher als Kinder mit ihren Eltern Holz und andere Waldprodukte wie Pilze aus diesem Waldstück geholt hatten. In den 1980er-Jahren besuchte ein Beamter des Staates LdS und leitete ein Gerichtsverfahren ein, um zu klären, ob es sich bei dem Waldstück um öffentliches Land handelte. Schließlich wurde das Waldstück als öffentliches Land anerkannt, und viele Familien zogen danach weg. Das Waldstück wurde später an das Forstunternehmen MASISA verkauft, und der Wald wurde, wie sich die Teilnehmenden der Fokusgruppendiskussionen erinnern, gerodet und in Baumplantagen umgewandelt.

6.5.3 Zeitraum 1990–2010

Zwischen 1990 und 2010 breiteten sich die Baumplantagen auf den Hügeln in unmittelbarer Nähe zu LdS aus. Die Forstunternehmen führten sozio-ökologisch fragwürdige agronomische Praktiken ein, wie z. B. das Versprühen von Chemikalien aus der Luft, die durch Luftströmungen im weiten Radius etwa über den Obstplantagen der Menschen in LdS und in den umliegenden Primärwäldern verteilt wurden. Einer der Teilnehmer berichtete: „In den achtziger und neunziger Jahren … wohnten wir in der Nähe des Pillopillo-Baches, und das Forstunternehmen setzte die Begasung aus der Luft ein. In der Nähe meines Hauses hatten wir einen kleinen Obstgarten … und alle Kichererbsen waren ruiniert, alles war verbrannt"; der Grund dafür war, dass zu dieser Zeit „die Plantagen gerade anfingen zu wachsen, und sie mussten wegen eines kleinen Tieres, das die Kiefer hatte, ausräuchern". „Ja, die Ausräucherungen erfolgten angeblich wegen eines Wurmes", ergänzte ein anderer Teilnehmer. Später wurden die Praktiken verboten.[12]

---

[12] Diese Praktiken wurden nur in der Gemeinde Osorno verboten. Es könnte aber auch eine Unternehmensentscheidung gewesen sein, die die Praktiken geändert hat.

Forstunternehmen in Chile betonen oft ihre wichtige Rolle bei der Schaffung von Arbeitsplätzen. Die Betriebe rund um LdS boten jedoch nur wenige Arbeitsmöglichkeiten für die lokale Bevölkerung. Die geschaffenen Arbeitsplätze erforderten ein Qualifikationsniveau, über das die meisten Menschen in LdS nicht verfügten. Darüber hinaus war die Zahl der neu geschaffenen Arbeitsplätze sehr begrenzt, da die Prozesse hochtechnisch waren und ein intensiver Einsatz von Maschinen erfolgte.

Zwischen 1990 und 2010 nahm die Bedeutung der Holzkohleproduktion zu, während die Subsistenzlandwirtschaft in LdS zurückging. Dies war mit einer verstärkten Abwanderung verbunden, bei der zwischen sieben und zehn Familien LdS verließen. Einige der jüngeren Menschen erhielten qualifizierte Arbeitsplätze ausserhalb von LdS, vor allem in Valdivia. Dies war der Fall beim Sohn eines Teilnehmers, der eine Stelle als LKW-Fahrer beim Forstunternehmen ARAUCO bekam. Seine Arbeit bestand darin, Holzstämme aus vorschiedenen Baumplantagen in Los Ríos und Los Lagos zur Zellulosefabrik in San José de la Mariquina (50 km nördlich von Valdivia) zu transportieren.

Unsere Gesprächspartner haben in dieser Zeit eine wichtige Veränderung wahrgenommen. Sie bemerkten immer mehr, dass Wasser knapper wurde. Wasser ist für die Land- und Forstwirtschaft von entscheidender Bedeutung. Insbesondere angesichts der Tatsache, dass LdS an kein Leitungswassersystem angeschlossen war, führte die Wasserknappheit zu massiven Problemen, vor allem im Sommer. Einer der Teilnehmer erklärte: „Es gab eine moderate Wasserknappheit, fast an jedem Hang. Früher regnete es im Winter 15 Tage am Stück, jetzt regnet es nur noch zwei Tage." Dies hat massive Folgen für die Land- und Forstwirtschaft.

Seit 2005 gibt es in LdS neue Ziegelöfen und ein neues lokales Wassersystem welches allerdings nicht an das Netz angeschlossen ist, das Valdivia mit Wasser versorgt. Diese Infrastrukturmaßnahmen hängen mit der Arbeit von zwei neuen Akteuren zusammen, nämlich: (i) der NRO AIFBN, die ein Programm zur Einrichtung des Wassersystems entwickelt hat, und (ii) der UACh, die die Konzession für die Verwaltung des Waldreservats übernommen hat.

Abb. 6.5 zeigt die territorialen Veränderungen zwischen 1990 und 2010. Das wichtigste von den Informanten hervorgehobene Element ist, dass das Gebiet von LdS langsam von Baumplantagen eingeschlossen wurde (braune Fläche). Die Plantagen des Unternehmens *Forestal Tornagaleones* (heute: Chilean Hancock Plantations) schlossen sich *Forestal Fried* an und bildeten einen zusammenhängenden Block von Baumplantagen um LdS. Die Stelle, an der in Abb. 6.5 die Plantagen zu sehen sind, war 1990 noch mit einheimischen Wäldern bedeckt (Abb. 6.4). Vergleicht man dies mit Abb. 6.3, so wird deutlich, dass die Expansion der Baumplantagen zur Entwaldung in diesem Gebiet geführt hat. Unsere Informanten nahmen die Abholzung in dieser Zeit jedoch als größer wahr, als sie tatsächlich war, wie die Gegenüberstellung der Landnutzungsänderungen in Abb. 6.3 und der wahrgenommenen Veränderung des einheimischen Waldes neben dem Pillopillo-Bach (Estero Pillopillo) in Abb. 6.4 und 6.5 zeigt. Eine mögliche Erklärung könnte der hohe wirtschaftliche und kulturelle Wert sein, den die Teilnehmenden dem ursprünglichen Wald beimaßen, der nach und nach durch Baumplantagen ersetzt wurde.

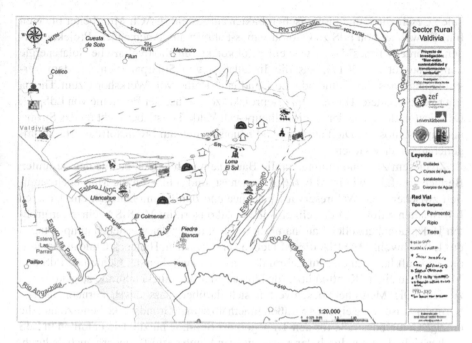

Abb. 6.5 Elemente der territorialen Transformation im Zeitraum 1990–2010. (Quelle: Erster Autor, Workshop zur partizipativen Kartierung, Lomas del Sol, Valdivia, Dezember 2016)

6.5.4 Zeitraum 2010–2016

Das Jahr 2010 brachte für die Bewohner von LdS eine grundlegende Veränderung: die unbefestigte Straße wurde zu einer Schotterstraße, und Teile davon wurden asphaltiert, was die Transportzeit nach Valdivia mit dem Auto auf 30 min verkürzte. Einige Familien kauften Pick-ups, um Brennholz oder Holzkohle nach Valdivia zu transportieren, und können nun zwei oder sogar drei Fahrten pro Tag unternehmen. Die verbesserte Straße gab auch den Anstoß für ein gemeindebasiertes Ökotourismusprojekt, das von der UACh ins Leben gerufen wurde. Das Projekt führte zu einem Perspektivenwechsel in Bezug auf die „Beteiligung" der Menschen in LdS. Während ihre „Beteiligung" zuvor hauptsächlich als Holzfäller in einigen Gebieten des Reservats erforderlich war, änderte sich die Strategie mit dem gemeindebasierten Ökotourismus[13] durch die Einführung eines Mitgestaltungsprozesses. Im Waldreservat Llancahue wurden Ökotourismuspfade angelegt und Schilder mit lo-

---

[13] Gemeindebasierter Tourismus (CBT) ist ein Instrument um Gemeinden vor Bedrohungen wie Immobilienspekulationen und kultureller De-Charakterisierung zu schützen. Mit dieser Art von Tourismus ist es möglich, Arbeit und Einkommen zu schaffen, die biologische Vielfalt und die kulturelle Identität zu schützen und die Lebensweise ländlicher und indigener Gemeinschaften zu erhalten (Pacheco und Henríquez 2016a).

kalen Geschichten und biologischen Fakten aufgestellt. UACh-Mitarbeiter bildeten fünf Einwohner von LdS zu Ökotourismus-Führern aus. Auch andere Projekte wurden gefördert. Eines davon war ein Pilotprojekt für photovoltaische Solarenergie von Debus et al. (2017), das die Installation von Solarpaneelen auf dem Versammlungshaus der Gemeinde LdS und eine Reihe von Workshops zum Thema Energie beinhaltete. Dieses „Energieprojekt" zeigt eines der Probleme von LdS auf. LdS liegt in der Nähe der Regionalhauptstadt Valdivia, ist aber nicht an das Stromnetz angeschlossen. Die Familien sind hauptsächlich auf brennstoffbasierte Stromgeneratoren angewiesen.

Zu diesem Zeitpunkt umgaben die Baumplantagen jedoch bereits den gesamten Bereich von LdS, wie in Abb. 6.6 zu sehen ist, und schlossen die Menschen räumlich zwischen dem Waldreservat Llancahue und den Baumplantagen ein. Unseren Informanten zufolge ist das chilenische Forstkonsortium MASISA, einer der größten Holzplattenhersteller Lateinamerikas, Eigentümer der meisten Baumplantagen um LdS (obwohl MASISA diese Flächen vor kurzem an Hancock Chilean Plantations verkauft hat). Zu diesem Zeitpunkt schien es zwischen der Gemeinde LdS und MASISA zu einem Konflikt über die Nutzung der öffentlichen Straße zu gekommen zu sein. Die Menschen beschwerten sich darüber, dass das Unternehmen, das normalerweise seine eigenen Straßen innerhalb seiner Grundstücke benutzt, nun die einzige Gemeindestraße für den Transport der Stämme nutzte. Die Familien in LdS fühlten sich nicht nur durch den Lärm und den Staub gestört, sondern auch dadurch, dass die Straße durch die schweren Lkw nach und nach zerstört wurde. Eines Tages beschlossen sie, die Straße zu blockieren. Als sie das taten, hörte die MASISA auf,

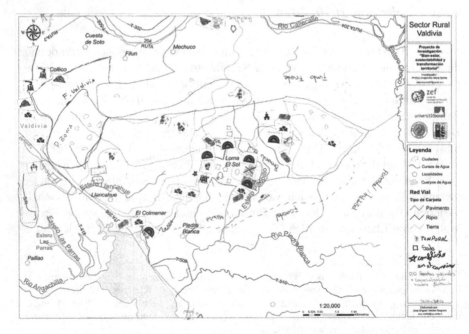

Abb. 6.6 Elemente der territorialen Transformationen im Zeitraum 2010–2016. (Quelle: Erster Autor, Workshop zur partizipativen Kartierung, Lomas del Sol, Valdivia, Dezember 2016)

ihre Lastwagen über die öffentliche Straße zu schicken. Laut Vásquez (2014) reichte die NRO AIFBN eine formelle Beschwerde beim Forest Stewardship Council (FSC) ein, da die Baumplantagen von MASISA FSC zertifizert waren.

Mit dem Ausbreitung der Baumplantagen nahm die Wasserknappheit zu. Wie sich einer der Bewohner von LdS erinnert: „Früher [1970] hatten die Bäche mehr Wasser als heute, das ist der Unterschied, die Brunnen waren komplett gefüllt".

Zum Zeitpunkt der Untersuchung waren die Holzkohlepreise relativ niedrig, und die Kohleherstellung lohnte sich kaum. Aus diesen Gründen nahm die Nutzung und Abhängigkeit von Brennholz zu. Die Bauern begannen, die letzten Reste des einheimischen Waldes auf ihren Grundstücken abzuholzen. Nach Angaben eines jungen Informanten liegt die wöchentliche Holzkohleproduktion auf dem Grundstück seines Vaters bei etwa 15 Säcken Kohle. Allerdings ist der Aufwand für die Kohleherstellung so hoch und die Preise so gesunken, dass sie erwägen, nur noch das Brennholz zu nutzen. Die Produktion von Holzkohle benötigt etwa eine Woche Arbeit. Zwei andere Teilnehmer erwähnen, dass sie Holzkohle in Valdivia zwischen $ CLP 4000 und $ CLP 5000 pro Sack verkaufen. Für die Endverbraucher in der Stadt beträgt der Handelspreis dagegen zwischen $ CLP 8000 und $ CLP 9000. Außerdem berichtete der Informant, dass es keinen wirklichen Preisunterschied zwischen Kiefernholz und einheimischen Holzarten gibt, da die Verbraucher nicht über das nötige Wissen zur Unterscheidung verfügen. Beim Verkauf von Brennholz in Valdivia liegen die Preise für 1 m³ Brennholz bei etwa 22.000 $ CLP für Eukalyptus und zwischen 26.000 und 30.000 $ CLP für einheimische Arten und Kiefer.

Bei der Frage nach den grundlegendsten Veränderungen von 1970 bis heute (2016) betonten die Teilnehmenden der Fokusgruppe, dass die Verbesserung der Infrastruktur, einschließlich der Straße und der neuen Brennöfen, für sie sehr wichtig war. Die wichtigste wahrgenommene Veränderung war jedoch der Prozess, in dem die Menschen beschlossen, ihr Land zu verlassen und es an die Forstunternehmen zu verkaufen. Einer der Teilnehmer räumte ein, dass es sich dabei nicht um einen erzwungenen Prozess handelte, sondern vielmehr darum, „dass die Menschen aufgrund ihrer Bedürfnisse ihren Besitz nicht wertschätzten". In Bezug auf die Preise meinte der Teilnehmer, dass in den 1980er-Jahren ein Hektar Land 40.000 bis 50.000 $ CLP, ein Sack Holzkohle 300 $ CLP und ein Mittagessen in Valdivia 500 $ CLP wert war, während im Jahr 2016 ein Hektar Land zehn Millionen $ CLP, ein Sack Holzkohle 5000 $ CLP und ein Mittagessen in Valdivia 4000 $ CLP wert war. Diese Aussagen bieten eine groben Eindruck der Wertsteigerung des Landes, wobei die meisten Menschen die aus LdS weggezogen sind, ihr Land noch zu einen sehr niedrigen Preis an die Forstunternehmen verkauft haben.

6.6   Auf dem Weg zu einem Sozialmodell für Nachhaltigkeit?

In unserem Fallbeispiel untersuchten wir drei Formen der Naturaneignung und ihre Wechselwirkungen. Erstens das Waldreservat Llancahue, ein öffentliches Naturschutzgebiet von 1270 ha, das von der UACh im Rahmen eines Plans für „nachhaltiges Co-Management" (Donoso et al. 2014; Moorman et al. 2013a, b) verwaltet wird, der darauf abzielt, den hydrologischen Kreislauf des Wassereinzugsgebiets und die biologische Vielfalt zu schützen und gleichzeitig die Menschen in LdS miteinzubeziehen. Zweitens große Kiefern- und Eukalyptusmonokulturen im Besitz von Forestunternehmen, die versuchen einen maximalen Gewinn zu erzielen, und gleichzeitig zu einem „grünen Wachstum" beizutragen, indem sie sich etwa auf „Nachhaltigkeitssiegel" berufen. (Heilmayr und Lambin 2016; Millaman et al. 2016; Reyes und Nelson 2014). Und schließlich die Territorialität der Menschen in LdS, die Natur auf weit weniger extraktive Weise nutzen als die Forstunternehmen, aber auf die Ressourcen der umliegenden Wälder angewiesen ist. Perspektivisch betrachtet zeigt das Zusammenspiel dieser drei Formen der Naturaneignung einen Prozess, in dem die Baumplantagen die Menschen von LdS langsam „in die Enge treiben" und gegen das Waldreservat von Llancahue aufbringen.

Mit der Ausweitung der Baumplantagen ab 1979 verloren die Menschen in LdS allmählich ihren Zusammenhalt und wurde abhängiger von der Gewinnung von Holzhohle aus dem Reservat Llancahue. Im Allgemeinen erlauben die Forstunternehmen Anwohnern nicht, in ihren Plantagen Bäume zu nutzen. Die Menschen versuchen Konflikte mit den Forstunternehmen eher zu vermeiden, wie ein Bewohner aus LdS erklärte: „Wir wollen keine Probleme mit den Forstunternehmen haben". Ein anderer Teilnehmer erklärte, dass die Holzunternehmen manchmal ein formelles Schreiben ausstellen, das ihnen die Nutzung der verbleibenden Holzreste nach der Ernte erlaubt. Im Laufe der Jahre haben mehrere Familien in LdS selbst eine kleinere Anzahl von Kiefern- oder Eukalyptusbäumen auf ihren privaten Grundstücken gepflanzt.

Die Bevölkerung von Valdivia, einer Stadt mit über 150.000 Einwohnern, ist von der Wasserversorgung aus dem Llancahue-Reservat abhängig. Nationale und internationale Fachleute betrachten die Wälder um Valdivia, inklusive Llancahue, als eine der wenigen relativ gut erhaltenen Hotspots der biologischen Vielfalt in Chile. Für die einheimische ländliche Bevölkerung sind die Wälder traditionell jedoch auch eine Quelle für Brennholz und Holzkohle. Im Jahr 2008 erhielt die UACh eine Konzession für das Llancahue-Reservat für einen Zeitraum von 20 Jahren, um einen nachhaltigen Plan zur gemeinsamen Bewirtschaftung der Wälder und Wassereinzugsgebiete zu entwickeln und umzusetzen. Mit diesem Plan legte die UACh Beschränkungen für die Nutzung der Wälder von Llancahue fest, um die alten Waldbestände und den Wasserkreislauf zu erhalten. Zuvor wurden die Wälder von der Bevölkerung in LdS weitgehend als „Allgemeingut" wahrgenommen, als frei zugänglicher Raum ohne Entnahmerechte. Aufgrund fehlender alternativer Arbeits- und Einkommensmöglichkeiten führte dies zu Spannungen zwischen der Territorialität der Menschen in LdS und dem von der UACh eingeführten Bewirtschaftungs- und Mitverwaltungsplan.

Das Hauptproblem liegt in der Konzipierung und Anwendung eines Modells der „Nachhaltigkeit", bei dem ein System der Ko-Waldbewirtschaftung nicht in der Lage war, die historischen territorialen Transformationsprozesse angemessen zu berücksichtigen und gemeinsam weiterzuentwickeln. Die Bevölkerung von LdS wurde schrittweise immer abhängiger von einem Waldreservat, obwohl sie darin nicht das Recht zur Holzgewinnung besitzt, während die angrenzenden Baumplantageneigentümer dieses Recht haben. Das Verbot der Holzgewinnung innerhalb des Waldreservats hatte daher zur Folge, dass die Haupteinkommensquelle der Menschen eingeschränkt wurde. Gleichzeitig konnten keine adequaten alternativen Einkommensmöglichkeiten geschaffen werden. Auch die traditionell für den Lebensunterhalt der Menschen in LdS wichtigen Obstplantagen wurden weniger, da viele Grundstücke an Forstunternehmen verkauft wurden die darauf neue Baumplantagen anpflanzten.

Trotz der wichtigen Investitionen in die Infrastruktur, die sich aus den Projekten ergeben, hat der von der UACh angebotene Nachhaltigkeitsansatz seine Grenzen: er kann den Schutz des Wassereinzugsgebiets und der biologischen Vielfalt der Wälder garantieren, nicht aber die Beziehung, die die Menschen in LdS zu eben dieser Natur hatten. In der Tat wirkt sich dies negativ auf die Lebensweise der Menschen in LdS aus, auch wenn es für einige von ihnen neue Beschäftigungsmöglichkeiten eröffnet. Die eigentliche Ursache der Probleme wird dabei oft übersehen oder ignoriert: die großflächige Ausbreitung von Baumplantagen mit voller Unterstützung des chilenischen Staates.

Bei lokaler und kurzfristiger Betrachtung scheinen die aktuellen wirtschaftlichen Probleme der Menschen in LdS eher mit dem Waldreservat als mit den Baumplantagen zusammenzuhängen. Betrachtet man jedoch das breitere territoriale und geschichtliche Bild, was wir oben dargestellt haben, wird deutlich, dass die fortschreitende Ausbreitung der Baumplantagen und die damit verbundene Zerstörung der Primärwälder ursächlich für die Probleme sind. Es führte dazu, dass der Lebens- und Wirtschaftsraum der Menschen in LdS massiv eingeschränkt wurde und sie mehr und mehr von der Nutzung des Waldes in dem Reservat abhängig wurden. Dies galt insbesondere für den Primärwald rund um den Pillo Pillo-Bach, aus dem Menschen aus LdS früher Holz und andere Waldprodukte entnahmen. Die Befriedigung der einfachsten Bedürfnisse wie Nahrung und Wasser wurde zunehmend vom Geldeinkommen abhängig, insbesondere mittels Holzkohlegewinnung aus dem Reservat. Konflikte um die Nutzung des Reservates waren daher vorhersehbar. Die Menschen in LdS konnten keine Strategien zur Diversifizierung ihrer lokalen Wirtschaft entwickeln. Zudem haben sich ihre relative Isolation inmitten von Baumplantagen, die schlechte Infrastruktur und ihr meist niedriges formelles Bildungsniveau im Gegensatz zu anderen ländlichen Gebieten in Chile negativ auf die lokale Entwicklung ausgewirkt.

Der Gedanke der „Nachhaltigkeit", der in ein „grünes Wachstum" eingebettet ist und auf sich die Forstunternehmen zu beziehen pflegen, ist vor Ort ein Euphemismus. Gerade die großen Forstkonzerne sind nicht unbedingt an illegalen, sondern eher an unethischen Aktivitäten beteiligt. In der Gemeinde LdS ist vor allem *Forestal Tornagaleones*, ein Unternehmen des MASISA-Konsortiums (jetzt HCP), aktiv. Das Unternehmen hat das Waldschutzprojekt zwar mit einer Spende von 0,5 ha Land zur Schaffung eines Raumes für Umwelterziehung unterstützt (Vásquez 2014), andererseits ist es es massgeblich für die ökologische Degradation der Gegend um LdS verantwortlich. Daran hat auch die Zertifizierung seiner Baumplantagen mit dem FSC-Siegel nichts geändert. Die wichtigste Möglichkeit, ökologisch fragwürdiges bis gefährliches Handeln der Forstunternehmen zu unterbinden, besteht darin, den rechtlichen Rahmen zu ändern, auf den sie sich stützen. In der Vergangenheit konnten Forstunternehmen die Primärwälder auf ihrem Landbesitz abholzen und durch Baumplantagen ersetzen, allerdings nur auf der Grundlage eines Bewirtschaftungsplans, der eine offizielle Genehmigung erforderte. Dies war auch der Fall bei den Primärwäldern außerhalb des Reservats, die früher LdS umgaben, und die nach und nach von Forstunternehmen aufgekauft, gerodet und in Baumplantagen umgewandelt wurden.

Ein Ansatz der „sozialen Nachhaltigkeit" muss vom Verständnis der Beziehungen zwischen den grundlegenden menschlichen Bedürfnissen (Max-Neef et al. 1991) der lokalen Bevölkerung und „ihrem" Gebiet ausgehen. Es geht um die Reproduktion der Territorialität in LdS. Der Begriff der Nachhaltigkeit, der im Rahmen des Co-Management-Ansatzes der UACh in Llancahue vorgeschlagen wird, beinhaltet zwar die Schaffung saisonaler Einkommensmöglichkeiten als Waldarbeiter für Menschen in LdS, schafft aber keine „Nachhaltigkeit" für die Gemeinde LdS als Ganzes. Wie ist es dann möglich, eine „soziale Nachhaltigkeit" aufzubauen, die die Befriedigung der grundlegenden Bedürfnisse der Menschen in LdS berücksichtigt? Es scheint unmöglich, die territorialen Veränderungen rückgängig zu machen, die durch die großflächige Ausweitung der Baumplantagen und die damit einhergehende Zerstörung der Primärwälder ausgelöst wurde. Es sind jedoch Alternativen denkbar, die neue Territorialitäten ermöglichen, in denen die Bevölkerung ihre grundlegenden menschlichen Bedürfnisse befriedigen kann.

„Soziale Nachhaltigkeit" beginnt für die Menschen in LdS und für viele gesellschaftliche Gruppen anderswo gleichermaßen mit der Wiederherstellung sinnvoller Möglichkeiten, die es erlauben, Territorialität zur Befriedigung ihrer grundlegenden menschlichen Bedürfnisse aufzubauen. Dies kann nicht mit einer einzigen politischen Maßnahme erreicht werden. Da die Anliegen der „sozialen Nachhaltigkeit" auf vielen Ebenen angesiedelt sind, sollten die Maßnahmen zur Schaffung solcher sinnvollen Möglichkeiten auch Veränderungen auf mehreren Ebenen umfassen. Wir haben das Problem der Baumplantagen im südlichen Zentralchile als ein extraktivistisches Phänomen dargestellt, was auf die Gewinnung von Rohstoffen für den Export ausgerichtet ist. In dieser Hinsicht beruht das Problem auf dem ständig wachsenden Rohstoffhunger einer auf kurzfristige private Gewinnmaximierung basierenden Wirtschaft die langfristige gesellschaftliche und ökologische Schäden und Kosten verursacht und diese wissentlich „externalisiert" – und dem politischen Regelwerk, das dies unterstützt. Maßnahmen, die tatsächlich einen Wandel auf nationaler und internationaler Ebene bewirken können, beruhen daher auf Veränderungen der Fortschrittsindikatoren (Azkarraga et al. 2011), und stehen dabei im Gegensatz zu denen des grünen Wachstums.

Die Maßnahmen müssen die negativen Auswirkungen der Baumplantagen vermeiden beziehungsweise ausgleichen können. Allerdings ist der chilenische Staat auch heute noch subsidiär zu dem Extraktivismus der Forstunternehmen. Direktere lokale Teilhabe wäre wichtig, etwa in Form von lokalen Steuern auf Gewinne aus Baumplantagen. Dies könnte Gemeinden ermächtigen zumindest teilweise mit den negativen Auswirkungen der Baumplantagen umzugehen.

Schließlich benötigen lokale Akteure, die über Jahrzehnte systematisch von den staatlichen Strukturen und Forstunternehmen marginalisiert wurden, wie es bei der Gemeinde LdS der Fall war, stärkere staatliche Unterstützung. Für die Beseitigung historischer struktureller Ungleichheiten kann nicht ein von einer Universität aufgebautes Naturschutzprogramm verantwortlich sein. Die Verantwortung liegt im Wesentlichen bei dem chilenischen Staat.

6.7 Schlussfolgerungen

In diesem Kapitel haben wir ein Fallbeispiel aus dem südlichen Zentralchile vorgestellt, in dem unterschiedliche Wahrnehmungen, Werte und Nutzungen der Natur zu Spannungen und zu Konflikten um ihre Aneignung führten. Das Zusammenspiel unterschiedlicher Interessen, die die Territorialisierung auf Basis verschiedener Auffassungen von Natur bestimmen, verursachte gravierende territoriale Transformationen. In diesem Prozess interagierten drei Territorialitäten: (i) das Baumplantagenmodell, bei dem die Natur auf extraktivistische Weise angeeignet und zerstört wird, legitimiert unter anderem durch den Diskurs und die Politik eines „grünen Wachstums"; (ii) das Waldreservat Llancahue, in dem die Natur geschützt wird, wobei der Schwerpunkt auf dem Schutz eines Wassereinzugsgebietes und der Erhaltung der biologischen Vielfalt liegt; und (iii) die Territorialität einer ländlichen kleinbäuerlichen Gemeinschaft, die Natur traditionell für die Produktion von Brennholz und Holzkohle sowie für die Landwirtschaft nutzt. Im Laufe von Jahrzehnten sind Baumplantagen immer näher an die kleine Gemeinde herangerückt. Heutzutage wird sie geografisch von den Baumplantagen und dem Waldreservat Llancahue ‚umschlossen'. Die Probleme vor Ort sind komplex. So nutzen etwa einige Bewohner der Gemeinde und externe Akteure illegal Holz aus dem Waldreservat Llancahue und anderen nahe gelegenen Grundstücken.

In den 1980er-Jahren begannen Forstunternehmen mit der vom chilenischen Staat geförderten massiven Ausweitung von Baumplantagen in diesem Gebiet. In LdS wie in vielen anderen Teilen Chiles kauften Forstunternehmen Primärwälder und Grundstücke von Kleinbauernfamilien auf und legten darauf Plantagen mit schnell wachsenden Kiefern- und Eukalyptusbäumen an, um Holz vor allem für die Schnittholz- und Zelluloseproduktion, hauptsächlich für den Export, zu produzieren. Diese auf den Export billiger Rohstoffe ausgerichtete Tätigkeit steht im Mittelpunkt der extraktivistischen Prozesse, die in ganz Lateinamerika zu beobachten sind (Gudynas 2015).

Das Naturschutzgebiet Llancahue liegt nördlich von LdS, ist öffentliches Eigentum und wurde 2005 zu einem Waldreservat erklärt, das vor allem dem Schutz des Wassereinzugsgebietes für die Großstadt Valdivia und der Artenvielfalt dient. Die Menschen in LdS hatte dieses Waldgebiet zuvor als frei zugängliche Allmende betrachtet und den Wald jahrzehntelang zur Holz-, und Kohleproduktion genutzt. Im Jahr 2008 erhielt die Universität UACh in Valdivia eine 20-jährige Konzession für das Llancahue-Reservat. Seitdem wurde ein Plan zur nachhaltigen Bewirtschaftung des Waldes entwickelt und umgesetzt. Dabei wurde versucht gemeinsam mit der Bevölkerung von LdS einen Plan zur gemeinsamen Waldbewirtschaftung zu entwickeln. Der Plan beschränkte einerseits die Nutzung des Reservates, andererseits sah er die Schaffung von Arbeitsmöglichkeiten für Menschen aus LdS vor. Im Jahr 2014 wurde der Plan überarbeitet und umfasste nun weitere Maßnahmen, wie die Entwicklung eines gemeindebasierten Ökotourismusprogramms und eines Photovoltaikprojekts.

Die Bevölkerung von LdS, die traditionell eine auf kleinbäuerlicher Landwirtschaft und der Nutzung von Ressourcen aus den umliegenden Primärwäldern basierende Territorialität ausübte, geriet letztlich geografisch wie sozio-ökonomisch zwischen diese beiden territorialen Modelle der Naturaneignung. Die Menschen in LdS haben nicht genug Verhandlungsmacht, um dem Vormarsch der durch staatliche Vorschriften und Maßnahmen unterstützten Forstunternehmen etwas entgegenzusetzen. Die Baumplantagen dringen vor, indem die Forstunternehmen auch die Reste des ursprünglichen Primärwaldes abholzen und so den Raum für die (inzwischen illegale) Holzgewinnung auf den verbleibenden Waldparzellen immer weiter einschränken. Infolgedessen waren die Menschen in LdS mehr und mehr auf das Holz aus dem Naturschutzgebiet angewiesen.

Aufgrund des Prozesses und des Ausmaßes der territorialen Transformation konnten wir argumentieren, dass, auch wenn es Konflikte zwischen dem UACh-Walderhaltungsansatz und den Menschen in LdS gibt, der stärkste Faktor – in Bezug auf Auswirkungen, Ausmaß und Langfristigkeit – die Baumplantagen der Forstunternehmen sind, die neuerdings durch den Nachhaltigkeitsdiskurs des „grünen Wachstums" abgedeckt werden. Es wird deutlich, dass das Problem der Aneignung der Natur, auf dem der Extraktivismus basiert, durch eine Reihe von Gesetzen und Politiken, die mit den lokalen Institutionen interagieren, ermöglicht wird. In diesem Rahmen muss die Dichotomie von „Naturschutz" und „menschlichen Bedürfnissen" neu überdacht werden.

Als Alternative sehen wir, dass Maßnahmen für eine „soziale Nachhaltigkeit", die die Neuausrichtung der kleinbäuerlichen Territorialität von LdS ermöglichen, auf die rechtliche Anerkennung und Unterstützung organischerer Formen der Naturaneignung (Max-Neef 2016) – die kulturelle Praktiken erhalten und gleichzeitig grundlegende menschliche Bedürfnisse befriedigen (Max-Neef et al. 1991) – abzielen sollten. Mit einer verbindlichen Anerkennung von Territorialrechten könnten neue kleinbäuerliche Territorialitäten entstehen, indem Lebensweisen umstrukturiert werden, die auf einer respektvollen Nutzung der Natur beruhen. In der Praxis ist dies jedoch nicht einfach, da im Fallbeispiel, wie in Chile generell, ein über Jahrzehnte gewachsenes Klima des Misstrauens zwischen den Akteuren vorherrscht.

Allerdings müssen sowohl die territorialen Modelle als auch die Ressourcenregime, die den Extraktivismus unterstützen, umgestaltet werden, um anderen Formen der Ausübung von Territorialität Raum zu geben. Ein solcher Strukturwandel ist keine leichte Aufgabe. Kurzfristig ist es daher notwendig, die Spannungen und Konflikte zu „managen", indem Alternativen für die Ko-Konstruktion von Nachhaltigkeit ausgehandelt werden, die die Grenzen des Ökosystems einhalten und verstehen, dass Nachhaltigkeit ein soziales Konstrukt ist.

Danksagungen AMM bedankt sich bei Laura Fúquene für ihre Unterstützung, bei Viola Debus für ihre Mitarbeit und bei José Valdés Negroni für die Ausarbeitung der Karten. Ein weiterer Dank geht an den Deutschen Akademischen Austauschdienst (DAAD), der diese Forschung über den Right Livelihood College (RLC) Campus Bonn finanziell unterstützt hat. Unser besonderer Dank gilt den Gemeindemitgliedern von LdS, die ihre Erfahrungen und ihr Wissen mit uns geteilt haben. Außerdem danken wir dem Fachbereich Wirtschaft und Politik des TESES-Forschungszentrums für Diskussionen, Kommentare und Kritik zu einem früheren Entwurf des Kapitels.

Literatur

Acosta A (2013) Extractivism and neoextractivism: two sides of the same curse. In: Lang M, Mokrani D (Hrsg) Beyond development: alternative visions from Latin America, 1., transl. Aufl. Transnational Institute – Rosa Luxemburg Stiftung, Amsterdam, S 61–86

Azkarraga J, Max-Neef M, Fuders F, Altuna L (2011) La Evolución Sostenible II – Apuntes para una salida razonable, 117 páginas. Lanki, Eskoriatza

Brand U, Lang M (2015) Green economy. In: Pattberg PH, Zelli F (Hrsg) Encyclopedia of global environmental governance and politics. Edward Elgar Publishing, Cheltenham, S 461–469

Brand U, Dietz K, Lang M (2016) Neo-Extractivism in Latin America – one side of a new phase of global capitalist dynamics. Ciencia Política 11(21):125. https://doi.org/10.15446/cp.v11n21.57551

Clapp RA (1995) Creating competitive advantage: forest policy as industrial policy in Chile. Econ Geogr 71(3):273–296. https://doi.org/10.2307/144312

Corporación Nacional Forestal [CONAF] (2014) Catastro de los recursos vegetacionales nativos de Chile. Monitoreo de cambios y actualizaciones alanho 2013. CONAF, Departamento Monitoreo de Eco-sistemas Forestales, Santiago, S 35

Debus V, Henríquez C, Fuders F (2017) La tecnología apropiada frente al cambio climático: Barreras del mercado eléctrico nacional y posibilidades para Paneles Solares Caseros a escala humana. Master thesis von Viola Debus, Facultad de Ciencias Económicas y Administrativas. Universidad Austral de Chile

Donoso PJ, Frêne C, Flores M et al (2014) Balancing water supply and old-growth forest conservation in the lowlands of south-Central Chile through adaptive co-management. Landsc Ecol 29(2):245–260. https://doi.org/10.1007/s10980-013-9969-7

Donoso PJ, Romero J, Reyes R, Mujica R (2015) Precedentes y efectos del neoliberalismo en el sector forestal chileno, y transición hacia un nuevo modelo. In: Pinol A (Hrsg) Democracia versus Neoliberalismo: 25 años de neoliberalismo en Chile. Fundación Rosa Luxemburgo – ICAL – CLACSO, Santiago, S 210–233

Escobar A (2014) Sentipensar con la tierra: nuevas lecturas sobre desarrollo, territorio y diferencia (1st edición). Ediciones Unaula, Medellín

Fals-Borda O (2015) In: Moncayo VM (Hrsg) Una sociología sentipensante para América Latina. Siglo XXI Editores – CLACSO, México

Farías A, Tecklin D, Pliscoff P (2004) Análisis del avance hasta la fecha en la definición de las áreas prioritarias para la conservación de la biodiversidad en la región de Los Lagos. WWF Report, for the consultive system of SNASPE, Region of Los Lagos. WWF, Valdivia, S 19. http://d2ouvy59p0dg6k.cloudfront.net/downloads/areas_prioritarias_para_la_conservacion_de_la_biodiversidad_region_los_lagos.pdf

Furci G (2008) Hongos. In: CONAMA, Biodiversidad de Chile, Patrimonio y Desafíos. Ocho Libros Editores, Santiago, S 366–375

Gobierno de Chile (2013) Estrategia Nacional de Crecimiento Verde. Gobierno de Chile – Ministerio de Ambiente – Ministerio de Hacienda, Santiago, S 96

Gómez S (2014) El caso de Chile. In: Capitalismo: Tierra y poder en América latina (1982–2012): Argentina, Brasil, Chile, Paraguay, Uruguay, Bd I. Universidad Autónoma Metropolitana – Consejo Latinoamericano de Ciencias Sociales – Ediciones Continente, México, S 137–171

Guber R (2011) La etnografía: método, campo y reflexividad. Siglo Ventiuno Editores, Buenos Aires

Gudynas E (2015) Extractivismos: ecología, economía y política de un modo de entender el desarrollo y la naturaleza (1st edición). CEDIB, Centro de Documentación e Información Bolivia, Cochabamba

Heilmayr R, Lambin EF (2016) Impacts of nonstate, market-driven governance on Chilean forests. Proc Natl Acad Sci 113(11):2910–2915. https://doi.org/10.1073/pnas.1600394113

Henríquez C, Zechner TC, Sampaio CAC (2010) Turismo y sus Interacciones en las transformaciones del espacio rural. Revista Ciencias Sociales 18:21–31

Holmes G (2015) Markets, nature, neoliberalism, and conservation through private protected areas in southern Chile. Environ Plan A 47(4):850–866. https://doi.org/10.1068/a140194p.

Instituto Forestal [INFOR] (2018) Chilean statistical yearbook of forestry 2018. Statistical Bulletin N° 163. INFOR, Santiago

Klubock TM (2014) La Frontera: forests and ecological conflict in Chile's frontier territory. Duke University Press, Durham

Lander E (2011) La Economía Verde: el lobo se viste con piel de cordero (Justicia Agraria y Ambiental). Transnational Institute, Amsterdam, S 10. Recuperado de. https://www.tni.org/files/download/green-economy_es.pdf

Leff E (2014) La apuesta es por la vida: Imaginación sociológica e imaginarios sociales en los territorios ambientales del sur. Siglo Ventiuno Editores, México

Max-Neef MA (2005) Foundations of transdisciplinarity. Ecol Econ 53(1):5–16. https://doi.org/10.1016/j.ecolecon.2005.01.014

Max-Neef MA (2016) Philosophy of ecological economics. Int J Econ Manag Sci:1–5. https://doi.org/10.4172/2162-6359.1000366

Max-Neef MA, Elizalde A, Hopenhayn M (1991) Human scale development: conception, application and further reflections. The Apex Press, New York

Millaman R, Hale C, Aylwin J et al (2016) Chile's forestry industry, FSC certification and Mapuche communities. Independent Report. S 205. Chile. https://ga2017.fsc.org/wp-content/uploads/2017/10/Chiles-Forestry-Industry-FSC-Certification-and-Mapuche-Communities-FINAL.pdf

Ministry of National Property (2006) Decreto 634: Por el cual se destina al Ministerio de Bienes Nacionales predio denominado Fundo Llancahue, X Región de los Lagos. Ministry of National Property, Government of Chile, Santiago. https://www.leychile.cl/N?i=249078&f=2006-04-22&p

Ministry of National Property (2008) Decreto 160: Por el cual se otorga concesión gratuita de inmueble fiscal en la Región de los Ríos a la Universidad Austral de Chile. Ministry of National Property, Government of Chile, Santiago. https://www.leychile.cl/N?i=271532&f=2008-05-28&p

Moorman M, Donoso PJ, Moore S et al (2013a) Sustainable protected area management: the case of Llancahue, a highly valued Periurban forest in Chile. J Sustain For 32(8):783–805. https://doi.org/10.1080/10549811.2013.803916

Moorman MC, Peterson N, Moore SE et al (2013b) Stakeholder perspectives on prospects for co-management of an old-growth forest watershed near Valdivia, Chile. Soc Nat Resour 26(9):1022–1036. https://doi.org/10.1080/08941920.2012.739676

Nicolescu B (1996) La transdiscilplinariedad. Manifiesto. Ediciones Du Rocher, Traducción al español

Núñez D, Nahuelhual L, Oyarzún C (2006) Forests and water: the value of native temperate forests in supplying water for human consumption. Ecol Econ 58(3):606–616. https://doi.org/10.1016/j.ecolecon.2005.08.010

Otero L (2006) La huella del fuego: historia de los bosques nativos; poblamiento y cambios en el paisaje del sur de Chile. Pehuén Ed, Santiago

Pacheco G, Henríquez C (2016a) El turismo de base comunitaria y los procesos de gobernanza en la comuna de Panguipulli, sur de Chile. Gestión Turística, 25, enero-junio, S 42–62

Pacheco G, Henríquez C (2016b) Plan de Gestión Territorial de Llancahue. Un camino hacia el ecodesarrollo a través de la diversificación productiva. Informe oficial, Núcleo Teses, UACh. UACh, Valdivia, S 32

Pauchard A, Villarroel P (2002) Protected areas in Chile: history, current status, and challenges. Nat Areas J 22(4):318–330

Porto-Gonçalves CW, Leff E (2015) Political ecology in Latin America: the social re-appropriation of nature, the reinvention of territories and the construction of an environmental rationality. Desenvolvimento E Meio Ambiente 35:65–88. https://doi.org/10.5380/dma.v35i0.43543

Reyes R, Nelson H (2014) A tale of two forests: why forests and forest conflicts are both growing in Chile. Int For Rev 16(4):379–388. https://doi.org/10.1505/146554814813484121

Rister J, Ares P (2013) Manual de mapeo colectivo: recursos cartográficos críticos para procesos territoriales de creación colaborativa. Tinta Limón, Buenos Aires. https://issuu.com/iconoclasistas/docs/manual_de_mapeo_2013?reader3=1

Sampaio C (2005) Turismo como Fenómeno Humano, princípios para se pensar a ecossocioeconomía. EDUNISC, Santa Cruz do Sul

Sletto B, Bryan J, Torrado M et al (2013) Territorialidad, mapeo participativo y política sobre los recursos naturales: la experiencia de América Latina. Cuadernos de Geografía 22(2):193–209

Universidad Austral de Chile (UACh) (2017) Informe de gestión Reserva Llancahue 2008–2016. Internal Report. UACh, Valdivia, S 33

Vásquez P (2014) Caracterización social sector Llancahue y Lomas del Sol. Independent report. Temuco. S 27. https://www.google.com/url?sa=t&rct=j&q=&esrc=s&source=web&cd=1&cad=rja&uact=8&ved=2ahUKEwj8qK-tz9beAhVPzBoKHQk1BoMQFjAAegQICBAC&url=http%3A%2F%2Fwww.teses.cl%2Fteses%2Fwp-content%2Fuploads%2F2016%2F05%2FVasquez-P-2014-Caracterizacion-Social-Llancahue-y-LS.pdf&usg=AOvVaw2wnCsnbqUXO6RtYJ5mQ15R

Kapitel 7
Unsichere Landbesitzverhältnisse und Waldschutz in Chile: Der Fall der Mapuche-Huilliche-Gemeinschaften in den Regenwäldern der Küstenregion von Mapu Lahual

Manuel von der Mühlen, José Aylwin, Teodoro Kausel und Felix Fuders

7.1 Einleitung

Heute leben viele indigene Gemeinschaften in einer Situation unsicherer Landbesitzverhältnisse (FAO 2009). Ohne gesicherte Landrechte sind sie einem unfreiwilligen Landverlust ausgesetzt und können gleichzeitig Opfer der Zerstörung ihres natürlichen Lebensraums durch groß angelegte Ressourcengewinnung oder Entwicklungsprojekte werden (Agyepong 2013; DFID 2009). Gewohnheitsrechtliche Landrechte und gemeinschaftliche Schutzgebiete könnten indigene Völker und lokale Gemeinschaften vor möglichem Landraub schützen und die natürliche Umwelt bewahren (Almeida 2015). In dieser Untersuchung wird argumentiert, dass die fehlende Anerkennung von Gewohnheitsrechten auf Land und die begrenzte Anerkennung von Gebieten, die von indigenen Völkern und lokalen Gemeinschaften geschützt werden, bekannt unter dem Akronym „ICCA", eine der Hauptursachen für die Unsicherheit bei den Landbesitzverhältnissen ist.[1] Abb. 7.1 zeigt die Ergebnisse der Problemanalyse in Form eines Problembaums. Die Ergebnisse basieren auf der Fallstudie der Untersuchung, die im Gebiet der indigenen Mapuche-Huilliche-

---

[1] ICCA: indigenous community conservation area.

M. von der Mühlen (✉)
Programmabteilung, Plan International Schweiz, Zürich, Schweiz

J. Aylwin
Zivilgeselschaftliches Observatorium, Temuco, Chile

T. Kausel · F. Fuders
Volkswirtschaftliches Institut, Fakultät für Wirtschaft und Verwaltung,
Universidad Austral de Chile, Valdivia, Chile

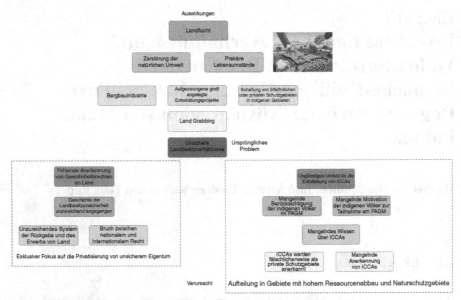

Abb. 7.1 Problembaum. (Quelle: eigene Ausarbeitung)

Gemeinschaften von Mapu Lahual, Provinz Osorno, Region Los Lagos im Süden Chiles stattfand. Diese Gemeinschaften leben in einer Situation akuter Landbesitzunsicherheit, da viele Menschen keine formellen Landtitel (Eigentumsrechte) besitzen (McAlpin 2004). Seit den späten 1990er-Jahren wurden jedoch mehrere Entwicklungsmaßnahmen durchgeführt, um die Sicherheit der Landrechte zu stärken und die Einrichtung von kommunalen Schutzgebieten zu erleichtern (McAlpin 2004). Die Fallstudienregion umfasst eine Fläche von etwa 60.000 Hektar (ha). Die Gemeinden befinden sich am Küstenrand der drei Gemeinden San Juan de la Costa, Río Negro und Purranque (Abb. 7.2; Maggi 2012).

7.2 Material und Methoden

Die Untersuchung verwendet einen gemischten Ansatz, der zwei qualitative Forschungsmethoden kombiniert: Literaturrecherche und 13 Experteninterviews. Die Interviewpartner wurden auf der Grundlage einer nicht zufälligen, gezielten Stichprobe ausgewählt. Es wurde ein Interviewleitfaden entwickelt, um den Ablauf des Interviews zu erleichtern, wie von Henning et al. (2011) vorgeschlagen. Die Fragen des Folgeinterviews wurden stets auf der Grundlage der Antworten aus dem vorherigen Interview verfeinert. Dies ist eine Methode, die es dem Forscher ermög-

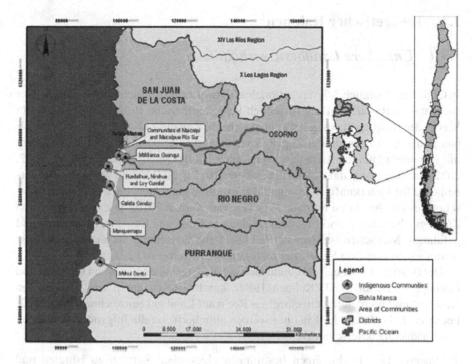

Abb. 7.2 Geografische Lage von Mapu Lahual. (Quelle: Maggi 2012)

licht, induktive Schlüsse zu ziehen (Henning et al. 2011). Die Interviews dauerten im Durchschnitt 45 min. Alle Interviews wurden aufgezeichnet und transkribiert. Die Interpretation der Ergebnisse erfolgte auf der Grundlage der Inhaltsanalyse[2] und wurde vertraulich behandelt. Während sich mehrere Studien mit der Beziehung zwischen Landtiteln, indigenen Völkern und der Verwaltung von Schutzgebieten befasst haben, haben nur wenige Studien diese Beziehung im Detail analysiert (Mathiesen 1998; Ovideo (o. J.); Secretariat of the CBD 2012). Die vorliegende Studie befasst sich mit diesen Fragen.

Die wichtigste Forschungsfrage lautete: Was sind die Gründe und möglichen Lösungen für die unsicheren Landbesitzverhältnisse indigener Völker und lokaler Gemeinschaften? In diesem Zusammenhang wurden die folgenden Unterfragen beantwortet: (1) Was sind die Folgen der unsicheren Landbesitzverhältnisse? (2) Was sind die Auswirkungen auf andere indigene Völker und lokale Gemeinschaften im Süden Chiles?

---

[2] *Die Inhaltsanalyse* wird verwendet, um die in Texten und Gesprächen enthaltene Bedeutung zu erfassen, siehe Denscombe (2012).

7.3   Theoretischer Rahmen

7.3.1   Unsichere Landbesitzverhältnisse

In Chile sind lediglich 3 % des nationalen Territoriums rechtlich für indigene Völker anerkannt (RRI 2015). Dies ist jedoch keine chilenische Besonderheit. Etwa ein Viertel der Weltbevölkerung hat keinen sicheren Zugang zu Land (Wickeri und Kalhan 2010). Ein ungesicherter Zugang zu Land und natürlichen Ressourcen ist häufig mit extremem Hunger, Armut und verstärkter Ungleichheit verbunden (FAO 2002, 2012). Im Gegensatz dazu bietet ein sicherer Zugang zu Land ein wertvolles Sicherheitsnetz für Unterkunft, Nahrung und Einkommen und kann dazu beitragen, Menschen aus der Armut zu befreien (Wickeri und Kalhan 2010). Die Gewährung von Zugangs-, Nutzungs- und Eigentumsrechten an Land und Ressourcen für arme und gefährdete Menschen ist einer der Schlüssel zur Erreichung nachhaltiger Lebensbedingungen und zum Schutz der natürlichen Umwelt (FAO 2012).

Der Begriff „Landbesitz" bezieht sich auf die Eigentumsrechte von Gruppen und Einzelpersonen an Land (Kuhnen 1982). Landbesitz ist durch ein „Bündel von Rechten" und nicht durch ein einzelnes Recht auf Land gekennzeichnet (FAO 2002; Feeny et al. 1990). In der Literatur werden üblicherweise die folgenden fünf Arten von Landbesitz unterschieden:[3]

1. *Zugang:* Das Recht, einen bestimmten physischen Bereich zu betreten und nicht-entziehbare Vorteile zu genießen. Das Recht, die zu diesem Gebiet gehörenden Ressourcen zu entziehen, ist nicht garantiert;
2. *Entnahme:* Das Recht, Ressourceneinheiten oder Produkte eines Ressourcensystems zu beziehen;
3. *Verwaltung:* Das Recht, die internen Nutzungsmuster zu regeln und die Ressource durch Verbesserungen umzugestalten;
4. *Ausschluss:* Das Recht zu bestimmen, wer Zugangs- und Rücktrittsrechte haben wird und wie diese Rechte übertragen werden können;
5. *Entfremdung:* Das Recht, Verwaltungs- und Ausschlussrechte zu verkaufen oder zu verpachten.

Landrechte werden im Rahmen einer der folgenden vier weltweit anerkannten Landbesitzregelungen gehalten:[4]

1. *Staatliche Eigentumsordnung:* Die Eigentumsrechte werden von einer Behörde des öffentlichen Sektors gehalten, können aber teilweise auf Einzelpersonen übertragen werden (z. B. durch Erbpacht oder Konzessionen);
2. *Individuelle Eigentumsordnung:* Die Eigentumsrechte liegen bei einer natürlichen oder juristischen Person, können aber teilweise durch den Staat eingeschränkt werden;

---

[3] *Quelle:* Ostrom und Hess (2007).
[4] *Quelle:* Davy (2009); GTZ (1998); Heller (1997); Wehrmann (2011).

3. *Gemeineigentumsregelung:* Die Eigentumsrechte liegen bei der Gemeinschaft. Die Mitglieder können die Allmende innerhalb eines abgegrenzten Gebiets nach strengen Regeln und Verfahren selbständig nutzen. Nicht-Mitglieder sind ausgeschlossen;
4. *Freier Zugang: Es* werden keine Eigentumsrechte vergeben. Der Zugang ist ungeregelt. Regelungen zum Gemeineigentum werden manchmal fälschlicherweise als offener Zugang behandelt, wenn ersteres im nationalen Rechtsrahmen nicht angemessen anerkannt ist.

Unsichere Eigentumsrechte an Land können verheerende Auswirkungen auf das Leben indigener Völker und lokaler Gemeinschaften haben. Im schlimmsten Fall können sie zu Land Grabbing und den damit verbundenen negativen Folgen führen (Wehrmann 2008, 2011), einschließlich unkontrollierter Abholzung und mangelndem Schutz der Umwelt. Land Grabbing ist definiert als *„Regierungen und private Investoren [...], die sich durch langfristige Pacht- oder Kaufverträge große Flächen landwirtschaftlicher Nutzflächen sichern"* (Foljanty und Wagner 2009). Land steht aus verschiedenen Gründen unter Druck. Dazu gehören unter anderem die Entwicklung des Tourismus, der Naturschutz sowie die Nahrungsmittel- und Energiesicherheit (FAO 2012). Theoretisch findet Land Grabbing auf frei zugänglichem Land statt. In der Praxis gibt es jedoch kaum noch reinen freien Zugang (Wehrmann 2011). Dennoch kann Land, das als frei zugänglich behandelt wird, indigenen Gemeinschaften entzogen werden, wenn die Mechanismen zur Rechtsdurchsetzung schwach sind (ILC 2011b, 2013).

7.3.2 Lokale Gemeinschaftsschutzgebiete

Weltweit gibt es rund 6000 indigene Völker mit 370 Mio. Menschen in über 90 Ländern (FAO 2009; ILC 2013). Obwohl indigene Völker nur 5 % der Weltbevölkerung ausmachen, stellen sie 15 % der weltweit Armen (FAO 2009). Viele indigene Völker leben in abgelegenen Gebieten, oft auf unproduktiven Böden und isoliert vom Rest des Landes (FAO 2009). Indigene Völker haben eine „völlig andere" Beziehung zu Land als nicht-indigene Völker (Interview Partner 5 2016).[5] Laut Martinez Cobo, dem ehemaligen UN-Sonderberichterstatter für die Rechte indigener Völker:

> „Es ist von wesentlicher Bedeutung, die zutiefst spirituelle, besondere Beziehung zwischen indigenen Völkern und ihrem angestammten Land zu kennen und zu verstehen, die für ihre Existenz als solche und für ihren gesamten Glauben, ihre Bräuche, Traditionen und ihre Kultur grundlegend ist [...]. Für diese Menschen ist das Land nicht nur ein Besitz und ein Produktionsmittel [...]. Ihr Land ist keine Ware, die man erwerben kann, sondern ein materielles Element, das man frei genießen kann (Cobo in: Aylwin 1999, S. 4)."

---

[5] *Originale Worte:* „Es ist eine völlig andere Beziehung zwischen Kultur und Natur".

Es ist bemerkenswert, dass der Anspruch indigener Völker auf Land im internationalen Recht weitgehend anerkannt ist. Die beiden bekanntesten und wichtigsten Rechtsdokumente sind:

1. Übereinkommen 169 über eingeborene und in Stämmen lebende Völker in unabhängigen Ländern (IAO-Übereinkommen 169, 1989); es ist für die Mitgliedsstaaten, die es unterzeichnet haben, rechtsverbindlich.
2. Die Erklärung der Vereinten Nationen über die Rechte indigener Völker (UNDRIP 2007); sie hat zwar keinen verbindlichen Charakter, ist aber dennoch zu einem wichtigen Referenzdokument geworden.

Die International Union for Conservation of Nature (IUCN) definiert ICCAs als „natürliche und/oder veränderte Ökosysteme, die bedeutende Werte für die biologische Vielfalt, ökologische Vorteile und kulturelle Werte enthalten und freiwillig von indigenen Völkern und lokalen Gemeinschaften durch Gewohnheitsrecht oder andere wirksame Mittel erhalten werden" (Secretariat of the CBD 2012). Die folgenden drei Merkmale unterscheiden ICCAs von anderen Formen des Naturschutzes (Almeida 2015; Jonas et al. 2012; Secretariat of the CBD 2012):

1. Das Volk oder die Gemeinschaft ist eng mit einem genau definierten Territorium, Gebiet oder dem Lebensraum einer Art verbunden;
2. Das Volk oder die Gemeinschaft ist der wichtigste Entscheidungsträger und Umsetzer für das Gebiet und/oder die Art. Dies bedeutet, dass die Institutionen der Gemeinschaft befugt sind, Vorschriften zu entwickeln und durchzusetzen. Diese Rolle kann *de jure* oder *de facto* sein;
3. Die Bewirtschaftungsentscheidungen der Menschen oder der Gemeinschaft führen zur Erhaltung des Territoriums, des Gebiets oder des Lebensraums der Arten und der damit verbundenen kulturellen Werte, auch wenn das primäre Ziel der Bewirtschaftung nicht die Erhaltung an sich ist.

Die Idee hinter ICCAs ist es, „Eigentum und Nutzung mit geringem menschlichen Einfluss" zu ermöglichen (Interview Partner 4A 2016).[6] Der Kerngedanke ist, dass diese Gebiete den Status eines autonom verwalteten Ortes wiedererlangen sollen. Daher sind ICCAs nie nur eine Naturschutzinitiative, sondern müssen immer im größeren Zusammenhang der territorialen Autonomie gesehen werden (Holmes 2013; McAlpin 2004). ICCAs sollten gleichzeitig mit den Gewohnheitsrechten auf Land anerkannt werden (Almeida 2015; Stevens 2010). Die Anerkennung von ICCAs kann die Legalisierung von indigenem Land erleichtern, während die Legalisierung von Gewohnheitsrechten an Land die Entstehung von ICCAs erleichtern kann (Almeida 2015; Jonas et al. 2012).

ICCAs sollten nicht als Gemeinschaftsgebiete „überromantisiert" werden, die in perfekter Harmonie funktionieren (Assies 2009). Es besteht die allgemeine Tendenz, interne Konflikte, die innerhalb und zwischen Gemeinschaften stattfinden, zu übersehen. Selbst wenn diese Gebiete offiziell anerkannt werden, muss es eine

---

[6] *Originalwortlaut:* „[D]e poca escala, de poco impacto".

Form der Regulierung geben, um interne Konflikte zu verringern (Assies 2009). Nicht alle indigenen Gemeinschaften sprechen sich für den gemeinschaftlichen Naturschutz aus. Einige Gemeinschaften ziehen es vor, ihre Ressourcen kurzfristig gewinnbringend zu nutzen, anstatt sie langfristig und nachhaltig zu erhalten (Interview Partner 2 2016). Die Studie legt jedoch nahe, dass der gemeinschaftliche Naturschutz dort gut funktioniert, wo die Gewohnheitsrechte anerkannt werden und der Grad der Autonomie hoch ist (Almeida 2015; von Benda-Beckmann 2001).[7]

7.4 Ergebnisse

7.4.1 Die Gründe für unsichere Landbesitzverhältnisse

7.4.1.1 Geschichte der rechtlichen Anerkennung von Landtiteln

Die Mapuche bilden die bei weitem größte Gruppe unter den indigenen Völkern in Chile. Heute stellen sie eine wirtschaftlich schwache Gruppe der Gesellschaft dar, was auch das Ergebnis von Diskriminierung und Landverlust ist (Aylwin 2006; Aylwin et al. 2013a). „Mapu" bedeutet „Land" und „che" bedeutet „Volk". Folglich bedeutet „Mapuche" übersetzt „Volk des Landes" (Llancaqueo 2005). Die Mapuche setzen sich aus mehreren verschiedenen Gruppen zusammen. „Huilliche" ist daher keine ethnische, sondern eine geografische Bezeichnung (CVHNT 2008). Die Huilliche sind als „Menschen aus dem Süden" bekannt (Azócar et al. 2005; Llancaqueo 2005; Sallés et al. 2012). Abb. 7.3 zeigt das angestammte Gebiet der Mapuche. Vor der Ankunft der Spanier erstreckte sich das Gebiet vom Tal des Aconcagua oberhalb von Santiago de Chile bis zum Archipel von Chiloe. Das Huilliche-Territorium (durch die Stecknadel markiert) liegt im Süden und ist als Futahuillimapu bekannt, was „großes Gebiet des Südens" bedeutet (CVHNT 2008; Mathiesen 1998).

7.4.1.2 Das koloniale Landbesitzregime (1540–1818)

Im Jahr 1540 führte der spanische Eroberer Pedro de Valdivia die erste Expedition auf der Suche nach Gold in das heutige Chile. Ein Jahr später gründete Valdivia die Stadt Santiago. Die spanischen Kolonisatoren erklärten das Land zur terra nullius, was lateinisch für „Niemandsland" ist (Aylwin 1999; Aylwin et al. 2013a). Mit dem doppelten Ziel, ihre Soldaten für ihre Expeditionen zu entschädigen und eine wirtschaftliche Grundlage für ihre neue Kolonie zu schaffen, richtete die spanische Krone ein System der Zwangsarbeit ein, das als Encomienda bekannt wurde (Aylwin 2006). Die Huilliche wurden in verschiedene Encomiendas im ganzen

---

[7] Privateigentum ist jedoch nicht unbedingt eine Garantie für den Schutz oder die nachhaltige Nutzung natürlicher Ressourcen (siehe Kap. 2 dieses Buches).

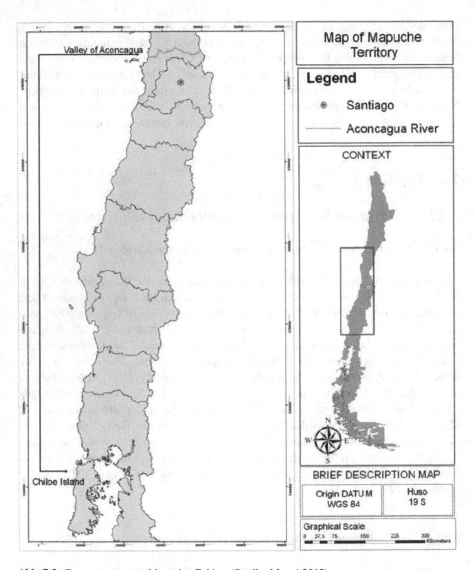

Abb. 7.3 Das angestammte Mapuche-Gebiet. (Quelle: Maggi 2012)

Land umgesiedelt (Agyepong 2013; Aylwin 1999; Aylwin et al. 2013a). Den Spaniern wurde jedoch fast 300 Jahre lang heftiger Widerstand entgegengebracht. Zwischen den Mapuche und der spanischen Krone wurden mehrere Friedensabkommen, die so genannten *parlamentos*, unterzeichnet. Die parlamentos akzeptierten das Land südlich des BíoBío-Flusses als autonomes Mapuche-Gebiet (Aylwin 1999; Aylwin et al. 2013a). Diese Vereinbarungen hatten den Status eines internationalen Vertrages mit verbindlichen Verpflichtungen (Aylwin 1999; Aylwin et al. 2013a, b). Im Gebiet der Huilliche wurde ihre endgültige Niederlage schließlich mit einem

Abkommen besiegt, das als *Tratado de Paz de Las Canoas* bekannt wurde. Dieses Abkommen unterstellte die Huilliche der politischen und rechtlichen Kontrolle Spaniens (CVHNT 2008).

7.4.1.3   Das postkoloniale Landbesitzregime (1818–1989)

Im Jahr 1818 wurde Chile offiziell als unabhängige Nation anerkannt. Stark beeinflusst vom liberalen Gedankengut der Französischen und Amerikanischen Revolution, erließ der erste Präsident der jungen chilenischen Republik, Bernardo O'Higgins, 1819 ein Dekret, in dem er die Grundsätze der Freiheit und Ungebundenheit zur Richtschnur für die Politik des Landes erklärte. Obwohl es ursprünglich als eine Politik gedacht war, von der alle profitieren sollten, bildete dieses Dekret die Grundlage für die Landgesetze und -politiken der folgenden Jahre, die sich negativ auf die indigenen Völker auswirkten (Aylwin 1999; Aylwin et al. 2013a). Da indigenes Land nicht mehr anders behandelt wurde, nutzten Nicht-Mapuche das Dekret von 1819, um Mapuche-Land im Huilliche-Territorium durch Verträge zu erwerben, die diese nicht richtig verstanden (CVHNT 2008). Anstatt freie und gleichberechtigte Bürger zu werden, wie von O'Higgins vorhergesagt, wurden die Huilliche Opfer skrupelloser Bauern und Soldaten der Siedlernationen (Aylwin 1999; Aylwin et al. 2013a). Um den stetig zunehmenden unkontrollierten Zugang von Privatpersonen in das Gebiet der Huilliche zu begrenzen, verteilte die „junge chilenische Republik an die Huilliche Titel für Gemeinschaftseigentum, sogenannte *Títulos de Comisario*" (Interview Partner 8 2016).[8] Diese Titel wurden in der Zeit zwischen 1824 und 1848 vergeben und fügten dem materiellen Besitz der Huilliche rechtliches Eigentum hinzu (CVHNT 2008; Egaña Rodríguez 2008).

Etwa ein Jahrzehnt später annektierte die chilenische Armee das Gebiet Araukanien, das einzige verbliebene unabhängige Mapuche-Gebiet, unter dem beschönigenden Namen „Befriedung Araukaniens"[9] (1861–1883) mit der Absicht, die Mapuche in die Mehrheitsgesellschaft zu assimilieren (Aylwin 2006; Hager 2013). Die Mapuche wurden in sogenannte *reducciones* von der chilenischen Regierung bereitgestellte Landparzellen, umgesiedelt. Die Landtitel wurden an das Oberhaupt der Mapuche-Familien übergeben (Maggi 2012; Miller et al. 2010). Diese Landtitel wurden *Títulos de Merced* oder „Titel der Barmherzigkeit" genannt. Insgesamt wurden 2918 Landtitel an Mapuche-Familien vergeben, wodurch im Zeitraum zwischen 1884 und 1929 fast 83.000 Personen vertrieben wurden (Aylwin et al. 2013b; Interview Partner 12 2016). Das den Mapuche durch die „reducciones" zugewiesene Land wurde auf etwa 6 % seiner ursprünglichen Größe (ca. 510.386 ha) reduziert (Aylwin 1999; Aylwin et al. 2013a).

---

[8] *Originalwortlaut*: „[L]a joven república va a entregar títulos de propiedad comunitaria a los indígenas Huilliche en este caso que se van a llamar ‚Títulos de Comisario'."

[9] Spanisch: *Pacificación de la Araucanía*.

Unter der Regierung von Salvador Allende (1970–1973) wurde eine Agrarreform eingeleitet. Zwischen 1964 und 1973 gehörten die Mapuche zu den gesellschaftlichen Gruppen, die von der groß angelegten Umverteilung von Betrieben mit einer Größe von mehr als 80.000 ha profitierten. Im Gebiet der Huilliche wurden im Zuge der Agrarreform etwa 5394 ha indigenes Land zurückgewonnen (CVHNT 2008). Die Zeit der Enteignung endete mit dem *Staatsstreich* des Militärregimes am 11. September 1973.

General Augusto Pinochet (1973–1989) führte eine landwirtschaftliche Gegenreform ein. Die zuvor enteigneten Ländereien wurden entweder an private Landbesitzer zurückgegeben oder dem Staat übertragen und zum Kauf und für Investitionen zur Verfügung gestellt (CVHNT 2008). In diesem Sinne „hat es den Prozess der Agrarreform in Chile nie gegeben, weil [während der Gegenreform] die Fortschritte, die [von der Allende-Regierung] entwickelt worden waren, weggenommen wurden" (Interview Partner 12 2016).[10] Das System der „reducción" wurde beendet, und jede Person, die noch eine „reducción" besaß, ob Mapuche oder nicht, konnte von nun an ihr Land unterteilen. Die „reducciones" wurden in insgesamt 72.068 Einzelparzellen aufgeteilt, was einer Fläche von rund 463.409 ha entspricht (Aylwin 2006). Die Gegenreform war Teil eines Prozesses zur Privatisierung der nationalen Wirtschaft, zur Deregulierung des Marktes und zur Erleichterung des Zugangs zu Land für ausländische Investoren (Hager 2013; Holmes 2014; Murray 2002). Auf der Grundlage dieses Modells der wirtschaftlichen Globalisierung wurde ein Prozess der rechtlichen und politischen Reformen eingeleitet (Murray 2002). Ende der 1970er-Jahre war Chile zur offensten freien Marktwirtschaft der Welt geworden (Murray 2002).

7.4.1.4 Der nationale Rechtsrahmen für indigene Völker heute

Seit der Rückkehr zur Demokratie im Jahr 1990 hat sich die Lage der indigenen Völker verbessert, obwohl noch viel zu tun bleibt.[11] Die Verfassung garantiert die grundlegenden Menschenrechte. Da sie jedoch während der Militärdiktatur (1973–1990) in Kraft gesetzt wurde, sind die indigenen Völker als spezifische Gruppe nicht in ihr enthalten. Das Gesetz Nr. 19.253 von 1993 über die „Förderung, den Schutz und die Entwicklung der indigenen Völker", besser bekannt als „Indigenengesetz", und das Gesetz Nr. 20.249 von 2008 über die „Schaffung von Meeres- und Küstenräumen für indigene Völker", besser bekannt als „Lafquenche-Gesetz",[12] sind die beiden wichtigsten allgemeinen Gesetze, die heute in Chile die Rechte der

---

[10] *Originalwortlaut:* „[E]ntonces, básicamente el proceso de reforma agraria en Chile nunca existió porque se robó los avances que se desarrollaban en este momento."

[11] *Quelle:* Agyepong (2013); Gómez (2010); Moeckli et al. (2013).

[12] Dieses Gesetz ist als „Lafquenche-Gesetz" bekannt, weil es stark von diesem Volk beeinflusst wurde. Es unterstützt den Schutz der Meeresökosysteme der indigenen Völker „[f]or the exploitation and conservation of marine and coastal resources" Interview Partner 4A (2016).

indigenen Völker auf Land-, Meeres- und Küstenraum regeln. Diese Gesetze gelten für alle indigenen Völker Chiles.

Wie in Artikel 5 (2) der Verfassung (1980) festgelegt, ist es „die Pflicht der Staatsorgane, die von der Verfassung und den von Chile ratifizierten und in Kraft befindlichen internationalen Übereinkommen garantierten Rechte zu achten und zu fördern".[13] Folglich haben die internationalen Konventionen ab dem Zeitpunkt ihrer Ratifizierung Verfassungsrang im nationalen Rechtsrahmen (Núñez 2015).

7.4.2 Art und Umfang der Rechte indigener Völker auf Land

In diesem Abschnitt werden die Rechte indigener Völker auf Land in Chile in verschiedene Kategorien eingeteilt. Allerdings überschneiden sich die Kategorien manchmal, d. h. dasselbe Gesetz und derselbe Artikel, der in einer Kategorie erwähnt wird, kann in einer anderen wieder auftauchen.

7.4.2.1 Kategorie I: Das Konzept der Rechte indigener Völker auf Land, Territorien und natürliche Ressourcen

Das Gesetz über indigene Völker (1993) erkennt die besondere Beziehung der indigenen Völker zu ihrem angestammten Land an. Es erkennt an, dass „Land die wichtigste Grundlage ihrer Existenz und Kultur ist" (Artikel 1). Das indigene Gesetz erkennt indigene Ländereien als solche an, die die indigenen Völker „gegenwärtig als Eigentum oder Besitz" innehaben und die auf staatlich anerkannten Titeln beruhen, als solche, die sie historisch besetzt und besessen haben und die im Grundbuch eingetragen sind, als solche, die in Zukunft von den Gerichten als ihnen gehörend erklärt werden, und als solche, die ihnen durch vom Staat eingerichtete Mechanismen übertragen wurden (Artikel 12). Alle in Artikel 12 genannten Ländereien werden in ein Grundbuch eingetragen, das für die Verwaltung indigener Ländereien eingerichtet wurde und von der staatlichen Behörde für indigene Angelegenheiten, der *Corporación Nacional de Desarrollo Indígena* (CONADI), geführt und verwaltet wird (Artikel 15). Durch das Grundbuch werden diese Ländereien rechtlich anerkannt.

---

[13] *Ursprünglicher Text:* „El ejercicio de la soberanía reconoce como limitación el respeto a los derechos esenciales que emanan de la naturaleza humana. Es deber de los órganos del Estado respetar y promover tales derechos, garantizados por esta Constitución, así como por los tratados internacionales ratificados por Chile y que se encuentren vigentes".

7.4.2.2   Kategorie II: Das Recht auf Eigentum und Besitz von Land

Indigenes Land, das durch das Indigenengesetz (1993) (Artikel 12) anerkannt und im Grundbuch eingetragen ist (Artikel 15), ist das Land, auf das die indigenen Völker ein Recht auf Eigentum haben. Um dieses Recht aktiv zu fördern, wurde ein von der CONADI verwalteter Land- und Wasserfonds mit folgenden Zielen eingerichtet: (i) Gewährung von Zuschüssen für den Erwerb von Land durch indigene Völker, wenn die Oberfläche ihres Landes als unzureichend angesehen wird, (ii) Finanzierung von Mechanismen, die zur Lösung von Landkonflikten beitragen, und (iii) Finanzierung der Regulierung und des Erwerbs von Wasserrechten oder von Projekten, die den Zugang zu Wasser zum Ziel haben (Artikel 20).

Ein Manko ist die getrennte Anerkennung von Land und den Ressourcen, die zu diesem Land gehören. Wie Aylwin (1999) feststellt, ist „die Anerkennung und der Schutz der Rechte indigener Völker an den natürlichen Ressourcen, die auf ihrem Land vorhanden sind", sehr komplex. Mit Ausnahme der Wasserrechte, die den Andenvölkern gewährt wurden, hat der chilenische Staat ein Monopol auf die unterirdischen Ressourcen (Agyepong 2013). Im Gegensatz zur chilenischen Verfassung (1980) erkennt die ILO-Konvention 169 (Artikel 15) die Nutzung und Verwaltung der natürlichen Ressourcen auf dem Land der indigenen Völker an.

7.4.2.3   Kategorie III: Das Recht auf Schutz von Land und Landrechten im Rahmen gewohnheitsrechtlicher Besitzverhältnisse

Gewohnheitsrechte werden in Artikel 54 des Indigenengesetzes (1993) garantiert, „sofern sie nicht mit der Verfassung der Republik unvereinbar sind".[14] In Artikel 18 desselben Gesetzes heißt es außerdem, dass „die Erbfolge indigener Ländereien für Einzelpersonen dem Gewohnheitsrecht unterliegt, mit den in diesem Gesetz festgelegten Einschränkungen und durch das Gewohnheitsrecht selbst".[15] Die Anerkennung des Gewohnheitsrechts enthält außerdem Bestimmungen über bestimmte Gruppen indigener Völker in Chile. Das Gewohnheitsrecht auf Land ist ein politisches Recht, das den indigenen Völkern heute vom chilenischen Staat anerkannt wird (Aylwin et al. 2013a). Die Anwendung dieses Gesetzes ist jedoch begrenzt. Die Politik des Staates ist manchmal widersprüchlich, wenn es um indigene Völker geht. Bei Umweltkonflikten um Mapuche-Land werden häufig sektorale Gesetze bevorzugt (Aylwin 2008; Skjævestad 2010). Infolgedessen verfolgt Chile eine staatliche Politik mit dem doppelten Ziel, einerseits die Rechte der

---

[14] *Originaltext:* „[L]a costumbre hecha valer en juicio entre indígenas pertenecientes a una misma etnia, constituirá derecho, siempre que no sea incompatible con la Constitución Política de la República. En lo penal se la considerará cuando ello pudiere servir."

[15] *Originaltext:* „[L]a sucesión de las tierras indígenas individuales se sujetará a las normas del derecho común, con las limitaciones establecidas en esta ley, y la de las tierras indígenas comunitarias a la costumbre que cada etnia tenga en materia de herencia, y en subsidio por la ley común."

indigenen Völker zu schützen und andererseits eine exportorientierte Wirtschafts-entwicklung zu betreiben (Aylwin 2006, 2008).

7.4.2.4 Kategorie IV: Das Recht auf Schutz vor Landverlust (d. h. Teilung, Übertragung, Landpacht, Rückgabe und Erwerb)

Das Indigenengesetz (1993) wurde mit dem Ziel umgesetzt, die Aufteilung von in-digenem Land zu beenden und weiteren Landverlust zu verhindern (Aylwin 1999; Aylwin et al. 2013a). Um dieses Ziel in die Tat umzusetzen, legt das Gesetz fest, dass das verbleibende indigene Land, sowohl individueller als auch kollektiver Be-sitz, von Steuerzahlungen befreit ist. Darüber hinaus sieht das Gesetz vor, dass Land, das indigenen Gemeinschaften gehört, aufgrund des „nationalen Interesses" nicht an Nicht-Indigene verkauft oder verpachtet werden darf, und dass die Ver-pachtung von Einzelgrundstücken auf einen Zeitraum von fünf Jahren beschränkt ist (Artikel 13). Darüber hinaus dürfen Grundstücke nur dann zwischen indigenen und nicht-indigenen Völkern getauscht werden, wenn diese Grundstücke von glei-chem Wert sind und vom CONADI genehmigt und im Grundbuch eingetragen wur-den (Artikel 15).

Die in Artikel 13 verankerten Rechte schützen indigene Völker vor Vertreibung. Die Verfassung (1980) ermächtigt den Staat jedoch, Land im Namen des öffentli-chen Interesses zu enteignen. Von der marktorientierten Landpolitik haben in der Vergangenheit mehrere indigene Familien profitiert. Zwischen 1995 und 2014 wur-den etwa 722.167 ha an indigene Völker verteilt, die überwiegende Mehrheit von ihnen Mapuche (INDH 2014). Die meisten der von CONADI erworbenen Lände-reien waren jedoch solche, die bereits in der Vergangenheit den indigenen Völkern zugestanden hatten, bevor sie von nicht-indigenen Völkern enteignet wurden. Daher ging es bei diesen Käufen bisher hauptsächlich um die Rückgabe und nicht um den Erwerb (Agyepong 2013).

Die Politik zur Rückgabe von „verlorenem" und zum Erwerb von „neuem" Land basiert auf einem marktorientierten Entwicklungsansatz (Baranyi et al. 2004). Sie kommt den exportorientierten Großbetrieben zugute und hat zur Entwicklung einer beachtlichen Forstindustrie geführt. Sie kann jedoch auch die Situation der in-digenen Gemeinschaften verschlechtern (Aylwin 2006; Holmes 2014). Obwohl es bei der Rückgabe indigener Gebiete einige Fortschritte gegeben hat, waren sich alle befragten Experten einig, dass das derzeitige System sehr teuer und ineffizient ge-worden ist. „CONADI hat viele Einzelpersonen und Gemeinschaften, die sich um Land bewerben, und es hat nur sehr wenige Ressourcen" (Interview Partner 7 2016).[16] Dies förderte die Spekulation und schuf einen Markt von privaten Besitzern auf dem Papier (Interview Partner 7 2016), die auf den höchsten Preis warten, bis

---

[16] *Original-Wortlaut:* „[H]ay muchas comunidades que solicitan tierra a CONADI. CONADI tiene muchas comunidades que solicitan tierra y tiene poco recursos."

sie „ihr" Land verkaufen (Interview Partner 12 2016; Interview Partner 7 2016; Interview Partner 9 2016).

7.4.3 Verwaltung von Schutzgebieten in Chile

Chile ist dank seiner einzigartigen Flora und Fauna reich an biologischer Vielfalt, natürlichen Ressourcen und Endemismus. Dies ist der geografischen Lage des Landes zu verdanken, das sich über 4000 km von Norden nach Süden erstreckt und Wüsten, tropische Regenwälder, Seen und Flüsse sowie das arktische Eis beherbergt (Arce und Aylwin 2012a, b). Das Konzept des Yellowstone-Nationalparks in den USA inspirierte die Einrichtung öffentlicher Schutzgebiete in Chile während des gesamten zwanzigsten Jahrhunderts (Arce und Aylwin 2012a, b). Es gibt unterschiedliche Schätzungen über das Ausmaß, in dem sich staatlich geschaffene Schutzgebiete mit indigenem Land überschneiden; die Schätzungen liegen bei bis zu 90 % (Arce und Aylwin 2012b). Darüber hinaus wird geschätzt, dass von den derzeit 100 Schutzgebieten in Chile 21 auf Gebieten eingerichtet wurden, in denen indigene Völker leben; ausgenommen sind die Gebiete, auf die sie möglicherweise Rechte beanspruchen (Arce et al. 2016). Es mangelt an Bewusstsein für kommunale Schutzgebiete (Pauchard und Villarroel 2002). Obwohl in den letzten Jahren ein erhöhtes Bewusstsein für indigene Schutzpraktiken zu verzeichnen ist, „ist es immer noch kein viel diskutiertes Thema" (Interview Partner 1 2016).[17]

7.4.4 Die Folgen von unsicheren Landbesitzverhältnissen: Unkontrollierte Ressourcenentnahme und soziale Kosten

7.4.4.1 Ressourcenextraktion

In Chile werden große Landflächen für den Abbau von Ressourcen gesichert (Aylwin 2008; ILC 2011a). Während der Bergbau geografisch auf Nord- und Zentralchile beschränkt ist, besteht die Rohstoffindustrie im Süden Chiles hauptsächlich aus Forstplantagen und Lachsfarmen (Hager 2013; ILC 2011a). Etwa 15.637.233 ha der Landfläche des Landes sind von Wäldern bedeckt, was einer Fläche von 21,7 % des nationalen Territoriums entspricht (Aylwin et al. 2013b). Etwa 13.430.603 ha (85,9 %) davon sind einheimische Wälder, während die verbleibenden etwa 2,7 Mio. ha gepflanzte Wälder sind. Diese Plantagen wurden hauptsächlich auf traditionellem Mapuche-Land angelegt (Aylwin 2008; Aylwin et al. 2013b). Die Expansion der Forstindustrie begann in den 1970er-Jahren mit dem Erlass des Dekrets 701 (1974), das eine großflächige Forstwirtschaft im ganzen

---

[17] *Originale Worte:* „[N]o es un tema muy discutido todavía en Chile."

Land ermöglichte (Aylwin 2006; siehe auch Kap. 5). Die Lachsindustrie nahm ihre Arbeit bereits in den 1920er-Jahren auf und hat sich seitdem zu einem wichtigen exportorientierten Wirtschaftszweig des Landes entwickelt. Heute ist Chile nach Norwegen der zweitgrößte Lachsexporteur der Welt (Hager 2013). Es gibt auch viele Beispiele für groß angelegte Entwicklungsprojekte, die sich auf das Gebiet der Mapuche im Süden Chiles erstrecken. Das größte sogenannte „Megaprojekt" im traditionellen Huilliche-Territorium ist heute die Errichtung von Staudämmen und Wasserkraftwerken und in geringerem Maße der Ausbau von Autobahnen (Interview Partner 12 2016; Susskind et al. 2014).

7.4.4.2 Landerwerb von Waldflächen

In Chile gibt es mehrere Beispiele für den Erwerb von Land für den Naturschutz. In den letzten 150 Jahren haben mächtige private Akteure – begünstigt durch eine Politik, die ein für private Investitionen günstiges Umfeld geschaffen hat – Land für den Naturschutz erworben. Heute nimmt die Intensität dieser Art von Landkäufen zu. Es besteht die Tendenz, private Schutzgebiete als eine Gegenbewegung zum Schutz der natürlichen Umwelt zu betrachten. Manche sehen sie jedoch als Teil der Einverleibung der Natur (Holmes 2013, 2014) und in ihnen eine versteckte Form des Land Grabbing. Der Landerwerb für den Naturschutz ist zwar nicht schädlich für die natürliche Umwelt, untergräbt aber die lokale Souveränität. Daher können Landnahmen zum Schutz der Natur, auch als „Green Grabs" bezeichnet, potenziell zur Vertreibung lokaler Gemeinschaften führen. So ist beispielsweise der US-amerikanische Unternehmer Douglas Tompkins (1943–2015) zu einer umstrittenen Figur in den chilenischen Naturschutzbemühungen geworden. Einerseits hat er zur Erhaltung großer Waldgebiete beigetragen. Andererseits wurde ihm auch vorgeworfen, Kleinbauern und indigene Völker für die Schaffung des Pumalin-Nationalparks zu vertreiben (Holmes 2013, 2014). Private Schutzgebiete können zum Verlust von Existenzmöglichkeiten und damit zu verstärkter Abwanderung (Landflucht) führen (Aylwin 2008; Interview Partner 12 2016).

7.4.4.3 Soziale Kosten

Die sozialen Kosten, die durch unsichere Landbesitzverhältnisse im Süden Chiles entstehen, sind hoch. Es gibt viele Konflikte um verschiedene Arten von Ressourcen, an denen der öffentliche und private Sektor sowie die lokalen Gemeinschaften beteiligt sind. Eine Art von Konflikt betrifft das Vordringen staatlicher oder privater Forstunternehmen auf der einen und indigener Gemeinschaften auf der anderen Seite (Aylwin und Cuadra 2011; Carruthers und Rodriguez 2009). Eine andere Art von Konflikt betrifft die Ansiedlung der Lachsindustrie im traditionellen Huilliche-Land. Die lokalen Gemeinschaften behaupten, dass der übermäßige Einsatz von Antibiotika durch diese Industrie den Fischbestand der Wildtiere verringert und ihre wichtigste Nahrungsquelle gefährdet hat (Hager 2013). Eine andere Art von

Konflikten betrifft große Staudämme zur Stromerzeugung (Aylwin 2006; Hager 2013; Susskind et al. 2014). Die Gegner werfen den Unternehmen mangelnde Konsultation, fehlende Beteiligung und fehlende Entschädigung für die verursachten Schäden vor (Susskind et al. 2014). Ein Beispiel für einen Wasserkraftkonflikt, der zu erheblichen Kontroversen geführt hat, ist der Ralco-Wasserkraftdamm, der zur Vertreibung von 675 Menschen, darunter 500 Mapuche-Pehuenche, geführt hat (Susskind et al. 2014).

7.4.5 Mögliche Lösungen für unsichere Landbesitzverhältnisse: Der Fall von Mapu Lahual

7.4.5.1 Beteiligte Stakeholder in Mapu Lahual

Mehrere Interessengruppen haben sich an den Entwicklungsmaßnahmen in Mapu Lahual beteiligt. Sie haben mit den Gemeinschaften zusammengearbeitet, um mehrere Projekte durchzuführen. Die Akteure wurden in vier Gruppen eingeteilt: (i) öffentliche Einrichtungen, (ii) Vertreter indigener Gemeinschaften, (iii) der Privatsektor und (iv) externe Organisationen. Die Ergebnisse stützen sich auf die einschlägige Literatur über die Fallstudienregion und werden durch Informationen aus den Experteninterviews ergänzt.[18] Insgesamt konnten 20 verschiedene Interessengruppen aus dem öffentlichen und privaten Sektor, einschließlich externer Organisationen, und den Gemeinden identifiziert werden. Tab. 7.1 enthält detaillierte Informationen über jeden einzelnen Stakeholder.

Auf der Grundlage der durch die Stakeholder-Matrix gewonnenen Informationen wurde Abb. 7.4 entwickelt. Sie veranschaulicht die Beziehungen zwischen den verschiedenen Interessengruppen. Die Beziehungen werden „zwischen" den vier Gruppen und „innerhalb" der Gruppen beschrieben. Die Stakeholder stehen durch Abhängigkeit (oder Einfluss), Kooperation oder potenzielle Kooperation und Konflikt in Beziehung zueinander (siehe Legende). Zwei Interessengruppen können mehr als eine Form der Beziehung haben. Die Beziehungen werden am Beispiel von CONAF, einem der wichtigsten Stakeholder, veranschaulicht.

---

[18] *Quelle:* CONAF 2001; Correa et al. 2002; Pauchard und Villarroel 2002; McAlpin 2004; Mapu Lahual 2006; Molina et al. 2006; Guala und Szmulewicz 2007; Arce 2011; Maggi 2012; Montenegro und Aldo 2012; Holmes 2013; Ancapan et al. 2014; Interviewpartner 1 (2016); Interview Partner 5 (2016); Interview Partner 7 (2016); Interview Partner 8 (2016); Interview Partner 9 (2016); Interview Partner 10 (2016); Interview Partner 11 (2016); Interview Partner 12 (2016).

Tab. 7.1 Stakeholder-Matrix für Mapu Lahual

	Interessensvertreter	Merkmale	Interessen	Herausforderungen	Auswirkungen auf die Planung
Öffentliche Einrichtungen	Nationale Forstwirtschaftliche Gesellschaft (CONAF)	Nationale Behörde für Forstwirtschaft; Erste Einrichtung in Mapu Lahual	Erhaltung der Wälder; Einhaltung von Gesetzen	Gewährleistung stabiler Alerce-Ressourcer; Einhaltung des Dekrets 490 (1976) bei fehlenden Landtiteln	Bevollmächtigt, Arbeits- und Waldbewirtschaftungspläne zu erstellen; Ermächtigt zur Verhängung von Bußgeldern im Falle der Nichteinhaltung; Technische Unterstützung
	Nationale Gesellschaft für die Entwicklung der indigenen Völker (CONADI); Untersekretariat für Fischerei (SUBPESCA)	CONADI: Für indigene Angelegenheiten zuständige Behörde SUBPESCA: Für Meeres- und Küstenschutzgebiete zuständige Behörde	CONADI: Landerwerb SUBPESCA: Verwaltung von Meeres- und Küstenschutzgebieten	CONADI: Viele Forderungen, wenig Ressourcen SUBPESCA: Anwendung des Lafquenche-Gesetzes (2008)	CONADI: Sicherheit des Landbesitzes SUBPESCA: Überwachung von Meeres- und Küstenschutzgebieten
	Regionalregierung (GORE)	Regionalregierung von Los Lagos	Integrierte und ausgewogene regionale Entwicklung	Erzielung von Einnahmen; Korkurrierende Entwicklungsregionen	Mögliche Finanzierungsquelle
	Ministerio de Bienes Nacionales (MBN); Nationale Kommission für Umwelt (CONAMA); Ministerio del Medio Ambiente (MMA)	Öffentliche Stellen, die für den Umweltschutz zuständig sind	Schutz der Umwelt; Schaffung eines nationalen Systems von Schutzgebieten (GEF-SNAP); Schaffung eines regionalen Systems von Schutzgebieten (GEF-SIRAP)	Unsichere Grundbesitzverhältnisse	Dekret 2695 (MBN, 1979); GEF-SNAP; GEF-SIRAP
	Servicio Nacional del Turismo (SERNATUR) (potenzieller Partner); Ministerio de Obras Publicas (MOP)	Öffentliche Einrichtung, die für die Entwicklung des Tourismus zuständig ist; Öffentliche Einrichtung, die für die physische Infrastruktur zuständig ist	Tourismusentwicklung in Schutzgebieten; Ausbau der Autobahn zwischen Nord- und Südchile	Fehlen einer freien, vorherigen und auf Kenntnis der Sachlage gegründeten Zustimmung (FPIC) für die Konzessionierung von Schutzgebieten; Autobahnverlängerung durch Mapu Lahual	Konzessionen für die Entwicklung des Tourismus; Physische Infrastruktur

(Fortsetzung)

Tab. 7.1 (Fortsetzung)

	Interessensvertreter	Merkmale	Interessen	Herausforderungen	Auswirkungen auf die Planung
Gemeinschaft	Einzelne indigene Gemeinschaften	Einwohner von Mapu Lahual	Sichern Sie sich Landtitel; Nutzung von Alerce und alternativen einkommensschaffenden Aktivitäten	Fehlen von Landtiteln	Partizipative Planung
	Asociación Indígena Mapu Lahual (AIML)	Exekutivorgan des Netzwerks indigener Parks	Vertretungsorgan der indigenen Gemeinschaften von Mapu Lahual	Gleichberechtigte Vertretung; Interne Aufteilung; Kontrollmechanismen für Fonds	Mapu Lahual Gesamtplan (2006)
	Cooperativa (nicht aktiv)	Genossenschaft zur Förderung des gemeindebasierten Tourismus	Entwicklung des gemeindebasierten Tourismus	Mangelnde Koordination und Kooperation	Partizipative Planung
Privater Sektor	WWF Chile	Eine der größten Naturschutzorganisationen der Welt	Schutz der Valdivianischen Ökoregion	Möglicherweise wird der Erhaltung Vorrang vor dem Lebensunterhalt eingeräumt; Zusammenarbeit mit allen Gemeinschaften	Planungsinstrumente; Handbücher und Karten; Mögliche Finanzierungsquelle
	Städtisches Observatorium	Chilenische Menschenrechtsorganisation	Förderung der Rechte indigener Völker	Bewusstsein und Interesse für die Rechte der indigenen Völker	Juristischer Rat; Informationsdrehscheibe
	ICCA-Konsortium	Weltweite Koalition von Naturschutzorganisationen	Schutz der natürlichen Umwelt durch kommunale Schutzgebiete	Bekanntheit und Interesse an ICCAs	Informationsdrehscheibe
	Bergbauindustrie	Privatwirtschaftliche Unternehmen	Wirtschaftlicher Gewinn; Nationale wirtschaftliche Entwicklung	Ausbeutung der natürlichen Ressourcen	Potenzielle Bedrohung für die Ziele der Erhaltung und des Lebensunterhalts; Wichtig für die nationale wirtschaftliche Entwicklung und die Schaffung von Arbeitsplätzen
	Einzelne Landbesitzer	Rechtmäßige Landbesitzer, die physisch abwesend sind	Spekulation mit Grundstückspreisen; Investitionen in Grundstücke	Potenzielle Konflikte um Territorien	Potenzielle Bedrohung für die Ziele der Erhaltung und des Lebensunterhalts; Potenzielle Rolle als Arbeitsplatzbeschaffer

Externe Organisationen				
New Zealand Aid (NZAID) (bisherige Beteiligung)	Entwicklungsagentur Neuseelands	Entwicklung der indigenen Völker (Geschichte der Unterstützung der Māori)	Begrenzte finanzielle und technische Unterstützung	Erfahrung aus früheren Projekten; Potenzieller zukünftiger Projektpartner
Globaler Umweltfonds (GEF)	Internationaler Fonds für Umweltprojekte	Schutz der Umwelt; Schaffung eines nationalen Systems von Schutzgebieten (GEF-SNAP); Schaffung eines regionalen Systems von Schutzgebieten (GEF-SIRAP); Einrichtung von Meeres- und Küstenschutzgebieten (GEF-Marino)	Bedenken hinsichtlich der praktischen Anwendung (Top-down, fehlende kulturelle und soziale Bewertungen)	GEF-SNAP; GEF-SIRAP; GEF Marino
UNDP	Entwicklungsagentur der Vereinten Nationen (UN)	Schaffung eines nationalen Systems von Schutzgebieten (GEF-SNAP); Schaffung eines regionalen Systems von Schutzgebieten (GEF-SIRAP)	Begrenztes kontextuelles Verständnis	GEF-SNAP; GEF-SIRAP

Quelle: eigene Ausarbeitung

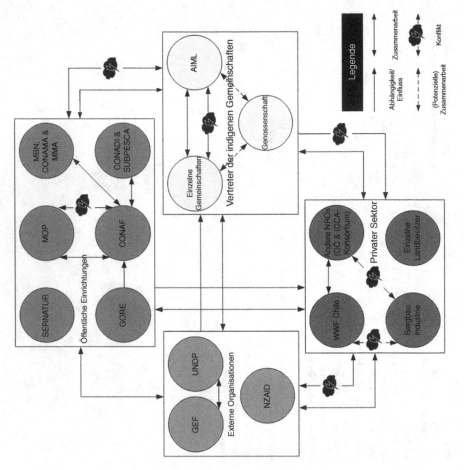

Abb. 7.4 Karte der Interessenvertreter. (Quelle: eigene Ausarbeitung)

7.4.5.2 Beziehungen „zwischen" den Interessengruppen

Die Gruppe „öffentliche Einrichtungen" arbeitet mit den Vertretern der „indigenen Gemeinschaften" in Form der AIML zusammen. CONAF, CONADI, SUBPESCA, MBN und GORE stehen alle direkt oder indirekt in Kontakt mit den Vertretern der Gemeinschaften. SERNATUR als potenzieller, aber noch nicht vollständig integrierter Akteur wird vorerst ausgeklammert. Zwischen dem MOP (Bauministerium) und den Huilliche-Gemeinden besteht ein Konflikt, der in der Vergangenheit durch die Proteste gegen den geplanten Autobahnbau bestätigt wurde (Correa et al. 2002). Zwischen öffentlichen Institutionen und dem privaten Sektor ist kein Konflikt zu beobachten. Die Beziehung ist durch die Zusammenarbeit zwischen CONAF und WWF Chile gekennzeichnet. Die Rückgabe oder der Erwerb durch CONADI (Land- und Wasserfonds) oder durch das MBN-Dekret 2695 (1979) zeigt das Engagement zwischen dem öffentlichen und dem privaten Sektor. Die engste Art der Beziehung besteht in der Form der „Abhängigkeit", da CONADI von dem Preis abhängig ist, den die privaten Landbesitzer entsprechend dem Marktwert verlangen können (Interview Partner 12 2016). Öffentliche Institutionen kooperieren mit externen Organisationen. NZAID hat in der Vergangenheit eng mit CONAF zusammengearbeitet, und GEF und UNDP setzen heute die Projekte GEF-SNAP und GEF-SIRAP in Kooperation mit dem MMA um.

7.4.5.3 Beziehungen „innerhalb" der Stakeholder-Gruppen

CONAF arbeitet mit dem MBN (Dekret 2695 von 1979) und CONADI (Land- und Wasserfonds) zusammen. Die CONAF ist für ihre Tätigkeit in Mapu Lahual finanziell von der GORE abhängig. Es bestehen keine Beziehungen zu SERNATUR und nur noch geringe Beziehungen zu den anderen öffentlichen Einrichtungen. CONAF und die AIML arbeiten bei der Erstellung von Arbeitsplänen eng zusammen. Die CONAF arbeitet auch eng mit dem WWF Chile und seit kurzem mit der GEF zusammen. All diese Beziehungen beruhen auf einer engen Zusammenarbeit. Auf die gleiche Weise können die Beziehungen der anderen „unter", „innerhalb" und „sektorübergreifend" analysiert werden.

7.4.5.4 Die Entwicklungsmaßnahmen in Mapu Lahual

Das Hauptziel, das diese Gemeinschaften mit Unterstützung einiger der beteiligten Akteure anstreben, ist die Anerkennung als autonom verwaltetes Schutzgebiet. Heute haben die Gemeinschaften ihr Einflussgebiet abgegrenzt. Sie haben auch die Größe des ihnen rechtlich zuerkannten Gebiets vergrößert. Außerdem stehen Teile der Meeres- und Küstengebiete von Mapu Lahual unter dem Schutz des Lafquenche-Gesetzes (2008). Das bedeutet, dass diese Gebiete durch das Gewohnheitsrecht der jeweiligen Gemeinschaften geregelt werden. Die Gemeinden von Mapu Lahual haben ein relativ hohes Maß an gesellschaftlicher Akzeptanz erreicht. Es ist zu einer *vorrangigen Entwicklungszone* der Regionalregierung geworden (CONAF 2001; Interview Partner 10 2016). Es haben bereits mehrere erfolgreiche Interventionen stattgefunden. Die einzelnen Ergebnisse können wie folgt kategorisiert werden: (i) Kapazitätsaufbau für lokale Gemeinschaften, (ii) diversifizierte Einkommensmöglichkeiten, (iii) verbesserte Kommunikationsmittel, (iv) die Schaffung eines Netzwerks indigener Parks, (v) verbesserte Infrastruktur und (vi) sicherer Landbesitz. Wichtig ist, dass diese sechs Kategorien nicht isoliert, sondern miteinander verknüpft sind.

Kategorie I: Aufbau von Kapazitäten für lokale Gemeinschaften
Eine wichtige Strategie der an Mapu Lahual beteiligten Akteure ist der Aufbau organisatorischer Kapazitäten. Die CONAF und der WWF Chile haben die Verwaltungskapazitäten der indigenen Gemeinden in der Region systematisch aus-

gebaut (McAlpin 2004). Die CONAF leistete technische Hilfe durch Arbeitspläne, die auch die Abgrenzung der Gemeindegrenzen umfassten. Darüber hinaus führte CONAF soziale Begegnungen ein, die die Kommunikation zwischen den Gemeinden stärkten. Seit dem ersten sozialen Treffen in den späten 1990er-Jahren treffen sich die Gemeindemitglieder jährlich (CONAF 2001; Interview Partner 10 2016). Im Folgenden finden Sie eine Auswahl von Planungsinstrumenten, die für die Schulung der Gemeinden entwickelt wurden.

• Alerce-Arbeitspläne, einschließlich der Abgrenzung des Einflussgebiets;
• Waldbewirtschaftungspläne;
• Verwaltungspläne für Parks;
• Pläne der Gemeinschaft;
• Geschäftspläne für den Ökotourismus;
• Mapu Lahual Gesamtplan.

Drei der wichtigsten Interessengruppen – CONAF, WWF Chile und die AIML – waren an der Erstellung dieser Pläne beteiligt, was auch ein Ergebnis der konsequenten partizipativen Planungsprozesse ist. Mit institutioneller Unterstützung erstellte die AIML einen Masterplan, in dem sie die künftige Entwicklung der Region vorsieht. Der Masterplan stützt sich auf vier Säulen: (i) Territorium und Natur, (ii) nachhaltige Wirtschaft, (iii) Kultur und Bildung sowie (iv) Politik und Organisation (Mapu Lahual 2006). Jede dieser Säulen ist entweder direkt oder indirekt mit der Einrichtung von kommunalen Schutzgebieten verbunden. Die Klärung von Landtiteln ist ein klar definiertes Ziel des Plans.

Kategorie II: Diversifizierte Einkommensmöglichkeiten
Um ein Gleichgewicht zwischen den Bedürfnissen der Gemeinschaft und des Naturschutzes herzustellen, zielten die verschiedenen Initiativen in Mapu Lahual darauf ab, das Einkommen der Gemeinschaften zu diversifizieren, um die Abhängigkeit der Bewohner von der Alerce zu verringern (Interview Partner 5 2016). Eine wichtige Form der Einkommensdiversifizierung ist der gemeindebasierte Tourismus (*community-based tourism* – CBT)[19] (Guala und Szmulewicz 2007). Die Idee hinter dem CBT ist es, die Zahl der Touristen zu begrenzen, umweltbewusste Touristen anzuziehen und Aktivitäten durchzuführen, die die Umwelt nicht schädigen (Montenegro und Aldo 2012; Rivera und Pavez 2012; Skewes et al. 2015). CBT wurde in Mapu Lahual speziell vom WWF Chile und CONAF als alternative Form der Entwicklung gefördert (Interview Partner 7 2016; Molina und Pavez 2012). Beide Organisationen sehen CBT als eine alternative Form der lokalen wirtschaftlichen Entwicklung mit geringen Umweltauswirkungen (Ancapan et al. 2014; McAlpin 2004). CBT trägt auch zur regionalen Entwicklung bei. Wenn es gut ausgeführt wird, schafft es ein Gleichgewicht bei der Herausforderung, wirtschaftliche Entwicklung und Umweltschutz zu verbinden (Interview Partner 6 2016; Montenegro und Aldo 2012).

---

[19] Community based tourism.

Kategorie III: Verbesserte Kommunikationsmittel
Die Verbesserung der Telekommunikation und der Straßenverbindungen wurde unter anderem von NZAID vorangetrieben (Arce 2011; Interview Partner 6 2016). Das Ziel war (und ist), den Zugang zur Region und die Kommunikation innerhalb und zwischen den Gemeinden sowie mit Orten außerhalb von Mapu Lahual zu erleichtern. Die Verbesserung der Kommunikation sowohl durch neue Straßenverbindungen als auch durch neue Telekommunikationsmittel wirkt sich positiv auf die touristische Entwicklung und die organisatorischen Kapazitäten aus, da sie die Erreichbarkeit der Region verbessert und die Koordination erleichtert.

Kategorie IV: Schaffung eines Netzwerks indigener Parks
Mit der Gründung der AIML wurde die Verantwortung für die Verwaltung und das Management auf die lokale Ebene übertragen. Eine weitere wichtige Errungenschaft der territorialen Entwicklung in Mapu Lahual ist das Netzwerk indigener Parks (RED).[20] Dieses Netzwerk umfasst sechs miteinander verbundene Parks innerhalb des Mapu Lahual-Territoriums, die von der Arbeitsgruppe Mesa Hueyelhue zu „indigenen Schutzgebieten" erklärt wurden (Interview Partner 10 2016). Die AIML beaufsichtigt diese Parks. Obwohl sie rechtlich nicht als Schutzgebiete anerkannt sind, haben diese Parks einen hohen Grad an gesellschaftlicher Anerkennung erreicht (Interview Partner 10 2016). Ihre Existenz hat (i) das Bewusstsein für den einzigartigen ökologischen Wert von Mapu Lahual geschärft, (ii) das Bewusstsein für die Existenz von Schutzgebieten unter der Kontrolle indigener Gemeinschaften geschärft, unabhängig vom rechtlichen Status dieser Gebiete, und (iii) eine erhebliche Anzahl von Touristen in die Region gelockt (Interview Partner 5 2016; Interview Partner 7 2016; Interview Partner 10 2016).

Kategorie V: Verbesserte Infrastruktur
In Mapu Lahual wurden in der Vergangenheit und werden auch heute noch bauliche Maßnahmen durchgeführt. NZAID hat Wege und Pfade entwickelt, den Bau von Gemeinschaftshäusern unterstützt und allgemein in Baumaterialien investiert. Diese Bauten haben anderen Strategien direkt zugutegekommen. Zum Beispiel haben die geschaffenen Wege es für Touristen einfacher gemacht, das Gebiet zu erreichen und für die lokale Gemeinschaft, diese Wege mit attraktiven touristischen Orten zu verbinden (Interview Partner 5 2016; Interview Partner 7 2016).

Kategorie VI: Sicherer Landbesitz
Die wohl wichtigste Entwicklungsstrategie, die verfolgt wird, ist die Klärung von Landtiteln mit Hilfe des Land- und Wasserfonds (CONADI) und des Dekrets 2695 des MBN (1979). Als Beispiel kann man die Gemeinde Maicolpi anführen. Maicolpi verfügt theoretisch über Landtitel von etwa 14.000 ha, die sich aus den Títulos de Comisario ergeben (Antriao 2009). Maicolpi war der letzte Ort, an dem die Títulos de Comisario ausgehändigt wurden (Interview Partner 11 2016; Interview Partner 8 2016). Die Títulos de Comisario verloren ihre rechtliche Gültigkeit, während das Gesetz „*Ley de la Propiedad Austral*" die Einschreibung von Land an private

---

[20] RED: *Red de Parques Indígenas Mapu Lahual.*

Landbesitzer erleichterte. Die Gemeinde Maicolpi fordert die Rückgabe ihrer ursprünglichen 14.000 ha. Im Jahr 2001 kaufte das CONADI mit Hilfe des Land- und Wasserfonds insgesamt 1298 ha für die Gemeinde. Im Jahr 2003 beabsichtigte die Gemeinde, 2500 ha durch das Dekret 2695 (1979) zurückzuerhalten (Antriao 2009).

7.4.6 Herausforderungen und Empfehlungen zu den Interventionen

Trotz spürbarer Verbesserungen in Mapu Lahual im Vergleich zur Situation vor zwei Jahrzehnten bleiben viele Herausforderungen bestehen.

7.4.6.1 Herausforderung I: Keine kollektiven Maßnahmen

Wie Interview Partner 7 feststellte, „gibt es kein gemeinsames Handeln"[21] unter den Gemeinden (04.04.2016). Viele Gemeinden arbeiten getrennt, weil sie keine ganzheitliche territoriale Vision haben, wie sie im Masterplan der Region (AIML) dargestellt ist. Der Mangel an Einheit und Vision unter den Gemeinden ist auf die Isolation zurückzuführen, in der sie immer noch leben (Interview Partner 5 2016). *Empfehlung*: Stärkere Förderung der territorialen Entwicklung durch die AIML und stärkere Befähigung der AIML, die Interessen der Gemeinden durch die in ihrem eigenen regionalen Masterplan definierte Vision zu vertreten.

7.4.6.2 Herausforderung II: Fehlende Vertretung der Gemeinschaft

Einige Gemeinschaften haben das Gefühl, dass ihre Interessen in der AIML nicht angemessen vertreten werden. Dies ist zum Teil ein rechtliches Problem, da indigene Vereinigungen keine politische Repräsentativität beanspruchen können. Es handelt sich aber auch um ein internes Problem. Viele Huilliche haben das Gefühl, dass einige Familien zu stark vertreten sind, während andere völlig außen vorgelassen werden (Interview Partner 10 2016; McAlpin 2004). *Empfehlung*: Die AIML sollte ihren Zweck allen Gemeinschaften gegenüber klar kommunizieren, und alle Gemeinschaften sollten gleichermaßen vertreten sein.

---

[21] *Original-Wortlaut:* „[N]o existe una acción colectiva".

7.4.6.3   Herausforderung III: Geringe Regulierung der touristischen Aktivitäten

Tourismus auf lokaler Ebene erfordert eine Regulierung, um Umweltschäden zu vermeiden (Interview Partner 2 2016; Interview Partner 6 2016; Pauchard und Villarroel 2002). Gegenwärtig stehen einige Gemeinden vor der Schwierigkeit, ein immer noch überwiegend ungeordnetes touristisches Umfeld zu organisieren. Viele Touristen lassen ihren Müll zurück und verursachen Umweltschäden (Interview Partner 10 2016; McAlpin 2004). Dies konterkariert die zentrale Idee des CBT. *Empfehlung*: Befolgung der CBT-Richtlinien und Entwicklung von Regelungen die für ein gut koordiniertes und gut funktionierendes CBT-Umfeld nötig sind. Dies kann durch ein kompetentes und starkes AIML geschehen.

7.4.6.4   Herausforderung IV: Unsichere Grundbesitzverhältnisse

Die Sicherheit des Landbesitzes hat sich zweifellos verbessert (mehr Gemeinden haben Rechtstitel auf ihr Land als früher). Dennoch gehört immer noch weniger als ein Fünftel des gesamten Territoriums der Gemeinschaft, während mehr als vier Fünftel in öffentlicher oder privater Hand bleiben (Arce und Aylwin 2012a, b; McAlpin 2004). Aufgrund der fehlenden territorialen Vision wird das zurückgegebene Land nicht von einem gemeinschaftlichen Sinn für das Gebiet „Mapu Lahual" geleitet. Das Land wird von den einzelnen Gemeinschaften aufgeteilt, weil diese ganzheitliche, territoriale Vision fehlt, was den Blick auf die Vorteile von gewohnheitsrechtlichen Landrechten und ICCAs verstellt (Interview Partner 8 2016). *Empfehlung*: Ausarbeitung der Vorteile gewohnheitsrechtlicher Landrechte und ICCAs (d. h. indigenes Territorium zugunsten *aller* Gemeinschaften von Mapu Lahual) und der Nachteile der Landaufteilung (d. h. die langsame, aber stetige Verringerung der Gesamtlandfläche).

7.4.6.5   Herausforderung V: Ausbau der Autobahnen

Die fortbestehenden Pläne, weite Teile des Mapu Lahual Gebietes für eine Verlängerung der Nord-Süd-Autobahn („*Ruta Costera Sur*") zur Verfügung zu stellen, sind ein weiterer Grund für Entwicklungsfachleute und Gemeindemitglieder, den laufenden Prozess der Gebietsplanung fortzusetzen. *Empfehlung*: In den Worten von Interviewpartner 10: „Der andere, der die Probleme noch nicht gelöst hat, erhält nicht das gleiche Maß an Unterstützung. Das ist es, was wir in Ordnung bringen müssen. Der Prozess muss so lange fortgesetzt werden, bis auch die letzte Gemeinschaft eine gesicherte Zukunft und die Anerkennung ihrer territorialen Rechte erreicht hat".[22]

---

[22] *Original Worte:* „[E]l otro, que todavía no soluciona, va a seguir arreglando, pero no cuenta con toda mi fuerza del resto para poder seguir apoyando. Eso es lo que uno tiene que hacer. En que el proceso termina hasta que la última comunidad ha logrado en los futuros común que el reconocimiento de su derecho terrtorial."

7.5 Diskussion und Schlussfolgerungen

7.5.1 Die sozialen und ökologischen Folgen unsicherer Landbesitzverhältnisse

Die Mapuche Huilliche in Chile haben eine gut dokumentierte Geschichte von unsicheren Landbesitzverhältnissen hinter sich. Nach der Erlangung der Unabhängigkeit setzte sich die chilenische Regierung über die Friedensvereinbarungen zwischen den spanischen Kolonisatoren und den Mapuche hinweg, die damals den Charakter eines internationalen Vertrags hatten. Das Versäumnis, gewohnheitsrechtliche Landrechte zu respektieren und in den nationalen Rechtsrahmen zu integrieren, führte in Verbindung mit einer groß angelegten Expansion von Siedlergemeinschaften in indigene Gebiete zum Verlust von Land für indigene Gemeinschaften im ganzen Land.

Heute sind die Rechte der indigenen Völker auf Land im nationalen und internationalen Recht fest verankert. Die verbleibenden indigenen Gebiete sind geschützt, und es gibt sogar einen Mechanismus, mit dem indigene Völker einen Teil ihres angestammten Landes zurückfordern können. Die Nichtanerkennung der Artikel 1 und 12 des Gesetzes über indigene Völker (1993) in der Verfassung und die mangelnde Anwendung des erstgenannten Gesetzes behindern jedoch nach wie vor die Landansprüche indigener Gemeinschaften. Die Ratifizierung des ILO-Übereinkommens 169 (1989) eröffnet neue Möglichkeiten zur rechtlichen Anerkennung und zum Schutz von Land, das traditionell von indigenen Völkern bewohnt wird. Das Konzept der öffentlichen Schutzgebiete hat seinen Ursprung in der Annahme des Yellowstone-Modells. Das Modell basiert auf der Idee, dauerhafte menschliche Siedlungen aus den Schutzgebieten zu entfernen. Bei kommunalen Schutzgebieten hingegen schließen sich die beiden Bereiche nicht gegenseitig aus. Dies schafft ein ungünstiges Umfeld für die Beteiligung indigener Völker und lokaler Gemeinschaften an der Erhaltung der Wälder und der Einrichtung von lokal verwalteten Schutzgebieten.

Ohne gesicherte Landrechte leben indigene Völker und lokale Gemeinschaften in prekären Lebensverhältnissen. Der Verlust des Zugangs zu Land und Ressourcen kann zu unkontrolliertem Ressourcenabbau und Waldzerstörung führen, was sich negativ auf die lokalen Lebensgrundlagen und die natürliche Umwelt auswirkt. Die Suche nach Lösungen zur Stärkung der Landrechte indigener Völker ist daher der Schlüssel zum Schutz der Umwelt und zur Sicherung der Lebensgrundlagen.

7.5.2 Mögliche Lösungen für unsichere Landbesitzverhältnisse

Mit der Verabschiedung des Indigenengesetzes (1993) und des Lafquenche-Gesetzes (2008) hat die chilenische Regierung bereits Schritte unternommen, um die Landrechte der indigenen Völker zu stärken. Die vollständige Anerkennung der gewohnheitsmäßigen Landrechte setzt nicht nur voraus, dass die Gemeinschaften das Land nutzen, sondern auch die Anerkennung der kommunalen Behörden, die die Regeln und Vorschriften für die Verwaltung des Landes festlegen. Lokale Gemeinschaften sollten als unabhängige Akteure und ergänzende Partner für die Entwicklung angesehen werden. Um die gewohnheitsrechtlichen Landrechte weiter zu stärken, sollten das ILO-Übereinkommen 169 (1989) und die UNDRIP (2007) in Fällen von Landrückgabe und -erwerb zusätzlich zum nationalen Recht angewandt werden.

Entwicklungsmaßnahmen sollten sich auf das gesamte Gebiet beziehen. Sie sollten auf alle Gemeinschaften, die zu diesem Gebiet gehören, ausgerichtet sein und nicht nur auf einzelne Gemeinschaften. Die Maßnahmen, die in Mapu Lahual durchgeführt wurden, einschließlich des Netzwerks indigener Parks, sind ein Beispiel für eine solche Maßnahme, die auch anderswo in Chile und Lateinamerika umgesetzt werden könnte. Der international anerkannte Grundsatz der *freien vorherigen Zustimmung nach Inkenntnissetzung (Free Prior Informed Consent* – FPIC) zielt darauf ab, die Konsultation und Beteiligung der indigenen Völker vor der Durchführung eines vorgeschlagenen Entwicklungsprojekts in Gebieten, in denen indigene Völker und lokale Gemeinschaften leben, zu gewährleisten. Dieser Grundsatz sollte beibehalten werden.

7.5.3 Beschränkungen

Die in diesem Kapitel dargelegten Erkenntnisse sind möglicherweise nicht auf andere Gemeinden in Chile übertragbar. Was in Mapu Lahual relativ gut funktioniert, funktioniert möglicherweise an anderen Orten nicht genauso gut und umgekehrt. Darüber hinaus erhält Mapu Lahual relativ viel öffentliche und private Finanzhilfe und technische Unterstützung, da es Teil der zweitgrößten Küstenregenwaldregion der Welt ist und als solches als vorrangiges Schutzgebiet gilt. Andere Regionen, denen diese Eigenschaft fehlt, erhalten möglicherweise nicht das gleiche Maß an Aufmerksamkeit wie Mapu Lahual.

7.6 Ausblick

Diese Studie hat einen allgemeinen Überblick über die territorialen Entwicklungsmaßnahmen in Mapu Lahual aus einer rechtshistorischen und regionalplanerischen Perspektive gegeben. Zukünftige Forschungen könnten einzelne Komponenten dieser Studie, z. B. den gemeindebasierten Tourismus, genauer untersuchen (siehe auch Kap. 6 und 12 in diesem Buch). Zukünftige Forschungen könnten auch den Erfolg der bisher durchgeführten Maßnahmen bewerten und eine vergleichende Analyse zwischen Mapu Lahual und anderen Regionen in Chile und Lateinamerika durchführen. Dies könnte weitere Erkenntnisse über die Verallgemeinerbarkeit der Ergebnisse und die Replizierbarkeit der vorgeschlagenen Entwicklungsmaßnahmen in einem anderen Kontext liefern.

Abschließend sei noch erwähnt, dass die beschriebenen Landbesitzkonflikte höchstwahrscheinlich erheblich gemildert würden, wenn wir davon ausgehen würden, dass alles Land, wie auch andere natürliche Ressourcen, allen gleichermaßen gehört, unabhängig von ihrer ethnischen Herkunft oder davon, wer sie zuerst besiedelt hat, wie es z. B. Henry George (1935) formuliert hat. Wie in Kap. 3 dargelegt wurde, sollten daher alle reinen Naturprodukte, denen der Mensch keinen Wert hinzugefügt hat – wie es bei Land der Fall ist – allen gleichermaßen gehören; nicht nur aus Gründen der Fairness, sondern auch zur Verbesserung der Allokationseffizienz. Mit anderen Worten: Niemand sollte ein Privateigentum an Land beanspruchen können (z. B. George 1935; Gesell 1949). Eine Lösung könnte darin bestehen, dass alles Land als Staatsland, Gemeinschaftsland oder Gemeindeland betrachtet wird. Eine ähnliche Situation gab es jahrhundertelang, als alles Land dem jeweiligen König und vielleicht einem begrenzten Netz von Adligen gehörte (siehe Kap. 3), während Gebäude und darauf angebaute land- oder forstwirtschaftliche Erzeugnisse in Privatbesitz waren. Nach diesem Vorschlag muss jeder, der das Land für die Forst- oder Landwirtschaft oder aus anderen Gründen nutzen möchte, es von der Regierung oder der jeweiligen Gemeinde pachten. Von der Pachtzahlung könnten Häuser natürlicher Personen und kleine landwirtschaftliche Aktivitäten in ihrer Umgebung ausgenommen werden.

Literatur

Agyepong E (2013) Securing land tenure in ethnically-diverse societies: a comparative study of the laws and land policies of Chile and Ghana. Spring Res Ser 58. TU Dortmund, Dortmund
Almeida F (2015) Collective land tenure and community conservation: exploring the linkages between collective tenure rights and the existence and effectiveness of territories and areas conserved by indigenous peoples and local communities (ICCAs). Companion Doc Policy Brief 2:3–32
Ancapan J, Paillamanque G, Barrientos M (2014) Mapu Lahual: Territorio Indígena para la Conservación del Pueblo Originario en el Sur de Chile. Revista Parques 3:1–8
Antriao B (2009) Información sobre la Situación de las Tierras en el Territorio Huilliche. Informe Aplicación Ley Indígena, Osorno
Arce L (2011) Connectivity and accessibility of isolated territories: the case of Mapu Lahual in Southern Chile. Master's Thesis, Universidad Austral de Chile. Valdivia
Arce L, Aylwin J (2012a) Análisis de Derecho Internacional, Legislación Nacional, Fallos, e Instituciones al Interrelacionarse con Territorios y Áreas de Conservación de los Pueblos Indígenas y Comunidades Locales: Report No. 9. Natural Justice, Chile
Arce L, Aylwin J (2012b) Recognition and support of ICCAs in Chile. CBD Secretariat Tech Ser 64:3–25
Arce L, Aylwin J, Guerra F et al (2016) El Estado Chileno y la Conservación de la Naturaleza Frenta a una Decisión Histórica: ¿Cómo Reconocer a los Territorios y Áreas Conservadas por Pueblos Indígenas y Comunidades Locales?
Assies W (2009) Land tenure, land law and development: some thoughts on recent debates. J Peasant Stud 36(3):573–589
Aylwin J (1999) Indigenous Peoples' rights in Chile and Canada: a comparative study. Master's Thesis, University of British Columbia, Vancouver

Aylwin J (2006) Land policy and indigenous peoples in Chile: progress and contradictions in a context of economic globalization. Dev Cooperation (ICCO) 12:14

Aylwin J (2008) Globalization and indigenous people's rights: an analysis from a Latin American perspective. Cah Dialog 1:1–37

Aylwin J, Cuadra X (2011) Los Desafíos de la Conservación en los Territorios Indígenas en Chile. Observatorio Ciudadano 14:9–78

Aylwin J, Meza-Lopehandía M, Yáñez N (2013a) Los Pueblos Indígenas y el Derecho. LOM, Santiago de Chile

Aylwin J, Yáñez N, Sánchez R (2013b) Pueblo Mapuche y Recursos Forestales en Chile: Devastación y Conservación en un Contexto de Globalización Económica. Observatorio Ciudadano

Azócar G, Sanhueza R, Aguayo M et al (2005) Conflicts for control of Mapuche-Pehuenche land and natural resources in the Biobío highlands, Chile. J Lat Am Geogr 4(2):57–76

Baranyi S, Diana C, Morales M (2004) Tierra y Desarrollo en América Latina: Perspectivas para la Investigación sobre Políticas. National University of Canada, Ottawa

von Benda-Beckmann F (2001) Legal pluralism and social justice in economic and political development. IDS Bull 32(1):46–56

Carruthers D, Rodriguez P (2009) Mapuche protest, environmental conflict and social movement linkage in Chile. Third World Q 30(4):743–760

CONAF (2001) Alerce y Huilliche: "Estado y Perspectiva"

Correa M, Catalán R, Paillamanque M (2002) Percepción de las Comunidades Huilliches sobre el Proyecto Ruta Costera Sur. Ambiente y Desarrollo 18(1):23–30

CVHNT (2008) Informe de la Comisión Verdad Histórica y Nuevo Trato con los Pueblos Indígenas. Santiago de Chile

Davy B (2009) The poor and the land: poverty, property, planning. Town Plan Rev 80(3):227–265

Denscombe M (2012) The good research guide for small-scale social research projects. Open University Press, Berkshire

DFID (2009) Poverty and environment. https://ec.europa.eu/europeaid/sites/devco/files/methodology-dfid-guide-to-environmental-screening-200306_en_2.pdf

Egaña Rodríguez G (2008) Identidades Territoriales como Estrategias de Adaptación Cultural a la Ecología del Estuario de Choroy-Traiguén, Provincia de Osorno. Master's Thesis, Universidad de Chile, Santiago de Chile

FAO (2002) Land tenure and rural development. Land Tenure Stud 3:1–42

FAO (2009) Indigenous and tribal peoples: building on biological and cultural diversity for food and livelihood security. http://www.fao.org/3/a-i0838e.pdf. Zugegriffen am Juni 2016

FAO (2012) On the voluntary guidelines on the responsible governance of tenure. Land Tenure J 1:1–10

Feeny D, Berkes F, McCay B et al (1990) The tragedy of the commons: twenty-two years later. Hum Ecol 18(1):1–19

Foljanty K, Wagner J (2009) Development policy stance on the topic of land-grabbing: the purchase and leasing of large areas of land in developing countries. BMZ Discourse Ser. Federal Ministry for economic cooperation and Development, Bonn

George H (1935) Progress and poverty – an inquiry into the cause of industrial depressions and of increase of want with increase of wealth – the remedy. 50th anniversary. Robert Schalkenbach Foundation, New York

Gesell S (1949) Die natürliche Wirtschaftsordnung durch Freiland und Freigeld. Rudolf Zitzmann, Lauf

Gómez S (2010) Update: essential issues of the Chilean legal system. http://www.nyulawglobal.org/globalex/Chile1.html. Zugegriffen am Juni 2016

GTZ (1998) Land tenure in development cooperation: guiding principles. https://www.mpl.ird.fr/crea/taller-colombia/FAO/AGLL/pdfdocs/englisch.pdf. Zugegriffen am Juni 2016

Guala C, Szmulewicz P (2007) Evaluación de Buenas Prácticas en Servicios de Ecoturismo Comunitario en la Eco-Región Valdiviana, Chile. Gestión Turística 8:9–24

Hager K (2013) Die Mapuche in Chile: Zwischen staatlicher repression und Widerstand. https://www.gfbv.de/fileadmin/redaktion/Reporte_Memoranden/2013/Mapuche_Memorandum__November_2013_HP.pdf. Zugegriffen am 02.12.2015

Heller M (1997) The tragedy of the anticommons: property in the transition from Marx to markets. William Davidson Working Paper 111:1–84

Henning M, Hutter I, Bailey A (2011) Qualitative research methods. SAGE Publications, London

Holmes G (2013) Private protected areas and land grabbing in southern Chile. http://povertyand-conservation.info/sites/default/files/Holmes%20-%20Private%20protected%20areas%20and%20land%20grabbing%20in%20Southern%20Chile_0.pdf. Zugegriffen am Juni 2016

Holmes G (2014) What is a land grab? Exploring green grabs, conservation, and private protected areas in southern Chile. J Peasant Stud 41(4):547–567

ILC (2011a) The concentration of land ownership in Latin America: an approach to current problems. http://www.landcoalition.org/sites/default/files/documents/resources/LA_Regional_ENG_web_11.03.11.pdf. Zugegriffen am Juni 2016

ILC (2011b) The tragedy of public lands: the fate of the commons under global commercial pressure. Knowl Chang

ILC (2013) Indigenous peoples' rights to land, territories and natural resources. http://www.land-coalition.org/sites/default/files/documents/resources/IndigenousPeoplesRightsLandTerritoriesResources.pdf. Zugegriffen am Juni 2016

INDH (2014) Territorios y Derechos Humanos.https://www.indh.cl/wp-content/uploads/2014/12/Territorios-y-derechos-humanos-INDH-2014.pdf. Zugegriffen am Juni 2016

Interview Partner 10 (2016, April 11). Interview by M. von der Mühlen [MP4]. Osorno

Interview Partner 11 (2016, April 11). Interview by M. von der Mühlen [MP4]. Osorno

Interview Partner 12 (2016, April 19). Interview by M. von der Mühlen [MP4]. Valdivia

Interview Partner 1 (2016, March 8). Interview by M. von der Mühlen [MP4]. Valdivia

Interview Partner 2 (2016, March 11). Interview by M. von der Mühlen [MP4]. Valdivia

Interview Partner 4A (2016, March 14). Interview by M. von der Mühlen [MP4]. Temuco

Interview Partner 5 (2016, March 30). Interview by M. von der Mühlen [MP4]. Valdivia

Interview Partner 6 (2016, March 30). Interview by M. von der Mühlen [MP4]. Valdivia

Interview Partner 7 (2016, April 4). Interview by M. von der Mühlen [MP4]. Valdivia

Interview Partner 8 (2016, April 5). Interview by M. von der Mühlen [MP4]. Temuco

Interview Partner 9 (2016, April 6). Interview by M. von der Mühlen [MP4]. Valdivia

Jonas H, Makagon E, Booker S et al (2012) An analysis of International Law, National Legislation, Judgements, and Institutions as they interrelate with territories and areas conserved by indigenous peoples and local communities: report no. 1: International Law and Jurisprudence. http://www.iccaconsortium.org/wp-content/uploads/images/stories/Database/legalreviewspdfs/kenya_lr.pdf. Zugegriffen am Juni 2016

Kuhnen F (1982) Man and land: an introduction into the problems of agrarian structure and agrarian reform. http://www.professor-frithjof-kuhnen.de/publications/man-and-land/1.htm. Zugegriffen am Juni 2016

Llancaqueo V (2005) Pueblo Mapuche Derechos Colectivos y Territorio: Desafíos para la Sustentabilidad Democrática. LOM Ed, Santiago de Chile

Maggi D (2012) Implementation of a marine-protected area in Chile: consequences of neglecting socio-cultural factors. PhD Thesis, University of Otago, Otago

Mapu Lahual (2006) Rewe Lafquen: plan Maestro (Master Plan)

Mathiesen M (1998) Una Mirada a la Identidad de los Grupos Huilliche de San Juan de la Costa. Universidad ARCIS, Centro de Investigaciones sociales

McAlpin C (2004) Una Evaluación de la Red de Parques Indígenas Mapu Lahual. PhD Thesis, University of Colorado, Colorado

Miller R, Lesage L, Escarcena S (2010) The international law of discovery, indigenous peoples, and Chile. Nebraska Law Rev 89:819

Moeckli D, Shah S, Sivakumaran S et al (2013) International human rights law. Oxford University Press, New York City

Molina J, Pavez C (2012) Territorios Indígenas de Conservación: Aprendizajes desde la práctica en el Sur de Chile. https://d2ouvy59p0dg6k.cloudfront.net/downloads/guia_de_territorios_indigenas_de_conservacion__aprendizajes_desde_la_practica_en_el_sur_.pdf. Zugegriffen am Juni 2016

Molina R, Correa M, Smith-Ramirez C et al (2006) Alerceros Huilliches de la Cordillera de la Costa de Osorno. ANDROS Impresores, Santiago de Chile

Montenegro I, Aldo F (2012) Ordenamiento Territorial en el Sur de Chile: Experiencia de WWF con Pueblos Indígenas y Comunidades Locales. https://d2ouvy59p0dg6k.cloudfront.net/downloads/lineamientos_de_ordenamiento_territorial_en_el_sur_de_chile__experiencia_de_wwf_con_pueb.pdf. Zugegriffen am Juni 2016

Murray W (2002) The neoliberal inheritance: agrarian policy and rural differentiation in democratic Chile. Bull Lat Am Res 21(3):425–441

Nunez C (2015) Bloque de Constitucionalidad y Control de Convencionalidad en Chile: Avances Jurisprudenciales. Anuario de Derechos Humanos 11:157–169

Ostrom E, Hess C (2007) Private and common property rights. Indiana Univ Bloomington: Sch Public Environ Aff Res Paper 11:1–116

Ovideo G (o.J.) Lessons learned in the establishment and management of protected areas by indigenous and local communities. http://cmsdata.iucn.org/downloads/cca_goviedo.pdf. Zugegriffen am Juni 2016

Pauchard A, Villarroel P (2002) Protected areas in Chile: history, current status, and challenges. Nat Areas J 22(4):318–330

Rivera F, Pavez C (2012) Planificación y Gestión del Eco-Turismo Comunitario con Comunidades Indígenas. http://d2ouvy59p0dg6k.cloudfront.net/downloads/guia_de_planificacion_y_gestion_del_ecoturismo_comunitario_con_comunidades_indigenas.pdf. Zugegriffen am Juni 2016

RRI (2015) Who owns the world's land? A global baseline of formally recognized indigenous and community land rights. http://www.rightsandresources.org/wp-content/uploads/GlobalBaseline_web.pdf. Zugegriffen am Juni 2016

Sallés A, Pizarro N, Luna C (2012) Mapuche: Lengua y Cultura. Pehuén, Santiago de Chile

Secretariat of the CBD (2012) Recognising and supporting territories and areas conserved by indigenous peoples and local communities: global overview and national case studies. CBD Tech Res Ser 64:11–91

Skewes JC, Zúñiga CH, Vera MP (2015) Turismo Comunitario o de Base Comunitaria: Una Experiencia Alternativa de Hospitalidad Vivida en el Mundo Mapuche. CULTUR: Revista de Cultura e Turismo 6(2):73–85

Skjævestad A (2010) The Mapuche people's battle for indigenous land: litigation as a strategy to defend indigenous land rights, Cultures of legality: judicialization and political activism in Latin America 207. Cambridge University Press, Cambridge

Stevens S (2010) Implementing the UNDRIP and international human rights law through the recognition of ICCAs. Policy Matters 17:181–194

Susskind L, Kausel T, Aylwin J et al (2014) The future of hydropower in Chile. J Energy Nat Resour Law 32(4):425–481

Wehrmann B (2008) Land conflicts: a practical guide to dealing with land disputes. Gesellschaft für Internationale Zusammenarbeit GmbH (GIZ), Eschborn

Wehrmann B (2011) Land use planning: concepts, tools and guidelines. Gesellschaft für Internationale Zusammenarbeit GmbH (GIZ), Eschborn

Wickeri E, Kalhan A (2010) Land rights issues in international human rights law. Malays J Hum Rights 4(10):1–10

Kapitel 8
Auf dem Weg zu einem neuen Waldmodell für Chile: Bewirtschaftung von Waldökosystemen zur Steigerung ihres sozialen, ökologischen und wirtschaftlichen Nutzens

Pablo J. Donoso und Jennifer E. Romero

8.1 Einleitung

Obwohl Chile ein recht kleines Land am südlichen Ende der Welt ist, ist sein Forstsektor ein interessantes Studienobjekt, vor allem wegen der Gegensätze zwischen den sogenannten zwei Teilsektoren (Salas et al. 2016): den industriellen Kurzumtriebsplantagen (2,8 Mio. ha) und den bedrohten und schlecht bewirtschafteten einheimischen Wäldern (14 Mio. ha). Die einheimischen Wälder wachsen zwischen 33 und 56°S, während die Plantagen (68 % *Pinus radiata* und 23 % Eukalyptusarten) hauptsächlich zwischen 35 und 41°S angebaut werden. Diese geografische Region, in der Plantagen am besten gedeihen (25 m³/ha/Jahr für *P. radiata* und 35 m³/ha/Jahr für *Eukalyptus*; Cubbage et al. 2007), überschneidet sich mit dem Gebiet der artenreichsten und produktivsten einheimischen Wälder, in denen viele endemische Tier- und Pflanzenarten vorkommen (Bannister et al. 2012; Armesto et al. 1998). In dieser Region leben 30 % der chilenischen Bevölkerung (5,3 Mio. Menschen, in einem Land, in dem 40 % der Bevölkerung in Santiago leben). In diesen Breitengraden entwickelt sich auch der größte Teil der chilenischen industriellen Landwirtschaft, insbesondere im Zentraltal zwischen der Küste und den Anden, einschließlich Wein, Milch- und Viehwirtschaft sowie Obst- und Gemüseanbau. Darüber hinaus wurden in dieser Region die meisten industriellen Plantagen angelegt, vor allem in den Aus-

P. J. Donoso (✉)
Institut für Forstwirtschaft und Gesellschaft, Universidad Austral de Chile, Valdivia, Chile
E-Mail: pdonoso@uach.cl

J. E. Romero
Agrupación de Ingenieros Forestales por el Bosque Nativo, Valdivia, Chile

Abb. 8.1 Die vier wichtigsten Waldnutzungsformen in Süd-Zentral-Chile. Von links oben im Uhrzeigersinn zeigen die Bilder Urwälder, Sekundärwälder, Hochwälder und schließlich eine Landschaft, die von kahlgeschlagenen und noch nicht geschlagenen, gleichaltrigen Plantagen mit exotischen Arten dominiert wird. (Fotos von P. Donoso, mit Ausnahme des Bildes des Hochwaldes von Daniel Uteau)

läufern der Anden- und Küstengebirge. In einer Region, in der die meisten einheimischen Wälder im Tiefland verschwunden sind, sind sie daher auch in den bergigeren Gebieten durch exotische Baumplantagen ersetzt worden, was zu einer kontinuierlichen Degradierung und Fragmentierung geführt hat (Echeverría et al. 2006; Abb. 8.1).

Das oben beschriebene Szenario hat dazu geführt, dass Süd-Zentral-Chile als Biodiversitäts-Hotspot (Myers et al. 2000) betrachtet wird, d. h. als eine biogeografische Region, die sowohl ein bedeutendes Reservoir an Biodiversität darstellt als auch von Zerstörung bedroht ist. Während die Vielfalt und Produktivität der einheimischen Wälder sowie die menschliche Bevölkerung nach Süden hin abnehmen, ist die Degradierung der einheimischen Wälder in dieser Region nach wie vor die Regel (Zamorano-Elgueta et al. 2014). Während industrielle Plantagen die Entwicklung des forstwirtschaftlichen Industriesektors ermöglichen, der jährlich mehr als fünf Milliarden Dollar exportiert, liefern die einheimischen Wälder vor allem Brennholz, das durch Aufforstung gewonnen wird. In diesem Szenario stellen wir uns die Frage: *Kann der Forstsektor in Chile die Bereitstellung von Ökosystemgütern und -leistungen steigern?* Wir gehen davon aus, dass dieses Ziel erreichbar ist, und dass das Ziel darin bestehen muss, widerstandsfähigere Waldbestände und Landschaften zu entwickeln.

8.2 Ein kurzer Überblick über die jüngere Geschichte der chilenischen Wälder

Die ersten Vorschläge zur Regelung der Waldnutzung in Chile stammen aus dem späten XIX. Jahrhundert, ausgelöst durch die Besorgnis über die Erosion von Millionen von Hektar Böden durch die Landwirtschaft in Zentralchile. Im Jahr 1872 wurde das „Ley de Bosques" (Waldgesetz) erlassen. Dieses Gesetz regelte den Einsatz von Feuer und förderte die Aufforstung mit eingeführten (exotischen) Baumarten. Dieses Gesetz war aufgrund institutioneller Beschränkungen nicht sehr effektiv, diente aber als Grundlage für den Erlass einer verbesserten Version im Jahr 1931 (Camus 2004). Die Abholzung ging jedoch Hand in Hand mit der Besiedlung des südlichen Zentralchiles, mit der Landwirtschaft und der steigenden Nachfrage nach Holz und Brennholz (Ramírez 2003). Zwischen 1931 und 1973 schuf der Staat auch die Forstindustrie, legte mehr als 300.000 ha Waldplantagen mit exotischen Arten an und entwickelte die öffentlichen Forstinstitutionen, die bis heute für die Durchsetzung des Gesetzes, die Verwaltung der staatlichen Schutzgebiete und die Forschung zuständig sind (Donoso und Otero 2005). In den 1950er-Jahren wurden eine öffentliche und eine private Forstschule gegründet, die bis in die 1980er-Jahre die einzigen waren, als während der Militärdiktatur ein neues Hochschulgesetz erlassen wurde, das zusammen mit zeitweiligen Marktsignalen zu 17 Forstschulen für ein Land mit einer Bevölkerung von rund 15 Mio. Menschen führte (Donoso und Otero 2005). Viele dieser Schulen wurden geschlossen, als das Überangebot an Forstwirten deutlich wurde (Donoso 2012), und derzeit gibt es in Chile sechs Forstschulen, die jährlich knapp 100 Forstwirte ausbilden.

Nach dem Militärputsch von 1973 erließ die Regierung das Gesetzesdekret 701 (1974), das sehr attraktive Subventionen für Plantagen vorsah. Diese und andere Maßnahmen (siehe Niklitschek 2007) wurden zu einem großen Anreiz für private Unternehmen, Plantagen anzulegen, die auf erodierten Böden entstanden, aber auch Tausende von Hektar einheimischer Wälder ersetzten (Lara und Veblen 1992). Andererseits wurde erst 2008, nach 16 Jahren Diskussion im Nationalkongress, das sogenannte „Gesetz über die einheimischen Wälder" (Nr. 20.283) erlassen, das jedoch sehr unwirksam ist (Manuschevich und Beier 2016). Das Gesamtergebnis dieser Geschichte ist, dass die Region Chiles, die die Entwicklung gemäßigter Wälder ermöglicht, von mediterranen Wäldern im Norden bis hin zu magellanischen Regenwäldern im äußersten Süden, durch alternative Landnutzungen (insbesondere Landwirtschaft und industrielle Forstplantagen) verkleinert worden ist. Diese Wälder sind heute größtenteils auf die beiden Gebirgszüge (vor allem in den Anden) beschränkt, aber ihr Erhaltungszustand im südlich-zentralen Teil des Küstengebirges ist alamierend, da diese Region größtenteils von industriellen Plantagen bedeckt ist (Abb. 8.2).

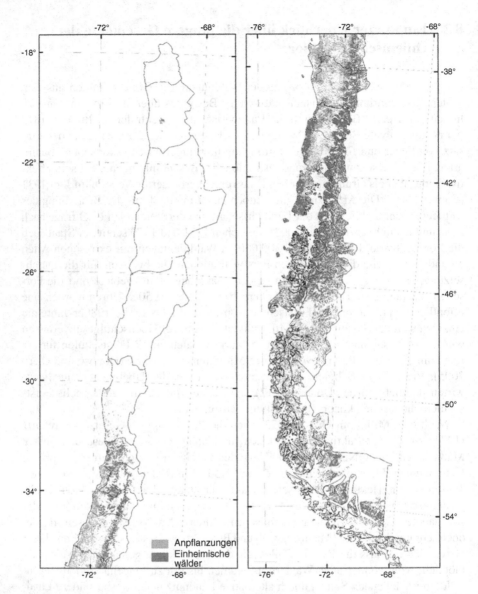

Abb. 8.2 Fläche der einheimischen Wälder und Plantagen in Chile. Diese Karte veranschaulicht die Konzentration der einheimischen Wälder im Süden und die Verringerung ihrer Flächen in der zentralen Niederung und im Küstengebiet in Zentralchile aufgrund von Landnutzungsänderungen

8.3 Einheimische Wälder und ihre aktuelle und potenzielle Bereitstellung von Ökosystemgütern und -leistungen

Zu den einheimischen Wäldern gehören die mediterranen Wälder (33–38°) und die gemäßigten Regenwälder, letztere unterteilt in die valdivianischen Regenwälder (37°45′ bis 43°30′S lat.), die nordpatagonischen Regenwälder (43°20′ bis 47°30′S lat.) und die magellanschen Regenwälder (südlich von 47°20′ lat.) (Veblen et al. 1983; Veblen und Alaback 1995). Darüber hinaus sind diese einheimischen Wälder in 12 Waldtypen unterteilt, von denen vier von Nadelbäumen dominiert werden (einschließlich der emblematischen Araucaria (*Araucaria araucana*) und Alerce (*Fitzroya cuppressoides*)) und größtenteils zur Erhaltung vorgesehen sind. Die einheimischen Wälder im nördlichen Teil des Landes (Süd- und Zentralchile) weisen einen hohen Grad an Degradation auf, während sie im südlichsten Teil (chilenisches Patagonien) aufgrund der geringeren Bevölkerungsdichte und anderer ökologischer Faktoren, die die Erholung dieser Wälder erleichtern, in einem besseren Zustand sind. Insgesamt befinden sich die mediterranen Wälder und die gemäßigten Regenwälder der valdivianischen Halbinsel aufgrund der hohen Bevölkerungsdichte und der widersprüchlichen Landnutzungsansprüche an die produktiven Standorte in einem schlechten und gefährdeten Erhaltungszustand.

Die gemäßigten Regenwälder Valdivias sind hochproduktive Mischwälder (Loguercio et al. 2018). Artengemischte Wälder sind nicht nur im Allgemeinen produktiver als reine Wälder, sondern bieten auch mehr Ökosystemleistungen, sind widerstandsfähiger und haben daher eine größere Anpassungsfähigkeit (z. B. Morin et al. 2011; Vila et al. 2013). Daher haben diese Wälder ein großes Potenzial, Güter und Dienstleistungen von lokaler und globaler Bedeutung zu liefern. Die künftigen Herausforderungen bestehen darin, einheimische Wälder ordnungsgemäß zu bewirtschaften, insbesondere dort, wo sie ein gutes Potenzial für die Bereitstellung von Gütern und Dienstleistungen haben (zugänglich, gute Wachstumsraten, usw.) und dafür, geschädigte Wälder zu sanieren (wiederherzustellen oder zu rehabilitieren).

Die waldbaulichen Möglichkeiten für diese Wälder haben sich stark verbessert. Die meisten Experimente und einige betriebliche Bewirtschaftungen wurden in Sekundärwäldern durchgeführt, die von Nothofagus-Arten oder von *Drimys winteri* dominiert werden, einer schnell wachsenden Art, die gut an das Wachstum in schlecht entwässerten Böden angepasst ist (Loguercio et al. 2018; Donoso et al. 2018). Durchforstungen in diesen Wäldern fördern das Wachstum ausgewählter Bäume, aber im Allgemeinen auch die Baumverjüngung und das Wachstum von Begleitarten. Daher ist es bei der Bewirtschaftung dieser Wälder von großer Bedeutung, von Anfang an festzulegen, ob der Wald in Form von gleichaltrigen Systemen bewirtschaftet werden soll, um die Förderung einer oder weniger dominanter Arten fortzusetzen, oder ob er für künftige ungleichaltrige Wälder bewirtschaftet werden soll, um produktive Mischwälder zu entwickeln. Derzeit gibt es auch einige Experimente mit ungleichmäßigem Waldbau in reifen und alten Wäldern (Donoso 2013), die bei nicht ordnungsgemäßer Bewirtschaftung wahrscheinlich einem High-Grading unterworfen werden, sowie Experimente mit Wiederherstellung und Durchforstung mit variabler Dichte, um gleichmäßige Wälder in ungleichmäßige Wälder umzuwandeln (Donoso et al. 2018). Bewirtschaftete Sekundärwälder können 10 bis 20 m³/ha/Jahr erreichen, während bewirtschaftete Altwälder 5 bis 10 m³/ha/Jahr erreichen können (Salas et al. 2018; Donoso et al. 2018, o. J.). Insgesamt ist der Grund, warum einheimische Wälder nicht ordnungsgemäß bewirtschaftet werden, nicht in der geringen Produktivität zu suchen, was theoretisch der Fall sein könnte, sondern in Governance-Problemen, auf die wir später in diesem Kapitel eingehen werden.

Die Tausende (oder wahrscheinlich Millionen) einheimischer Wälder, die degradiert wurden, sind in ihrer Fähigkeit, Ökosystemleistungen zu erbringen, drastisch eingeschränkt (z. B. Vásquez-Grandón et al. 2018). Gemäß internationalen Vereinbarungen (Bannister et al. 2018) muss Chile bis zum Jahr 2020 15 % seiner degradierten Ökosysteme wiederherstellen (AICHI-Ziele). Darüber hinaus hat sich Chile verpflichtet, bis zum Jahr 2030 mindestens 100.000 ha mit überwiegend einheimischen Arten aufzuforsten (Pariser Klimaabkommen COP21, New Yorker Erklärung der Wälder, Initiative 20 × 20). Die neue chilenische Forstpolitik (2015–2035; CONAF 2015) entspricht diesen internationalen Verpflichtungen und geht sogar noch weiter, indem sie die Wiederherstellung von 500.000 ha degradierter oder fragmentierter Ökosysteme in vorrangigen Gebieten anstrebt. In Anbetracht der hohen Produktionskapazität der einheimischen Wälder und der enormen Regenerationsfähigkeit der einheimischen Arten durch Samen und vegetative Quellen (die meisten Arten haben eine starke Keimfähigkeit) ist das Erreichen der oben genannten Bewirtschaftungs- und Wiederherstellungsziele für Chile eher eine Herausforderung in Bezug auf Governance, Umsetzung und langfristige Überwachung als eine ökologisch-waldbauliche Herausforderung. Die einheimischen Wälder werden weiterhin unter nicht nachhaltiger Bewirtschaftung abgeholzt (Lara et al. 2016), und vor allem das Zertrampeln und der Verbiss durch Rinder verringern die Regenerationsdichte und das Wachstum, insbesondere der dominanten Baumarten in diesen Systemen (Zamorano-Elgueta et al. 2014). Auch hier sind die Bewirtschaftung einheimischer Wälder und die Wiederherstellung geschädigter Wälder nicht durch ökologische Gründe zu erklären, sondern durch das Fehlen wirksamer politischer Maßnahmen, Vorschriften und Überwachung, die die Erholung dieser Wälder wirklich fördern.

8.4 Industrielle exotische Plantagen und die dringende Notwendigkeit eines besseren Managements

Industrielle Plantagen mit Radiata-Kiefern und *Eukalyptus sp.* werden so bewirtschaftet, dass die privaten Erträge maximiert werden, was bedeutet, dass sie je nach Standortbedingungen in einem frühen Alter geerntet werden (mit Kahlschlag), im ersten Fall jedoch etwa im Alter von 20–22 Jahren und im zweiten Fall von 12–15 Jahren. Darüber hinaus nehmen sie zusammenhängende große Flächen ein, die vor allem im Küstenbereich mit Ausnahme der Ränder von Flussläufen kaum noch ursprüngliche Wälder aufweisen (Abb. 8.1). Unter diesen Umständen müssen diese

Plantagen sowohl auf der Ebene der Bestände als auch auf der Ebene der Landschaft besser bewirtschaftet werden, wenn sie zu widerstandsfähigeren Landschaften beitragen sollen. Eine aktuelle Studie von McFadden und Dirzo (2018) befasst sich mit diesen Herausforderungen und schlägt sechs wichtige strategische Entscheidungen vor, die die Ergebnisse für die biologische Vielfalt erheblich beeinflussen könnten. Dazu gehören Änderungen bei der räumlichen und zeitlichen Planung, der Erhaltung von Altlasten, der Standortvorbereitung, der Verjüngung, dem Vegetationsmanagement sowie dem Durchforsten und Beschneiden. Zusammenfassend lässt sich sagen, dass bessere Entscheidungen in dieser Hinsicht darauf abzielen sollten, größere Flächen mit einheimischen Wäldern innerhalb der Plantagenmatrix zu haben, intakte Uferpuffer so breit wie möglich zu lassen, Altlasten nach allen Ernten zu belassen und die Unterholzvegetation zu fördern.

Die Plantagen sollten daher sowohl auf der Ebene der Bestände als auch auf der Ebene der Landschaft anders bewirtschaftet werden. Zusätzlich zu den Vorschlägen, die beispielsweise von McFadden und Dirzo (2018) unterbreitet wurden, könnten die Änderungen auch eine Verlängerung der Umtriebszeiten auf einem Teil der Flächen (Curtis 1997) und die Wiederherstellung der ursprünglichen Wälder umfassen, und zwar nicht nur auf den 40.000 ha, die der Forest Stewardship Council (FSC) als die Fläche der Plantagen ermittelt hat, die auf den verdrängten einheimischen Wäldern ab dem Jahr 1993 angelegt wurden (AIFBN 2011) (Beginn des FSC in Chile), sondern auch auf vielen Flächen, auf denen zuvor Ersatzpflanzungen stattfanden. All dies würde zu einem Szenario mit freundlicheren Plantagen innerhalb einer Matrix führen, die nicht nur bessere visuelle und ökologische Auswirkungen hätten, sondern auch eine größere Gesamtbereitstellung von Ökosystemleistungen bieten würden. Obwohl diese Vorschläge vernünftig erscheinen und keinen großen Druck auf die Unternehmen ausüben würden, radikale Veränderungen in ihrem Geschäft vorzunehmen, werden sie nicht umgesetzt. Natürlich wurde die Bewirtschaftung der von Plantagen dominierten Landschaften größtenteils privaten Unternehmen überlassen, die auch weiterhin auf die Maximierung ihrer privaten Gewinne abzielen.

8.5 Bessere Verwaltung von Waldlandschaften: Der Schlüssel zur Bereitstellung vielfältiger Güter und Dienstleistungen

Wie bereits erwähnt, müssen die Waldlandschaften in Zentral- und Südchile stärker beachtet werden, insbesondere um ihre Widerstandsfähigkeit gegenüber menschlichen und natürlichen Störungen zu erhöhen. Politische Maßnahmen und Regelungen, die in diese Richtung gehen, müssen sowohl die einheimischen Wälder in ihren verschiedenen Erhaltungszuständen als auch die Plantagen berücksichtigen.

In Bezug auf einheimische Wälder handelt es sich um komplexe adaptive Systeme, da sie Eigenschaften wie (z. B. Messier et al. 2013) heterogene Strukturen und nichtlineare Beziehungen, negative und positive Rückkopplungsmechanismen, Erinnerungen nach größeren Störungen und Veränderungen aufweisen und die einzelnen Komponenten ständig aufeinander und auf äußere Einflüsse reagieren, wodurch das System kontinuierlich verändert wird und sich an veränderte Bedingungen anpassen kann. Auf landschaftlicher Ebene ist die Variabilität der Waldökosysteme in Chile aufgrund ihrer Verteilung entlang eines großen Breitengrades und der topografischen Unterschiede in der West-Ost-Achse, die durch die Anden- und Küstengebirge verursacht werden, enorm. Die Komplexität ist also sowohl auf der Ebene der Waldbestände als auch auf der Ebene der Waldlandschaften gegeben, aber auf beiden Ebenen hat sie sich aufgrund großer Landschaftsveränderungen und falscher Bewirtschaftung der Wälder verändert. Um widerstandsfähigere Landschaften und Wälder zu erhalten, muss das Problem daher auf regionaler Ebene (d. h. in Zentral- und Süd-Chile) angegangen werden. Darüber hinaus müssen Organisationen, Menschen, Vorschriften und Prozesse, durch die Entscheidungen in Bezug auf die Wälder getroffen werden, im Gleichgewicht sein, aber um diesen Governance-Traum zu verwirklichen, bedarf es einer breiten Plattform, auf der gearbeitet werden kann.

8.5.1 Aufbau eines Zukunftsszenarios

Folke et al. (2002) weisen darauf hin, dass sich in verschiedenen Regionen der Welt Hinweise darauf häufen, dass sich natürliche und soziale Systeme nichtlinear verhalten, deutliche Schwellenwerte in ihrer Dynamik aufweisen und dass sozial-ökologische Systeme als stark gekoppelte, komplexe und sich entwickelnde integrierte Systeme agieren. Zwei nützliche Instrumente für den Aufbau von Resilienz in sozial-ökologischen Systemen sind strukturierte Szenarien und aktives adaptives Management. Diese Instrumente erfordern und erleichtern einen sozialen Kontext mit flexiblen Institutionen und Governance-Systemen auf mehreren Ebenen, die ein Lernen und eine Steigerung der Anpassungsfähigkeit ermöglichen, ohne künftige Entwicklungsoptionen auszuschließen. Wie weit ist Chile davon entfernt, über diese Instrumente zu verfügen?

Szenarien werden benötigt, um sich alternative Zukünfte und die Wege, auf denen sie erreicht werden könnten, vorzustellen. Das Nachdenken über diese Szenarien ist notwendig, um Maßnahmen zu ergreifen, die die Möglichkeiten, sie zu erreichen oder sich ihnen anzunähern, erhöhen, einschließlich der Vermeidung von unerwünschten Szenarien. Aktives adaptives Management betrachtet die Politik als eine Reihe von Experimenten, die darauf abzielen, Prozesse aufzuzeigen, die Resilienz aufbauen oder erhalten. In Chile gibt es ein Dokument zur Forstpolitik (2015–2035; CONAF 2015), das von einer Gruppe privater und öffentlicher Institutionen entwickelt wurde und vier strategische Hauptziele enthält: (a) Schaffung von öffentlichen Einrichtungen, die der strategischen Bedeutung des Forstsektors für Chile entsprechen, um eine nachhaltige Waldentwicklung zu verwirklichen; (b) Förderung von Waldbau, Industrie und integraler Nutzung der Waldressourcen, um die Gesamtproduktivität und die Bereitstellung von Gütern und Dienstleistungen für die wirtschaftliche Entwicklung zu steigern; (c) Entwicklung der notwendigen Bedingungen und Instrumente, damit die Waldentwicklung technologische und soziale Unterschiede verringert, die Lebensbedingungen der Arbeitnehmer verbessert und die Kulturen und Traditionen von kleinen Landbesitzern und indigenen Gemeinschaften respektiert; und (d) Erhaltung und Vermehrung des öffentlichen Walderbes sowie Wiederherstellung und Schutz der Waldressourcen. Vier Jahre nach der Veröffentlichung dieses politischen Dokuments hat es in keiner der beiden wichtigsten öffentlichen Forstbehörden (CONAF, die Forstbehörde, die für die Ausarbeitung von Forstgesetzen und die Durchsetzung von Gesetzen und Vorschriften zuständig ist, und INFOR, die für die Forstforschung verantwortlich ist) Umstrukturierungen oder Verbesserungen gegeben. In Chile gibt es nach wie vor nur nominelle Gebiete mit einheimischer Waldbewirtschaftung (Donoso et al. 2018); es gibt keine Fortschritte bei der Wiederherstellung degradierter Wälder (Bannister et al. 2018) und es wurden keine Änderungen an den derzeitigen wichtigsten Gesetzen zur Waldbewirtschaftung vorgenommen. Auf der anderen Seite wurden 1,4 Mio. Hektar Schutzgebiete in das System der Nationalparks in Patagonien aufgenommen (CONAF 2019), jedoch ohne neue Unterstützung für deren Verwaltung (Petit et al. 2018). Petit et al. (2018) stellen die folgende Frage: Ist es nachhaltig, weiterhin Schutzgebiete in das nationale System aufzunehmen, obwohl klar ist, dass die bestehende Unterstützung nicht ausreicht, um die Mindestanforderungen für eine vollständige Umsetzung zu erfüllen?

Obwohl einige Szenarien für die Zukunft der (vor allem) einheimischen Wälder entworfen wurden, dominiert nach wie vor das Business-as-usual-Szenario. Drei Themen veranschaulichen diese Einschätzung. Sie ähneln denen, die Donoso und Otero (2005) anführen, wenn sie die Frage stellen, ob Chile als Waldland anerkannt werden kann. Erstens gibt es auf der waldbaulichen Seite kaum einheimische Waldbewirtschaftung, und die Bewirtschaftung exotischer Wälder ist nach wie vor darauf ausgerichtet, die Gewinne der Unternehmen mit Monokulturen mit kurzen Umtriebszeiten zu maximieren, die zusammenhängende Landstriche bedecken. In beiden Fällen gibt es, wenn die Waldbewirtschaftung den geltenden Vorschriften entspricht, fast keinen Spielraum für Innovation und Flexibilität, aber der Trend geht dahin, dass die meisten geernteten einheimischen Wälder nach wie vor hoch eingestuft werden. Zweitens hat es keine Modernisierung der öffentlichen Einrichtungen im Forstsektor gegeben. Drittens sind im öffentlichen Schutzgebietssystem viele ökologische Regionen in Chile nach wie vor unterrepräsentiert (Armesto et al. 1998; Petit et al. 2018), einschließlich derjenigen mit größerer Vielfalt und endemischen Arten im zentralen Teil des Landes (ein Biodiversitäts-Hotspot in Zentralchile; Myers et al. 2000). Diese Lücken fordern Manager und Entscheidungsträger heraus, nach neuen Ansätzen Ausschau zu halten, die im nächsten Abschnitt erörtert werden.

8.6 Förderung des adaptiven Managements: Flexible Institutionen und Multi-Level-Governance

Eine bessere Verwaltung der chilenischen Waldökosysteme hängt von der Verfügbarkeit aktueller Informationen und von der Verbesserung der Struktur, der Koordinierung und der Verfügbarkeit von Ressourcen der öffentlichen Stellen ab. Wie

Weimer und Vining (2016) betonen, agieren öffentliche Führungskräfte im Allgemeinen in einem Umfeld, das durch eine große Informationsasymmetrie gekennzeichnet ist, ohne die Interessen der Betroffenen und anderer Vertreter zu kennen
oder zu verstehen. Entscheidend ist auch, dass die Basisorganisationen ein stärkeres
Mitspracherecht bei der Waldbewirtschaftung erhalten, damit die Entscheidungsträger die sich verändernden Szenarien kennen, mit denen die Landbevölkerung
konfrontiert ist, und wissen, wie sich diese Szenarien auf die Waldbewirtschaftung
oder -nutzung auswirken. Diese Ansätze sollten darauf abzielen, die Möglichkeiten
zu erhöhen, in naher Zukunft widerstandsfähige Landschaften zu schaffen und für
Gerechtigkeit und Fairness zu sorgen.

Stärkere Institutionen sollten in der Lage sein, mehr und bessere Informationen
zu generieren. Mögliche kurz- und mittelfristige Szenarien und Risiken könnten mit
einer besseren Kenntnis der sich verändernden ökologischen Bedingungen und
sozioökonomischen Auswirkungen auf die Gebiete erstellt werden. Diese Szenarien
können extreme/seltene Ereignisse und eine Bandbreite vom schlimmsten bis zum
besten Fall berücksichtigen. Risikomanagement war in den letzten 10.000 Jahren
eine grundlegende Motivation für die Entwicklung sozialer und staatlicher Strukturen (McDaniels und Small 2003). Eine risikoinformierte Entscheidungsfindung hat
das Potenzial, das Risiko zu verringern und gleichzeitig die Kosten für die Einhaltung der Vorschriften zu senken (Bier et al. 2004). Entscheidungen sollten auf
der Grundlage sozialer Werte getroffen werden, wobei Wertkonflikte in allen Szenarien zu berücksichtigen sind, da diese der öffentlichen Entscheidungsfindung inhä-
rent sind, und sie sollten auf wirtschaftlichen und nichtwirtschaftlichen Indikatoren
beruhen. Es gibt eine Vielzahl von Indikatoren, die nicht an makroökonomische
Daten gebunden sind und verschiedene Dimensionen der sozialen Wohlfahrt messen (Weimer und Vining 2016).

Wenn Szenarien und Ziele klar definiert sind, zeigen sich Probleme und ihre
möglichen Lösungen in organisierter Form. Dann ist es möglich, eine Reihe von
durchführbaren Maßnahmen zu entwerfen, um sie anzugehen, vom *Status quo* bis
zur komplexesten Gruppe von Maßnahmen, abhängig von den Auswirkungen, Ressourcen, Anstrengungen, zeitlichen Beschränkungen und anderen. Die strukturierte
Entscheidungsfindung ist ein nützlicher organisierter Ansatz, um in komplexen Ent-
scheidungssituationen, wie z. B. bei der Bewirtschaftung erneuerbarer natürlicher
Ressourcen, Entscheidungen zu treffen, wenn vollständige und genaue Informationen zur Verfügung stehen. Sie ermöglicht es, unter Berücksichtigung jedes möglichen Szenarios und der Verfügbarkeit von Ressourcen effiziente Maßnahmen zu
ergreifen, da die verschiedenen Möglichkeiten und ihre jeweiligen Ergebnisse bereits vorhergesehen wurden.

Ein nachhaltiger Forstsektor in Chile hängt von Innovationen bei der Bewirtschaftung, den Institutionen und den Vorschriften ab. Dies würde zu widerstandsfähigeren und produktiveren Wäldern und Landschaften führen. Diese Regelungen
müssen die Überzeugungen, Erwartungen und Bedürfnisse der Interessengruppen
berücksichtigen (Moorman et al. 2013) und den internationalen Verpflichtungen zur
Abschwächung des Klimawandels und zur Anpassung an diesen entsprechen.

8.7 Abschließende Bemerkungen: Aufbau widerstandsfähiger Landschaften

Ungewissheit ist heute ein wichtiger Faktor bei der Bewirtschaftung der natürlichen Ressourcen. Natürliche oder vom Menschen verursachte Störungen sind ständige Triebkräfte für Veränderungen in der Landnutzung, der Vielfalt und der Produktivität der Waldökosysteme. Um mit diesen aktuellen und zukünftigen Unwägbarkeiten fertig zu werden, müssen die Länder über starke Institutionen mit klaren Zielen (strukturierte Szenarien) verfügen und Flexibilität bei der Bewirtschaftung der Ressourcen zulassen, um bei Bedarf Anpassungen vornehmen zu können. In Chile bedeutet dies, dass die Holzernte in einheimischen Wäldern mit waldbaulichen Ansätzen einhergehen muss, die darauf abzielen, artenreiche Wälder zu erhalten oder zu fördern, die eine größere Vielfalt und Produktivität aufweisen und somit eine größere Anzahl von Ökosystemgütern und -leistungen bereitstellen (Franklin et al. 2018). Das bedeutet auch, dass insbesondere große Forstunternehmen mit dem Modell der reinen Gewinnmaximierung (auf Kosten der einheimischen Wälder, der lokalen Gemeinschaften und des Verlusts von Ökosystemleistungen) aufhören und zu einer verantwortungsvollen und sozialverträglichen Handlungsweise übergehen müssen (die auch durchgesetzt werden muss), die zu vielfältigeren und widerstandsfähigeren Waldbeständen und Landschaften, zu größerem Respekt für die benachbarten lokalen Gemeinschaften und zu einer besseren Zusammenarbeit mit kleinen und mittelgroßen forstbasierten Unternehmen beiträgt. Wie McDaniels und Small (2003) feststellen: „Während des gesamten letzten Jahrhunderts haben Ökonomen die gesamte Begründung für den Staat als Unterstützung kollektiver Bemühungen charakterisiert, die durch private Märkte nicht erreicht werden können". Es sind kollektive Anstrengungen erforderlich, bei denen unterschiedliche Sichtweisen integriert werden und die Entscheidungsfindung nicht (nur) markt- oder wirtschaftsorientiert ist.

Der Aufbau widerstandsfähiger Landschaften im Süden und in der Mitte Chiles hängt in hohem Maße davon ab, wie die einheimischen Wälder (14 Mio. Hektar) besser erhalten, bewirtschaftet und wiederhergestellt werden können, aber auch von einer besseren Bewirtschaftung der Plantagen (drei Millionen Hektar). Chile hat die große Chance, ein Modell für nachhaltige Waldbewirtschaftung zu werden, d. h. ein Land, in dem sowohl die einheimischen Wälder so bewirtschaftet werden, dass sie dank starker Institutionen, gut vorbereiteter Fachleute und engagierter privater Verwalter mehr Güter und Ökosystemleistungen bereitstellen, als auch die Plantagen so bewirtschaftet werden, dass ihre Eigentümer weiterhin Gewinne erzielen, diese aber durch Gesetze und Vorschriften zur Förderung eines besseren ökologischen, wirtschaftlichen und sozialen Umfelds begrenzt werden.

Literatur

Agrupación de Ingenieros Forestales por el Bosque Nativo (2011). Hacia un Nuevo Modelo Forestal. AIFBN, Valdivia

Armesto JJ, Rozzi R, Smith-Ramírez C, Arroyo MTK (1998) Conservation targets in south American temperate forests. Science 282(5392):1271–1272

Bannister JR, Vidal OJ, Teneb E, Sandoval V (2012) Latitudinal patterns and regionalization of plant diversity along a 4270-km gradient in continental Chile. Austral Ecol 37:500–509

Bannister JR, Vargas-Gaete R, Ovalle JF et al (2018) Major bottlenecks for the restoration of natural forests in Chile. Restor Ecol. https://doi.org/10.1111/rec.12880

Bier M, Scott F, Jacobs H, James L, Small M (2004) Risk of extreme and rare events: lessons from a selection of approaches. In: McDaniels T, Small MJ (Hrsg) Risk analysis and society: an interdisciplinary characterization of the field. Cambridge University Press, Cambridge

Camus P (2004) Los bosques y la minería del norte chico, siglo XIX. Un mito en la representación del paisaje chileno. Historia 37(2):289–310

CONAF (2015) Política Forestal 2015–2035. http://www.conaf.cl/wp-content/files_mf/1462549405 politicaforestal201520351.pdf

CONAF (2019) Press Note: Red de Parques Patagónicos protegerá ecosistemas y especies amenazadas únicas en el mundo y alcanza récord de aumento de superficie del SNASPE desde 1969. http://www.conaf.cl/red-de-parques-patagonicos-protegera-ecosistemas-y-especies-amenazadas-unicas-en-el-mundo-y-alcanza-record-de-aumento-de-superficie-del-snaspe-desde-1969/

Cubbage F, MacDonagh P, Sawinski Júnior J et al (2007) Timber investment returns for selected plantations and native forests in South America and the southern United States. New For 33(3):237–255

Curtis RO (1997) The role of extended rotations. In: Khom KA, Franklin JF (Hrsg) Creating a forestry for the 21st century. Island Press, Washington, DC, S 165–170

Donoso P (2012) Ingeniería Forestal en crisis … o no? REVISTA Bosque Nativo 50:14–15

Donoso PJ (2013) Necesidades, opciones y futuro del manejo multietáneo en Chile. En : Donoso PJ, Promis A (Editores), Silvicultura en Bosques Nativos. Avances en la investigación en Chile, Argentina y Nueva Zelandia. Estudios en Silvicultura de Bosques Nativos, 1. Aufl. Ed. Marisa Cuneo, Valdivia, Chile, S 253. https://sites.google.com/site/alvaropromis/Home/libro-silvicultura-bosques-nativos

Donoso P, Otero L (2005) Hacia una definición del país forestal: ¿Dónde se sitúa Chile? Bosque 26(3):5–18

Donoso P, Ponce D, Salas C (2018) Opciones de manejo para bosques secundarios de acuerdo a objetivos de largo plazo y su aplicación en bosques templados del centro-sur de Chile. In: Donoso PJ, Promis A, Soto DP (eds) Silvicultura en Bosques Nativos. Experiencias en silvicultura y restauración en Chile, Argentina y el oeste de los Estados Unidos. Editorial College of Forestry, Oregon State University, EE.UU

Donoso PJ, Ojeda PF, Schnabel F, Nyland RD (o.J.) Initial responses in growth, yield and regeneration following selection cuttings with varying residual densities in evergreen hardwood-dominated temperate rainforests in Chile. Submitted to Forestry

Echeverría C, Coomes D, Salas J et al (2006) Rapid deforestation and fragmentation of Chilean temperate forests. Biol Conserv 130(4):481–494

Folke C, Carpenter S, Elmqvist T et al (2002) Resilience and sustainable development: building adaptive capacity in a world of transformations. Ambio 31(5):437–440

Franklin JF, Johnson KN, Johnson DL (2018) Ecological forest management. Waveland Press, Inc., Long Grove

Lara A, Veblen TT (1992) Forest plantations in Chile: a successful model? In: Mather A (Hrsg) Afforestation: policies, planning and progress. Belhaven Press, London, S 118–139

Lara A, Zamorano C, Miranda A et al (2016) Bosque Nativo, Capítulo 3 Informe País. Estado del Medioambiente en Chile 1999–2015:117–220

Loguercio GA, Donoso PJ, Müller-Using S et al (2018) Silviculture of temperate mixed forests from South America. In: Bravo-Oviedo A, Pretzsch H, del Río M (Hrsg) Dynamics, silviculture and management of mixed forests. Springer International Publishing AG, Cham, S 271–317

Manuschevich D, Beier CM (2016) Simulating land use changes under alternative policy scenarios for conservation of native forests in south-Central Chile. Land Use Policy 51:350–362

McDaniels T, Small M (2003) Risk analysis and society: an interdisciplinary characterization of the field. Cambridge University Press, Cambridge. https://doi.org/10.1017/CBO9780511814662

McFadden TN, Dirzo R (2018) Opening the silvicultural toolbox: a new framework for conserving biodiversity in Chilean timber plantations. For Ecol Manag 425(1):75–84

Messier C, Puettmann KJ, Coates KD (2013) Managing forests as complex adaptive systems. The Earthscan Forest Library, New York, S 353

Moorman M, Nelson S, Moore S, Donoso P (2013) Stakeholder perspectives on adaptive co management as a Chilean conservation management strategy. Soc Nat Resour 26:1022–1036

Morin X, Fahse L, Scherer-Lorenzen M, Bugmann H (2011) Tree species richness promotes productivity in temperate forests through strong complementarity between species. Ecol Lett 14:1211–1219

Myers N, Mittermeier RA, Mittermeier CG et al (2000) Biodiversity hotspots for conservation priorities. Nature 403:853–858

Niklitschek M (2007) Trade liberalization and land use changes: explaining the expansion of afforested land in Chile. For Sci 53(3):385–394

Petit IJ, Campoy AN, Hevia MJ et al (2018) Protected areas in Chile: are we managing them? Rev Chil Hist Nat 91:1. https://doi.org/10.1186/s40693-018-0071-z

Ramírez F (2003) La guerra contra los "montes" y la extracción de los "palos": una aproximación histórico-ecológica a los procesos de degradación de los bosques nativos del sur de Chile. Ponencia presentada al Simposio de Historia Ambiental Americana, realizado en Santiago de Chile, 14–19 de julio de 2003

Salas C, Donoso PJ, Vargas R, Arriagada CA, Pedraza R, Soto DP (2016) The forest sector in chile: an overview and current challenges. J For 114(5):562–571. https://doi.org/10.5849/jof.14 062

Salas C, Fuentes-Ramírez A, Donoso PJ et al (2018) Crecimiento de bosques secundarios y adultos de Nothofagus en el centro-sur de Chile. In: Donoso PJ, Promis A, Soto DP (Hrsg) Silvicultura en Bosques Nativos. Experiencias en silvicultura y restauración en Chile, Argentina y el oeste de los Estados Unidos. Editorial College of Forestry, Oregon State University, EE.UU

Vásquez-Grandón A, Donoso PJ, Gerding V (2018) Degradación de los bosques: Concepto, proceso y estado – Un ejemplo de aplicación en bosques adultos nativos de Chile. In: Donoso PJ, Promis A, Soto DP (Hrsg) Silvicultura en Bosques Nativos. Silvicultura en bosques nativos. Experiencias en silvicultura y restauración en Chile, Argentina y el oeste de Estados Unidos, Editorial College of Forestry. Oregon State University, EE.UU, S 175–196

Veblen TT, Alaback PB (1995) A comparative review of Forest dynamics and disturbance in the temperate rainforests of north and South America. In: Lawford R, Alaback PB, Fuentes E (Hrsg) High-latitude rainforests and associated ecosystems of the west coast of the Americas. Climate, hydrology, ecology, and conservation. Springer, New York, S 173–213

Veblen TT, Schlegel FM, Oltremari JV (1983) Temperate broad-leaved evergreen forests of South America. In: Ovington JD (Hrsg) Temperate broad-leaved forests. Elsevier, Amsterdam, S 5–31

Vila M, Carrillo-Gavila A, Vayreda J et al (2013) Disentangling biodiversity and climatic determinants of wood production. PLoS One 8(2):e53530

Weimer D, Vining AR (2016) Policy analysis: concepts and practice, 5 edn. ISBN 9780205781300 (pbk) ISBN-13: 978–0205781300 ISBN-10: 0205781306. Routledge, New York, S 473

Zamorano-Elgueta C, Cayuela L, Rey-Benaya JM et al (2014) The differential influences of human-induced disturbances on tree regeneration community: a landscape approach. Ecosphere 5(7):1–17

Kapitel 9
Über die Dynamik von Ökosystemen zur Erhaltung von Feuchtgebieten und Wäldern

Milan Stehlík, Jozef Kiseľák und Jiří Dušek

9.1 Einleitung

Im Allgemeinen weisen lebende Systeme eine hohe Dynamik ihrer Funktionen, Prozesse und ihres Gesamtverhaltens auf. Ökosysteme können wir als dynamische komplexe Systeme betrachten, die sich im Laufe der Zeit verändern. Die Dynamik von Ökosystemen ist wichtig, wenn wir die Fähigkeiten von Ökosystemen und ihre Funktionen nachhaltig verwalten wollen. Wald-Ökosysteme sind große Gebiete, die nach (Raunkiær 1905) von der Lebensform der Phanerophyten dominiert werden. Phanerophyten sind holzige Pflanzen, die höher als 0,25–0,5 m wachsen oder deren Triebe nicht periodisch absterben, was ihre Höhe begrenzt (Ellenberg und Mueller-Dombois 1967). Ökosysteme, die von Phanerophyten (Wäldern) gebildet werden,

M. Stehlík (✉)
Institut für Angewandte Statistik und Linz Institute of Technology, Johannes Kepler Universität Linz, Linz, Österreich

Institut für Statistik, Universität von Valparaíso, Valparaíso, Chile

Fachbereich Statistik und Versicherungsmathematik, Universität von Iowa, Iowa City, USA

Fakultät für Ingenieurwesen, Universidad Andres Bello, Valparaíso, Chile
E-Mail: milan.stehlik@jku.at

J. Kiseľák
Institut für Mathematik, P.J. Šafárik Universität, Košice, Slowakei

Abteilung für Angewandte Statistik und Linzer Institut für Technologie, Johannes Kepler Universität Linz, Linz, Österreich
E-Mail: jozef.kiselak@upjs.sk

J. Dušek
Forschungsinstitut für globale Veränderungen CAS, Brünn, Tschechische Republik
E-Mail: dusek.j@czechglobe.cz

sind sehr dynamische Ökosysteme, in denen sich Fähigkeiten und Funktionen nicht nur in der Zeit, sondern auch in den verschiedenen Raumkompartimenten ausbreiten und durch einzelne Bäume dreidimensionale Systeme bilden (Bohn und Huth 2017). Gerade die Struktur spielt eine große Rolle für die Dynamik des Ökosystems und die Vielfalt der Waldökosysteme (Spies 1998). Waldökosysteme befinden sich in der Regel am Ende des Prozesses der aufeinanderfolgenden Vegetationsveränderungen (Sukzession), der mit der Reaktion auf die Bedingungen und die Umwelt verbunden ist. Das Ende des Sukzessionsprozesses wird als Klimaxstadium bezeichnet, und dieses Stadium ist ein Gleichgewichtsstadium des Altbestandes. Das endgültige Klimaxstadium eines Waldes wird erreicht, nachdem die vorangegangenen Sukzessionsstadien wie Bestandsgründung, Ausschluss von Stämmen und Neubildung des Unterholzes innerhalb einer bestimmten Zeit abgeschlossen sind (Clements 1905; Tansley 1935; Kuuluvainen 2016). Das Klimaxstadium befindet sich per Definition im Gleichgewicht mit den Umweltbedingungen, was jedoch nicht bedeutet, dass das Waldökosystem im Klimaxstadium ohne jegliche Dynamik ist. Waldökosysteme müssen ständig ein Gleichgewicht zwischen einzelnen biogeochemischen Prozessen und den aktuellen Umweltbedingungen herstellen. Dieses Gleichgewicht führt zu einem Maximum an Biomasse und symbiotischer Funktion zwischen einzelnen Organismen und Organismengruppen (Odum 1969) bei minimalem Energieverlust während ungünstiger Wachstumsbedingungen (z. B. Winterruhe, Dürreperioden). Wir versuchen, statistische Hintergründe und Möglichkeiten aufzuzeigen, wie ein Ansatz der Rekurrenzplots bei der Beschreibung der Dynamik ausgewählter Prozesse unter Verwendung verfügbarer Daten von Wald- und Feuchtgebietsökosystemen genutzt werden kann. Die Beschreibung der Dynamik ist vor allem für Ökosystemerhaltungsprozesse wichtig, die auf einer nachhaltigen Bewirtschaftung beruhen müssen, die sich auf die Entwicklung der Fähigkeiten und Funktionen von Wald- und Feuchtgebietsökosystemen konzentriert.

9.1.1   Die Herkunft der Daten und ihre Messung

Die Daten wurden im Rahmen der Überwachung des Kohlenstoffkreislaufs in einem Seggen-Gras-Sumpf gewonnen, der Teil eines großen Feuchtgebietskomplexes namens „Feuchtwiesen" ist. Die „Feuchtwiesen" befinden sich in der Nähe der Stadt Třeboň, Südböhmen, Tschechische Republik, und der Standort der Messgeräte ist 49o 01′ 29″ N, 14o 46′ 13″ E. Bei dem überwachten Standort handelt es sich um eine flache Fläche von etwa 1 ha Größe und 426 m über dem Meeresspiegel im Überschwemmungsgebiet eines großen vom Menschen geschaffenen Sees (Rožmberk-Fischteich, 5 km^2 Wasseroberfläche). Weitere Einzelheiten über den überwachten Standort sind in Dušek et al. (2013, 2017) zusammengefasst.

Die Freisetzung von Gasen (Emissionen) wurde mit dem entwickelten automatischen, instationären Durchflusskammersystem (tschechisches Gebrauchsmuster: UV 3237) gemessen (Dušek et al. 2012). Die wechselnden Gaskonzentrationen in der geschlossenen Kammer wurden mit einem schnellen CH_4 Analysator (DLT-100, Los Gatos Research Inc., USA) mit einer Frequenz von 1 Hz gemessen. Die endgültige Berechnung der Gasflüsse basiert auf dem linearen Anstieg der Gaskonzentration in der Kammer während des Schließens der Kammer unter Berücksichtigung des Kammervolumens (780 l) und der abgedeckten Oberfläche (0,785 m^2). Der endgültige Fluss beinhaltet Korrekturen für die aktuelle Lufttemperatur und den Umgebungsluftdruck gemäß dem Gesetz des idealen Gases und auch für Wasserdampf. Für die vorliegenden Analysen wurden Rohdaten ausgewählt, die im feuchteren Teil des Seggenriedersumpfes während einer Woche Ende Mai und Anfang Juni (2013) gemessen wurden. In diesem Zeitraum waren die Emissionen beider Gase recht stabil und schwankungsfrei.

9.2   Theoretischer Hintergrund

9.2.1   DS der t-Score-Funktionen

In der Statistik gibt die Scoring-Funktion $S(x;\theta) := \dfrac{\partial}{\partial\theta}\ln f_X(x;\theta)$ an, wie empfindlich eine Likelihood-Funktion auf ihren Parameter θ reagiert. Der Scoring-Algorithmus, auch bekannt als Fisher-Scoring, ist eine Form der Newton-Methode, die in der Statistik zur numerischen Lösung von Maximum-Likelihood-Gleichungen verwendet wird. Man beachte, dass dies nichts anderes als ein dynamisches System ist, da $\theta_{m+1} = \theta_m + \mathcal{J}^{-1}(\theta_m)S(\theta_m)$, wobei J die beobachtete Informationsmatrix ist.[1] Unter bestimmten Regularitätsbedingungen kann gezeigt werden, dass $\theta_m \to \theta*$

Der transformationsbasierte Score (Fabián 2001; Stehlík et al. 2010) oder kurz der t-Score für die Dichte f (mit Parameter θ) und geeigneter Abbildung η ist definiert als

$$T_\eta(x;\theta) = -\frac{1}{f(x;\theta)}\frac{d}{dx}\left(\frac{1}{\eta'(x)}f(x;\theta)\right).$$

Es handelt sich um eine relative Änderung einer „Basiskomponente der Dichte", d. h. der Dichte geteilt durch die Jacobi von η. Darüber hinaus kann sie als eine geeignete Funktion für die Anwendung der verallgemeinerten Momentmethode zur Schätzung von Parametern von Verteilungen mit starkem Schwanz verstanden werden. Wenn $(X_1, \ldots, X_n)$ eine iide Stichprobe aus F mit der Wahrscheinlichkeitsdichtefunktion f ist, dann kann als Maß für die zentrale Tendenz der Nullpunkt ihres t-Scores vorgeschlagen werden, d. h. $x* : T_\eta(x;\theta) = 0$. Dann

---

[1]
$$\mathcal{J}(\theta_0) = -\sum_{i=1}^{n}\nabla\nabla^\top\bigg|_{\theta=\theta_0}\log f(Y_i;\theta)$$

wird $S(x; \theta) = \eta'(x*)T(x; \theta)$ als Score-Funktion für den t-Mittelwert bezeichnet. Man kann die Score-Moment-Schätzungen verwenden

$$\frac{1}{N}\sum_{i=1}^{N}S^k\left(x_i;\theta\right) = \mathbb{E}_\theta\left[S^k\right].$$

Da der skalare Score um den t-Mittelwert zentriert ist, ergeben sich die Gleichungen für die Momentschätzung von θ in der Form $\hat{\theta} : \frac{1}{n}\sum_{i=1}^{n}T_\eta\left(x_i;\theta\right) = 0$ (sie ist stark konsistent und asymptotisch normal).

Für den verallgemeinerten t-Hill-Schätzer, d. h. die Pareto-Verteilung mit der Wahrscheinlichkeitsdichtefunktion

$$f_X\left(x\right) = \begin{cases} \dfrac{\theta x_m^\theta}{x^{\theta+1}} & x \geq x_m, \\ 0 & x < x_m, \end{cases}$$

wobei $\theta > 0$ ein Formparameter (der Tail-Index) ist und x_m der (notwendigerweise positive) kleinstmögliche Wert von X ist, und $\tilde{\eta}\left(x\right) = \ln\left(x - x_m\right), x > x_m$, haben wir den t-Score

$$T_\eta\left(x;\theta\right) = \theta\left(1 - \frac{x_m\left(\theta+1\right)}{\theta x}\right), x \geq x_m.$$

Beachten Sie, dass im Falle von Pareto eine Score-Funktion $S\left(x;\theta\right) = \frac{1}{\theta} + \ln\left(x_m\right) - \ln\left(x\right)$ vorliegt. Wir können also die Punktzahl definieren

$$S\left(x;\theta,\beta\right) = \begin{cases} \theta\left(1 - x_m\dfrac{\theta+\beta-1}{\theta x^{\beta-1}}\right), & \beta \neq 1, \\ \dfrac{1}{\theta}\left(1 + \theta\ln\left(x_m / x\right)\right), & \beta = 1, \end{cases} \tag{9.1}$$

wobei $\beta > 0$ ein Abstimmungsparameter ist. Für $\beta = 2$ erhalten wir t-Hill.

Hier stellt sich im Allgemeinen ein wichtiges inverses Problem. Gibt es für eine gegebene Punktzahl S eine oder mehrere hinreichend glatte Funktionen η, so dass die Gleichung

$$T_\eta = S$$

hält? In Stehlík et al. (2017) wird eine spezielle Antwort gezeigt, wie ein DS, der durch eine t-Score-Funktion für eine Klasse von monotonen Datentransformationen gegeben ist, konsistente Extremwertschätzer erzeugt.

Hier stellen wir den t-Scoring-Algorithmus für $V(\theta) = \sum_{i=1}^{N} T_\eta(x_i; \theta)$ vor. Unter Verwendung einer Taylor-Erweiterung der Funktion $V(\theta)$ um θ_0 erhalten wir $V(\theta) \approx V(\theta_0) + \frac{\partial V}{\partial \theta}(\theta_0)(\theta - \theta_0)$. Wenn wir $V(\theta*) = 0$ verwenden und umformen, erhalten wir

$$\theta^* \approx \theta_0 - \left[\frac{\partial V}{\partial \theta}(\theta_0)\right]^{-1} V(\theta_0).$$

Wir verwenden daher die Iteration

$$\theta_{m+1} = \theta_m - \left[\frac{\partial V}{\partial \theta}(\theta_m)\right]^{-1} V(\theta_m) := h(\theta_m) \tag{9.2}$$

Der Einfachheit halber betrachten wir den 1D-Fall, d. h. wir nehmen an, dass wir zwei Parameter haben, von denen nur einer bekannt ist.

Beispiel 1

Für die Pareto-Verteilung mit festem Schwellenwert x_m und $T_\eta := S$, gegeben durch (9.1) mit $b = 1$, gilt $\theta_{m+1} = h(\theta_m)$, wobei $h(z) = z(2 - az)$, wobei

$$a = \frac{1}{N} \sum_{i=1}^{N} \ln(x_i / x_m).$$

Hier verlangen wir, dass $z \leq 1/a$ ist (aus der Umkehrung $1/a + \sqrt{1 - az}/a$ haben wir den Rang der Karte f), und man kann berechnen, dass der Lyapunov-Exponent für $a > 0$ negativ ist. Es kann gezeigt werden, dass aus der Karte $z(2 - az)$, $a > 0$ kein Chaos entsteht und dass sie gegen $1/a$ konvergiert, d. h. gegen MLE für θ.

Beispiel 2

Es besteht eine direkte Verbindung zwischen θ und x_m durch die Schätzung $1/\hat{\theta} = \frac{1}{N} \sum_{i=1}^{N} \ln(x_i/\hat{x}_m)$. Dennoch muss man vorsichtig sein, wenn ein Parameter festgelegt ist. Im Sinne der Konvergenz handelt es sich nicht um eine

Bijektion. Für die Pareto-Verteilung mit festem $\theta > 0$ und $T_n = S$ gegeben durch (9.1) mit $b = 1$, haben wir $x_{m_{k+1}} = h\left(x_{m_k}\right)$, wobei $h(z) = z(1 + a - \ln(z))$ und

$$a = \frac{1}{N}\sum_{i=1}^{N}\ln\left(x_i\right) - \frac{1}{\theta}.$$

Wir müssen $z \le e^{1+a}$ erzwingen. Beachten Sie, dass bei einer solchen Karte Chaos auftreten kann, wenn die Daten einen bestimmten Wert von a erzeugen. Siehe Abb. 9.1 für $a \in [20, 25]$, wo die Lyapunov-Exponenten aufgetragen sind.

Das vorangegangene Beispiel zeigt, dass die Abbildung η als eine Art Stabilisator fungieren könnte, wenn der Algorithmus mit Standard-Punktzahl ein chaotisches Verhalten zeigt.

9.2.2 Die Rekursionsdiagramme

Rekurrenz ist eine grundlegende Eigenschaft von DS, die zur Charakterisierung des Systemverhaltens im Phasenraum genutzt werden kann. Eine *Rekurrenz* ist eine Zeit, in der die Trajektorie zu einem Ort zurückkehrt, den sie zuvor besucht hat, d. h., wenn der Abstand zwischen zwei Punkten unter einem bestimmten Schwellenwert liegt. Steht nur eine Zeitreihe zur Verfügung, kann der Phasenraum mit Hilfe einer Zeitverzögerungseinbettung rekonstruiert werden (siehe Takens'

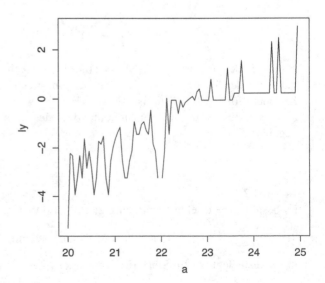

Abb. 9.1 Lyapunov-Exponenten *eines* $\in$ [20, 25]

Theorem): $x(i) = (X(i), X(i + \tau), ..., X(i + \tau(m - 1)))$, wobei $X(i)$ die Zeitreihe, m die Einbettungsdimension und τ die Zeitverzögerung ist. In Eckmann et al. (1987) werden *Rekursionsdiagramme* als neues Diagnoseinstrument zur Messung der Zeitkonstanz von DS eingeführt. Der Rekursionsplot zeigt Paare von Zeitpunkten an, zu denen sich die Trajektorie am selben Ort befindet, d. h. die Menge von (i, j) mit $x(i) = x(j)$. Danach muss man jedes Mal, wenn die Bahn hinreichend nahe (innerhalb von ε) an einen Punkt herankommt, an dem sie schon einmal war, als Wiederholung zählen. Dies kann durch die folgende Funktion erfasst werden: $0 < \varepsilon \ll 1$,

$$R(i, j) = \text{Heaviside}\left(\varepsilon - \| x(i) - y(j) \|\right), \qquad (9.3)$$

$x(i), y(i) \in R^m$, $i = 1, ..., N_x$, $j = 1, ..., N_y$ und die Rekursionsdarstellung setzt den Punkt auf die Koordinaten (i, j), wenn $R(i, j) = 1$.

9.2.3 Die Wiederholungsquantifizierungsanalyse

Die Wiederholungsquantifizierungsanalyse (RQA) (Zbilut und Webber 1992; Marwan et al. 2002) ermöglicht es uns, die Wiederholungsdiagramme quantitativ zu beschreiben. Es handelt sich dabei um eine Methode der nichtlinearen Datenanalyse, die die Anzahl und Dauer der Wiederholungen eines DS quantifiziert, der durch seine Zustandsraumtrajektorie dargestellt wird. Sie kann auch aus Rekursionsdiagrammen abgeleitet werden. Der Hauptvorteil von Rekursionsdiagrammen besteht darin, dass sie auch für kurze und nichtstationäre Daten nützliche Informationen liefern, bei denen andere Methoden versagen.

Für die Berechnungen haben wir die Prozedur[2] `crqa( )` aus Coco et al. (2018) in der Software (R Core Team 2018) verwendet. Um RQA auf kontinuierlichen Daten durchzuführen, müssen wir herausfinden, was die Schlüsselparameter sein könnten. Wir verwenden `optimizeParam` vorsichtig, um[3] optimale Einbettungsdimension $m = 4$, optimale Verzögerung (Delay) $\tau = 16$ und Radius $\varepsilon = 0,00256$ zu finden. Die Prozedur `crqa( )` gibt eine Liste mit verschiedenen aus dem Rekursionsdiagramm extrahierten Maßen zurück; siehe z. B. (Marwan et al. 2007). Die Dichte der wiederkehrenden Punkte in einem Rekursionsdiagramm ist die

---

[2] Kreuz-Wiederholungsmaße zweier Zeitreihen, zeitlich verzögert und eingebettet in einen höherdimensionalen Raum.

[3] Wenn die Einbettungsparameter aus beiden Zeitreihen geschätzt werden, aber nicht gleich sind, sollte die höhere Einbettung gewählt werden. Zbilut (2005) hat festgestellt, dass eine ausreichend große Einbettung ausreicht, um alle relevanten Dynamiken zu erfassen.

Rekursionsrate[4] $\mathbf{RR} = \dfrac{1}{N^2} \sum\limits_{i,j=1}^{N} R(i, j)$.   Der Prozentsatz der wiederkehrenden

Punkte, die diagonale Linien bilden, wird *Determinismus* genannt,[5]

$$\mathbf{DET} = \frac{\sum\limits_{l=l_{min}}^{N} lP(l)}{\sum\limits_{l=1}^{N} lP(l)},$$ wobei $P(l)$ die Häufigkeitsverteilung der Längen l der diagona-

len Linien ist. Der Anteil der wiederkehrenden Punkte, die vertikale Linien bilden,

wird als *Laminarität bezeichnet*, $\mathbf{LAM} = \dfrac{\sum\limits_{v=v_{min}}^{N} vP(v)}{\sum\limits_{v=1}^{N} vP(v)}$, wobei $P(v)$ die Häufigkeits-

verteilung der Längen v der vertikalen Linien ist, die mindestens eine Länge von

v_{min} haben. $\mathbf{L} = \dfrac{\sum\limits_{l=l_{min}}^{N} lP(l)}{\sum\limits_{l=l_{min}}^{N} P(l)}$ definiert die gemittelte Länge der diagonalen Linien und

steht in Zusammenhang mit der Vorhersagezeit des DS und der *Einfangzeit*, die die

durchschnittliche Länge der vertikalen Linien misst, $\mathbf{TT} = \dfrac{\sum\limits_{v=v_{min}}^{N} vP(v)}{\sum\limits_{v=v_{min}}^{N} P(v)}$. Die Länge

des längsten diagonalen Liniensegments in der Darstellung, mit Ausnahme der

Hauptdiagonale max $\mathbf{L} = $ max $(\{l_i;\ i = 1, \ldots, N\})$ und die Gesamtzahl der Linien in der wiederkehrenden Darstellung sind ebenfalls Maßzahlen für die RQA.

---

[4] Die Wiederholungsrate entspricht der Wahrscheinlichkeit, dass ein bestimmter Zustand wieder auftritt (der Prozentsatz der wiederkehrenden Punkte, die innerhalb des angegebenen Radius liegen).

[5] Sie ist der Anteil der wiederkehrenden Punkte, die diagonale Linienstrukturen bilden, und steht in engem Zusammenhang mit der Vorhersagbarkeit des DS, da weißes Rauschen eine Wiederholungsgrafik mit fast nur einzelnen Punkten und sehr wenigen diagonalen Linien aufweist, während ein deterministischer Prozess eine Wiederholungsgrafik mit sehr wenigen einzelnen Punkten, aber vielen langen diagonalen Linien aufweist.

9.3 Ergebnisse

Hier verweisen wir auf Marwan et al. (2007). Für die ursprünglichen Methandaten und die (mit dem t-Score) transformierten CH_4 siehe Abb. 9.2 bzw. 9.3. Die geschätzten Parameter der Pareto-Verteilung sind $\hat{x}_m = 0,002477, \hat{\theta} = 0,51742$ (mit Score und auch mle). Die wiederkehrenden Punkte sind mit blauer Farbe markiert, während die nicht wiederkehrenden Punkte leer gelassen wurden. Einzelne, isolierte wiederkehrende Punkte spiegeln zufälliges, stochastisches Verhalten wider (starke Fluktuation im Prozess). In den Abb. 9.4 und 9.5 sind die blauen Punkte die zeitlichen „Koordinaten", an denen sich die Trajektorien entsprechend dem Radiusparameter hinreichend annähern. Offensichtlich zeigt 9.4 deutlich mehr „Stochastik". Hohe Werte von **DET** könnten ein Hinweis auf Determinismus im untersuchten System sein; siehe Tab. 9.1. Andererseits könnten die Werte **DET** und **L** darauf hindeuten, dass die ursprüngliche Serie stabiler ist, aber nur ein wenig mehr. Darüber hinaus deutet eine Überblendung in die obere linke und untere rechte Ecke auf eine Nicht-Stationarität der Daten hin. Wenn diagonale Linien neben einzelnen isolierten Punkten auftreten, könnte ein chaotischer Teil des Prozesses vorliegen. Man sollte jedoch beachten, dass dies nur eine notwendige und keine hinreichende Bedingung ist und die Werte nicht sehr hoch sind, was darauf hindeutet, dass ein chaotischer und stochastischer Teil enthalten sein könnte. **RR** war in der ursprünglichen Serie höher, was bedeutet, dass es mehr gemeinsame Muster gibt.

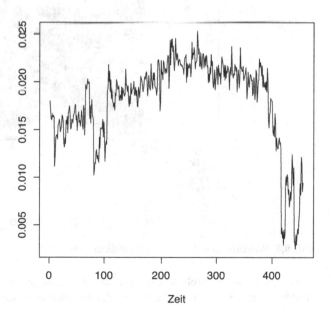

Abb. 9.2 Zeitreihen von CH_4

Abb. 9.3 t-score-Werte
der Zeitreihen von CH_4

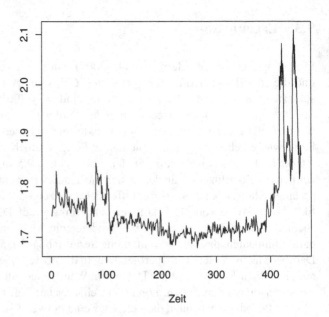

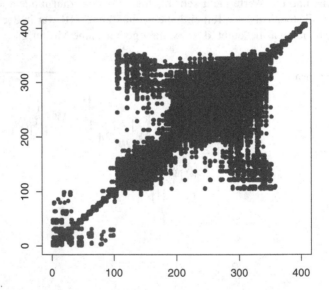

Abb. 9.4 Wiederholungsdiagramm der Originaldaten

Darüber hinaus stellen Chaos-Chaos-Übergänge, wie Bandverschmelzungs-
punkte, innere Krisen oder Regionen der Intermittenz,[6] Zustände mit kurzem lami-

---

[6] Unregelmäßiger Wechsel von Phasen scheinbar periodischer und chaotischer Dynamik (Pomeau-
Manneville-Dynamik) oder verschiedene Formen chaotischer Dynamik (krisenbedingte Intermittenz).

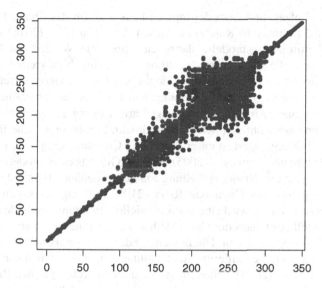

Abb. 9.5 Wiederholungsdiagramm des t-Scores

Tab. 9.1 Rekursionsbasierte Maße für Originaldaten und t-Score

CH_4	RR	DET	NRLINE	maxL	L	LAM	TT
Original	7,36 %	55,9 %	2371	408	2,89	72,4 %	3,52
t-Score	2,58 %	32 %	259	348	3,86	53,8 %	2,72

narem Verhalten dar und verursachen vertikal und horizontal verteilte Bereiche in der Wiederholungsgrafik. Vertikale (und horizontale) Linien treten viel häufiger an Superspurkreuzungspunkten (Chaos-Chaos-Übergängen) auf als in anderen chaotischen Regimen. Die Maße, die diese Informationen charakterisieren, sind Laminarität und Einfangzeit (**LAM** und **TT**). Dieses praktische Beispiel zeigt auch, dass in einigen Fällen der t-score im Sinne einer Stabilisierung der Information geeignet gewählt werden könnte. Allerdings sollten beide Datensätze verwendet werden, um vollständige Informationen zu erhalten.

9.4 Diskussion

Die Erhaltung der Wälder ist ein wichtiges Thema, das auch eng mit der Erhaltung von Feuchtgebieten zusammenhängt. In Chile gibt es keine spezifischen gesetzlichen Regeln oder Vorschriften für Feuchtgebiete, und die aktuellen rechtlichen Standards schützen die verschiedenen Arten von Binnenfeuchtgebieten nicht gleichermaßen, da Sumpfwälder, Torfgebiete und brackige Andenseen weniger geschützt sind; siehe Möller und Muñoz-Pedreros (2014). Wie wir in Cai et al. (2018) sehen können, ist die Wiederherstellung von Feuchtgebieten ein integraler Bestandteil des Waldschutzes, und einer der Inputs ist das Maß für das Chaos. Dieses Maß für Chaos wird in unserem Kapitel entwickelt. Laut Cai et al. (2018) besteht der Zweck der Optimierungsmodelle darin, eine optimale Wiederherstellungsmaßnahme zu finden, die die Gesamtinvestition in Feuchtgebietswiederherstellungsprojekte minimiert und zusätzliche ökologische und sozioökonomische Vorteile bietet. Das Optimierungsmodell kann auch den Einfluss der Intervallunsicherheit im System verringern, indem es die ausgeführte Lösung als Intervallzahlen mit einer oberen und einer unteren Schranke ausdrückt. Für die praktische Berechnung von Unter- und Obergrenzen ist unser Modell der Chaosmessung in Feuchtgebieten nützlich. In White und Fennessy (2005) wird ein GIS-basiertes Modell entwickelt, um die Eignung für die Wiederherstellung von Feuchtgebieten für alle Standorte im Wassereinzugsgebiet des Cuyahoga River (2107 km^2) im Nordosten von Ohio (USA) vorherzusagen. Es wird eine multikriterielle Bewertungsmethode entwickelt, und unser Modell des Chaos der Gas- (Methan-) Emissionen kann einer der wichtigen Inputs für das System sein. Die Bewertung der ökologischen Anfälligkeit (EV) ist für den Schutz und die Förderung der Stabilität von Ökosystemen von großer Bedeutung. In He et al. (2018) stellen die Autoren einen prototypischen Rahmen vor, der EV durch die Integration von räumlicher Analyse der GIS-Methode und multikriterieller Entscheidungsanalyse bewerten kann. Sie erstellen eine EV-Karte, auf der die Entscheidungsträger die Ergebnisse in verschiedenen Regionen visuell sehen können. Unter anderem verwenden sie eine einfache Aggregation der vier Gruppenindizes zu einem allgemeinen EV-Wert durch

$$EV = G_1 W_1 + G_2 W_2 + G_3 W_3 + G_4 W_4 \qquad (9.4)$$

wobei $G_i = \sum_{j=1}^{n_i} E_j w_j$ die globalen Werte für die ökologische Situation, die ökologische Infrastruktur, die Umweltsituation bzw. die menschliche Gesundheit sind, W_i die entsprechenden Gewichte und w_j das lokale Gewicht jedes Attributs E_j (u. a. die durchschnittliche jährliche Konzentration von toxischen Gasen, Stickstoffdioxid oder Schwefeldioxid). Unser Modell kann bei der chaotischen Zeitreihenvorhersage für CH_4 (z. B. die Mittelwertfunktion) hilfreich sein, die eines der Attribute in EV sein kann. Siehe auch Stehlík et al. (2016).

Danksagung Milan Stehlík dankt für die Unterstützung durch das Projekt ANID Chile – CONCYTEC Perú 2021–2022 COVBIO0003 und Fondecyt Regular Nr. 1151441 und LIT-2016-1-SEE-023 mODEC und das WTZ-Projekt HU 11/2016. Diese Arbeit wurde von der slowakischen Agentur für Forschung und Entwicklung unter der Vertragsnummer APVV-17-0568 unterstützt. Die Daten wurden im Rahmen der Überwachung des Kohlenstoffkreislaufs im Seggen-Gras-Sumpf gewonnen, die durch die Projekte des Ministeriums für Bildung, Jugend und Sport der Tschechischen Republik im Rahmen des Nationalen Nachhaltigkeitsprogramms I (NPU I) LO1415 und durch das Projekt CzeCOS/ICOS Nr. LM2015061 unterstützt werden. Wir danken den Herausgebern und den Gutachtern, die uns mit ihren aufschlussreichen Kommentaren geholfen haben, die Arbeit erheblich zu verbessern.

Literatur

Bohn FJ, Huth A (2017) The importance of forest structure to biodiversity – productivity relationships. R Soc Open Sci 4.1. https://doi.org/10.1098/rsos.160521. eprint: http://rsos.royalsocietypublishing.org/content/4/1/160521.full.pdf

Cai B, Zhang Y, Wang X et al (2018) An optimization model for a wetland restoration project under uncertainty. Int J Environ Res Public Health 15(12). https://doi.org/10.3390/ijerph15122795. ISSN: 1660-4601

Clements F (1905) Research methods in ecology. University Publishing Company, Lincoln

Coco MI, RD with contributions of James D Dixon, Nash J (2018) CRQA: Cross-recurrence quantification analysis for categorical and continuous time-series. R package version 1.0.7

Dušek J, Stellner S, Pavelka M (2012) Utility model no. 024073. Patent

Dušek J, Stellner S, Komárek A (2013) Long-term air temperature changes in a Central European sedge-grass marsh. Ecohydrology 6(2):182–190. https://doi.org/10.1002/eco.1256. ISSN: 19360584

Dušek J, Hudecová Š, Stellner S (2017) Extreme precipitation and longterm precipitation changes in a Central European sedge-grass marsh in the context of flood occurrence. Hydrol Sci J 62(11):1796–1808. https://doi.org/10.1080/02626667.2017.1353217. ISSN: 0262-6667, 2150-3435

Eckmann JP, Kamphorst SO, Ruelle D (1987) Recurrence plots of dynamical systems. EPL (Europhys Lett) 4(9):973

Ellenberg H, Mueller-Dombois D (1967) A key to Raunkiaer plant life forms with revised subdivisions. Ber Geobot Inst ETH Stiftg Rubel Zurich 37:56–73

Fabián Z (2001) Induced cores and their use in robust parametric estimation. Comput Stat Theory Methods 30(3):537–555. eprint: https://doi.org/10.1081/STA-100002096

He L, Shen J, Zhang Y (2018) Ecological vulnerability assessment for ecological conservation and environmental management. J Environ Manag 206:1115–1125. https://doi.org/10.1016/j.jenvman.2017.11.059. ISSN: 0301-4797

Kuuluvainen T (2016) Conceptual models of forest dynamics in environmental education and management: keep it as simple as possible, but no simpler. For Ecosyst 3(1):18. https://doi.org/10.1186/s40663-016-0075-6. ISSN: 2197-5620

Marwan N, Wessel N, Meyerfeldt U et al (2002) Recurrence-plot-based measures of complexity and their application to heart-rate-variability data. Phys Rev E 66(2):026702. https://doi.org/10.1103/PhysRevE.66.026702

Marwan N, Romano MC, Thiel M et al (2007) Recurrence plots for the analysis of complex systems. Phys Rep 438(5):237–329. https://doi.org/10.1016/j.physrep.2006.11.001. ISSN: 0370-1573

Möller P, Muñoz-Pedreros A (2014) Legal protection assessment of different inland wetlands in Chile. Rev Chil Hist Nat 87(1):23. https://doi.org/10.1186/s40693-014-0023-1. ISSN: 0717-6317

Odum EP (1969) The strategy of ecosystem development. Science 164(3877):262–270. https://doi.org/10.1126/science.164.3877.262. ISSN: 0036-8075. eprint: http://science.sciencemag.org/content/164/3877/262.full.pdf

R Core Team (2018) R: a language and environment for statistical computing. R Foundation for Statistical Computing, Vienna

Raunkiær C (1905) Types biologiques pour la géeographie botanique. Kongelige Danske Videnskabernes Selskabs Forhandlinger 5:347–438

Spies TA (1998) Forest structure: a key to the ecosystem. Northwest Sci 72(2):34–39

Stehlík M, Potocký R, Waldl H et al (2010) On the favorable estimation for fitting heavy tailed data. Comput Stat 25(3):485–503. https://doi.org/10.1007/s00180-010-0189-1. ISSN: 1613-9658

Stehlík M, Dušek J, Kiseľák J (2016) Missing chaos in global climate change data interpreting? Ecol Complex 25:53–59. https://doi.org/10.1016/j.ecocom.2015.12.003

Stehlík M, Aguirre P, Girard S et al (2017) On ecosystems dynamics. Ecol Complex 29:10–29. https://doi.org/10.1016/j.ecocom.2016.11.002. ISSN: 1476-945X

Tansley AG (1935) The use and abuse of vegetational concepts and terms. Ecology 16(3):284–307. https://doi.org/10.2307/1930070.   eprint: https://esajournals.onlinelibrary.wiley.com/doi/pdf/10.2307/1930070

White D, Fennessy S (2005) Modeling the suitability of wetland restoration potential at the watershed scale. Ecol Eng 24(4):359–377. Wetland creation. https://doi.org/10.1016/j.ecoleng.2005.01.012. ISSN: 0925-8574

Zbilut JP (2005) Use of recurrence quantification analysis in economic time series. In: Salzano M, Kirman A (Hrsg) Economics: complex windows. Springer Milan, Milano, S 91–104. https://doi.org/10.1007/88-470-0344-X_5. ISBN: 978-88-470-0344-6

Zbilut JP, Webber CL (1992) Embeddings and delays as derived from quantification of recurrence plots. Phys Lett A 171(3):199–203. https://doi.org/10.1016/0375-9601(92)90426-M. ISSN: 0375-9601

Teil III
Brasilien

Kapitel 10
Transdisziplinäre Fallstudienansätze zur ökologischen Wiederherstellung von Regenwaldökosystemen

Abdon Schmitt Filho und Joshua Farley

10.1 Einleitung

Wälder erbringen wichtige Ökosystemleistungen wie die Regulierung und Reinigung von Wasser und Luft, Lebensraum für Wildtiere, Erosionsschutz, Kohlenstoffspeicherung, Klimaregulierung und die erneuerbare Bereitstellung wertvoller Rohstoffe, die für den Menschen und unzählige andere Arten lebenswichtig sind (Alarcon et al. 2015; Myers 1997). Etwa die Hälfte der Tropenwälder ist verlorengegangen, die meisten davon seit Mitte des letzten Jahrhunderts, wobei 2016 und 2017 die schlimmsten Jahre in der Geschichte des Verlusts an Baumbestand waren (Weisse und Goldman 2018). Die Baumbestände in den gemäßigten Zonen waren in diesem Zeitraum stabiler, aber der Klimawandel stellt eine große neue Bedrohung für die Wälder der gemäßigten Zonen dar, da die Verluste durch Insekten, Dürre und Waldbrände erheblich zunehmen und sich auch die Artenzusammensetzung verändert (Millar und Stephenson 2015). Die Entwaldung ist derzeit für schätzungsweise 6–17 % der globalen CO_2 Emissionen verantwortlich (Baccini et al. 2012), und es besteht die Gefahr positiver Rückkopplungsschleifen, bei denen die Entwaldung den Klimawandel vorantreibt, der dann den Waldverlust noch verstärkt (Reyer et al. 2015). Die ökologische Wiederherstellung kann dazu beitragen, diesen Verlusten entgegenzuwirken und Kohlenstoff in Waldböden und Baumbiomasse zu binden (Nave et al. 2018). Die Landwirtschaft ist seit langem die größte globale Bedrohung für Wälder und andere Ökosysteme, aber sie ist auch für das menschliche Wohl-

A. S. Filho (✉)
Labor für silvopastorale Systeme und ökologische Wiederherstellung, Fachbereich für Tierwissenschaften und ländliche Entwicklung, Bundesuniversität von Santa Catarina, Florianópolis, Brasilien

J. Farley
Gemeindeentwicklung und angewandte Wirtschaft, Universität von Vermont, Burlington, USA

ergehen unerlässlich und stark von den Ökosystemleistungen der Wälder abhängig (De Schutter und Vanloqueren 2011; Godfray 2011; Godfray et al. 2010; Rockstrom et al. 2009). Eine wachsende und zunehmend wohlhabende menschliche Bevölkerung erhöht die Nachfrage nach Nahrungsmitteln und stellt damit eine neue Bedrohung für die Wälder weltweit dar. Eine der größten Herausforderungen, vor denen die Menschheit derzeit steht, ist die Frage, wie ländliche Landschaften rehabilitiert und Wälder und andere bedrohte Ökosysteme geschützt und wiederhergestellt werden können, während gleichzeitig die kontinuierliche Bereitstellung einer angemessenen Nahrungsmittelversorgung gewährleistet wird (Farley et al. 2015; Schmitt Filho et al. 2013).

Diese globale Herausforderung stellt sich in kleinerem Maßstab in Brasiliens atlantischem Waldbiom (Abb. 10.1). Dieses Biom, das sich vom tropischen Nordosten des Landes bis in den gemäßigten Süden erstreckt, gehört zu den artenreichsten und am stärksten gefährdeten Biodiversitäts-Hotspots der Erde. Die Schätzungen der verbleibenden Waldbedeckung reichen von 7 % bis 28 % (Rezende et al. 2018; Ribeiro et al. 2009; SOS Mata Atlantica 2009), was vor allem von der Größe der als Wald gezählten Vegetationsfragmente abhängt. Ein Großteil des verbleibenden Waldes ist sekundäres Wachstum und leidet unter erheblichen Rand-

Abb. 10.1 Trotz seiner Artenvielfalt und seines hohen Endemismus hat der Atlantische Wald seit seiner Besiedlung einen kontinuierlichen Lebensraumverlust erfahren (Mittermeier et al. 2011). Je nach Fragmentgröße sind heute nur noch 7–28 % des Waldes vorhanden (Rezende et al. 2018; Ribeiro et al. 2009; SOS Mata Atlantica 2009). Nur wenige tropische Biodiversitäts-Hotspots sind „heißer" in Bezug auf die bestehenden Bedrohungen und den Erhaltungswert (Mittermeier et al. 2011; Scarano und Ceotto 2015). (Foto: LASSre 2011)

effekten, Artenhomogenisierung und Biodiversitätsverlust (Arroyo-Rodríguez et al. 2017; Joly et al. 2014). Die Leere der Waldreste aufgrund des Fehlens von Schlüsseltierarten ist ebenfalls eine eminente Bedrohung (Redford 1992; Wilkie et al. 2011; De Coster et al. 2015). Die Entwaldungsraten sind nach wie vor hoch (INPE 2017), während der Klimawandel und andere ökologische Störungen neue Bedrohungen mit höchst ungewissem Ausgang darstellen (Scarano und Ceotto 2015). Am besorgniserregendsten ist vielleicht, dass Ökologen eine ökologische Schwelle von etwa 30 % Waldbedeckung ausgemacht haben, unterhalb derer es zu einem katastrophalen Verlust von Wirbeltieren, Pflanzenfamilien und vermutlich anderen Arten kommen kann (Banks-Leite et al. 2014; Lima und Mariano-Neto 2014), der die weitere Lebenstähigkeit des Ökosystems und die von ihm erbrachten lebenswichtigen Ökosystemleistungen bedroht. Glücklicherweise kann es eine lange Zeitspanne zwischen dem Verlust von Lebensraum und dem erwarteten Aussterben geben, die als Aussterbeschuld bekannt ist und ein Zeitfenster für die Wiederherstellung der Waldbedeckung und der Populationen bedrohter Arten bietet (Kuussaari et al. 2009; Metzger et al. 2009). Obwohl bisher offenbar nur wenige Arten ausgestorben sind (Joly et al. 2014), entfallen 60 % aller gefährdeten Arten in Brasilien auf diesen Lebensraum (Rezende et al. 2018).

Die Bedeutung des Schutzes des brasilianischen Atlantikwaldes kann gar nicht hoch genug eingeschätzt werden. Er ist das zweitgrößte Waldökosystem Südamerikas und wahrscheinlich das mit der größten biologischen Vielfalt. Etwa zwei Drittel der brasilianischen Bevölkerung leben innerhalb seiner ursprünglichen Grenzen und sind in hohem Maße von den lebenserhaltenden Ökosystemleistungen abhängig, die er bietet. Die Region liefert 70 % des brasilianischen BIP, über die Hälfte der Gartenbauflächen des Landes (Scarano und Ceotto 2015), 62 % der Wasserkraft und Trinkwasser für 75 % der Bevölkerung. Der Wald reguliert die Niederschlagsmuster, trägt zur Kontrolle von Überschwemmungen und Erdrutschen bei und hat wahrscheinlich wichtige Auswirkungen auf die Produktivität der marinen Küstensysteme (Joly et al. 2014). Jahrhundert bedrohte die Umwandlung von Wäldern in landwirtschaftliche Nutzflächen rund um die Stadt Rio de Janeiro bereits die Wasserversorgung der Stadt, was Kaiser Pedro II. dazu veranlasste, einen Großteil des umliegenden Wassereinzugsgebiets zum ersten Naturschutzgebiet Brasiliens – dem heutigen Tijuca-Nationalpark – zu erklären und dessen Wiederaufforstung zu finanzieren (Freitas et al. 2006). Die Bereitstellung und Regulierung von Wasser ist nach wie vor eine der am meisten geschätzten lokalen Ökosystemleistungen (Alarcon et al. 2016), während andere kritische Leistungen auch auf regionaler, nationaler und globaler Ebene erbracht werden (Farley et al. 2010). Eine unumkehrbare Verschlechterung oder ein Verlust des Ökosystems hätte unermesslich hohe Kosten für diese und künftige Generationen zur Folge (Abb. 10.2).

Die Hauptursache für den Waldverlust in diesem System war und ist die Landwirtschaft, die die vorherrschende Landnutzung in den degradierten und fragmentierten Gebieten des gesamten Bioms darstellt (Dean 1997). Obwohl die Landwirtschaft weniger als 5 % des brasilianischen BIP ausmacht, täuscht diese Zahl gewaltig. Lebensmittel sind wohl die wichtigsten und am wenigsten austauschbaren Güter und weisen eine extrem unelastische Nachfrage auf. Das bedeutet, dass eine

Abb. 10.2 Heute ist der Atlantische Wald eine Ansammlung von fragilen und biologisch verarmten Überresten, die in 245.173 Fragmenten verteilt sind, von denen 83,4 % kleiner als 50 ha sind (Mittermeier et al. 2011; Scarano und Ceotto 2015). (Foto: LASSre 2016)

geringe Verringerung des Angebots an Lebensmitteln zu einem enormen Preisanstieg führt. Während der Lebensmittelkrisen 2007–2008 und 2011–2012 beispielsweise führte eine Kombination aus Dürren, erhöhter Biokraftstoffproduktion und Spekulation zu einer Verdoppelung der weltweiten Getreidepreise (Farley et al. 2015; Lagi et al. 2011, 2012). Brasilien ist ein weltweit bedeutender Nahrungsmittelproduzent, und die Aufgabe von Agrarflächen für die ökologische Wiederherstellung könnte globale Auswirkungen haben (Scarano und Ceotto 2015); wenn dies auf globaler Ebene geschieht, könnte es leicht zu einem katastrophalen Preisanstieg führen. Darüber hinaus machen Kleinbauernfamilien 84 % der landwirtschaftlichen Betriebe in diesem Biom aus und beanspruchen 24 % der landwirtschaftlichen Nutzfläche; Kleinbauern in ganz Brasilien liefern 72 % der Nahrungsgrundlage des Landes (Ribeiro et al. 2011). In Santa Catarina – dem Schwerpunkt dieses Kapitels – sind 87 % der landwirtschaftlichen Betriebe Kleinbauern, die 44 % der landwirtschaftlichen Nutzfläche bewirtschaften, aber für 70 % der gesamten landwirtschaftlichen Produktion und 82 % der landwirtschaftlichen Arbeitsplätze verantwortlich sind (Mattei 2019). Wenn diese Landwirte genug von ihrem Land aufforsten, um einen ökologischen Kollaps zu vermeiden, werden viele nicht mehr genug landwirtschaftliche Flächen haben, um ihre Familien zu ernähren.

Zusammenfassend lässt sich sagen, dass der atlantische Wald in Brasilien bereits eine kritische ökologische Schwelle überschritten hat. Gelingt es nicht, die Waldbedeckung auf über 30 % wiederherzustellen, droht ein katastrophaler Verlust an biologischer Vielfalt und Ökosystemleistungen. Da auch der Klimawandel den Atlantischen Wald bedroht, ist es durchaus möglich, dass mehr als 30 % Waldbedeckung wiederhergestellt werden müssen, um die Widerstandsfähigkeit zu gewährleisten. Gleichzeitig besteht die Gefahr, dass die Wiederherstellung einer so großen Waldfläche Kleinbauernfamilien über eine wirtschaftliche Armutsschwelle bringt. Der Atlantische Wald ist ein Mikrokosmos für ein globales Problem, so dass tragfähige Bemühungen zur Bewältigung dieser Herausforderung skalierbar sein müssen. In diesem Kapitel wird eine Fallstudie eines partizipativen Aktionsforschungsprojekts untersucht, das die Agrarökologie einsetzt, um die Sanierung und Wiederherstellung des atlantischen Waldes und der von ihm erbrachten Ökosystemleistungen zu fördern und gleichzeitig die Lebensgrundlage von Kleinbauernfamilien zu verbessern und die kontinuierliche Versorgung mit Nahrungsmitteln sicherzustellen.

Agrarökologie ist ein weites Feld, das von verschiedenen Fachleuten unterschiedlich definiert wird. Im Kontext dieser Fallstudie ist die Agrarökologie eine Wissenschaft und Praxis, die danach strebt, ökologische Prinzipien in die landwirtschaftliche Produktion zu übernehmen, um die Produktivität zu steigern und die sozioökonomische Stabilität und Nachhaltigkeit zu verbessern (Altieri 1995). Sie erweitert den Bereich des wissenschaftlichen Wissens um lokales Wissen und indigene Praktiken (Gliessman 2015). Da die Abhängigkeit von nicht erneuerbaren Ressourcen von Natur aus nicht nachhaltig ist, wird versucht, natürliche ökologische Funktionen wiederherzustellen, um gekaufte Inputs zu ersetzen, von denen viele teure, giftige Chemikalien sind, wobei jedoch nicht unbedingt jeder Einsatz von Düngemitteln und Pestiziden abgelehnt wird. Sie erkennt an, dass der Mensch Teil des Ökosystems ist, und jedes Ökosystem ist anders (Moore et al. 2014; Pahl-Wostl 2009). Was ein Agrarökosystem erfolgreich macht, ist ortsabhängig (Virapongse et al. 2016). Die Agrarökologie ist auch eine Bewegung, die darauf abzielt, ein nachhaltiges und gerechtes Agrarsystem aufzubauen, das den Landwirten die Kontrolle über den Produktionsprozess überträgt (Méndez et al. 2017). In der industriellen oder konventionellen Landwirtschaft wurden Hybridsaatgut, chemische Betriebsmittel, Maschinen und Anbaumethoden von Unternehmen und Universitäten entwickelt, durch geistige Eigentumsrechte geschützt und durch Lobbyarbeit „abgesichert". Die Landwirte müssen die Betriebsmittel kaufen und haben wenig Einfluss auf die Praktiken. Im Gegensatz dazu setzt die Agrarökologie auf partizipative Aktionsforschung, bei der Landwirte, Wissenschaftler und Berater zusammenarbeiten, um herauszufinden, mit welchen Technologien und Verfahren die Ziele der Landwirte und der Gemeinschaft am besten erreicht werden können. Die Praktiken werden von Landwirt zu Landwirt weitergegeben, ohne dass geistige Eigentumsrechte bestehen. Die Agrarökologie ist von Natur aus transdisziplinär und integriert Agronomie, Ökologie, Ökonomie, Soziologie, Anthropologie und Ethik (Altieri 2002; Gliessman 2015; Méndez et al. 2017). Mit ihrer Erkenntnis, dass die Agrarwirtschaft durch das globale Ökosystem erhalten und begrenzt wird, und ihren Zielen der Nachhaltigkeit, gerechten Verteilung und effizienten Produktion hat sie viel mit der ökologischen Ökonomie gemeinsam.

Das Projekt findet in Santa Catarinas Encostas da Serra Geral statt, einer Gebirgsregion, die den Übergang von den Küstenregionen zur Hochebene im Landesinneren markiert (Geremias 2011; Schmitt Filho et al. 2010; Schröter et al. 2015). Das Epizentrum des Projekts ist Santa Rosa de Lima, die agroökologische Hauptstadt des Bundesstaates (Moreno-Peñaranda und Kallis 2010).

Der Rest dieses Kapitels ist wie folgt aufgebaut. Zunächst geben wir eine Beschreibung des Standorts, einschließlich einer landwirtschaftlichen Geschichte der Gemeinde. Dann erklären wir, wie unser Projekt die Agrarökologie einsetzt, um die Wiederherstellung der Landschaft, einschließlich des Waldes, und der von ihm bereitgestellten Ökosystemleistungen zu fördern. In diesem Abschnitt wird auch der gesetzliche Auftrag des brasilianischen New Forest Code (NFC) erörtert. Anschließend wenden wir uns der ökologischen Ökonomie zu, um die Herausforderungen zu verstehen, die sich aus der Bewirtschaftung von Land ergeben, das in einem Marktsystem sowohl öffentlichen als auch privaten Nutzen erbringt, bevor wir unsere Bemühungen erörtern, partizipative Aktionsforschung auf das politische Problem anzuwenden. Wir geben einen allgemeinen Überblick über das System der Zahlungen für Ökosystemleistungen (Payments for Ecosystem Services – PES), das aus diesen Bemühungen hervorgegangen ist. Wir hoffen, dass unsere Forschung einen Beitrag zu den weltweiten Bemühungen um eine synergetische Integration von Agrarökologie, Sanierung von Agrarökosystemen und ökologischer Wiederherstellung leisten kann.

10.2 Beschreibung und Geschichte des Standorts

Santa Rosa de Lima ist eine kleine Gemeinde (202.004 km², ~2130 Einwohner) in den Encostas da Serra Geral (Küstengebirgshänge) im Süden Brasiliens (Abb. 10.3). Das bergige Gelände eignet sich schlecht für großflächige mechanisierte Landwirt-

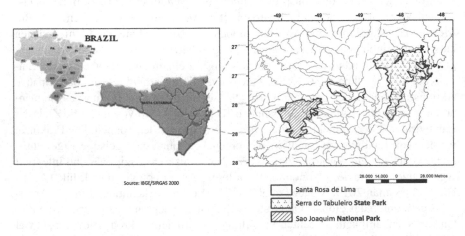

Abb. 10.3 Das Untersuchungsgebiet: Santa Rosa de Lima, Santa Catarina, Brasilien. (LASSre 2018)

schaft oder einjährige Kulturen, und das meiste Land wird derzeit von Familienbetrieben mit durchschnittlich 18 ha bewirtschaftet (IBGE 2017). Ursprünglich
wurde die Region von den Tupi-Guarani bewirtschaftet, halbnomadischen Garten-
bauern, deren Brandrodung ein widerstandsfähiges Mosaik aus gerodeten Flächen,
Zweitwuchs und Naturwald schuf, das jedoch durch Krankheiten, europäische Ko-
lonisten, Staat und Kirche weitgehend ausgerottet wurde (Barreto und Drummond
2017; Dean 1997; Denevan 1992). Jahrhunderts kamen europäische Siedler nach
Santa Rosa de Lima, wo sie in kleinen Familienbetrieben eine hochgradig diversifizierte, hauptsächlich auf Subsistenz ausgerichtete Brandrodungslandwirtschaft
betrieben, deren Überschussproduktion und Schweineschmalz für ein begrenztes
Bareinkommen verkauft wurden (Moreno-Peñaranda und Kallis 2010). Die Landwirte verwendeten nur wenige gekaufte Betriebsmittel und verließen sich stattdessen auf den Nährstoffkreislauf, die biologische Schädlingsbekämpfung und andere Ökosystemleistungen.

In den 1950er- und 1960er-Jahren wurden große Waldflächen zur Gewinnung
von Holz und Holzkohle gerodet, und die Bauern begannen, exotische Eukalyptus-
und Kiefernplantagen anzulegen. Die Landwirte begannen auch mit dem Tabakanbau, unterstützt durch Fortbildungsmaßnahmen und Kredite von Tabakunter-
nehmen, die auch einen garantierten Markt boten. In den späten 1980er-Jahren
kombinierten die meisten Landwirte den Tabakanbau mit traditionellen Subsistenz-
methoden (Moreno-Peñaranda und Kallis 2010). Leider wurden durch den Tabakanbau die Nährstoffe im Boden schnell aufgebraucht und die Erosion beschleunigt.
Gekaufte Pestizide und Düngemittel, die aus nicht erneuerbaren Ressourcen hergestellt wurden, waren erforderlich, um den daraus resultierenden Verlust an Ökosystemleistungen zu ersetzen, hatten jedoch negative Auswirkungen auf die menschliche Gesundheit und die Umwelt. In Verbindung mit den sinkenden Tabakpreisen
in den 1980er-Jahren begannen die Landwirte nach besseren Alternativen zu suchen. Viele wandten sich der Milchwirtschaft zu und einige dem Anbau von
Eukalyptus-Monokulturen (Schröter et al. 2015).

In den späten 1990er-Jahren begannen örtliche Familienbauern mit UFSC-
Professoren an der agrarökologischen Produktion zu arbeiten, einschließlich Bio-
Gemüse und weidebasierter Milchwirtschaft als Alternative zum Tabakanbau und
zur konventionellen Landwirtschaft. Gemeinsam gründeten sie die „Associação dos
Agricultores Agroecológicos da Encosta da Serra Geral – AGRECO" (http://www.
agreco.com.br/) – eine agrarökologische Genossenschaft (Geremias 2011; Schmitt
Filho et al. 2010). AGRECO kümmerte sich um die Bio-Zertifizierung der teilnehmenden Landwirte und erleichterte die Vermarktung und Entwicklung lokaler
Unternehmen mit Mehrwert. Sie zog auch einen Zustrom von Agrotouristen an, der
durch die Organisation einer Agrotourismus-Kooperative – „Acolhida na Colonia"
(von der Gemeinde begrüßt http://acolhida.com.br/contato/) – weiter gefördert wurde.

Im Jahr 1998 begann die ehemalige Voisin Grazing Group – GPVoisin/UFSC
(inzwischen umbenannt und im Folgenden als Silvopastoral System and Ecological
Restoration Lab (LASSre/UFSC) bezeichnet) mit Landwirten, Professoren und
Universitätsstudenten zusammenzuarbeiten, um die agroökologische weidebasierte
Milchwirtschaft durch Management Intensive Grazing – MIG (Geremias 2011;

Murphy 2010; Schmitt Filho et al. 2010; Schröter et al. 2015) umzusetzen und zu verbreiten. Bei MIG unterteilen die Landwirte ihre Weiden in zahlreiche Koppeln, die für kurze Zeit intensiv beweidet werden und dann ruhen, bis die Weide wieder die optimale Weidehöhe erreicht hat. Diese Praxis maximiert die Weideproduktion, vermeidet die selektive Beweidung des frühen Aufwuchses, unterbricht den Lebenszyklus einiger Parasiten und stellt die Biozönose des Bodens wieder her (Battisti et al. 2018; Dorsey et al. 1998; Savory 2016; Sovell et al. 2000; Teague et al. 2011), die durch den Tabakanbau gestört wurde. Die Landwirte standen dem MIG zunächst skeptisch gegenüber und zögerten, es zu übernehmen. LASSre/UFSC organisierte zahlreiche Feldtage und Workshops, um den Landwirten zu helfen, die Praxis zu verstehen und sie auf ihre Bedürfnisse zuzuschneiden. Ein Landwirt mit stark degradiertem Land, der wenig zu verlieren hatte, stimmte zu, es zu versuchen. Sein Erfolg trug dazu bei, andere Landwirte davon zu überzeugen, MIG ebenfalls anzuwenden (Schröter et al. 2015). Nachfolgende Untersuchungen ergaben, dass MIG-Landwirte in der Region im Durchschnitt einen höheren Viehbesatz auf besserem Weideland aufrechterhalten, mehr Milch pro Kuh produzieren und ihr Einkommen steigern, während sie gleichzeitig die Ökosystemleistungen verbessern (Alvez et al. 2014; Back et al. 2009; Farley et al. 2012; Maurer et al. 2009; Schmitt Filho et al. 2013; Surdi et al. 2011). MIG hat sich als so erfolgreich erwiesen, dass es seit 2006 landesweit von der Regierung unterstützt wird und sich schnell zum Standardansatz für die Beweidung in diesem Bundesstaat entwickelt (Jochims und Leopoldino da Silva 2016; Schmitt Filho et al. 2008).

10.3   Agrarökologie und Wiederaufforstung

Obwohl die Agrarökologie in der Region bemerkenswerte wirtschaftliche und ökologische Erfolge erzielte, hatte sie nur begrenzte Auswirkungen auf den Waldbestand (Amazonas et al. 2016). Das Versäumnis, Wälder wiederherzustellen, gefährdete nicht nur die kontinuierliche Bereitstellung von Ökosystemleistungen, von denen die Landwirtschaft abhängt, sondern war auch illegal. Das 1965 verabschiedete brasilianische Forstgesetzbuch schreibt eine dauerhafte Bewaldung in ökologisch kritischen Gebieten vor, wie z. B. in 30 m breiten Uferzonen (bei größeren Flüssen auch mehr), auf Hügeln und an steilen Hängen, die unter der Bezeichnung „Gebiete mit dauerhaftem Schutz" (APP) zusammengefasst werden. Darüber hinaus wurde die Bewaldung von weiteren 20 % der ländlichen Grundstücke im Atlantikwald vorgeschrieben, die als gesetzliche Reserve (RL) bezeichnet werden. Bei vollständiger Durchsetzung hätte das Gesetz zu einer Waldbedeckung von ~30 % im gesamten Atlantischen Wald geführt (Metzger 2010). Das 2006 verabschiedete Gesetz über den Atlantischen Wald bot zusätzlichen Schutz für das Biotop, einschließlich eines Verbots der Abholzung. Beide Gesetze wurden nicht gut durchgesetzt. Die ursprüngliche Waldbedeckung in Santa Rosa fiel von 72 % im Jahr 2002 auf 51 % im Jahr 2010 (Amazonas et al. 2016), die Waldbedeckung im gesamten Bundesstaat beträgt nur 23 %, und die Entwaldung im Bundesstaat und im gesamten Biom hat sich in letzter Zeit beschleunigt (INPE 2017).

Dennoch verkündete der Gouverneur von Santa Catarina im Jahr 2009, dass das Forstgesetz zu streng sei und bei vollständiger Durchsetzung die kleinen Bauernfamilien des Bundesstaates in die Armut treiben würde. Mit der Begründung, Santa Catarina müsse sich zwischen größeren Farmen oder größeren Slums entscheiden, erklärte er einseitig, dass Santa Catarina ein milderes Forstgesetz einführen und das nationale Gesetz nicht mehr einhalten werde (Globo 2009). Dies löste eine große nationale Debatte über das Gesetz aus, die 2012 zur Verabschiedung eines neuen Waldgesetzes (NFC) führte. Dieses mildere Forstgesetz bot eine Amnestie für Abholzungen, die vor Juli 2008 stattgefunden hatten, reduzierte die Breite der Uferpuffer vom Hochwasserstand auf den mittleren Wasserstand, verringerte die Pufferbreiten für Kleinbauernfamilien weiter und erlaubte es Kleinbauernfamilien, Agroforstsysteme als Teil ihrer APPs zu zählen, neben anderen Änderungen. Zahlreiche Publikationen beschreiben das Gesetz im Detail (Alarcon et al. 2015; Presidência da República do Brasil 2012; Soares-Filho et al. 2014; Sparovek et al. 2012). Während das neue Waldgesetz insgesamt die Anforderungen an die Aufforstung reduziert, hat es auch zu bedeutenden Schritten zur Durchsetzung des Gesetzes geführt. So mussten die Landwirte beispielsweise ein Umweltkataster für ihre Grundstücke vorlegen, aus dem hervorgeht, inwieweit sie das Gesetz derzeit einhalten und welche Schritte sie unternehmen werden, um es vollständig zu erfüllen. LASSre hat mit zahlreichen Landwirten in der Region zusammengearbeitet, um das Umweltregister zu vervollständigen, und festgestellt, dass die überwiegende Mehrheit der Betriebe umfangreiche Sanierungsmaßnahmen benötigt. Selbst mit den weniger strengen Aufforstungsanforderungen stellen die Vorlaufkosten für die ökologische Wiederherstellung und der Verlust von produktivem Ackerland eine ernsthafte Herausforderung für die örtlichen Landwirte und politischen Entscheidungsträger dar.

LASSre nutzt daher die partizipative Aktionsforschung (Méndez et al. 2017), um gemeinsam mit Landwirten, lokalen Gemeinschaften, Studenten, staatlichen Beratern, Nichtregierungsorganisationen sowie lokalen und bundesstaatlichen Regierungen agrarökologische Praktiken zu entwickeln, die die Waldbedeckung und die Ökosystemleistungen synergetisch verbessern, Weideland rehabilitieren, das Waldgesetz einhalten, ökologische Schwellenwerte vermeiden und die Lebensgrundlage der Landwirte verbessern könnten. Das Projekt integriert Agronomie, Forstwirtschaft, Ökologie, Ökonomie, politische Analyse, Gemeindeentwicklung und andere Instrumente und Disziplinen, um seine Ziele zu erreichen. Wir erörtern zunächst die angewandten agrarökologischen Praktiken und die Ziele, die wir zu erreichen hoffen, dann die ökologisch-ökonomische Theorie, die für die Erbringung von Ökosystemleistungen relevant ist, und schließlich unsere Bemühungen um eine wirksame Politik zur Förderung dieser Initiative.

Unsere partizipatorische Forschung hat zur Entwicklung von zwei spezifischen agrarökologischen Systemen geführt, mit denen wir unsere Ziele erreichen wollen: Multifunktionale Uferwälder (MultRF)und Silvopastorale Systeme mit hoher Biodiversität (SPSnuclei), die auf der Wiederaufforstungsstrategie der angewandten Kernbildung basieren (Corbin und Holl 2012). Beide Systeme wurden entwickelt, um die ökologische Wiederherstellung und die Rehabilitierung von Weideflächen durch die Bereitstellung von Nichtholzprodukten aus einheimischen Arten im Rahmen der kleinbäuerlichen Landwirtschaft und der Ernährungssouveränität wirtschaftlich tragfähig zu machen.

10.4   Multifunktionale Auwälder: MultRF

Im Dezember 2015 starteten wir ein Mult-RF-Pilotprojekt in Rio dos Índios, in der Gemeinde Santa Rosa de Lima, Santa Catarina, Breitengrad S28 ° 02.772 und Längengrad O49o11'10.6. Der Rio dos Índios hat zwei identifizierte Quellen, eine bei Lat. 27 ° 58.815 S und Long. W049 ° 16.023, und die andere bei Lat. 27 ° 58.875 S und Long. W049 ° 16.019, W, mit der Mündung bei 28 ° 03.769'S, die in den Fluss Braço do Norte mündet. Der Fluss hat eine Ausdehnung von etwa 17 km (Abb. 10.4).

Der Planungs- und Umsetzungsprozess war partizipatorisch und begann mit der Kontaktaufnahme mit den lokalen Verantwortlichen der Associação Mata Verde – Microbacias Rio dos Indios. Anschließend wurden Treffen mit den Landwirten abgehalten, um das Multifunktionale Auwaldsystem (MultRF) zu diskutieren und zu gestalten. Siebenundsiebzig Familien meldeten sich für das Projekt an, es konnten jedoch nur diejenigen wiederhergestellt werden, die in den ersten 3000 m ab der Mündung des Rio dos Indios liegen (Amazonas et al. 2017; Carvalho Filho et al. 2016).

Der MultRF wird in Uferkorridoren mit einer Mindestbreite von 8 m beiderseits der Wasserläufe umgesetzt, um dem neuen brasilianischen Forstgesetz zu entsprechen. Die Uferzonen werden eingezäunt und dürfen sich durch natürliche Sukzession wieder füllen. Die Methodik basiert auf der funktionalen Vielfalt (Laureto

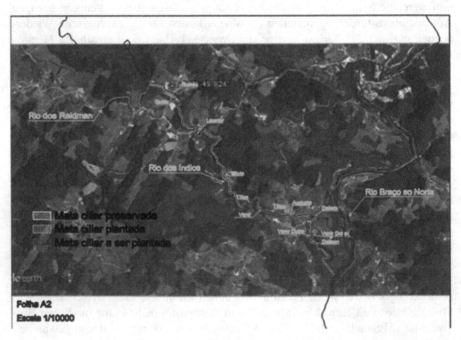

Abb. 10.4 Pilotprojektgebiet für multifunktionale Auwälder (MultRF) – Landwirte, die MultFR im Wassereinzugsgebiet des Flusses Tubarão und des Complexo Lagunar umgesetzt haben. (LASSre 2014)

et al. 2015; Petchey und Gaston 2006), um die ökologische Wiederherstellung durch Sukzessionsprozesse zu maximieren. Die Auswahl der Arten erfolgte auf der Grundlage der funktionalen Vielfalt und des wirtschaftlichen Nutzens (Secretaria do Meio Ambiente do Estado-SP 2011).

Fünf funktionelle Gruppen (FG) wurden sorgfältig ausgewählt. Die funktionelle Gruppe 1 (FG1), die Gruppe für die Versorgung und Primärproduktion, bestand aus Bananenpflanzen (*Musa sp.*) und Rosenpfeffer (*Schinus terebinthifolius*). Die Banane war die einzige nicht einheimische Art, die aufgenommen wurde, um ein kurzfristiges Einkommen zu erzielen. Rosenpaprika ist ein wertvolles Gewürz, produziert guten Honig und die Verbindungen des Baums sind vielversprechend als Pestizide und als Antibiotika, gegen die Bakterien keine Resistenz entwickeln könnten (Orwa et a 2009; Uliana et al. 2016). Diese beiden Arten sind für die ersten Einnahmen aus Nichtholz-Waldprodukten (NTFP) und für das anfängliche Engagement der Bauern im partizipativen ökologischen Wiederherstellungsprozess verantwortlich (Carvalho Filho et al. 2016).

Funktionsgruppe 2 (FG2), die Gruppe, die die Umstrukturierung der Landschaft und die Sukzession erleichtert, besteht aus schnell wachsenden Pionierarten, die die Landschaft rasch umgestalten und die notwendigen Bedingungen für die Entstehung eines Unterholzes schaffen. Die wichtigste verwendete Art ist Bracatinga (*Mimosa scabrella* – Fabaceae), ergänzt durch fünf weitere Arten (*Inga senssilis* – Fabaceae; *Anadenanthera macrocarpa* – Fabaceae; *Piptadenia gonoacantha* – Mimosoideae; *Citharexylum myrianthum* – Verbenaceae; *Nectandra lanceolata* – Lauraceae) – alles Arten, die bei der einheimischen Bevölkerung für ihr schnelles Wachstum, ihre dichte Beschattung und ihren wirtschaftlichen Wert bekannt sind (Carvalho Filho et al. 2016). Die *Bracatinga* zum Beispiel gehört zu den am schnellsten wachsenden Bäumen im Atlantischen Wald. Er bindet Stickstoff, produziert Futter für Tiere, liefert reichlich Blüten für Honigbienen, wenn die meisten Bäume nicht blühen, spendet innerhalb von drei Jahren außergewöhnlich viel Schatten und kann für Holz oder Holzkohle geerntet werden, nachdem sich andere Arten etabliert haben (Orwa et al. 2009). Sie könnte möglicherweise exotische Eukalyptus- oder Pinus-Arten als Quelle für Holz und Zellstoff ersetzen.

Die Funktionsgruppe 3 (FG3), die Gruppe der Schlüsselsteinarten, basiert auf der Juçara-Palme (*Euterpe edulis*). *E. edulis* ist eine Schlüsselart, die für das Herz der Palme fast ausgerottet wurde (Abb. 10.5). Sie produziert eine wertvolle Beere, die fast identisch ist mit der ihres nahen Cousins, der Açai – *Euterpe oleracea* (Carvalho Filho et al. 2016). Die Nachfrage und die Verarbeitungskapazitäten in der Region übersteigen bei weitem das Angebot an der Frucht, die internationalen Märkte wachsen, und es wird ein erheblicher Preisaufschlag gegenüber Açai-Beeren erzielt (Fadden 2005; Homma et al. 2006; Silva Filho 2005; Trevisan et al. 2015).

Funktionsgruppe 4 (FG4), die Anreicherungsgruppe, besteht aus zwei Kernen mit sechs späten Sekundär- und Klimabäumen pro 100 m, um den Wald mit hoher Biodiversität zu akzeptablen Kosten anzureichern. Funktionsgruppe 5 (FG5), die Bestäubergruppe, besteht aus zwei Bienenstöcken einheimischer Meliponas-Bienen pro 100 m Auwald (Buratto 2019; Buratto et al. 2018a; Carvalho Filho et al. 2016).

Abb. 10.5 Die Juçara-Palme (*Euterpe edulis*), die den südlichen Açai produziert, ist eine Schlüsselart, die für das Herz der Palme fast ausgerottet wurde. Sie produziert eine wertvolle Beere, die fast identisch ist mit der ihres nahen Cousins, der Açai – *Euterpe oleracea* (Carvalho Filho et al. 2016; Buratto et al. 2018c; Buratto 2019). Die Nachfrage und die Verarbeitungskapazitäten in der Region übersteigen bei weitem das Angebot an der Frucht, die internationalen Märkte wachsen, und es wird ein erheblicher Aufschlag gegenüber Açai-Beeren erzielt (Fadden 2005; Homma et al. 2006; Silva Filho 2005; Trevisan et al. 2015). LASSre 2014

Die räumliche Verteilung der Arten an jedem Standort soll einen schnellen und kosteneffizienten Rahmen für die Wiederherstellung von Ökosystemen an Fluss- ufern bieten. Die Gestaltung unseres Arbeitsmoduls war sehr partizipativ und ba- siert auf den Kriterien für die Waldbedeckung, die von der NFC speziell für Familienbetriebe in der Region festgelegt wurden (Alarcon et al. 2015; Sparovek et al. 2012). Das Arbeitsmodul hat eine Größe von 8 m Breite und 100 m Länge für jede Seite einer Wasserstraße. Der Umsetzungsprozess für jedes 8 × 100 m große Modul beginnt mit zehn Rosenpaprika, die als lebende Zaunpfähle 8 m vom Fluss entfernt gepflanzt werden, gefolgt von 20 Bananen (FG1) und 20 schnell wachsen- den Pionierarten (FG2), die alle innerhalb des eingezäunten Bereichs gepflanzt wer- den. Im zweiten und dritten Jahr werden zwei Juçara-Palmen neben jeder Bananen- pflanze (FG3) gepflanzt und zwei hochdiverse Kerne (FG4) werden zusammen mit zwei einheimischen Bienenstöcken (FG5) äquidistant im Modul platziert (Carvalho Filho et al. 2016).

Die wirtschaftliche Analyse eines MCmult-Moduls für einen Zeitraum von 10 Jahren ergab einen internen Zinsfuß (IRR) von 27 %, viermal höher als der aktu- elle Selic-Satz von 6,5 % (Banco Central do Brasil 2018), und eine Amortisation von 6 Jahren. Das MultRF-System verspricht eine bessere finanzielle Rendite als Sparkonten und die meisten anderen Investitionsoptionen, die den Landwirten zur Verfügung stehen, und erfüllt gleichzeitig die NFC-Anforderungen für die ökologische Legalisierung des Eigentums. Bananen und Rosenpaprika bieten in den ersten Jahren strategisch eine Einnahmequelle, um die Landwirte zu motivieren, sich zu beteiligen, bevor ein dichtes Blätterdach entsteht und die Juçara-Palme für die Acai-Beere wächst (Buratto 2019; Buratto et al. 2018a, b, c; Carvalho Filho et al. 2016; Kohn 2017).

Neben den wirtschaftlichen Vorteilen und der Einhaltung der gesetzlichen Bestimmungen erbringt der MultRF mehrere Ökosystemleistungen, wie z. B. die Wasserregulierung und -reinigung sowie die Bekämpfung von „Borrachudos" (*Simulium spp.*), stechenden Kriebelmücken, die Landwirte und Vieh quälen. Wenn sich der wirtschaftliche Nutzen als ausreichend erweist, werden die Landwirte voraussichtlich eine Ausweitung des MultRF auf 30 m Uferpuffer in Erwägung ziehen, wie es das Forstgesetz von vor 2012 vorschreibt. Dies würde die Bereitstellung vieler wichtiger Ökosystemleistungen erhöhen und dazu beitragen, die 30 %ige Waldbedeckung zu erreichen, die erforderlich ist, um den Zusammenbruch des Atlantischen Waldbioms zu verhindern (Banks-Leite et al. 2014; Metzger 2010; Silva et al. 2011).

Brasilien braucht dringend Strategien, die die ökologische Wiederherstellung stark anthropisierter ländlicher Landschaften ermöglichen, insbesondere im Atlantischen Wald. Strategien, die ökologische Wiederherstellung und landwirtschaftliche Produkte synergetisch bereitstellen, sind notwendige Voraussetzungen für die begeisterte Beteiligung der Interessengruppen (Schmitt Filho et al. 2017). Die Einbindung mehrerer Interessengruppen erleichterte die Entwicklung eines praktischen Ansatzes mit hochwertigen Nichtholz-Waldprodukten. Wirtschaftliche Erträge und die Verringerung von Umwelthaftung können MultRF zu einer politischen Option machen, um sicherzustellen, dass Brasilien in der Lage ist, die groß angelegten Wiederherstellungsziele zu erreichen, die erforderlich sind, um die beabsichtigten nationalen Beiträge (INDCs) unter dem Rahmenübereinkommen der Vereinten Nationen über Klimaänderungen (UNFCCC) zur Verringerung der Treibhausgasemissionen einzuhalten (Brancalion et al. 2012; Pinto et al. 2014).

10.5 Silvopastorale Systeme mit hoher Biodiversität: SPSnuclei

Bei der angewandten Nukleation zur Aufforstung werden kleine Baumgruppen-Klumpen über die Ziellandschaft verteilt. Die Flächen zwischen den Baumgruppen-Klumpen dürfen sich selbständig ausfüllen. Das Verfahren soll die natürliche Sukzession imitieren und effektiver und kostengünstiger sein als andere Wiederherstellungstechniken (Corbin und Holl 2012). Auf der Grundlage dieses Ansatzes verwendet das SPSnuclei-System 40 äquidistant platzierte Kerne pro Hektar, was 10 % der Weidefläche entspricht (Abb. 10.6). Das System bietet Schatten, Einnahmen aus Nichtholz-Waldprodukten (NTFP), Biodiversität (50 einheimische Baumarten/ha), Konnektivität und eine verbesserte Landschaftsmatrix, zusätzlich zu zahlreichen Ökosystemleistungen (Schmitt Filho et al. 2017).

Abb. 10.6 Fünf Jahre altes silvopastorales System mit hoher Biodiversität (SPSnuclei) auf dem Betrieb von Rosangela in Santa Rosa de Lima. SPSnuclei zeigt eine diskontierte Amortisation von 5 Jahren und einen internen Zinsfuß von 57 % (Schmitt Filho et al. 2018a). (Foto: LASSre 2017)

Die 5 × 5 m großen Kerne des einheimischen Agroforsts sind in baumloses Weideland integriert. Die Beweidung durch Rinder verhindert die natürliche Sukzession auf den Weiden, aber die eingezäunten Kerne erhöhen die Baumbedeckung und die damit verbundenen Vorteile erheblich. Die gewählte Kerndichte war für die Projektlandschaft und die Ziele der Beteiligten am besten geeignet: 30 % Beschattung bis zum dritten Jahr, zusätzliches Einkommen aus einem multifunktionalen Agrarökosystem und die Möglichkeit der Rückzahlung der Anfangsinvestitionen bis zum sechsten Jahr. Wie beim MultRF basierte die Baumauswahl auf der funktionalen Vielfalt (Laureto et al. 2015; Petchey und Gaston 2006) und dem wirtschaftlichen Nutzen (Secretaria do Meio Ambiente do Estado-SP 2011). Die gewählten Arten und die Pflanzreihenfolge sind dem MultRF sehr ähnlich (Schmitt Filho et al. 2017, 2018b).

Im ersten Jahr wird jeder Kern mit vier Paprikapflanzen als lebenden Pfosten in jeder der vier Ecken (5 × 5 m), sechs schnell wachsenden Pionierbäumen aus sechs Arten, um den Standort zu erobern, und vier Bananenpflanzen an den Rändern zwischen zwei Paprikapflanzen bepflanzt. Sobald sich im dritten Jahr eine Schattenbedeckung etabliert hat, werden die Kerne mit zwei Juçara-Palmen (*E. edulis*) neben jeder Bananenpflanze und zwei Climax-Arten in der Mitte des Kerns im Vollschatten angereichert, ein Prozess, der als sukzessive Agroforstwirtschaft bekannt ist (Young 2017). Die Climax-Arten sind für jeden Nukleus unterschiedlich, mit einer Mindestvielfalt von 50 Baumarten pro Hektar (Schmitt Filho et al. 2017, 2018b).

Die SPS-Kerne bedecken 10 % der Weidefläche, aber innerhalb von 2 Jahren spenden sie Schatten auf etwa 30 % der Weidefläche. Schatten mildert Hitzestress und kann daher die Milchproduktion in den heißen Monaten des späten Frühlings, Sommers und frühen Herbstes um bis zu 20 % steigern (Craesmeyer et al. 2017; Deniz et al. 2018; Kretzer et al. 2018). Die Beschattung ist eine der Hauptmotivationen der Landwirte für die Einführung von SPS-Kernen (Joseph et al. 2016). Rosenpaprika und Bananen beginnen innerhalb von zwei Jahren Früchte zu tragen, *E. edulis* innerhalb von sieben Jahren. Schätzungen des internen Zinsfußes (IRR) für *E. edulis* Agroforstsysteme mit 625–1000 Bäumen pro Hektar reichen von 21 % (Andrade 2016) bis 67,5 % (Silva Filho 2005). Ein Hektar mit SPS-Kernen umfasst bei vollständiger Etablierung 320 *E. edulis*, 160 Rosenpaprika und 160 Bananen pro Kern. Zehn einheimische Bienenstöcke pro Hektar, die Honig und Bestäubung liefern, sind ebenfalls Teil des Systems. Unsere wirtschaftliche Analyse schätzte, dass ein Hektar SPS-Kerne über einen Zeitraum von 10 Jahren einen Kapitalwert von 15.700 $ aus Bananen, Rosenpaprika, Honig und Açai (nach dem achten Jahr) erwirtschaftet. Der geschätzte IRR betrug 57 % und lag damit deutlich über dem von der Selic ermittelten Mindestsatz für die Attraktivität (MRA) von 7 %. Die Implementierungskosten konnten in 3–4 Jahren wieder hereingeholt werden (Schmitt Filho et al. 2018a).

Laufende Forschungsarbeiten bestätigen, dass die Agroforst-Kerne Kohlenstoff in den Böden (Battisti et al. 2018) und in der Biomasse (Silva et al. 2018) binden, den Nährstoffkreislauf verbessern (Battisti et al. 2018), Lebensraum für Bestäuber und andere Arten bieten (Simioni et al. 2019), das Umfeld und das Wohlbefinden der Milchkühe verbessern (Deniz et al. 2018) und das Mikroklima regulieren (Kretzer et al. 2018). Wir erwarten auch zahlreiche andere ökologische Vorteile.

Unsere Analyse deutet darauf hin, dass sich das System unter geeigneten Bedingungen leicht von Landwirt zu Landwirt ausbreiten sollte, wobei es an die spezifischen ökologischen, wirtschaftlichen und sozialen Bedingungen angepasst werden kann. Kontinuierliche Innovationen können sowohl den wirtschaftlichen als auch den ökologischen Nutzen verbessern. Die Kontrolle und die Macht werden bei den Landwirten verbleiben. Eine große Herausforderung besteht jedoch darin, dass die Schuldzinsen in Brasilien zu den höchsten der Welt gehören und bei Kreditkarten oft 300 % pro Jahr übersteigen (Trevisani 2018). Die Opportunitätskosten jeder Investition sind daher für verschuldete Landwirte außergewöhnlich hoch. Außerdem gehen die Vorteile dieser Systeme weit über die Felder der Landwirte hinaus, und es gibt derzeit keine etablierten Mechanismen, um die Landwirte für diese Vorteile zu entschädigen. Wenn die Einführung der Systeme ausschließlich den Landwirten und ihren begrenzten Ressourcen überlassen wird, ist es unwahrscheinlich, dass sie sich in dem Umfang und mit der Geschwindigkeit ausbreiten, die notwendig sind, um einen bedeutenden Einfluss auf den atlantischen Wald zu haben. Wir wenden uns nun der ökologischen Ökonomie zu, um ein besseres theoretisches Verständnis für die Herausforderungen, mit denen wir konfrontiert sind, und mögliche Lösungen zu gewinnen.

10.6 Die ökologische Ökonomie von Ökosystemleistungen und Agrarökologie

Die Gesellschaft muss Nahrungsmittelsysteme entwickeln und umsetzen, die genug produzieren, um die Welt zu ernähren, und gleichzeitig die Wälder und andere Ökosysteme wiederherstellen und schützen. Unser derzeitiges Wirtschaftssystem trägt wenig dazu bei, dieses Ziel zu erreichen.

Die Ökonomen der frühen Neuzeit, insbesondere die Physiokraten und die klassischen Ökonomen, erkannten, dass der Einsatz von Land und anderen natürlichen Ressourcen für die gesamte wirtschaftliche Produktion unerlässlich ist. Insbesondere die Physiokraten betrachteten die Landwirtschaft als Grundlage des Wirtschaftssystems (Mazzucato 2018). Mit der Entwicklung der modernen neoklassischen Wirtschaftswissenschaft wurde jedoch die Rolle von Kapital, Technologie und Arbeit immer stärker betont, bis Land und natürliche Ressourcen schließlich ganz aus der Produktionsfunktion entfernt wurden (Farley 2012b). Wenn die Natur nichts zur Produktion beiträgt, besteht für die Ökonomen keine Notwendigkeit, sie zu berücksichtigen. In den 1950er-Jahren kehrte die Sorge um die Begrenztheit der natürlichen Ressourcen zurück, doch eine Reihe von Wirtschaftsstudien in den 1950er- und 1960er-Jahren überzeugte die meisten Ökonomen und politischen Entscheidungsträger davon, dass Ressourcenknappheit zu Preissteigerungen führen würde, die wiederum die Nachfrage senken und die Innovation von Ersatzprodukten fördern würden. Die Preise hingen von der relativen Knappheit ab, die daher wichtig war, aber die Technologie sorgte dafür, dass absolute Knappheit kein Problem darstellte (Barnett und Morse 1963; The President's Materials Policy Commission 1952). Die Ökonomen ignorierten weitgehend die Bedenken hinsichtlich der Fähigkeit der Welt, die wachsende Bevölkerung zu ernähren, und betrachteten die grüne Revolution als Beweis dafür, dass sie richtig waren. Ähnlich ablehnend verhielten sie sich gegenüber den Grenzen des Wachstums von Meadows et al. (1972) (Beckerman 1972; Solow 1972). Umweltverschmutzung und ökologische Annehmlichkeiten, die später unter dem Begriff Ökosystemleistungen bekannt wurden und durch Rachel Carsons Stummer Frühling (1962) und ähnliche Werke vorangetrieben wurden, galten als größere Herausforderung als die Ressourcenknappheit, da sie keine Marktpreise hatten, die ihre zunehmende Knappheit signalisiert hätten. Doch auch hier setzte sich die Meinung durch, dass Märkte und technologischer Fortschritt auch diese Probleme lösen würden, wenn die ökologischen Kosten in die Preise einfließen würden (Simpson et al. 2005). Die Ökonomen sind nach wie vor relativ selbstgefällig, was sowohl die Nahrungsmittelproduktion als auch die Umweltzerstörung betrifft.

Die Ökologische Ökonomie hingegen betrachtet die Wirtschaft als eingebettet in ein endliches globales Ökosystem. Jede wirtschaftliche Produktion nutzt Energie, Arbeit und Kapital, um endliche Rohstoffvorräte aus der Natur in wirtschaftliche Produkte umzuwandeln. Die meiste Energie stammt aus endlichen Beständen fossiler Brennstoffe. Wir entscheiden, wie schnell wir fossile Brennstoffe fördern und verbrennen, Metalle und andere Mineralien abbauen, unsere Wälder abholzen und unsere Meere befischen. Der erste Hauptsatz der Thermodynamik garantiert, dass Materie und Energie weder geschaffen noch zerstört werden können, während der zweite Hauptsatz garantiert, dass die Entropie, also die Unordnung, zunimmt. Das bedeutet, dass sich alle Wirtschaftsprodukte abnutzen, zerfallen und als Abfall in die Natur zurückkehren, und die Verbrennung fossiler Brennstoffe erzeugt unvermeidlich Abfallausstoß. Wenn die Abfallströme die Fähigkeit der Ökosysteme übersteigen, sie abzubauen und aufzunehmen, sammeln sie sich als Abfallbestände an. Wenn erneuerbare Rohstoffvorräte schneller entnommen werden, als sie sich vermehren können, sind ihre Bestände erschöpft. Die Bestände sind die Summe der Ströme. Diese Ressourcen werden daher in der ökologischen Ökonomie als Stock-Flows bezeichnet (Daly und Farley 2011; Georgescu-Roegen 1971).

Alle Stock-Flow-Ressourcen sind rivalisierend, was bedeutet, dass bei der Nutzung durch eine Person weniger für andere übrig bleibt. Wenn eine rivalisierende Ressource knapp ist, d. h. nicht genug für alle gewünschten Nutzungen zur Verfügung steht, ist ein wirtschaftlicher und ökologischer Wettbewerb um die Ressource unvermeidlich. Die meisten Stock-Flow-Ressourcen können ausschließbar gemacht werden, d. h. es ist möglich, Eigentumsrechte zuzuweisen und durchzusetzen, die es einem Wirtschaftsakteur erlauben, die Ressourcen zu nutzen und andere daran zu hindern. Eigentumsrechte sind eine Voraussetzung für die Existenz von Märkten. Märkte nutzen den Preismechanismus, um den Zugang zu Ressourcen zu rationieren, und wenn Ressourcen rivalisieren, verhindert die Rationierung eine übermäßige Nutzung (Daly und Farley 2011; Georgescu-Roegen 1971).

Die Rohstoffe, die in wirtschaftliche Produkte umgewandelt werden, dienen alternativ als strukturelle Bausteine von Ökosystemen, die aus einer bestimmten Konfiguration von Bestands- und Flussressourcen bestehen. Gesunde Ökosysteme sind Fonds, die einen Fluss von Ökosystemleistungen erzeugen. Während Wälder physisch in Holz, Brennstoff und andere wirtschaftliche Produkte umgewandelt werden, werden Ökosysteme nicht physisch in die von ihnen erbrachten Ökosystemleistungen umgewandelt. Ein Wald kann Wasser filtern, Wasserströme regulieren, Kohlenstoff und andere Schadstoffe binden, Raum für Erholung bieten, als Lebensraum für unzählige Arten dienen und sich selbst reproduzieren, ohne dabei physisch in etwas anderes umgewandelt zu werden. Ökosystemfonds erzeugen im Laufe der Zeit Ökosystemleistungen in einem Maße, das von der Größe und dem Gesundheitszustand des betreffenden Ökosystems abhängt (Farley 2012a; Farley und Costanza 2010). Wir können keine Leistungen für eine spätere Nutzung ansparen, da der Leistungsfluss nicht auf Vorrat produziert werden kann. Arbeit und Kapital haben ähnliche Eigenschaften: Sie produzieren im Laufe der Zeit wirtschaftliche Produkte in einer Geschwindigkeit, die nicht auf Vorrat produziert werden kann. Wenn ein Koch alle 15 min eine Pizza backen kann und ein Ofen eine in 15 min, können wir diese Kapazität nicht auf Vorrat produzieren, indem wir beide eine Stunde lang ungenutzt lassen und dann in den folgenden 15 min fünf Pizzen herstellen. Sie werden nicht physisch in die Pizzen verwandelt, die sie herstellen, sondern lediglich im Laufe der Zeit durch den Produktionsprozess abgenutzt. Die Arbeitskräfte müssen ernährt werden und sich ausruhen, und das Kapital muss erhalten werden. Ökosysteme hingegen werden kontinuierlich durch Sonnenenergie wiederhergestellt, die im Gegensatz zu den fossilen Brennstoffen, die wir so schnell abbauen können, wie wir wollen, in einem festen Rhythmus zur Verfügung steht. Arbeit, Kapital, Wissen und Ökosysteme sind allesamt Mittel, die einen Fluss von Dienstleistungen erzeugen und daher als Mittel-Dienstleistungs- (*fund-service*) Ressourcen bekannt sind (Daly und Farley 2011; Georgescu-Roegen 1971).

Ökosystemleistungen werden üblicherweise als der Nutzen definiert, den die Natur für den Menschen erbringt (Fisher et al. 2008; Millennium Ecosystem Assessment 2005), aber diese Definition wirft die Bestandsfluss- und Fondsdienstleistungselemente des Naturkapitals in einen Topf und verdeckt wichtige Unterscheidungen. Die Stock-Flow-Elemente werden als Bereitstellungsdienste bezeichnet. Analytisch gesehen ist es viel sinnvoller, die Versorgungsleistungen als die Fähigkeit eines Ökosystems zu betrachten, sich selbst zu reproduzieren. Bäume und Fische können sich im Laufe der Zeit mit einer bestimmten Rate reproduzieren und werden nicht physisch in ihre Nachkommen umgewandelt. In diesem Kapitel stufen wir alle Ökosystemleistungen als Versorgungsleistungen ein (Farley und Costanza 2010). Als die Marktwirtschaft aufkam, waren vom Menschen hergestellte Produkte knapp und Ökosystemgüter und -leistungen relativ reichlich vorhanden und konnten vernünftigerweise ignoriert werden. Heute sind vom Menschen hergestellte Produkte im Überfluss vorhanden und Naturkapital ist knapp, und wir müssen in Letzteres investieren (Daly 2014).

Da Fund-Service-Ressourcen nicht physisch in das umgewandelt werden, was sie hervorbringen, sind viele nicht rivalisierend, was bedeutet, dass die Nutzung durch eine Person nicht weniger für andere übrig lässt. Wenn man zum Beispiel eine schöne Aussicht genießt, bleibt nicht weniger für jemand anderen übrig, oder wenn ein Wald die Wasserströme reguliert und Überschwemmungen verhindert, bleibt durch den Nutzen, den eine Person erzielt, nicht weniger für andere übrig. Alle nicht rivalisierenden Ressourcen sind Fund-Service-Ressourcen. Die Verwendung von Preisen zur Rationierung des Zugangs zu nicht rivalisierenden Ressourcen ist ineffizient, da sie die Nutzung und damit den Nutzen reduziert, ohne die gesellschaftlichen Kosten zu senken. Wenn zum Beispiel jemand eine Reihe von agrarökologischen Verfahren entwickelt, die die Erträge ohne den Einsatz von Düngemitteln oder Pestiziden steigern, oder einen Impfstoff, der eine ansteckende Krankheit heilt, könnte man sie patentieren und die Nutzung auf diejenigen beschränken, die Lizenzgebühren zahlen. Allerdings leidet die Gesellschaft als Ganzes, wenn die Nutzung eingeschränkt wird. Viele Ökosystemleistungen sind auch nicht ausschließbar. Es ist im Grunde unmöglich, Eigentumsrechte an einem stabilen Klima, an der Regulierung von Überschwemmungen, an sauberer Luft, an wilden Bestäubern, an Sonnenschein, Niederschlägen usw. zu begründen. Märkte sind für nicht ausschließbare Ressourcen unmöglich und für nicht rivalisierende Ressourcen ineffizient (Daly und Farley 2011; Farley und Costanza 2010; Farnsworth et al. 1983).

Die Konzepte der Rivalität, der Ausschließbarkeit, der Vorräte und der Fonds helfen, die wirtschaftlichen und politischen Herausforderungen bei der Schaffung von Agrarökosystemen zu erklären, die zum Schutz und zur Wiederherstellung von Wäldern beitragen. Viele der Ökosystemleistungen, die von intakten Wäldern und gut gestalteten Agrarökosystemen erbracht werden, sind weder rivalisierbar noch ausschließbar. Der Waldeigentümer wird daher nur selten für die Erbringung dieser Leistungen entschädigt. Im Gegensatz dazu ist das in den Wäldern geerntete Holz ein konkurrierendes und ausschließbares Marktgut. Selbst wenn die vom Wald erbrachten Ökosystemleistungen für die Gesellschaft weitaus wertvoller sind als das Holz, das er produzieren könnte, schaffen die Märkte Anreize für die Abholzung gegenüber der Erhaltung. Ein Waldbesitzer kann sich für einen nachhaltigen Holzeinschlag entscheiden, indem er sich auf die Versorgungsleistung des Waldes verlässt. Es ist jedoch durchaus möglich, dass die Gewinne aus der Abholzung in andere Wirtschaftstätigkeiten investiert werden können, deren Rendite die Wiederaufforstungsrate des Waldes übersteigt; in diesem Fall können nicht nachhaltige Ernten die Marktvorteile des Eigentümers maximieren. Wälder können auch für die Landwirtschaft gerodet werden. Landwirtschaftliche Flächen sind eine Fund-Service-Ressource, aber die Produkte, die sie erzeugen, sind marktfähige Bestandsressourcen (Stock-Flow-Ressource), was einen zusätzlichen Anreiz für die Waldumwandlung schafft.

Der MultRF und die SPS-Kerne sollen dazu beitragen, wichtige Ökosystemleistungen wiederherzustellen, die oft nicht konkurrieren, nicht ausschließbar sind oder beides. Die Wiederherstellung von Wäldern bindet Kohlenstoff, was weltweit zu einer größeren Klimastabilität führt. Sie vergrößert den Lebensraum für zahlreiche Waldarten, darunter wandernde Singvögel, die bei der Bekämpfung von Insektenschädlingen in anderen Regionen Brasiliens und anderen Ländern helfen, sowie für Bestäuber, von denen die benachbarten Landwirte profitieren. Er reinigt das Wasser, verringert die Sedimentation und reguliert die Wasserströme, was flussabwärts Vorteile bringt, da die Kosten für die Bereitstellung von Trinkwasser und Wasserkraft gesenkt und Überschwemmungen und Dürren verringert werden (Daily 1997; Millennium Ecosystem Assessment 2005; TEEB 2008). Während die Landwirte im Idealfall von der Verbesserung des Nährstoffkreislaufs, der Regulierung des Mikroklimas und der Erhöhung der Versorgungsleistungen profitieren, stellen diese nur einen kleinen Teil der erbrachten Ökosystemleistungen dar, was mindestens zwei ernsthafte Probleme mit sich bringt. Erstens ist die Investition in diese Agrarökosysteme mit erheblichen Vorlaufkosten verbunden. Die Landwirte können nicht sicher sein, dass alle Bäume, die sie pflanzen, überleben werden, oder dass, falls sie überleben, der zusätzliche Nutzen die Kosten wert ist. Dies gilt insbesondere deshalb, weil es mehrere Jahre dauert, bis alle Vorteile der Agroforstwirtschaft und der silvopastoralen Systeme zum Tragen kommen, während die Kosten unmittelbar anfallen. Die Kombination aus den von den Landwirten nicht erfassten Vorteilen für das Gemeinwohl, den außergewöhnlich hohen Zinssätzen in Brasilien und der der Landwirtschaft innewohnenden Unsicherheit würde dazu führen, dass Investitionsentscheidungen, die allein den Landwirten überlassen werden, in weitaus geringerem Umfang getroffen werden, als dies gesellschaftlich wünschenswert wäre. Außerdem ist es einfach ungerecht, die Landwirte die Kosten tragen zu lassen, während der Rest der Gesellschaft davon profitiert. Zweitens sind MultRF und SPS-Kerne zwar gut konzipierte Systeme, aber Verbesserungen sind immer möglich. Wenn diejenigen, die von den erzeugten Ökosystemleistungen profitieren, nicht zu den Kosten der Einführung beitragen oder die Landwirte anderweitig für die von ihnen erbrachten Ökosystemleistungen entschädigen, werden sich künftige Verbesserungen wahrscheinlich nur auf die Vorteile für die Landwirte konzentrieren und daher möglicherweise nicht das gesellschaftlich optimale Gleichgewicht der Vorteile erreichen (Schmitt Filho et al. 2013).

10.7 Partizipative Aktionsforschung und Zahlungen für Ökosystemleistungen

Die partizipative Aktionsforschung zielt darauf ab, in enger Zusammenarbeit mit den Beteiligten handlungsorientierte Forschungsprojekte zu entwickeln. Agrarökologische Verfahren, die auf die Wiederherstellung und Sanierung ländlicher Landschaften und Wälder abzielen und die Ökosystemleistungen verbessern, haben zahlreiche Nutznießer auf verschiedenen räumlichen und zeitlichen Ebenen. Während die Landwirte wohl die wichtigsten Teilnehmer an Agrarökologie-Projekten sind, bedeutet die breite Streuung des Nutzens, dass es notwendig ist, andere wichtige Interessengruppen einzubeziehen, die den Nutzen teilen und daher die Kosten mittragen und bei der Gestaltung mithelfen sollten. Die Koordinierung der Forschung und der Kostenteilung mit allen einzelnen Nutznießern des öffentlichen Nutzens der Agrarökologie würde zu hohe Transaktionskosten verursachen. Die Zusammenarbeit mit dem öffentlichen Sektor (Regierungen), dem zivilen Sektor (NRO) und landwirtschaftlichen Genossenschaften, die alle Nutznießer vertreten, kann die Transaktionskosten erheblich senken (Coase 1960). Im Rahmen unseres Projekts hat die partizipative Aktionsforschung all diese verschiedenen Akteure einbezogen.

Während des gesamten Prozesses der Planung des MultRF und der SPS-Kerne haben wir daher eng mit den lokalen, staatlichen und sogar bundesstaatlichen Behörden zusammengearbeitet, um bei der Planung und Förderung des Projekts zu helfen und seine Kosten zu tragen. Die Stadtverwaltung hat die Vorteile für die Gemeinschaft und die lokalen Ökosysteme erkannt und war ein wichtiger Partner. Sie hat mehrere Workshops, Schulungen und Feldtage im Zusammenhang mit dem Projekt veranstaltet und an anderen teilgenommen. Sie hat auch zahlreiche Sachleistungen erbracht und sich kürzlich formell verpflichtet, dies auch weiterhin zu tun (Farley et al. 2018; Schmitt Filho et al. 2013).

Eines unserer Hauptziele während des gesamten Projekts war es, die Unterstützung der Landesregierung für das Projekt zu erhalten. EPAGRI, das staatliche Amt für landwirtschaftliche Forschung, Entwicklung und Beratung, hat bereits den Auftrag, die Landwirte des Bundesstaates technologisch und finanziell zu unterstützen, und die EPAGRI-Beratungsbeamten spielen seit Jahren eine wichtige Rolle bei diesem Projekt. Viele EPAGRI-Mitarbeiter haben bereits als Studenten an diesem Projekt mitgearbeitet und verfügen somit über ein umfangreiches Wissen und eine Unterstützung, die sonst nur schwer zu erreichen wäre. Wir sind jedoch der festen Überzeugung, dass der Nutzen der Ökosystemleistungen für die Allgemeinheit ein höheres Maß an Unterstützung rechtfertigt, insbesondere im Zusammenhang mit den sich abzeichnenden ökologischen Schwellenwerten. Brasilien ist weltweit führend bei der Entwicklung und Einführung von Programmen zur Bezahlung von Ökosystemleistungen (PES) (siehe hierzu auch Kapitel Rosa und Börner in diesem Buch, Kap. 13), und Santa Catarina ist einer der vielen Bundesstaaten, die ein landesweites Programm zur Bezahlung von Wassereinzugsgebieten, Kohlenstoffbindung und/oder Erhaltung der biologischen Vielfalt eingeführt haben. Wir haben intensiv mit staatlichen Ministerien zusammengearbeitet, um ein PES-Programm für die Agrarökologie zu entwickeln, das auf die Bedürfnisse der Landwirte und des Staates zugeschnitten ist.

Die meisten PES-Programme, darunter auch die in Santa Catarina und anderen brasilianischen Bundesstaaten, entschädigen Landbesitzer für Landnutzungspraktiken, die die Ökosystemleistungen verbessern sollen, wie z. B. die Aufforstung von Flussufern, die ausschließlich dem ökologischen Nutzen dient. Die Teilnahme an den Programmen ist in der Regel freiwillig, und die Landeigentümer erhalten eine jährliche Zahlung, die die Opportunitätskosten der neuen Landnutzung ausgleicht, d. h. das Geld, das sie mit der wirtschaftlichen Produktion auf demselben Land nicht mehr verdienen können (Pagiola et al. 2013). Wir glauben, dass ein solcher Ansatz mehrere schwerwiegende Probleme mit sich bringt. Erstens hängen PES-Programme dieser Art von kontinuierlichen Zahlungen ab, die wiederum vom politischen Willen und der fiskalischen Stabilität abhängen, die beide sehr instabil sein können. Während beispielsweise die vorherige Regierung Brasiliens viel für den Umweltschutz getan hat, droht die aktuelle Regierung, die im Januar 2019 die Macht übernommen hat, zahlreiche Formen des Umweltschutzes abzuschaffen, was ernste Fragen über die Zukunft der nationalen PES-Programme aufwirft. Ein ähnlicher ideologischer Wandel in Santa Catarina könnte das landesweite Programm gefährden. Zweitens werden Landwirte wahrscheinlich nur dann an freiwilligen Programmen teilnehmen, wenn die Zahlungen die Opportunitätskosten ausgleichen, aber die Opportunitätskosten für Landwirte steigen mit den Lebensmittelpreisen oder mit neuen Technologien, die die Erträge steigern. Als beispielsweise die Maispreise in den USA in den Jahren 2007–2008 stiegen, wurden 30 % der Flächen des nationalen Conservation Reserve Program zurückgezogen und mit Mais bepflanzt (USDA 2014). Es wird erwartet, dass die weltweiten Lebensmittelpreise in den kommenden Jahren steigen werden (FAO 2011), was das Risiko erhöht, dass Landwirte ihre Flächen aus den freiwilligen Zahlungen zurückziehen, obwohl dies für Flächen, auf denen die Bewaldung obligatorisch ist, weniger wahrscheinlich ist. Drittens gibt es Belege dafür, dass Menschen intrinsisch motiviert sind, das zu tun, was für die Gesellschaft am besten ist. Extrinsische Motivationen wie Geldzahlungen können jedoch die intrinsischen Motivationen verdrängen (Bowles 2008; Frey und Jegen 2001; Reeson und Tisdell 2008; Rode et al. 2014). In einigen Fällen kann der Verdrängungseffekt so stark sein, dass das erwünschte Verhalten sogar reduziert wird (Gneezy et al. 2011; Gneezy und Rustichini 2000). Im Gegensatz dazu wird der Wunsch, sich für Geschenke oder Unterstützung zu revanchieren, als automatische „click-whirr"-Reaktion betrachtet (Cialdini 1993), was darauf hindeutet, dass Landwirte, die staatliche Unterstützung erhalten, einen moralischen Zwang verspüren könnten, sich durch die Bereitstellung von Ökosystemleistungen zu revanchieren.

Unser Ziel war es, ein PES-System (definiert als „ein Ressourcentransfer zwischen sozialen Akteuren, der darauf abzielt, Anreize zu schaffen, um individuelle und/oder kollektive Landnutzungsentscheidungen mit dem gesellschaftlichen Interesse an der Bewirtschaftung natürlicher Ressourcen in Einklang zu bringen" (Muradian et al. 2010, S. 1205)) zu entwickeln, das für die Landwirte und den Staat akzeptabel ist und diese Probleme lösen würde. Das Staatssekretariat für Landwirtschaft hat vorläufig zugestimmt, ein Pilotprojekt zu finanzieren, das etwa 50 Landwirten in drei kleinen Wassereinzugsgebieten helfen soll, auf ihren Grundstücken Agrarökosysteme mit MultRF und SPSnuclei einzuführen. Der Staat wird den Landwirten subventionierte Darlehen zur Deckung der Anfangskosten gewähren. Wenn die Landwirte diese Agroökosysteme einführen, sind die Darlehen zinslos und die Zahlungen werden aufgeschoben, bis die Baumkulturen Früchte tragen. Angesichts der derzeitigen Zinssätze würde dies eine erhebliche Subvention darstellen. Da wir davon ausgehen, dass diese Systeme nach 5 Jahren das Einkommen der Landwirte erhöhen werden, ist es angemessen, dass sie sich an den Kosten beteiligen und einen Teil der Darlehen, nämlich 75 %, zurückzahlen. Fünfundzwanzig Prozent der Darlehen und die Zinsen werden die eigentlichen PES des Fundo de Desenvolvimento Rural (FDR) sein. Die Rückzahlungen sind abhängig von den gestiegenen Erträgen aus NTFP sowohl aus Multifunktionswäldern am Flussufer (MultRF) als auch aus silvopastoralen Systemen mit hoher Biodiversität (SPSnuclei). Da die Landwirte die Zahlungen im Voraus erhalten, wird das System nicht zusammenbrechen, wenn in Zukunft keine Ressourcen oder kein politischer Wille zur Fortsetzung des Systems vorhanden sind. Im Idealfall wird durch die Rückzahlung von Darlehen ein rotierender Fonds in den FDR gebildet, der an nachfolgende Kohorten von Landwirten ausgeliehen werden kann. Wir hoffen, dass die Landwirte die PES-Finanzierung eher als eine Form der staatlichen Unterstützung denn als eine Zahlung für eine bestimmte Landnutzung auffassen werden, so dass sie nicht die intrinsische Motivation der Landwirte verdrängt, ihr Land zum Nutzen der Gesellschaft zu bewirtschaften. Da die Agrarökosysteme weiterhin Nahrungsmittel und andere Güter produzieren werden, werden steigende Rohstoffpreise auch die Einkommen der Landwirte erhöhen, selbst wenn sie gleichzeitig die Opportunitätskosten erhöhen.

10.8   Zusammenfassung und Schlussfolgerungen

Die Notwendigkeit, den Planeten zu ernähren und gleichzeitig wichtige Ökosysteme und die von ihnen erbrachten Leistungen wiederherzustellen, stellt die Menschheit vor ein ernstes Dilemma, da die Landwirtschaft die größte Bedrohung für die globalen Ökosysteme darstellt und gleichzeitig von den von ihnen erbrachten Ökosystemleistungen abhängig ist. Es gibt eine anhaltende Debatte darüber, ob der beste Weg zur Erreichung dieses Ziels darin besteht, mit chemieintensiver industrieller Landwirtschaft die Nahrungsmittelproduktion auf einem Teil des Landes zu maximieren und den Rest wild zu belassen (sparing) oder agrarökologische und agroforstwirtschaftliche Praktiken anzuwenden, die synergetisch sowohl Nahrungs-mittel als auch Ökosystemleistungen auf demselben Land erzeugen (sharing) (Pha-lan et al. 2011a, b; Tscharntke et al. 2012). Die konventionelle Landwirtschaft hat ländliche Arbeitskräfte verdrängt, die Abwanderung überschüssiger Arbeitskräfte vom Land in die Städte vorangetrieben und sowohl ländliche als auch städtische Ge-meinschaften gestört, während gleichzeitig die natürlichen Ökosysteme und die Waldbedeckung stark abgenommen haben und Familienbauern in die letzten Wald-reste des Atlantischen Waldbioms gedrängt wurden. Außerdem wird die Kontrolle über den Forschungsprozess in die Hände großer Unternehmen und Universitäten gelegt, und Patente werden zur Erzielung von Monopoleinkünften genutzt.

In Südbrasilien befinden sich die meisten Waldreste auf Privatgrundstücken, wobei landesweit ein gesetzliches Defizit von 19 Mio. Hektar besteht, die wieder-hergestellt werden müssen, um der brasilianischen Gesetzgebung zu entsprechen. Daher können die Entscheidungen der Landwirte über die verschiedenen Land-nutzungen über die Zukunft der ökologischen Wiederherstellung im Land ent-scheiden. Diese Entscheidungen werden häufig von sozialen und wirtschaftlichen Faktoren beeinflusst. In einem solchen Szenario sind Strategien, die den Landwirten vor Ort helfen, ihr Land wiederherzustellen und gleichzeitig eine wirtschaftliche Rendite zu erwirtschaften, von entscheidender Bedeutung für eine weitreichende ökologische Wiederherstellung. Initiativen, die einkommensschaffende Maß-nahmen beinhalten, können die treibende Kraft für die ökologische Wieder-herstellung in einer von Kleinbauern dominierten ländlichen Landschaft sein. Ein regelmäßiges Einkommen und die Legitimation durch die geltende Umweltgesetz-gebung geben den Bauernfamilien Sicherheit und Vertrauen.

Der Multifunktions-Uferwald (MultRF) als ökologische Wiederherstellungs-alternative wurde so konzipiert, dass er von Familienbauern in großem Umfang an-genommen werden kann. Das Modell wurde mit Hilfe eines partizipativen Ansatzes (PAR) in der ländlichen Landschaft von Santa Rosa de Lima, Südbrasilien, ent-wickelt. In Analysen für einen Zeitraum von 10 Jahren zeigte MultRF eine Amorti-sation von 6 Jahren und einen internen Zinsfuß (IRR) von 27 %, viermal höher als der derzeitige Selic-Satz. Die Einnahmen aus der NFTP auf dem MultRF-Modul übersteigen die Opportunitätskosten der Milchproduktion. Die meisten Investitionen weisen eine geringere Rendite pro Hektar auf als die ökologische Sanierung von Flussufern mit MultFR. Die wirtschaftlichen Erträge und die Verringerung der Umweltverpflichtungen, die mit der Bereitstellung mehrerer Ökosystemleistungen verbunden sind, machen MultRF für viele Interessengruppen attraktiv, insbesondere für den lokalen Entscheidungsträger – den Familienlandwirt.

Silvopastorale Systeme mit hoher Biodiversität (SSPnuclei) umfassen die Nahrungsmittelproduktion, die ökologische Sanierung und mehrere Ökosystem-dienstleistungen in Weidegebieten. Sie sorgen für die Wiederherstellung der Arten-vielfalt (50 einheimische Baumarten/ha), die Vernetzung und eine verbesserte Land-schaftsmatrix sowie für Schatten für das Vieh, verbesserte Milcherträge und Ein-künfte aus Nichtholzprodukten. SSPnuclei wurden in Pilotbetrieben umgesetzt, in denen biophysikalische Variablen und ES bewertet wurden – Bodenqualität und Kohlenstoff, Biodiversität (Vögel, Ameisen und Mistkäfer), Mikroklima, Kohlenstoffbindung und Landschaftsmerkmale. Das System spendete im dritten Jahr Schatten, produzierte im vierten Jahr Bananen, rosa Pfeffer und Honig und im achten Jahr Açai aus Juçara. Die Landwirte werden die Kosten für die Wiederherstellung der SPSnuclei im siebten bis achten Jahr nur durch die Einnahmen aus den NTFP decken.

Anstatt Marktmechanismen zu imitieren, schlagen wir schließlich einen unkonventionellen Ansatz für ein Programm zur Bezahlung von Ökosystemleistungen (PES) vor, eine Form der Ko-Investition in die Bewirtschaftung, die darauf abzielt, die Landnutzungsentscheidungen der Landwirte mit dem breiteren gesellschaftlichen Interesse in Einklang zu bringen. Wir hoffen, dass sich unsere Bemühungen um die Entwicklung lebensfähiger Agrarökosysteme, die auf synergetische Weise ländliche Landschaften wiederherstellen, in Santa Catarina als erfolgreich erweisen und auf den gesamten brasilianischen Atlantikwald übertragen werden können.

Literatur

Alarcon GG, Ayanu Y, Fantini AC, Farley J, Schmitt-Filho A, Koellner T (2015) Weakening the Brazilian legislation for forest conservation has severe impacts for ecosystem services in the Atlantic Southern Forest. Land Use Policy 47:1–11. https://doi.org/10.1016/j.landusepol.2015.03.011

Alarcon GG, Fantini AC, Salvador CH (2016) Local benefits of the atlantic forest: evidences from rural communities in Southern Brazil. Ambiente Sociedade 19:87–112

Altieri MA (1995) Agroecology: the science of sustainable agriculture. Westview Press, Boulder

Altieri MA (2002) Agroecology: the science of natural resource management for poor farmers in marginal environments Agriculture. Ecosyst Environ 93:1–24

Alvez JP, Schmitt AL, Farley JC, Erickson JD, Méndez VE (2014) Transition from semi-confinement to pasture-based dairy in Brazil: farmers' view of economic and environmental performances. Agroecol Sustain Food Syst 38:995–1014. https://doi.org/10.1080/2168356 5.2013.859222

Amazonas I, Zanetti V, Schmitt Filho AL, Sinisgali P, Farley J, Fantini A, Cazella AA (2016) Dynamics of land use change in southern Brazil: a case study of Santa Catarina's capital of agroecology. In: 4th Convención Internacional AGRODESARROLLO 2016 & 11th International Workshop 'Trees and Shrubs in Livestock Production', Varadeiro

Amazonas I, Schmitt Filho AL, Sinisgalli P, Zanetti V (2017) The role of riparian zone restoration in achieving Brazil's commitment of reducing carbon emission. In: V Congreso Iberoamericano Y del Caribe de Restauracion Ecologica, I Conferencia Brasileira de Restauracao Ecológica, Foz do Iguacu BR, 27–1 Setembro, 2017. Anais do VII World Conference on Ecological Restoration – SER 2017. http://ser2017.org/

Andrade J (2016) Manejo Florestal no Estado do Espirito Santo: o Cultivo da Palmeira Juçara (Euterpe edulis) como Alternativa Econômica e Ambiental

Arroyo-Rodríguez V et al (2017) Multiple successional pathways in human-modified tropical landscapes: new insights from forest succession, forest fragmentation and landscape ecology research. Biol Rev 92:326–340. https://doi.org/10.1111/brv.12231

Baccini A et al (2012) Estimated carbon dioxide emissions from tropical deforestation improved by carbon-density maps. Nat Clim Chang 2:182. https://www.nature.com/articles/nclimate1354# supplementary-information. https://doi.org/10.1038/nclimate1354

Back F, Schmitt Filho A, Alves G, Francisco F, Surdi J, Busnardo F, Farley J (2009) Programa de Fortalecimento da Agricultura Familiar através da Produção Ecológica inserida nos Processos de Recuperação Ambiental e Gestão da Paisagem. Revista Brasileira de Agroecologia 4:1926–1930

Banco Central do Brasil (2018) Taxa selic 2018. http://www.bcb.gov.br/pt-br/#!/n/SELIC-TAXA. Zugegriffen am 04.05.2018

Banks-Leite C et al (2014) Using ecological thresholds to evaluate the costs and benefits of set-asides in a biodiversity hotspot. Science 345:1041–1045

Barnett H, Morse C (1963) Scarcity and growth: the economics of natural resource availability. John Hopkins University Press, Baltimore

Barreto CG, Drummond JA (2017) Pre-columbian anthropogenic changes in landscapes of the Brazilian atlantic forest. Revista de Historia Iberoamericana 10:10–33

Battisti LFZ, Schmitt Filho AL, Loss A, Sinisgalli PA (2018) Soil chemical attributes in a high bio-diversity silvopastoral system. Acta Agron 67:451–132

Beckerman W (1972) Economists, scientists, and environmental catastrophe. Oxf Econ Pap 24:327–344

Bowles S (2008) Policies designed for self-interested citizens may undermine "The Moral Sentiments": evidence from economic experiments. Science 320:1605–1609

Brancalion PHS, Viani RAG, Strassburg BBN, Rodrigues RR (2012) Finding the money for tropical forest restoration. Unasylva 63:41–50

Buratto T (2019) Matas Ciliares Multifuncionais: Restauração Ecológica, Serviços Ecossistêmicos e Renda no Contexto da Agricultura Familiar. Federal University of Santa Catarina PPGA/UFSC, Florianópolis

Buratto T, Schmitt Filho A, Sinisgalli P, Kuhn V, Carvalho Filho JLS (2018a) Matas Ciliares Multifuncionais (MCmult): Quando a Restauração das Matas Ciliares Gera Renda para a Agricultura Familiar. In: Anales do VII Congreso Latinoamericano de Agroecologia da Sociedade Latinoamericana de Agroecologia, Guaiaquil, Equador, De 2 a 5 de octubre de 2018

Buratto T, Schmitt Filho AL, Sinisgalli PA, Amazonas I, Fantini A (2018b) When restoration of agroecosystems generates multiple ecosystem services and increases farmers income. In: Proceedings of ecosystem service partnership regional conference – Latin America/ESP LAC2018, Campinas SP, 22–26 Oct 2018. www.espconference.org/latinamerica2018/wiki/385098/book-of-abstracts#.W-GgHpNKhPY

Buratto T, Schmitt L, Schmitt Filho AL, Sinisgalli P, Farley J (2018c) Multifunction riparian forests: when ecological restoration is an economically viable practice for family farmers and traditional communities. In: Proceedings of 2018 conference of New England branch of society for ecological restoration/SER NE, Southern CT State University, New Haven, 11–13 Oct 2018. https://6zvjw1i9d632in9ii1izgap9-wpengine.netdna-ssl.com/newengland/files/2018/10/Abstracts_wBios_SER_10.07.18-2.pdf

Carson R (1962) Silent spring. Houghton Mifflin, Boston

Carvalho Filho JLS, Schmitt Filho AL, Fantini AC, Farley J, Battisti LFZ, Cazella AA (2016) Matas Ciliares Multifuncionais (MCmult): Quando o agricultor familiar inova na recuperação florestal das áreas ripárias. In: 4th Convención Internacional AGRODESARROLLO 2016, Varadero, Cuba, 25 de outubro, 2016. http://agrodesarrollo2016.ihatuey.cu/

Cialdini R (1993) Influence: the psychology of persuasion. William Morrow and Co., New York

Coase R (1960) The problem of social cost. J Law Econ 3:1–44

Corbin JD, Holl KD (2012) Applied nucleation as a forest restoration strategy. For Ecol Manag 265:37–46. https://doi.org/10.1016/j.foreco.2011.10.013

Craesmeyer KC, Schmitt Filho AL, Hotzel MJ, Deniz M, Farley J (2017) Utilização da Sombra por Vacas Lactantes sob Sistema Voisin Silvipastoril no Sul do Brasil. Cadernos de Agroecologia 11:1

Daily GC (Hrsg) (1997) Nature's services: societal dependence on natural ecosystems. Island Press, Washington, D.C

Daly H (2014) From uneconomic growth to a steady-state economy, Advances in ecological economics series. Edward Elgar, New York

Daly HE, Farley J (2011) Ecological economics: principles and applications, 2. Aufl. Island Press, Washington, D.C

De Coster G, Banks-Leite C, Metzger JP (2015) Atlantic forest bird communities provide different but not fewer functions after habitat loss. Proc R Soc B 282:20142844. https://doi.org/10.1098/rspb.2014.2844

De Schutter O, Vanloqueren G (2011) The new green revolution: how twenty-first-century science can feed the world. Solutions 2:33–44

Dean W (1997) With broadax and firebrand: the destruction of the Brazilian atlantic forest. University of California Press, Berkeley

Denevan WM (1992) The pristine myth: the landscape of the Americas in 1492. Ann Assoc Am Geogr 82:369–385. https://doi.org/10.1111/j.1467-8306.1992.tb01965.x

Deniz M, Schmitt-Filho A, Farley J, de Quadros S, Hötzel M (2018) High biodiversity silvopastoral system as an alternative to improve the thermal environment in the dairy farms. Int J Biometeorol. https://doi.org/10.1007/s00484-018-1638-8. [Epub ahead of print]

Dorsey J, Dansingburg J, Ness R (1998) Managed grazing as an alternative manuremanagement strategy USDA-ARS land stewardship project, Madson

Fadden JM (2005) A Produção de açaí a partir do processamento dos frutos do palmiteiro (Euterpe edulis Martius) na Mata Atlântica. Federal University of Santa Catarina PPGA/UFSC, Florianópolis

FAO (2011) How to feed the world in 2050. http://www.scp-knowledge.eu/sites/default/files/knowledge/attachments/How%20to%20Feed%20the%20World%20in%202050.pdf

Farley J (2012a) Ecosystem services: the economics debate. Ecosyst Serv 1:40–49

Farley J (2012b) Natural capital. In: Craig RK, Nagle JC, Pardy B, Schmitz O, Smith W (Hrsg) Berkshire encyclopedia of sustainability: ecosystem management and sustainability, Bd 5. Berkshire Publishing, Great Barrington

Farley J, Costanza R (2010) Payments for ecosystem services: from local to global. Ecol Econ 69:2060–2068

Farley J, Aquino A, Daniels A, Moulaert A, Lee D, Krause A (2010) Global mechanisms for sustaining and enhancing PES schemes. Ecol Econ 69:2075–2084

Farley J, Schmitt Filho A, Alvez J, Ribeiro de Freitas N Jr (2012) How valuing nature can transform Agriculture. Solutions 2:64–73

Farley J, Schmitt Filho A, Burke M, Farr M (2015) Extending market allocation to ecosystem services: moral and practical implications on a full and unequal planet. Ecol Econ 117:244–252. https://doi.org/10.1016/j.ecolecon.2014.06.021

Farley J, Schmitt Filho AL, Sinisgalli P, Fantini A (2018) PSE Santa Rosa: leveraging social change and ecological restoration in a family farmer dominated landscape. In: Proceedings of ecosystem service partnership regional conference – Latin America 2018/ESP LAC2018, Campinas SP, 22–26 Oct 2018. www.espconference.org/latinamerica2018/wiki/385098/book-of-abstracts#.W-GgHpNKhPY

Farnsworth E, Tidrick TH, Smathers WM, Jorda CF (1983) A synthesis of ecological and economic theory toward a more complete valuation of tropical moist forests. Int J Environ Stud 21:11–28

Fisher B et al (2008) Ecosystem services and economic theory: integration for policy-relevant research. Ecol Appl 18:2050–2067

Freitas SR, Neves CL, Chernicharo P (2006) Tijuca national park: two pioneering restorationist initiatives in Atlantic forest in southeastern Brazil. Braz J Biol 66:975–982

Frey BS, Jegen R (2001) Motivation crowding theory. J Econ Surv 15:589–611

Georgescu-Roegen N (1971) The entropy law and the economic process. Harvard University Press, Cambridge

Geremias V (2011) Success factors and constraints of community-based ecosystem management – a case study of the Voisin rotational grazing system in a rural community in Brazil. Wageningen University and Research Center, Wageningen

Gliessman SR (2015) Agroecology: the ecology of sustainable food systems, 3. Aufl. CRC Press, Boca Raton

Globo (2009) Novo Código Ambiental de Santa Catarina entra em vigor em meio a polêmica. Globo, Rio de Janeiro

Gneezy U, Rustichini A (2000) Pay enough or don't pay at all. Q J Econ 115:791–810

Gneezy U, Meier S, Rey-Biel P (2011) When and why incentives (don't) work to modify behavior. J Econ Perspect 25:191–210

Godfray HCJ (2011) Food and biodiversity. Science 333:1231–1232

Godfray HCJ et al (2010) Food security: the challenge of feeding 9 billion people. Science 327:812–818

Homma AKO, Nogueira OL, de Menezes AJEA, de Carvalho JEU, Nicoli CML, de Matos GB (2006) Açaí: Novos Desafios e Tendências Amazônia: Ciencias & Desenvolvimento. Belém 1:7–33

IBGE (2017) IBGE Cidades: Santa Rosa de Lima SC. v4.3.18.2 Instituto Brasileiro de Geografia e Estatística. cidades.ibge.gov.br/brasil/sc/santa-rosa-de-lima/panorama

INPE (2017) Desmatamento da Mata Atlântica cresce quase 60 % em um ano. Instituto Nacional de Pesquisas Espaciais. http://www.inpe.br/noticias/noticia.php?Cod_Noticia=4471

Jochims V, Leopoldino da Silva AW (2016) O leite para o Oeste Catarinense. Revista Agropecuária Catarinese 29:15–18

Joly CA, Metzger JP, Tabarelli M (2014) Experiences from the Brazilian atlantic forest: ecological findings and conservation initiatives. New Phytol 204:459–473

Joseph L, Schmitt Filho AL, Zambiazi DC, Fantini AC, Cazella AC (2016) Percepção de produtores de leite com sistema Voisin em relação à implantação de Sistemas Silvipastoris. Cadernos de Agroecologia 11:31

Kohn V (2017) Análise da viabilidade econômica de um modelo de Mata Ciliar Multifuncional no município de Santa Rosa de Lima. Universidade Federal de Santa Catarina

Kretzer SG, Schmitt Filho AL, Sinisgalli PA, Deniz M, Rover CR (2018) O Sistema Silvipastoril com Núcleos (SSPnucleos) e a Minimização dos Efeitos das Variações Microclimáticas Extremas na Pastagem. Federal University of Santa Catarina PPGA/UFSC, Florianópolis

Kuussaari M et al (2009) Extinction debt: a challenge for biodiversity conservation. Trends Ecol Evol 24:564–571. https://doi.org/10.1016/j.tree.2009.04.011

Lagi M, Bar-Yam Y, Bertrand KZ, Bar-Yam Y (2011) The food crises: a quantitative model of food prices including speculators and ethanol conversion. New England Complex Systems Institute. SSRN: http://ssrn.com/abstract=1932247 or https://doi.org/10.2139/ssrn.1932247

Lagi M, Bar-Yam Y, Bertrand KZ, Bar-Yam Y (2012) Update February 2012 – the food crises: predictive validation of a quantitative model of food prices including speculators and ethanol conversion. arXiv 1203.1313, 6 Mar 2012

LASSre (2011) Silvopastoral Systems and Ecological Restoration Lab LASSre/UFSC. Laboratório de Sistemas Silvipastoris e Restauração Ecológica LASSre/UFSC. https://lass.paginas.ufsc.br/

LASSre (2014) Silvopastoral Systems and Ecological Restoration Lab LASSre/UFSC. Laboratório de Sistemas Silvipastoris e Restauração Ecológica LASSre/UFSC. https://lass.paginas.ufsc.br/

LASSre (2016) Silvopastoral Systems and Ecological Restoration Lab LASSre/UFSC. Laboratório de Sistemas Silvipastoris e Restauração Ecológica LASSre/UFSC. https://lass.paginas.ufsc.br/

LASSre (2017) Silvopastoral Systems and Ecological Restoration Lab LASSre/UFSC. Laboratório de Sistemas Silvipastoris e Restauração Ecológica LASSre/UFSC. https://lass.paginas.ufsc.br/

LASSre (2018) Silvopastoral Systems and Ecological Restoration Lab LASSre/UFSC. Laboratório de Sistemas Silvipastoris e Restauração Ecológica LASSre/UFSC. https://lass.paginas.ufsc.br/

Laureto LMO, Cianciaruso MV, Samia DSM (2015) Functional diversity: an overview of its history and applicability. Natureza Conservação 13:112–116. https://doi.org/10.1016/j.ncon.2015.11.001

Lima MM, Mariano-Neto E (2014) Extinction thresholds for Sapotaceae due to forest cover in Atlantic Forest landscapes. For Ecol Manag 312:260–270. https://doi.org/10.1016/j.foreco.2013.09.003

Mattei L (2019) Novo retrato da agricultura familiar em Santa Catarina. Federal University of Santa Catarina PGE/UFSC, Florianópolis Brazil. https://necat.paginas.ufsc.br/files/2011/10/Lauro-20100.pdf

Maurer F, Schmitt A, Farley J, Alves J, Oldra A, DaRolt L, Francisco F (2009) Serviços Ambientais e a Produção de Leite sob Pastoreio Voisin na Agricultura Familiar: Ativos Ambientais que Devem ser Considerados. Revista Brasileira de Agroecologia 4:3830–3834

Mazzucato M (2018) The value of everything: making and taking in the global economy. Hatchette Book Group, New York

Meadows DH, Meadows DL, Randers J, Behrens W (1972) The limits to growth: a report for the club of Rome's project on the predicament of mankind. Universe Books, New York

Méndez EV, Caswell M, Gliessman RS, Cohen R (2017) Integrating agroecology and participatory action research (PAR): lessons from Central America. Sustainability 9:705. https://doi.org/10.3390/su9050705

Metzger JP (2010) O Código Florestal tem base científica? Conservação e Natureza 8(preface):92

Metzger JP, Martensen AC, Dixo M, Bernacci LC, Ribeiro MC, Teixeira AMG, Pardini R (2009) Time-lag in biological responses to landscape changes in a highly dynamic Atlantic forest region. Biol Conserv 142:1166–1177

Millar CI, Stephenson NL (2015) Temperate forest health in an era of emerging megadisturbance. Science 349:823. https://doi.org/10.1126/science.aaa9933

Millennium Ecosystem Assessment (2005) Ecosystems and human well-being: synthesis. Island Press, Washington, D.C

Mittermeier RA, Turner WR, Larsen FW, Brooks TM, Gascon C (2011) Global biodiversity conservation: the critical role of hotspots. In: Zachos FE, Habel JC (Hrsg) Biodiversity Hotspots. Springer Publishers, London, S 3–22

Moore M-L et al (2014) Studying the complexity of change: toward an analytical framework for understanding deliberate social-ecological transformations. Ecol Soc 19:54. https://doi.org/10.5751/ES-06966-190454

Moreno-Peñaranda R, Kallis G (2010) A coevolutionary understanding of agroenvironmental change: a case-study of a rural community in Brazil. Ecol Econ 69:770–778. https://doi.org/10.1016/j.ecolecon.2009.09.010

Muradian R, Corbera E, Pascual U, Kosoy N, May PH (2010) Reconciling theory and practice: an alternative conceptual framework for understanding payments for environmental services. Ecol Econ 69:1202–1208

Murphy B (2010) Greener pasture on your side of the fence: better farming voisin management-intensive grazing, 7. Aufl. Arriba Publishing, Colchester

Myers N (1997) The world's forests and their ecosystem services. In: Daily G (Hrsg) Nature's services. Island Press, Washington, D.C., S 215–235

Nave LE, Domke GM, Hofmeister KL, Mishra U, Perry CH, Walters BF, Swanston CW (2018) Reforestation can sequester two petagrams of carbon in US topsoils in a century. Proc Natl Acad Sci 115:2776. https://doi.org/10.1073/pnas.1719685115

Orwa C, Muta A, Kindt R, Jamnads R, Anthony S (2009) Agroforestry database: a tree reference and selection guide version 4.0. World Agroforestry Centre (ICRAF). http://www.worldagroforestry.org/treedb/AFTPDFS/Mimosa_scabrella.pdf

Pagiola S, Glehn HCV, Taffarello D (Hrsg) (2013) Experiências de Pagamentos por Serviços Ambientais no Brasil. Secretaria do Meio Ambiente São Paulo

Pahl-Wostl C (2009) A conceptual framework for analysing adaptive capacity and multi-level learning processes in resource governance regimes. Glob Environ Chang 19:354–365. https://doi.org/10.1016/j.gloenvcha.2009.06.001

Petchey OL, Gaston KJ (2006) Functional diversity: back to basics and looking forward. Ecol Lett 9:741–758. https://doi.org/10.1111/j.1461-0248.2006.00924.x

Phalan B, Balmford A, Green RE, Scharlemann JPW (2011a) Minimising the harm to biodiversity of producing more food globally. Food Policy 36(Suppl 1):S62–S71. https://doi.org/10.1016/j.foodpol.2010.11.008

Phalan B, Onial M, Balmford A, Green RE (2011b) Reconciling food production and biodiversity conservation: land sharing and land sparing compared. Science 333:1289–1291

Pinto RS et al (2014) Governing and delivering a biome-wide restoration initiative: the case of atlantic forest restoration pact in Brazil. Forests 5:2212. https://doi.org/10.3390/f5092212

Presidência da República do Brasil (2012) Código Florestal Brasileiro. Brasilia

Redford KH (1992) The empty Forest: many large animals are already ecologically extinct in vast areas of neotropical forest where the vegetation still appears intact. Bioscience 42:412–422. http://www.jstor.org/stable/1311860

Reeson AF, Tisdell JG (2008) Institutions, motivations and public goods: an experimental test of motivational crowding. J Econ Behav Organ 68:273–281. https://doi.org/10.1016/j.jebo.2008.04.002

Reyer CPO, Rammig A, Brouwers N, Langerwisch F (2015) Forest resilience, tipping points and global change processes. J Ecol 103:1–4. https://doi.org/10.1111/1365-2745.12342

Rezende CL et al (2018) From hotspot to hopespot: an opportunity for the Brazilian atlantic forest. Perspect Ecol Conserv 16:208–214. https://doi.org/10.1016/j.pecon.2018.10.002

Ribeiro MC, Metzger JP, Martensen AC, Ponzoni FJ, Hirota MM (2009) The Brazilian atlantic forest: how much is left, and how is the remaining forest distributed? Implications Conserv Biol Conserv 142:1141–1153. https://doi.org/10.1016/j.biocon.2009.02.021

Ribeiro MC, Martensen AC, Metzger JP, Tabarelli M, Scarano F, Fortin M-J (2011) The Brazilian atlantic forest: a shrinking biodiversity hotspot. In: Zachos FE, Habel JC (Hrsg) Biodiversity hotspots: distribution and protection of conservation priority areas. Springer Berlin Heidelberg, Berlin, S 405–434. https://doi.org/10.1007/978-3-642-20992-5_21

Rockstrom J et al (2009) A safe operating space for humanity. Nature 461:472–475

Rode J, Gómez-Baggethun E, Krause T (2014) Motivation crowding by economic incentives in conservation policy: a review of the empirical evidence. Ecol Econ. http://www.sciencedirect.com/science/article/pii/S0921800914003668. https://doi.org/10.1016/j.ecolecon.2014.09.029

Savory A (2016) Holistic management – a commonsense revolution to restore our environment. Island Press, Washington, D.C

Scarano FR, Ceotto P (2015) Brazilian atlantic forest: impact, vulnerability, and adaptation to climate change. Biodivers Conserv 24:2319–2331. https://doi.org/10.1007/s10531-10015-10972-y

Schmitt Filho AL, Murphy W, Busnard F, Martins FC, Nascimento AL, Ros JLD, Buss C (2008) Grass based agroecologic dairy revitalizing small family farms throughout student technical support: the Brazilian pasture outreach program. In: 22st general meeting of European grassland federation 'Biodiversity and Animal Feed', Uppsala, Sweden. Blackwell Publishing, Oxford

Schmitt Filho AL, Murphy W, Farley J (2010) Grass based agroecologic dairying to revitalize small family farms through student technical support: the development of a participative methodology responsible for 622 family farm projects. Adv Anim Biosci 1:517–518

Schmitt Filho AL, Farley J, Alarcon G, Alvez J, Rebollar P (2013) Integrating agroecology with payments for ecosystem services in Santa Catarina's Atlantic forest. In: Muradian R, Rival L (Hrsg) Governing the provision of environmental services. Springer, Dordrecht

Schmitt Filho AL, Fantini AC, Farley J, Sinisgalli P (2017) Nucleation theory inspiring the design of high biodiversity silvopastoral system in the Atlantic forest biome: ecological restoration, family farm livelihood and agroecology. In: V Congreso Iberoamericano Y del Caribe de Restauracion Ecologica, I Conferencia Brasileira de Restauracao Ecológica, Foz do Iguacu BR. Anais do VII world conference on ecological restoration – SER. http://ser2017.org/abstract-book.php

Schmitt Filho AL, Fantini A, Farley J, Sinisgalli P (2018a) High biodiversity silvopastoral system: addressing livelihood, ecosystem services and ecological restoration in Brazil's most endangered Biome. In: Proceedings of ecosystem service partnership regional conference – Latin America 2018/ESP LAC2018, Campinas SP, Brazil, 22–26 Oct 2018. www.espconference.org/latinamerica2018/wiki/385098/book-of-abstracts#.W-GgHpNKhPY

Schmitt Filho AL, Fantini A, Sinisgalli P, Farley J, Schmitt L (2018b) Ecological restoration, livelihood and ecosystem services in a smallholder dominated rural landscape. In: Proceedings of 2018 conference of New England branch of society for ecological restoration/SER NE, Southern CT State University, New Haven, 11–13 Oct 2018. https://6zvjw1i9d632in9ii1izgap9-wpengine.netdna-ssl.com/newengland/files/2018/10/Abstracts_wBios_SER_10.07.18-2.pdf

Schröter B, Matzdorf B, Sattler C, Garcia Alarcon G (2015) Intermediaries to foster the implementation of innovative land management practice for ecosystem service provision – a new role for researchers. Ecosyst Serv 16:192–200. https://doi.org/10.1016/j.ecoser.2015.10.007

Secretaria do Meio Ambiente do Estado-SP (2011) Estudo de Viabilidade de Plantio Florestal com Espécies Nativas Comerciais no Estado de São Paulo. Relatório sobre a Caracterização do Mercado, Seleção de Espécies e Macrolocalização Potencial em São Paulo. Ed. Da STCP Engenharia de Projetos, São Paulo

Silva AA, Schmitt Filho AL, Fantini AC, Zambiazi DC, Sinisgalli PA (2018) Estimativas de biomassa e carbono em sistema silvipastoril com núcleos arbóreos (SSPnúcleos). Cadernos de Agroecologia 13. http://cadernos.aba-agroecologia.org.br/index.php/cadernos/article/view/1742

Silva Filho JLV (2005) Análise Econômica Da Produção e Transformação Em ARPP, dos Frutos de Euterpe Edulis Mart. em Açaí no Município de Garuva Estado de Santa Catarina. Universidade Federal De Santa Catarina

Silva JAA et al (2011) O Código Florestal e a Ciência. Sociedade Brasileira para o Progresso da Ciencia, SPBC. Academia Brasileira de Ciencias, Sao Paulo

Simioni GF, Schmitt Filho AL, Joner F, Fantini AC, Farley J, Moreira A (2019) Variação da assembleia de aves em áreas pastoris e remanescentes florestais adjacentes. Rev Ciênc Agrárias 42:884–895. https://doi.org/10.19084/rca.17601

Simpson RD, Toman MA, Ayres RU (Hrsg) (2005) Scarcity and growth revisited: natural resources and the environment in the new millenium. Resources for the Future, Washington, D.C

Soares-Filho B et al (2014) Cracking Brazil's forest code. Science 344:363–364

Solow RM (1972) Notes on "Doomsday Models". Proc Natl Acad Sci U S A 69:3832–3833. https://doi.org/10.2307/62096

SOS Mata Atlantica (2009) Divulgação do novo Atlas Mata Atlântica. Online at: http://www.sos-matatlantica.org.br/index.phpsection=content&action=contentDetails&idContent=392

Sovell LA, Fau VB, Frost JA, Fau FJ, Mumford KG (2000) Impacts of rotational grazing and riparian buffers on physicochemical and biological characteristics of southeastern Minnesota, USA, streams. Environ Manag 26(6):629–641. https://doi.org/10.1007/s002670010121

Sparovek G, Berndes G, Barretto AGOP, Klug ILF (2012) The revision of the Brazilian Forest Act: increased deforestation or a historic step towards balancing agricultural development and nature conservation? Environ Sci Policy 16:65–72. https://doi.org/10.1016/j.envsci.2011.10.008

Surdi J, Schmitt Filho A, Farley J, Alvez JP, Satschumi H (2011) O fluxo de serviços ecossistêmicos na agricultura familiar da Encosta da Serra Catarinense (The flow of ecosystem services in family farming of the Encosta da Serra Catarinense). Cadernos de Agroecologia Resumos do I Encontro Pan-Americano sobre Manejo Agroecológico de Pastagens 6:1–6

Teague WR, Dowhower SL, Baker SA, Haile N, DeLaune PB, Conover DM (2011) Grazing management impacts on vegetation, soil biota and soil chemical, physical and hydrological properties in tall grass prairie. Agric Ecosyst Environ 141:310–322. https://doi.org/10.1016/j.agee.2011.03.009

TEEB (2008) The Economics of Ecosystems and BIodiversity. European Communities, Brussels

The President's Materials Policy Commission (1952) Resources for freedom: a report to the president, Foundations for growth and security, Bd 1. United States Government Printing Office, Washington, D.C

Trevisan ACD, Fantini AC, Schmitt-Filho AL, Farley J (2015) Market for Amazonian Açaí (Euterpe oleraceae) Stimulates Pulp Production from Atlantic Forest Juçara Berries (Euterpe edulis). Agroecol Sustain Food Syst 39:762–781

Trevisani P (2018) Brazil's sky-high lending rates hurt consumers – and economic growth. WSJ Dow Jones & company, Inc., New York. https://www.wsj.com/articles/brazils-sky-high-lending-rates-hurt-consumersand-economic-growth-1535707800

Tscharntke T et al (2012) Global food security, biodiversity conservation and the future of agricultural intensification. Biol Conserv 151:53–59. https://doi.org/10.1016/j.biocon.2012.01.068

Uliana MP, Fronza M, da Silva AG, Vargas TS, de Andrade TU, Scherer R (2016) Composition and biological activity of Brazilian rose pepper (Schinus terebinthifolius Raddi) leaves. Ind Crop Prod 83:235–240. https://doi.org/10.1016/j.indcrop.2015.11.077

USDA (2014) Conservation progam statistics. http://www.fsa.usda.gov/FSA/webapp?area=home&subject=copr&topic=crp-st

Virapongse A, Brooks S, Metcalf EC, Zedalis M, Gosz J, Kliskey A, Alessa L (2016) A social-ecological systems approach for environmental management. J Environ Manag 178:83–91. https://doi.org/10.1016/j.jenvman.2016.02.028

Weisse M, Goldman L (2018) 2017 was the second worst year on record for tropical tree cover loss. World Resources Insitute, Washington, D.C

Wilkie DS, Bennett EL, Peres CA, Cunningham AA (2011) The empty forest revisited. Annals NYAS 1223:120-128. https://doi.org/10.1111/j.1749-6632.2010.05908.x

Young KJ (2017) Mimicking nature: a review of successional agroforestry systems as an analogue to natural regeneration of secondary forest stands. In: Montagnini F (Hrsg) Integrating landscapes: agroforestry for biodiversity conservation and food sovereignty, Advances in agroforestry, Bd 12. Springer, Cham

Kapitel 11
Waldbewirtschaftung in Brasilien und Chile: Institutionen und Praktiken bei der Umsetzung einer nachhaltigen Bewirtschaftung der einheimischen Wälder

Liviam Elizabeth Cordeiro-Beduschi

11.1 Einleitung

Die Forstpolitik muss sich der Herausforderung stellen, einheimische Wälder nachhaltig zu bewirtschaften, um die bestmögliche Beziehung zwischen Gesellschaft und Wald zu gewährleisten (Agrawal et al. 2008; Moran und Ostrom 2009; Arts et al. 2013). Wälder bieten eine breite Palette von Umweltprodukten und -dienstleistungen sowie soziale, wirtschaftliche und kulturelle Möglichkeiten für den Aufbau eines nachhaltigen Entwicklungsprozesses. Nach Angaben der FAO (2016) sind Millionen von Menschen auf Wälder angewiesen, um ihren Bedarf an Nahrung, Energie und Wohnraum zu decken.

Andererseits kommt es in Lateinamerika und der Karibik häufig zu einer Verschlechterung des Zustands der einheimischen Wälder und zur Entwaldung (IPCC 2014; Cepal 2017), was auf verschiedene Faktoren zurückzuführen ist, die dazu führen, dass einheimische Wälder durch andere Landnutzungen ersetzt werden, und die sich in der Krise der Verfügbarkeit von Wasser, Nahrungsmitteln und Umweltdienstleistungen niederschlagen (Kaimowitz und Angelsen 1998; Geist und Lambin 2001). Das aktuelle Panorama zeigt eine enge Verbindung zwischen der Entwaldungsdynamik und nationalen und globalen makroökonomischen Szenarien. In diesem Szenario können wir das Fortschreiten der Holzgewinnung und der Überweidung infolge der Ausweitung der Agrarindustrie, insbesondere des Sojaanbaus und der Viehzucht in Brasilien, beobachten (Nepstad et al. 2006; Tucker Lima et al. 2016). In einigen Ländern ist der Verlust der einheimischen Waldbestände auch mit der Umstellung der Landnutzung auf Baumplantagen mit exotischen Arten zur Versorgung der Forstindustrie verbunden, wie in Chile (Miranda et al. 2015; Little et al. 2009).

L. E. Cordeiro-Beduschi (✉)
Forstingenieurin, Graduiertenprogramm in Umweltwissenschaften, Institut für Energie und Umwelt (PROCAM/IEE – USP), Universität von São Paulo – USP, São Paulo, Brasilien

© Der/die Autor(en), exklusiv lizenziert an Springer Nature Switzerland AG 2023
F. Fuders, P. J. Donoso (Hrsg.), *Ökologisch-ökonomische und sozio-ökologische Strategien zur Erhaltung der Wälder*, https://doi.org/10.1007/978-3-031-29470-9_11

Die Nutzung einheimischer Wälder ohne Management- und Planungsüber-legungen kann zur Degradierung einheimischer Wälder und zu Veränderungen in der Landnutzung und Waldbedeckung beitragen (Geist und Lambin 2001; Sabogal et al. 2008). Die Schwierigkeiten, die Erhaltung und Nachhaltigkeit der ein-heimischen Wälder zu gewährleisten, hängen auch mit den unsicheren politischen Instrumenten und Institutionen zur Förderung einer diversifizierten Wirtschaft zu-sammen, die das Wissen der lokalen Bevölkerung und der Nutzer der einheimischen Wälder wertschätzt (Miranda et al. 2015; Romero und Poblete 2016; Cepal 2017).

Die Herausforderung besteht darin, Wege zu finden, um eine neue Forstwirt-schaft zu fördern, die lokales Wissen und neue sozio-biodiversitätsbasierte Handels-vereinbarungen als treibende Kraft für eine nachhaltige Waldbewirtschaftung wert-schätzt (Abramovay 2002; Tacon und Palma 2006; ISA 2017). In diesem Sinne wird die nachhaltige Bewirtschaftung einheimischer Wälder als eine forstwirtschaftliche Praxis angesehen, die Vereinbarungen und Verpflichtungen der verschiedenen an der Waldbewirtschaftung beteiligten gesellschaftlichen Akteure erfordert.

Die Konferenz der Vereinten Nationen über Umwelt und Entwicklung (UNCED, Rio 92) führte zu den „Waldgrundsätzen" als eine der herausragenden inter-nationalen Vereinbarungen, die auf die Erhaltung und nachhaltige Bewirtschaftung einheimischer Wälder abzielen und insbesondere die Bedeutung der Anwendung nachhaltiger Waldbewirtschaftungspraktiken und die Verbesserung der Foren für die Beteiligung verschiedener Akteure an den Entscheidungen zur Umsetzung von Waldprogrammen und -politiken betonen (Giddens 2010; Sachs 2014; Singer und Giessen 2017).

Jüngste Studien weisen auf die „neuen Modelle der Waldbewirtschaftung" hin, die sich durch die Dezentralisierung der Waldbewirtschaftung, die Einbeziehung der Gemeinschaften in die Bewirtschaftung der Waldressourcen und die Förderung von Foren zur Beteiligung mehrerer Interessengruppen zur Unterstützung einer nachhaltigen Waldbewirtschaftung auszeichnen (Ros-tonen 2007; Moran und Ost-rom 2009; Arts et al. 2013; Arts 2014). Die Art und Weise, wie die Waldbewirt-schaftung in einigen Ländern etabliert wird, ist jedoch in der Literatur noch immer ein Thema, an dem gearbeitet wird, was die Notwendigkeit eines besseren Verständ-nisses der Herausforderungen und Hindernisse für die praktische Umsetzung einer nachhaltigen Bewirtschaftung einheimischer Wälder verdeutlicht. In dieser Hin-sicht konzentriert sich die vorliegende Studie auf die Forstpolitik in zwei Regionen Südamerikas. In Brasilien das 2006 verabschiedete Gesetz über die öffentliche Forstverwaltung (Gesetz Nr. 11.284) und in Chile die Waldbewirtschaftung im Zu-sammenhang mit dem 2008 verabschiedeten Gesetz über einheimische Wälder (Ge-setz Nr. 20.283).

Brasilien und Chile nehmen an den wichtigsten internationalen Verträgen über Wälder teil (FAO 2015a, b; CEPAL 2017). Es handelt sich um Länder mit wichtigen Waldökosystemen mit hohem Endemismus- und Biodiversitätsgrad (Salas et al. 2016). Diese Merkmale sind mit den sozialen, kulturellen und wirtschaftlichen Elementen verbunden, die die Nutzung der Ressourcen und der Waldlandschaft be-stimmen (Adams et al. 2006; Brondizio 2009; Miranda et al. 2015; Reyes 2017). Darüber hinaus gibt es viele Faktoren, die zu Entwaldung und Walddegradierung führen, was wiederum Veränderungen der Landnutzung und der Waldbedeckung zur Folge hat (Batistella et al. 2008; Geiste und Lambin 2001).

In den letzten drei Jahrzehnten hat die Umsetzung der Forstpolitik auf der Grundlage der globalen Walddebatte die Grenzen aufgezeigt, die für die Förderung der nachhaltigen Nutzung von Waldressourcen bestehen, insbesondere auf nationaler und lokaler Ebene (Veiga 2013; Singer und Giessen 2017; Faggin und Behagel 2017). Dieses Kapitel schlägt vor, die Herausforderungen und Hindernisse für die Wald-Governance zu analysieren, basierend auf der Untersuchung der Waldinstitutionen und der Wahrnehmungen der sozialen Akteure, die in die institutionelle Logik und die Logik der Praxis für die nachhaltige Bewirtschaftung der einheimischen Wälder in Brasilien und Chile verwoben sind (Ostrom 2011; Arts et al. 2013).

11.2 Analytischer Rahmen: Institutionen und Praktiken im Waldkontext

Seit den 1990er-Jahren experimentiert die Forstpolitik mit verschiedenen Arten der Durchführung von forstpolitischen Maßnahmen und Initiativen, bei denen der Staat nicht mehr der einzige Akteur bei forstwirtschaftlichen Entscheidungen ist, sondern beginnt, mit privaten Akteuren bei der Gestaltung und Umsetzung der Forstpolitik zusammenzuarbeiten (Arts et al. 2013). In diesem Sinne besteht die größere Herausforderung des Konzepts der neuen Waldbewirtschaftung in der Umsetzung des Konzepts der nachhaltigen Waldbewirtschaftung, das die vielfältigen Funktionen der Wälder anerkennt und die Erfordernisse des Naturschutzes und der Produktion näher zusammenbringt. Ein nach den Grundsätzen der Nachhaltigkeit bewirtschafteter Wald ist in der Lage, sich an langfristige Umweltveränderungen anzupassen (Sarre und Sabogal 2013).

Zwei theoretische Hauptströmungen wurden identifiziert, um diese Forschung über die Governance der einheimischen Wälder in Brasilien und Chile zu leiten. Sie zeichnen sich dadurch aus, dass sie einen theoretischen Rahmen bieten, der rund um die Wald-Governance entwickelt wurde und uns helfen kann, zwei Hauptelemente zu verstehen: Institutionen und Praktiken (Cordeiro-Beduschi 2018). Institutionen, definiert als Regeln, Normen und Vereinbarungen (formell oder informell), sind wesentliche Elemente bei der Ausarbeitung und Umsetzung öffentlicher Maßnahmen (Tucker und Ostrom 2009). Der auf der Analyse von Institutionen für soziale und ökologische Fragen basierende Ansatz wurde durch mehrere Studien hervorgehoben, die von Ostrom und Kollegen am Center for the Analysis of Social-Ecological Landscape der Indiana University in Bloomington (Vereinigte Staaten) entwickelt wurden. Nach diesem Ansatz erfordert die Debatte über Governance-Regelungen in Bezug auf die Nutzung und Pflege von Wäldern ein Verständnis für die Nutzung der so genannten „Common-Pool-Ressourcen" (CPR). Common-Pool-Ressourcen oder Common-Access-Ressourcen sind definiert als Ressourcen, bei denen die Gefahr besteht, dass sie ausgebeutet und reduziert werden, und bei denen die Kontrolle und der Ausschluss von Nutzern einen komplexen und schwierigen Prozess darstellen (Ostrom 1990; Ostrom et al. 2002). Zu den allgemein zugänglichen Ressourcen gehören Wälder, Wassereinzugsgebiete, Ozeane, Fischereiressourcen und die Stratosphäre. Die Nachhaltigkeit bzw. der Erhalt dieser Ressourcen hängt in hohem Maße von der Fähigkeit der Menschen ab, neue Institutionen für die nachhaltige Bewirtschaftung der Ressourcen aufzubauen oder die bestehenden zu verbessern (Mckean 2000; Ostrom et al. 2002).

In Anbetracht der Tatsache, dass Wälder wichtige gemeinsame Ressourcen sind (Tucker und Ostrom 2009), besteht die Herausforderung bei der Verwaltung dieser Ökosysteme darin, ihre verschiedenen Elemente zu berücksichtigen, wie z. B: (i) die Regeln für die Bewirtschaftung ihrer Ressourcen, (ii) ihre ökologischen und biophysikalischen Merkmale und (iii) die sozialen, wirtschaftlichen und politischen Eigenschaften des Systems, in das sie eingebettet sind. In diesem Sinne stützte sich die Studie auf den Rahmen der institutionellen Analyse und Entwicklung (IAD), der an der Bloomington School als institutionelle Analysemethode entwickelt wurde, die die „Arena des Handelns" als eine Plattform darstellt, auf der Individuen interagieren, verhandeln und den Rahmen der öffentlichen Politik und Institutionen konstruieren (Ostrom 2011).

Zur Ergänzung der institutionellen Analyse schlägt die Forest and Nature Conservation Policy Group der Universität Wageningen (Niederlande) den sogenannten „Practice-Based Approach" (PBA) vor, der eine Reflexion über das Verhalten und die Entscheidungen sozialer Akteure im Zusammenhang mit der Bewirtschaftung natürlicher Ressourcen ermöglicht (Arts et al. 2013; Arts 2014). Der praxisbasierte Ansatz hilft uns, die Wahrnehmungen der verschiedenen sozialen Akteure besser zu verstehen und zu erkennen, einschließlich der Gründe, warum sie etablierte Regeln und Institutionen nicht nur akzeptieren, sondern sie auch entsprechend ihren Interessen ändern oder ablehnen. Dies bedeutet, dass der „Forstpraktiker" beobachtet werden muss, der Akteur, der in irgendeiner Weise in die forstwirtschaftliche Bewirtschaftung oder Produktion, in Büros, in multinationalen Organisationen, in die Gestaltung von Bewirtschaftungsprojekten und -plänen involviert ist, sowie diejenigen, die an Versammlungen teilnehmen, Verbände vertreten und Gemeinschaftsentscheidungen leiten (Arts et al. 2013; Behagel et al. 2017). Der für die vorliegende Studie entwickelte analytische Rahmen ist in Abb. 11.1 dargestellt.

Abb. 11.1 Analytischer Rahmen für die Analyse der Bewirtschaftung der einheimischen Wälder in Brasilien und Chile. (Quelle: eigene Ausarbeitung)

Neben der Logik der Praxis gibt es auch die „institutionelle Bricolage" (Cleaver 2012; Koning und Benneker 2013), durch die Forstpraktiker und -nutzer neue Institutionen, die eingeführt werden, ablehnen, anpassen oder mit den in ihrem sozioökologischen Kontext bereits bestehenden integrieren (Faggin und Behagel 2017). Mit anderen Worten: Forstpraktiker sind kreativ und improvisieren, interpretieren und definieren die Regeln neu (Cleaver 2012; Koning und Benneker 2013), was in Chile und Brasilien häufig zu einer Änderung des Kurses der Forstpolitik führt.

11.3 Methoden

In dieser Studie wurden Analysen durchgeführt, um die folgende Frage zu beantworten: Hat die Forstverwaltung tatsächlich die nachhaltige Bewirtschaftung der einheimischen Wälder in zwei Regionen Südamerikas, Brasilien und Chile, gefördert? Der untersuchte Zeitraum konzentrierte sich auf die Jahre zwischen 1990 und 2015, ein Zeitraum, in dem eine Vielzahl von Konferenzen und Initiativen zu nachhaltiger Entwicklung und Umwelt stattfanden, die mehrere Initiativen und die Entwicklung des Konzepts der nachhaltigen Bewirtschaftung natürlicher Ressourcen hervorgebracht haben (Giddens 2010; Singer und Giessen 2017).

In den fast 30 Jahren, in denen die Forstwirtschaft in diesen Ländern umgesetzt wird, hat sich gezeigt, dass die öffentlichen Maßnahmen zur Förderung der nachhaltigen Nutzung der Waldressourcen, insbesondere auf nationaler und lokaler Ebene, nur oberflächlich sind (Veiga 2013; Singer und Giessen 2017).

Um die Schwierigkeiten bei der Umsetzung der Waldbewirtschaftung in Brasilien und Chile zu verstehen, haben wir versucht, interdisziplinäre Forschung zu betreiben und dabei die Beiträge der Soziologie und der Wirtschaftswissenschaften im Dialog mit der Forstwissenschaft zu berücksichtigen. In diesem Sinne wurde der analytische Rahmen unter Berücksichtigung der Institutionenanalyse (Ostrom 1990, 2011) und des praxisbasierten Ansatzes (Arts et al. 2013) ausgearbeitet, die in Abschn. 2 erläutert wurden.

Die Studie basierte auf einem historischen Rückblick auf den Kontext der internationalen Debatte über Wälder und die nachhaltige Bewirtschaftung heimischer Wälder. Wir haben die sozialen Akteure identifiziert, die die wichtigsten Abkommen und Verträge vorangetrieben haben, und die Initiativen und wichtigsten Produkte der globalen Waldpolitik hervorgehoben (Arts und Babili 2013; Secco et al. 2014). Anschließend wurden Analysen auf nationaler und subnationaler Ebene durchgeführt, die sich auf die aktuellen politischen Maßnahmen zur Bewirtschaftung einheimischer Wälder konzentrierten: in Brasilien das Gesetz über die öffentliche Forstverwaltung (Gesetz Nr. 11.284/2006) und in Chile das Gesetz über einheimische Wälder (Gesetz Nr. 20.283/2008).

Die Daten wurden auf der Grundlage qualitativer Forschungsmethoden (IPEA 2010) erhoben, die eine Untersuchung der komplexen Natur der sozialen Organisation und einer Reihe von Variablen sowohl auf institutioneller Ebene (Gesetze, Vereinbarungen, Regeln) als auch im Hinblick auf die Werte, Wahrnehmungen und

Praktiken von Einzelpersonen und Gruppen, die politische Maßnahmen umsetzen oder von ihnen betroffen sind, ermöglichen (IPEA 2010, S. 662).

Die Informationen wurden durch die Untersuchung von Sekundärdokumenten (institutionelle Berichte, graue Literatur und akademische Veröffentlichungen) sowie von Primärinformationen (Interviews und öffentliche Stellungnahmen) gewonnen. Die Analyse konzentrierte sich auf die Akteure, die an der Verwaltung und Umsetzung der öffentlichen Forstpolitik beteiligt sind. Die Akteure wurden nach ihren Organisationen und Funktionen kategorisiert: Regierungsorganisationen, Nichtregierungsorganisationen, Waldnutzer, Privatsektor und Unternehmer, Forscher und Akademiker, internationale Organisationen. Auf diese Weise war es möglich, die *Handlungsarena der Forstpolitik* eines jeden Landes zu definieren, die durch die Dynamik der Interaktionen zwischen den Forstpraktikern geprägt ist.

Zwischen August 2014 und Oktober 2018 wurden halbstrukturierte Interviews mit den in Kategorien eingeteilten Akteuren geführt. Insgesamt wurden 53 Personen befragt, 26 in Brasilien, 20 in Chile und 7 Informanten, die multilaterale Organisationen vertreten. Darüber hinaus wurden Aussagen aus öffentlichen Reden in Seminaren und institutionellen Treffen eingeholt.

11.4 Die Verwaltung der einheimischen Wälder in Brasilien

Brasilien ist ein Land mit rund 494 Mio. Hektar Waldfläche (59,04 % der Landesfläche), die sich auf 456 Mio. Hektar Urwald und 7,7 Mio. Hektar gepflanzten Wald verteilen (Tab. 11.1). Von der Fläche der einheimischen Wälder sind 71 % öffentliche Wälder, die im nationalen Register der öffentlichen Wälder des Umweltministeriums eingetragen sind (SFB 2013; CEPAL 2017). Das Amazonas-Biom nimmt 38,30 % des nationalen Territoriums ein und ist der größte tropische Regenwald der Welt, mit einer ausgeprägten Präsenz von Tier- und Pflanzenarten, die an hohe Temperaturen und ganzjährige Niederschlagsmengen angepasst sind (SFB 2013).

Abgesehen von den besonderen Merkmalen des Bioms ist das Amazonasgebiet in einen komplexen Kontext eingebettet, nicht nur in Bezug auf seine physische Verteilung, die durch seine Wasserressourcen und seine Biogeografie gekennzeichnet ist, sondern auch, weil es eine große soziale, kulturelle und wirtschaftliche Vielfalt aufweist. Diese Akteure koexistieren mit der Dynamik der Forstwirtschaft und der Ausbeutung der natürlichen Ressourcen aufgrund der massiven territorialen

Tab. 11.1 Waldbedeckung in Brasilien

Bewaldung	Hektar (×1000)	%
Territorium	835.814	100
Gesamte Waldfläche	493.538	59,04
Natürliche Wälder	485.802	58,12
Forstwirtschaftliche Anpflanzungen	7736	0,10

Quelle: eigene Ausarbeitung. (Angepasst von SFB 2013; FAO 2015a, b; CEPAL 2017)

Besetzung durch die Entwicklungspolitik. Diese Entwicklungspolitik hat auch zur Entwaldung und unkontrollierten Ausbeutung der Waldressourcen sowie zu dem bis heute bestehenden unübersichtlichen Landsystem beigetragen (Adams et al. 2006; Fearnside 2014).

Das Gesetz über die Bewirtschaftung der öffentlichen Wälder (LGFP, Gesetz Nr. 11.284/2006) ist eine wichtige forstwirtschaftliche Institution mit dem Ziel, die Entwicklung der Wälder im Sinne einer nachhaltigen Bewirtschaftung der einheimischen Wälder und der Entwicklung der Gemeinden in den brasilianischen öffentlichen Wäldern zu fördern, die sich auf das Amazonasgebiet konzentrieren (Brasil 2006; da Silva 2010; Alves 2016).

Anhand der institutionellen Analyse konnte festgestellt werden, dass die Grundlagen und Konzepte der nachhaltigen Waldbewirtschaftung im Gesetz verankert sind. Diese Konzepte und Grundlagen der forstlichen Nachhaltigkeit wurden in Brasilien durch verschiedene Pläne, Programme und wissenschaftliche Forschungen, insbesondere seit 1990, eingeführt, die dazu beigetragen haben, einen öffentlichen politischen Rahmen für Forstfragen im neuen Jahrtausend zu schaffen (Nepstad et al. 2006; Moran und Ostrom 2009; Cordeiro-Beduschi 2015; Alves 2016; ISA 2017).

Das LGFP brachte neue Herausforderungen für die Struktur der Forstverwaltung durch das Umweltministerium mit sich, indem die brasilianische Forstbehörde (SFB) und der öffentliche Forstverwaltungsrat geschaffen wurden, in dem öffentliche, private und zivilgesellschaftliche Akteure vertreten sind. Der Nationale Forstentwicklungsfonds wurde eingerichtet, um Ressourcen für Pläne und Programme bereitzustellen, wie etwa die Nationale Umweltpolitik, den Nationalen Biodiversitätsplan, den Plan für ein nachhaltiges Amazonasgebiet, das Nationale Forstprogramm, den Aktionsplan zur Verhinderung und Kontrolle der Entwaldung im legalen Amazonasgebiet (PPCDAm) und den Nationalen Plan für die nachhaltige Entwicklung traditioneller Völker und Gemeinschaften (Brasil 2006; SFB 2017; Alves 2016). Alle Pläne und Projekte zeigen, dass es eine Aktionsarena für die Verwaltung der Urwälder gibt, die über ein bedeutendes sozio-ökologisches Kapital verfügt und in der Lage ist, Vorschläge zu formulieren und öffentliche Maßnahmen auf nationaler Ebene einzuleiten. Allerdings wird häufig Kritik geübt, wenn sich bei der Umsetzung dieser Politik Sackgassen auftun, die eine wirksame Beteiligung der einheimischen Waldgemeinschaften an der neuen Waldbewirtschaftung behindern (Drigo 2010; ISA 2017).

Auf der Grundlage der Analyse offizieller Jahresdokumente (Berichte der SFB) und persönlicher Informationen (Interviews und Zeugenaussagen) konnte eine Schwerpunktverlagerung bei der Umsetzung des LGFP festgestellt werden, die hauptsächlich durch zwei Ereignisse im Jahr 2012 beeinflusst wurde. Das erste war die Verabschiedung des neuen Forstgesetzes (Gesetz 12.651/2012; Brasil 2012) und das zweite war die Aufnahme von Mitteln aus dem Klimafonds in die Agenda des Nationalen Waldentwicklungsfonds zur Wiederherstellung der Wälder in Brasilien (Cordeiro-Beduschi 2015). Beide Ereignisse beeinflussten Veränderungen in der Struktur des SFB, vor allem in Richtung Aktivitäten zur Registrierung, Regularisierung und Wiederherstellung von Privatbesitz (SFB 2017; Sparovek et al. 2017).

Die wichtigste Auswirkung dieser Schwerpunktverlagerung bei der Umsetzung des LGFP war die Schaffung neuer Zuständigkeiten für die brasilianische Forstbehörde durch die Einführung des Umweltregisters für den ländlichen Raum (CAR – auf Portugiesisch), ein Instrument, das speziell zur Regulierung der privaten ländlichen Grundstücke des Landes geschaffen wurde, in denen sich auch Wälder in Gebieten befinden, die als Legalreservate (RL) bezeichnet werden. Die meisten ländlichen Eigentümer haben ihre RL degradiert oder abgeholzt, und um „vergeben" zu werden, müssen sie ihre Waldflächen gemäß dem neuen Forstgesetzbuch in das neue Überwachungssystem eintragen (Paulino 2012; Brancalion et al. 2016).

Es scheint, dass dieser Kurswechsel keine verlorene Sache für die Bewirtschaftung der öffentlichen Wälder in Brasilien ist, da die Entscheidung, die CAR zu unterstützen und die Schulden des Privateigentums aufgrund der Entwaldung zu beseitigen, in Zukunft Verbindungen mit der nachhaltigen Bewirtschaftung der öffentlichen Wälder durch neue Möglichkeiten schaffen kann, die der Wald im Rahmen einer Vision seiner Mehrfachnutzung und der Bewertung und Nutzung von Umweltleistungen bieten kann.

Die neue Aufgabe der Registrierung privater ländlicher Grundstücke, die der SFB zugewiesen wurde, spiegelt jedoch die veränderten Prioritäten der LGFP wider, die sich zuvor auf die Verwaltung der öffentlichen Wälder konzentriert hatte. Sie spiegelt auch die Machtasymmetrien in der Debatte zwischen Landwirten und Umweltschützern in der Aktionsarena der Forstpolitik in Brasilien wider. Die Interviews und Reden bestätigen die Evidenz der institutionellen Bricolage (Cleaver 2012; Arts et al. 2013), bei der soziale Akteure mit mehr Ressourcen in der Lage waren, „die Spielregeln zu ändern" und den Verlauf des vorherrschenden Diskurses über die öffentliche Politik in der Aktionsarena der Waldbewirtschaftung zu verändern. In diesem Fall setzte sich der Diskurs der Agrarindustrie bei den Entscheidungen durch.

Kürzlich wurden mit der Übertragung des SFB an das Landwirtschaftsministerium (MAPA) und der Abschaffung der nationalen Ausschüsse und Kommissionen durch die Regierung Bolsonaro (Januar 2019) weitere Veränderungen in der brasilianischen Forstverwaltung angekündigt. Diese Änderungen können zu neuen Konfrontationen mit den sozialen Akteuren führen, die an der Konstruktion eines Waldentwicklungsmodells beteiligt waren, das sich auf die besten Beziehungen zwischen Gesellschaft und Wald konzentriert.

11.5   Die Verwaltung der einheimischen Wälder in Chile

Die gemäßigten einheimischen Wälder Chiles sind aufgrund ihres biogeografischen und soziokulturellen Kontextes von großer ökologischer und menschlicher Bedeutung. Ihr ökologischer Wert hängt mit den Merkmalen der feucht-gemäßigten Waldformation zusammen, die als immergrüner Wald und gemäßigter Wald von Valdivia bekannt ist. Zusammen mit Argentinien und einschließlich des nordpatagonischen und des magallanischen gemäßigten Regenwaldes im Süden ist dies der einzige gemäßigte Regenwald in Südamerika (Donoso und Lara 1999; Miranda et al. 2015) und das zweitgrößte verbleibende Gebiet dieses Typs in der Welt (Salas et al. 2016). Aufgrund der geografischen Isolation Chiles weist dieser Wald einen hohen Anteil an endemischen Tier- und Pflanzenarten auf (Donoso 1981, 1993; Veblen et al. 1996; Luebert und Pliscoff 2005; Salas et al. 2016).

Etwa 23,9 % des chilenischen Territoriums sind von Wäldern (gepflanzt, natürlich und gemischt) bedeckt. Von diesen Waldgebieten sind 19,8 % einheimische Wälder, 4,1 % sind angepflanzt, hauptsächlich mit *Pinus sp.* und *Eucalyptus sp.* und fast 1 % sind Mischwälder (angepflanzt und einheimisch) (Tab. 11.2). Von den einheimischen Wäldern sind derzeit nur 29 % im Nationalen System geschützter Wildgebiete (SNASPE, spanische Abkürzung) enthalten (INFOR 2016; AIFBN 2017).

Seit den 1970er-Jahren und außerhalb des SNASPE ist die Eigentumsordnung fast vollständig in Privatbesitz, wobei 70 % der Wälder (gepflanzt und einheimisch) in Privatbesitz sind (Reyes 2017). In den letzten Jahrzehnten hat diese Situation zu häufigen sozialen Konflikten in der südlichen Zentralregion des Landes geführt, insbesondere in der Region Araukanien, wo Mapuche-Familienbauern neben ausgedehnten forstwirtschaftlichen Monokulturen leben, die hauptsächlich für die Zellulose- und Papierproduktion angebaut werden (AIFBN 2011; Donoso et al. 2016).

Das Gesetz über die einheimischen Wälder (LBN) war Ausdruck des Wunsches der Beteiligten, einen neuen Institutionalismus zu schaffen, der die Hegemonie der privaten Akteure, die die ausgedehnten Monokulturen exotischer Waldarten bewirtschaften, brechen könnte (Manuschevich 2016; Chile Política Forestal Chilena 2015–2035 2016). Das Gesetz, das sich eindeutig an einem Rahmen orientierte, der eher mit den zeitgenössischen internationalen Debatten über Modelle der Forstverwaltung übereinstimmt, sollte eine neue staatliche Struktur – den Nationalen Forstdienst – schaffen und auf die Nachfrage zahlreicher Akteure reagieren, die sich bis dahin nicht in das Waldentwicklungsmodell des Landes einbezogen fühlten (siehe auch Kap. 5 von „Manuschevich").

Für Cruz et al. (2012) bedeutete die Verabschiedung des LBN einen wichtigen Wandel in der Intention der chilenischen öffentlichen Politik, weg von regulatorischen Zwecken hin zu Initiativen zur Förderung der nachhaltigen Nutzung des Waldes. Kurz nach der Veröffentlichung des LBN wurden unter der Verwaltung des CONAF ein Anreizfonds für die Waldbewirtschaftung und ein Forschungsfonds für einheimische Wälder eingerichtet, und Themen wie die Erhaltung der Wälder, Nichtholz-Waldprodukte (NTFP) und die nachhaltige Bewirtschaftung einheimischer Wälder wurden in die Diskussionen des Sektors aufgenommen.

Das Ausmaß der Schwierigkeiten bei der Umsetzung des LBN wurde jedoch bereits bei seiner Ausarbeitung deutlich. Das LBN wurde schließlich 2008 in einer vorläufigen Fassung verkündet, allerdings erst nach 16 Jahren im chilenischen

Tab. 11.2 Waldbestand in Chile

Bewaldung	Hektar (Tausende von Hektar)	%
Territorium	74.353	100
Gesamte Waldfläche	17.735	23,85
Natürlicher Wald	14.691	19,75
Waldanpflanzung	3044	4,09

Quelle: eigene Ausarbeitung. (Angepasst von INFOR 2016; FAO 2015a, b; CEPAL 2017)

Nationalkongress. (Manuschevich 2016, Kap. 5 in diesem Buch). In der Zwischenzeit orientierte sich die chilenische Forstpolitik an dem bekannten Forstgesetz von
1931 und dem Dekret 701 von 1974 mit dem Ziel, die Entwicklung der Wälder zu
fördern, vor allem für die Produktion von gepflanzten Wäldern für die Forstindustrie
(Donoso und Reyes 2015).

Das Gesetzesdekret 701 (DL 701) war das wichtigste Instrument der öffentlichen
Politik für die Entwicklung der Forstwirtschaft zur Konsolidierung der chilenischen
Forstindustrie. Es hatte eine Laufzeit von rund 38 Jahren (1974–2012) (ODEPA
2016). Obwohl dieses Dekret 1998 an die aktuellen Anforderungen der Gesellschaft
angepasst wurde, reichten diese Änderungen nicht aus, um die wirtschaftlichen Vorteile der Großunternehmen gegenüber den kleinen und mittleren Erzeugern bei der
Entwicklung und Bewirtschaftung der Wälder des Landes umzukehren (De la Fuente et al. 2013; Manuschevich 2016).

Die für die vorliegende Studie durchgeführten Befragungen ergaben, dass nach
zehn Jahren der Umsetzung des LBN nur unbedeutende Ergebnisse bei der Förderung der nachhaltigen Bewirtschaftung der einheimischen Wälder erzielt wurden,
insbesondere auf lokaler Ebene (ländliche und bäuerliche Eigentümer). Die
Schwierigkeiten liegen vor allem in der unsicheren Reichweite der finanziellen Anreize und in der mangelnden Bereitschaft des Staates, die notwendigen Behörden
für die Durchsetzung der Gesetze und die Forstpolitik zu schaffen. Dies zeigt sich
auch daran, dass die Schaffung der Nationalen Forstbehörde, die das derzeitige
öffentlich-private Modell, das seit den 70er-Jahren von der Nationalen Forstgesell-
schaft (CONAF) verkörpert wird, ersetzen würde, aufgeschoben wurde.

Aus den verfügbaren offiziellen Dokumenten geht außerdem hervor, dass zwischen 2009 und 2012 nur 16 % der Waldbewirtschaftungsprojekte finanziert wurden, was weniger als 4 % der Gesamtmittel des Naturschutzfonds entspricht (De la
Fuente et al. 2013). Kleinbauern und indigene Gemeinschaften gaben an, Schwierigkeiten bei der Erstellung von Bewirtschaftungsplänen und beim Zugang zu den
LBN-Mitteln zu haben (Cruz et al. 2012; De La Fuente et al. 2013). Infolgedessen
werden einheimische Wälder durch Plantagen mit exotischen Arten ersetzt, die Zellstoff exportierende Forstunternehmen beliefern.

Der chilenische Fall zeigt das Auftreten einer „institutionellen Bricolage" (Cleaver 2012; Arts et al. 2013) von der Ausarbeitung des LBN bis zu seiner Umsetzung,
bei der sich die Vision eines industriellen Forstsektors gegenüber der Wirtschaft des
einheimischen Waldes durchsetzt. Die Struktur des Nationalen Forstdienstes wurde
selbst mit der Einführung der chilenischen Forstpolitik 2015–2035 (AIFBN 2011;
ODEPA 2016) nie konsolidiert.

Auf diese Weise haben kleine und mittlere Waldproduzenten und die indigene
Bevölkerung erhebliche Schwierigkeiten, ihre forstwirtschaftlichen Aktivitäten im
Sinne der Nachhaltigkeit und Legalität in den heimischen Wäldern durchzuführen.
Die lokale Bevölkerung hat immer noch mit den geringen Anreizen für Kooperation
und Assoziativität zu kämpfen, die eine lokale Forstwirtschaft aus der Mehrfach-
nutzung der Wälder, einschließlich Holz, Nicht-Holz-Waldprodukten (NTFPs) und
der Bereitstellung von Ökosystemleistungen, konsolidieren könnten (Burschel und
Rojas 2006; INFOR 2010; Reyes et al. 2016).

11.6   Schlussfolgerungen

Die Waldbewirtschaftung in Brasilien und Chile findet in unterschiedlichen ökologischen, politischen und sozialen Kontexten statt, aber beiden Ländern ist gemeinsam, dass sie die Grundlagen der nachhaltigen Waldbewirtschaftung (Sustainable Forest Management – SFM) verinnerlicht haben. Diese Einbeziehung bezieht sich auf die internationale Debatte, die in den 1970er-Jahren begann und in den 1990er-Jahren durch internationale Konventionen und Verträge an Bedeutung gewann, insbesondere durch die Einführung der Idee der nachhaltigen Entwicklung.

Es scheint jedoch einige Zeit zu dauern, bis diese globalen Grundlagen auf nationaler und lokaler Ebene verstanden, übersetzt und ausgearbeitet werden. Selbst dann sind sie nicht immer klar; sie sind veränderbar und erfordern einen Prozess der Verinnerlichung durch diejenigen, die die Waldbewirtschaftung betreiben. In diesem Fall ist die institutionelle Struktur ein Schlüsselelement der guten Regierungsführung. Aber es sind die Fähigkeiten und Interpretationen der sozialen Akteure, die die nachhaltige Bewirtschaftung der einheimischen Wälder durch Governance, Akteure, Ressourcen und Fähigkeiten leiten und bestimmen.

Aus der vorangegangenen Analyse ergeben sich drei Säulen, die eine gute Governance für die nachhaltige Bewirtschaftung einheimischer Wälder unterstützen: (i) ein institutioneller Rahmen für die Bewirtschaftung einheimischer Wälder, (ii) Grundlagen der Nachhaltigkeit in der Waldbewirtschaftung, (iii) Förderung der lokalen Entwicklung im sozio-ökologischen Kontext.

Es ist notwendig, dass die sozialen Akteure, die historisch an der Gestaltung der Governance für die nachhaltige Bewirtschaftung der einheimischen Wälder beteiligt waren, auf die angekündigten Regierungswechsel in beiden Ländern achten und die Risiken und Gefahren der autoritären Entscheidungen, die sich in Lateinamerika abzeichnen, erkennen. In diesem Sinne verteidigt diese Studie die Bedeutung des Aufbaus von partizipativen Prozessen, an denen mehrere Akteure beteiligt sind.

Brasilien und Chile müssen aus den Erfahrungen der Vergangenheit lernen und das Potenzial der einheimischen Wälder schätzen. Die Herausforderung der nächsten Jahre wird zweifellos darin bestehen, die Aktionsbereiche zu stärken, um einen Prozess der Dekonstruktion der Forstverwaltung zu verhindern und tiefgreifende Veränderungen des Waldentwicklungsmodells zu fördern.

Literatur

Abramovay R (2002) Muito além da economia verde. Editora Abril, São Paulo. 248 p

Adams C, Murrieta R, Neves W (2006) As Sociedades Caboclas Amazônicas: Modernidade e Invisibilidade. Annablume/FAPESP: Sociedade Caboclas Amazônicas: Modernidade e Invisibilidade, São Paulo, pp 15–32

Agrawal A, Chhatre A, Hardin R (2008) Changing governance of the world's forests. Science 320(5882):1460–1462. https://doi.org/10.1126/science.1155369. Zugegriffen am 10.2015

Agrupación De Ingenieros Forestales Por El Bosque Nativo (AIFBN) (2011) Hacia un Nuevo Modelo Forestal – Propuesta para el desarrollo sustentable del bosque nativo y el setor foorestal de Chile. Valdivia

Agrupación De Ingenieros Forestales Por El Bosque Nativo (AIFBN) (2017) Biodiversidad y áreas protegidas de Chile: El desafío de dejar atrás una precaria administración y contar con una institucionalidad fortalecida. Revista Bosque Nativo Valdivia 58:10–14

Alves CG (2016) Políticas públicas setoriais, nível de atividade econômica e fatores de rentabilidade da atividade agropecuária: vetores de pressão sobre os recursos florestais na Amazônia brasileira. Brasília,. Tese de Doutorado defendida na Universidade de Brasília, Faculdade de Tecnologia, Departamento de Engenharia Florestal. 237p

Arts B (2014) Assessing forest governance from a 'triple G' perspective: government, governance, governmentality. Forest Policy Econ 49:17–22

Arts B, Babili I (2013) Global forest governance: multiple practices of policy performance. In: Arts B, Behagel J, van Bommel S et al (Hrsg) Forest and nature governance: a practice-based approach. Springer, Dordrecht. S 111–130, 260

Arts B, Bhagel J, van Bommel S et al (Hrsg) (2013) Forest and nature governance: a practice-based approach. Springer, Dordrecht, S 260

Batistella M, Moran E Alves D (2008) Prefácio. Abordagens Interdisciplinares na Ciência Amazônica: A contribuição do LBA e outras perspectivas. In: Batistella, M, Moran, E and Aalves, D (Org.). Amazônia: Natureza e Sociedade em Transformação. São Paulo, EDUSP, 303p

Behagel JH, Arts B, Turnhout E (2017) Beyond argumentation: a practice-based approach to environmentalpolicy.JEnvironPolicyPlan.S14.https://doi.org/10.1080/1523908X.2017.1295841. https://doi.org/10.1080/1523908X.2017.1295841. Zugegriffen am 27.08.2017

Brancalion PHS et al (2016) A critical analysis of the native vegetation protection law of Brazil (2012): updates and ongoing initiatives. Nat Conserv (Impr) 14(Supplement):1–15

Brasil (2006) Lei de Gestão de Florestas Publicas. Lei N° 11.284, de 2 de março de 2006. http://www.planalto.gov.br/ccivil_03/_Ato2004-2006/2006/Lei/L11284.htm. Zugegriffen am 04.2018

Brasil (2012) Lei N° 12.651, de 25 de Maio de 2012. Dispõem da promulgação do Código Florestal Brasileiro. Brasília: Maio. http://www.planalto.gov.br/ccivil_03/_ato2011-2014/2012/lei/l12651.htm. Zugegriffen am 05.10.2018

Brondizio E (2009) Analises inter-regional de mudança de uso da terra na Amazônia. In: Moran, E and Ostrom, E (Org.) Ecossistemas Florestais: Interação Homem-Ambiente. São Paulo: Editora SENAC.. EDUSP, São Paulo. Cap IV. 289–326

Burschel H, Rojas A (2006) Doce años acompañando los campesinos forestales. In: Catalán R et al (eds) Bosques y Comunidades del Sur de Chile. Editorial Universitaria Bosque Nativo, Santiago de Chile, pp 119–136

CONAF & Ministerio de Agricultura (2016) Política Forestal Chilena 2015–2035, Corporación Nacional Forestal, Ministerio de Agricultura, Santiago. https://www.conaf.cl/wp-content/uploads/2020/12/6-Politica-forestal-2015-2035.pdf. Zugegriffen am 15.09.2017

Cleaver F (2012) Development through bricolage: rethinking institutions for natural resource management. Routledge, London

Comision Economica Para America Latina Y Caribe (CEPAL) (2017) Cambio Climatico y Politicas publicas forestales em America Latina: Uma visión preliminar. http://repositorio.cepal.org/bitstream/handle/11362/40922/S1601346_es.pdf?sequence=4&isAllowed=y. Zugegriffen am 15.09.2017

Cordeiro-Beduschi LE (2015) Gestão de Florestas e Mudanças Climáticas: Elaboração das Idéias na Formulação de Políticas Públicas. Brasília: Sétimo Encontro Nacional da Associação Nacional de Pós-Graduação e Pesquisa em Ambiente e Sociedade, GT 11, Mudanças Climáticas: Políticas e Governança para a Adaptação e Redução das Vulnerabilidades, 10p

Cordeiro-Beduschi LE (2018) A governança para a gestão sustentável das florestas nativas em duas regiões da América do Sul.. São Paulo: Tese (Doutorado em Ciência Ambiental) – Programa de Pós-Graduação em Ciência Ambiental, Instituto de Energia e Ambiente, Universidade de São Paulo, São Paulo, 300p

Cruz P, Cid F, Rivas E et al (2012) Evaluación de la Ley No 20.283 sobre recuperación del bosque nativo y fomento forestal. Subsecretaría de Agricultura. Informe Final. Agrupación de Ingenieros Forestales por el Bosque Nativo. 240p

De la Fuente J, Calderón C, Torres J (2013) Informe final programa Ley de Bosque Nativo. Ministerio de Agricultura, Corporación Nacional Forestal. 171p

Donoso C (1981) Tipos forestales de los bosques nativos de Chile. Investigacíon y Desarrollo Forestal. CONAF/PNUD/FAO., Santiago. Documento de Trabajo no. 38, 70p

Donoso C (1993) Bosques templados de Chile y Argentina. Variacion, estructura y dinamica, 2nd edn. Santiago Chile, Editorial Universitaria. 484p

Donoso C, Lara A (1999) Silvicultura de los Bosques Nativos de Chile. Editorial Universitaria, Santiago, Chile

Donoso S, Reyes R (2015) La Industria de la celulosa em Chile, outra "anomalia del mercado". Revista Bosque Nativo 45:19–21

Donoso S, Reyes R, Gangas R (2016) La Industria de la celulosa en Chile, otra "anomalia de mercado". In: Revista Bosque Nativo: Nativo, Bosques y su Gente – Cinco años de labor politica y social para los bosques nativos de Chile e Argentina. N. 56, Septiembre, pp 36–40

Drigo IG (2010) As barreiras para implantação de concessões florestais na América do Sul: os casos da Bolívia e Brasil. Tese de Doutorado. São Paulo: Programa de Pós-Graduação em Ciência Ambiental, Universidade de São Paulo. L'Institut dês Sciences et Industries Du Vivant et de l'Environnement (AgroParis'Tech), Paris. 287p

Faggin JM, Behagel JH (2017) Translating sustainable forest management from the global to the domestic sphere: the case of Brazil. In: Forest policy and economics. Volume 85, Part 1, December 2017. Elsevier, S 22–31. https://doi.org/10.1016/j.forpol.2017.08.012. Zugegriffen am 01.2017

Fearnside PM (2014) Conservation research in Brazilian Amazonia and its contribution to biodiversity maintenance and sustainable use of tropical forests. In: 1st conference on biodiversity in the Congo Basin, 6–10 June 2014, Kisangani, Democratic Republic of Congo. S 12–27

Food and Agriculture Organization of the United Nations (FAO) (2015a) Global forest resources assessment 2015. http://www.fao.org/forest-resources-assessment/explore-data/flude/en/. Zugegriffen am 10.2016

Food and Agriculture Organization of the United Nations (FAO) (2015b) Taller Regional Latinoamericano sobre Criterios e Indicadores para el Manejo Forestal Sostenible. Organización de las Naciones Unidas para la Alimentación y la Agricultura (FAO), Lima. Informe Final. 17 a 19 de Junio

Food and Agriculture Organization of the United Nations (FAO) (2016) Casos ejemplares de Manejo Forestal Sostenible en Chile, Costa Rica, Guatemala y Uruguay. 282p

Geist IIJ, Lambin EF (2001) What drives tropical deforestation? A meta-analysis of proximate and underlying causes of deforestation based on subnational case study evidence. LUCC Report Series, 4

Giddens A (2010) A Política da Mudança Climática. Editora Zahar, Rio de Janeiro. 385p

Instituto de Pesquisa e Economia Aplicada (IPEA) (2010) Métodos Qualitativos de Avaliação e suas Contribuições para o Aprimoramento de Políticas Píblicas Brasília. In: IPEA, Brasil em Desenvolvimento: Estado, planejamento e políticas públicas, V.3, cap 25, pp 661–688, 270 p

Instituto Forestal De Chile (INFOR) (2010) Influencias del Proceso de Montreal y los procesos de certificacion en la cosecha forestal. Ciência e Investigação Forestal 16(2):243–254

Instituto Forestal De Chile (INFOR) (2016) El sector forestal chileno 2016. Santiago: Área de Información y Economía Forestal de la Sede Metropolitana. Instituto Forestal, (Libreto), 48p

Instituto Socioambiental (ISA) (2017) Xingu: Historias dos produtos da floresta, 1st edn. ISA, São Paulo. 392p

Intergovernmental Panel on Climate Change (IPCC) (2014) Summary for policymakers‖, climate change 2014: impacts, adaptation, and vulnerability. Part A: global and sectoral aspects. Contribution of Working Group II to the Fifth Assessment Report of the Intergovernmental Panel on Climate Change. Cambridge University Press, Nueva York

Kaimowitz D, Angelsen A (1998) Economic models of tropical deforestation: a review. Centro de Investigación Forestal Internacional (CIFOR), Bogor

Koning J, Benneker C (2013) Bricolage practices in local forestry. In: Arts B, Behagel J, Bommel S et al (Hrsg) Forest and nature governance: a practice based approach, World Forest, Bd 14. Springer, Netherlands, S 49–67

Little C, Lara A, McPhee J, Urrutia R (2009) Revealing the impact of forest exotic plantations on water yield in large scale watersheds in South-Central Chile. J Hydrol 374:162–170

Luebert F, Pliscoff L (2005) Sobre los límites del bosque valdiviano. Chloris Chilensis Año 8

Manuschevich D (2016) Neoliberalization of forestry discourses in Chile. Forest Policy Econ 69:21–30

McKean M (2000) Common property: what is it, what is it good for, and what makes it work? In: Gibson C, Mckean M, Ostrom E (Hrsg) People and forests: communities, institutions, and governance. MIT Press, Cambridge, MA

Miranda A, Altamirano A, Cayuela I et al (2015) Different times, same story: Native forest loss and landscape homogenization in three physiographical areas of south-central of Chile. Appl Geogr 60:20–28. https://doi.org/10.1016/j.apgeog.2015.02.016. Zugegriffen am 03.2017

Moran EF, Ostrom E (Org.) (2009) Ecossistemas Florestais: Interação Homem-Ambiente. São Paulo: Editora SENAC. São Paulo: EDUSP

Nepstad DC, Azevedo-Ramos C, Moutinho P et al (2006) Passos para uma política de gestão socio-ambiental das florestas Amazônicas. Ciência & Engenharia 32:45–54

Oficina de Estudios y Políticas Agrarias. Ministerio de Agricultura de Chile (2016) El Desarrollo Forestal. In: ODEPA. Agricultura Chilena. Reflexiones y Desafíos al 2030, pp 91–102. 298 p. https://www.odepa.gob.cl/wp-content/uploads/2018/01/ReflexDesaf_2030-1.pdf. Zugegriffen am 05.10.2018

Ostrom E (1990) Governing the commons: the evolution of institutions for collective action. Cambridge University Press, New York

Ostrom E (2011) Background on the institutional analysis and development framework. Policy Stud J 39:1. Wiley Periodicals, Inc., Oxford

Ostrom E, Dietz T, Dolsak N et al (Hrsg) (2002) The drama of the commons. National Academy Press, Washington

Paulino ET (2012) A mudança do código florestal brasileiro: em jogo a função social da propriedade. Campo-Território: Revista de Geografia Agrária 7(13):40–64

Reyes R (2017) The influence of markets and culture on the use of native forests in the south of Chile. Thesis of Doctor of philosophy presented in the faculty of graduate and postdoctoral studies (forestry). The University of British Columbia, Vancouver. July, S 106

Reyes R, Blanco G, Lagarrigue A, Rojas F (2016) Ley de Bosque Nativo: Desafíos Socioculturales para su Implementación. Instituto Forestal y Universidad Austral de Chile, Informe Interno, 82p

Romero J, Poblete C (2016) El sector forestal en la institucionalidad publica y en la agenda politica. In: Revista Bosque Nativo: Nativo, Bosques y su Gente – Cinco años de labor politica y social para los bosques nativos de Chile e Argentina. N. 56. p 25–35, September 2016

Ros-Tonen M (2007) Novas perspectivas para a gestão sustentável da floresta amazônica: Explorando novos caminhos. Campinas: Revista Ambiente & Sociedade X(1):11–25

Sabogal, C, Jong, W de, Pokorny, B, Louman, B (Hrsg) (2008). Manejo forestal comunitario en América Latina: Experiencias, lecciones aprendidas y retos para el futuro. Belem: CIFOR/CATIE,. 274p

Sachs J (2014) The age of sustainable development. Columbia University Press, New York, S 606

Salas C, Donoso PJ, Vargas R et al (2016) The forest sector in Chile: an overview and current challenges. J For 114(5):562–571

Sarre E, Sabogal C (2013) La OFS es un sueño imposible? Unasylva 64(240):26–34

Secco L et al (2014) Why and how to measure forest governance at local level: a set of indicators. Forest Policy Econ 49:57–71

Serviço Florestal Brasileiro (SFB) (2013) Florestas do Brasil em Resumo – 2013. SFB, Brasília. 188p

Serviço Florestal Brasileiro (SFB) (2017) Gestão de Florestas Públicas. Relatório 2016. Brasilia, DF: SFB, Março de 2017, p 86. http://www.florestal.gov.br/relatorios-de-gestao. Zugegriffen am 03.2018 da Silva RC (2010) Politicas públicas, atores sociais e conhecimento: gestão sustentável das florestas públicas no Brasil. Tese de Doutorado apresentada à Universidade Estadual de Campinas, Campinas. 138p

Singer B, Giessen L (2017) Towards a donut regime? Domestic actors, climatization, and the hollowing-out of the international forests regime in the Anthropocene. Forest Policy Econ 79:69–79. https://doi.org/10.1016/j.forpol.2016.11.006. Zugegriffen am 10.2017

Sparovek G, Freitas FM de, Guidotti V (2017) O Código Florestal e o Portal do Jano. In: Gesisky J (Org.) Código Florestal: Haverá Futuro? Brasília: WWF Brasil, 52–59, 104p

Tacon AC, Palma J (2006) La comercialización de los productos no madereros: una oportunidad para el manejo comunitario y la valorizacion del bosque nativo. In: Catalan R et al (eds) Bosques y Comunidades del Sur de Chile. Editorial Universitaria Bosque Nativo, Santiago de Chile, pp 253–263

Tucker CM, Ostrom E (2009) Pesquisa Interdisciplinar relacionando instituições e transformações florestais. In: Moran, E. Ostrom, E. (Org) Ecossistemas Florestais: Interação Homem-Ambiente. São Paulo: Editora SENAC.. São Paulo: EDUSP. 109–138

Tucker Lima JM, Valle D, Moretto EM, Pulice SMP, Zuca NL, Roquetti DR, Cordeiro-Beduschi LE, Praia AS, Okamoto CPF, da Silva Carvalhaes VL, Branco EA, Barbezani B, Labandera E, Timpe K, Kaplan D (2016) A social-ecological database to advance research on infrastructure development impacts in the Brazilian Amazon. Sci Data 3:160071. Published online 2016 Aug 30. https://www.nature.com/articles/sdata201671. Zugegriffen am 10.2017

Veblen TT, Kitzberger T, Burns BR, Rebertus AJ (1996) Perturbaciones y regeneración en bosques andinos del sur de Chile y Argentina. In: Armesto JJ, Arroyo MK, Villagrán C (eds) Ecología del Bosque Nativo de Chile. Universidad de Chile Press, p 169–198

Veiga JE (2013) A Desgovernança Mundial da Sustentabilidade. São Paulo, nn 34 152 p

Kapitel 12
Kommunale private Naturerbe-Reservate: Nutzungen und Zuweisungen von Naturschutzgebieten in der Stadt Curitiba (PR)

Isabel Jurema Grimm, João Henrique Tomaselli Piva, und Carlos Alberto Cioce Sampaio

12.1 Einleitung

Die Umweltzerstörung ist durch die wirtschaftliche und industrielle Entwicklung gekennzeichnet, die „tiefgreifende Eingriffe in die Tragfähigkeit der Ökosysteme des Planeten zur Folge hat" (Jacobi et al. 2015, S. 110). Die industrielle Expansion, die als Generator großflächiger Veränderungen gilt, hat einen Rahmen für eine Dynamik geschaffen, die ein wachsendes Risiko der Verknappung natürlicher Ressourcen auslöst (Dowbor 1993; Sachs 1993, 2004), das durch das Phänomen der Verstädterung noch verschärft wird und zu einer Verschlechterung der Lebens- und Gesundheitsbedingungen der in den Metropolen konzentrierten Bevölkerung führt.

Vor diesem Hintergrund ist die Einrichtung geschützter Naturgebiete eine der wichtigsten globalen Strategien zur Erhaltung der biologischen Vielfalt und zur Gewährleistung des Wohlergehens der Städte und damit auch ihrer Bevölkerung. Die meisten Nationen der Welt, die sich um die Erhaltung und Bewirtschaftung ihrer Ökosysteme kümmern und versuchen, das ökologische Ungleichgewicht umzukehren, bemühen sich um die Einführung rechtlicher Maßnahmen zum Schutz oder zur Regulierung der Flächennutzung in ihrem Hoheitsgebiet. Zu den wichtigsten Regulierungsinstrumenten gehören die Conservation Units (CU) oder Schutz-

I. J. Grimm (✉)
Mestrado Profissional em Governança e Sustentabilidade, Instituto Superior de Administração e Economia – ISAE, Curitiba, Brasilien

J. H. T. Piva
Programa de Pós Graduação em Meio Ambiente e Desenvolvimento, Universidade Federal do Paraná, Curitiba, Brasilien

C. A. C. Sampaio
Graduiertenprogramm Umweltmanagement, Universidade Positivo, Curitiba, Brasilien

F. Fuders, P. J. Donoso (Hrsg.), *Ökologisch-ökonomische und sozio-ökologische Strategien zur Erhaltung der Wälder*, https://doi.org/10.1007/978-3-031-29470-9_12

gebiete.[1] Unter Schutzgebieten versteht man Gebiete mit Nutzungs- und Bewirtschaftungsregeln, die dem Erhalt und dem Schutz von Pflanzen- oder Tierarten dienen, landschaftliche Schönheiten aufweisen oder für die wissenschaftliche Forschung von Interesse sind, je nachdem, in welche Kategorie sie fallen (Schenini et al. 2004).

Die Einrichtung von Naturschutzgebieten als umweltpolitische Strategie eines jeden Landes hängt von seiner biologischen Vielfalt und seinen Besonderheiten ab und bestimmt die Schutzziele. In Brasilien werden die Schutzgebiete (CU) durch das Nationale System der Schutzgebiete (SNUC)[2] durch das Gesetz Nr. 9985 aus dem Jahr 2000 definiert, das die Kriterien und Normen für die Schaffung, Umsetzung und Verwaltung dieser Gebiete festlegt und sie in zwei Gruppen unterteilt: (i) die Einheiten der nachhaltigen Nutzung, zu denen die privaten Naturerbe-Reservate (RPPN)[3] gehören, die auf die Wiederherstellung des Naturschutzes mit nachhaltiger Nutzung der natürlichen Ressourcen abzielen und in denen Aktivitäten erlaubt sind, die das Sammeln und die Nutzung natürlicher Ressourcen beinhalten; (ii) die integralen Schutzeinheiten, wie die Naturparks, die auf die Erhaltung der Natur abzielen und nur die indirekte Nutzung der dort vorkommenden natürlichen Ressourcen erlauben, außer in den im Gesetz selbst vorgesehenen Fällen (Brasil 2000).

Gemäß Art. 21 des SNUC-Gesetzes handelt es sich bei den RPPN um private Gebiete, die auf Dauer registriert sind und deren Ziel die biologische Erhaltung, die Durchführung wissenschaftlicher Forschungen in dem Gebiet, Aktivitäten zur Umwelterziehung und Besuche zu touristischen und Erholungszwecken ist (Brasil 2000), und die nur durch den freiwilligen Akt des Eigentümers umgesetzt werden können. Darüber hinaus wird das Grundstück, auf dem dieses Schutzsystem eingerichtet wird, unteilbar und kann nicht widerrufen werden (Curitiba 2013).

Das System der Einrichtung von Schutzgebieten ist nach Rocktaeschel (2006, S. 51) „der wichtigste staatliche Mechanismus zum Schutz der überbordenden biologischen Vielfalt und der landschaftlichen Schönheiten des Landes", dessen Entwicklung des Konzepts nach Ansicht des Autors mit der Entwicklung der Wissenschaft, der Zerstörung der Umwelt und dem Bedürfnis des Menschen nach Kontakt mit der Natur zusammenhängt. Dieses Szenario hat Prozesse der Schaffung und Umsetzung von Naturschutzeinheiten angeregt, die eine neue Vision darstellen, die die Notwendigkeit des Schutzes der natürlichen Ressourcen voraussetzt, um das Wohlergehen, insbesondere in den Städten, zu gewährleisten.

In Brasilien gibt es laut dem Nationalen Register der Schutzgebiete (MMA 2019) insgesamt 2201 Schutzgebiete auf Bundes-, Landes- und Gemeindeebene mit einer Fläche von 250 Mio. Hektar. Es gibt 698 Einheiten mit vollem Schutzstatus, wie z. B. ökologische Stationen, Naturdenkmäler, nationale, staatliche oder kommunale Parks, Wildschutzgebiete und biologische Reservate, und weitere 1503 Einheiten

---

[1] Der Begriff Schutzgebiet ist auf Brasilien beschränkt und bezieht sich auf bestimmte Arten von Schutzgebieten, wie sie im Nationalen System der Schutzgebiete (SNUC) definiert sind. Der Begriff „Schutzgebiete" wird jedoch auch international verwendet.

[2] Brasilianisches Akronym.

[3] Idem.

mit nachhaltiger Nutzung, wie z. B. Wälder, Rohstoffreservate, nachhaltige Entwicklung, Fauna, Umweltschutzgebiete und Gebiete von relevantem ökologischem Interesse. Nach der Gründung des SNUC im Jahr 2000 wurden 151 föderale Schutzgebiete mit einer zusätzlichen Fläche von 134 Mio. Hektar geschaffen. Das Ergebnis der letzten 18 Jahre entspricht mehr als dem Dreifachen dessen, was in den 65 Jahren davor getan wurde. Drummond et al. (2010, S. 36) weisen jedoch darauf hin, dass derzeit die Gefahr von Diskontinuitäten in der Umweltpolitik besteht, da die Mitglieder der Regierung, des Marktes und der Gesellschaft unterschiedliche Interessen haben, wenn es um die Entwicklung geht.

Diese Strategie ist in der Stadt Curitiba zu beobachten, wo öffentliche Maßnahmen sowie rechtliche und steuerliche Mechanismen eingeführt wurden, um die privaten Grünflächen zu erhalten. Obwohl Curitiba eine große Metropole mit 1,75 Mio. Einwohnern ist, verfügt die Stadt nach Angaben des Condomínio da Biodiversidade (2014) über Waldflächen in gutem Zustand, mit 64,5 m² Baumvegetation pro Einwohner, die sich auf 42 öffentliche kommunale Schutzgebiete verteilen (21 Parks, 17 Wälder, zwei Umweltschutzgebiete, ein Botanischer Garten und eine Ökologische Station, zusätzlich zu den 24 kommunalen privaten Naturerbe-Reservaten – RPPNMs). Etwa 20 % der Stadtfläche sind mit Wald bedeckt, das entspricht mehr als 78 Mio. m². Etwa 75 % dieser Fläche befinden sich in Privatbesitz und 25 % in öffentlichen Gebieten (Curitiba 2013).

In diesem Zusammenhang wurde im Jahr 2006 das Gesetz Nr. 12080 verabschiedet, das die Schaffung und Erhaltung von RPPNM in Curitiba fördert. Ebenso wurde die Möglichkeit einer finanziellen Rendite für die Eigentümer durch den Verkauf des „Baupotenzials" geschaffen, zusätzlich zu den Aktivitäten der Umweltbildung und des Tourismus (Panasolo et al. 2015). Es ist erwähnenswert, dass „das Instrument der Übertragung des Baupotenzials konzeptionell die Möglichkeit des Eigentümers ist, sein Baupotenzial in einer anderen Immobilie auszuüben oder es an einen anderen Eigentümer zu verkaufen" (Panasolo et al. 2015, S. 41).

Angesichts des Potenzials der öffentlichen Politik ermöglichen die in Curitiba institutionalisierten kommunalen privaten Naturerbe-Reservate die Ausweitung von Naturschutzgebieten mit geringen öffentlichen Investitionen und kombinieren sogar die Schaffung von Arbeitsplätzen und Einkommen mit dem Naturschutz. Das Ziel dieses Kapitels ist es, die unternehmerische Kapazität eines erfolgreichen RPPNM, des Airumã in Curitiba (PR), zu analysieren. Dies ist ein interessanter Ansatz für die Erhaltung der städtischen Wälder, und diese Untersuchung versucht die Frage zu beantworten, ob er als Modell für nachhaltigere Städte dienen kann und ein Gleichgewicht zwischen städtischer Entwicklung und sozialem Wohlergehen schafft.

Zu diesem Zweck wurden Literatur- und Dokumentenrecherchen sowie Interviews mit dem Eigentümer des RPPNM Airumã durchgeführt. Das Kapitel ist in drei Themenbereiche gegliedert. Im ersten wird versucht, das Konzept der Schaffung von Schutzgebieten in Brasilien zu verstehen. Das zweite befasst sich mit der Schaffung von privaten Naturschutzgebieten, wobei die in der Stadt Curitiba geschaffenen Reservate im Mittelpunkt stehen. Im letzten Teil werden die empirischen Ergebnisse der im Airumã-Reservat durchgeführten Untersuchungen vorgestellt, das als das aktivste unter den RPPNM ausgewählt wurde, und es werden Herausforderungen, Möglichkeiten und Chancen bei der Umsetzung diskutiert. Diese Ergebnisse könnten die Schaffung anderer RPPNM in Curitiba sowie anderer Gemeinden anregen, eine solche öffentliche Politik umzusetzen.

12.2 Konzept für die Schaffung von Erhaltungseinheiten in Brasilien

Die brasilianische Strategie zur Eindämmung der fortschreitenden Umweltzerstörung und des Verlusts der biologischen Vielfalt als Folge des anthropogenen Drucks, der vor allem durch das derzeitige Modell der wirtschaftlichen Entwicklung entsteht, war die Einrichtung von Naturschutzeinheiten (Conservation Units, CUs) als eine öffentliche Politik, die umfassend auf den Schutz und die Erhaltung der Natur ausgerichtet ist. Irving (2013, S. 62) weist jedoch darauf hin, dass „der Prozess der Schaffung von CUs nicht kontinuierlich verlaufen ist und verschiedene politische Momente in Bezug auf die Festlegung strategischer Prioritäten und institutioneller Kapazitäten im Bereich der Umweltmaßnahmen widerspiegelt".

Aus den Daten des Umweltministeriums (MMA) geht hervor, daß die Zahl der CUs in Brasilien und auch die Ausdehnung der geschützten Gebiete erheblich zugenommen haben. Im Jahr 1997 gab es 196 Schutzgebiete für den integralen Schutz und 149 für die nachhaltige Nutzung mit einer geschützten Fläche von 47,5 Mio. Hektar, was 5,7 % des kontinentalen Territoriums des Landes entspricht. Im Jahr 2012 wurde diese Zahl auf 548 Integrale Schutzgebiete und 1214 Gebiete mit nachhaltiger Nutzung ausgeweitet, mit einer geschützten Gesamtfläche von etwa 153 Mio. Hektar, was 17 % des nationalen Territoriums entspricht (MMA 2013).

Das Nationale System der Schutzgebiete (SNUC) regelt die Standardisierung und den Betrieb der Schutzgebiete und geht insofern voran, als es die Vielfalt der Ökosysteme und die Notwendigkeit des Schutzes und der integrierten Bewirtschaftung durch die Schaffung ökologischer Korridore und Mosaike anerkennt und die Einrichtung von Schutzgebieten in Privatbesitz – Private Natural Heritage Reserve (RPPN) – ermöglicht. Es legt auch fest, dass die Schaffung und Verwaltung von CUs ein Prozess sein sollte, der öffentliche Konsultationen und die Bildung von Räten mit der Vertretung der verschiedenen sozialen Segmente berücksichtigt, um eine demokratischere Verwaltung zu gewährleisten (Brasil 2007).

In Bezug auf die Managementinstrumente legt das SNUC auch die Notwendigkeit von Managementplänen fest, die die Bevölkerung im Landesinneren und in der Umgebung berücksichtigen und ihre wirksame Beteiligung an der Ausarbeitung, Umsetzung und Überwachung der vereinbarten Maßnahmen gewährleisten, und sieht die Einrichtung von Räten vor, die Instanzen zur Erörterung von Managemententscheidungen zwischen dem Staat und der Gesellschaft darstellen (Brasil 2007).

Das Gesetz Nr. 9985 aus dem Jahr 2000, mit dem das SNUC eingerichtet wurde, definiert den Bewirtschaftungsplan als ein technisches Dokument, das auf den allgemeinen Zielen der Schutzeinheit basiert und die Zonierung und die Standards für die Nutzung und Bewirtschaftung der natürlichen Ressourcen festlegt. Trotz der gesetzlich verankerten Verpflichtung ist die Ausarbeitung und Umsetzung von Bewirtschaftungsplänen jedoch bei weitem noch nicht konsolidiert. Derzeit verfügen nur 17,54 % aller Schutzgebiete des Landes über einen ordnungsgemäß genehmigten und aktualisierten Bewirtschaftungsplan, bei den Nationalparks sind es sogar nur 40 % (MMA 2019), was zum Teil darauf zurückzuführen ist, dass die Bewirtschaftungspläne von speziellen Teams ausgearbeitet werden, die nicht zu den Gebieten gehören und speziell für diese Aufgabe eingesetzt werden. Sobald der Plan fertiggestellt ist, obliegt es den Leitern der Einheiten, darunter auch dem RPPN, sich um seine Umsetzung zu kümmern, was in vielen Fällen schwierig ist, da die Bedingungen nicht geeignet sind, um die geplanten Maßnahmen voranzutreiben.

12.3 Private Naturerbe-Reservate (RPPN)

Nach Angaben des Instituto Chico Mendes de Conservação da Biodiversidade (IC-MBio) (2011) geht der Ursprung des RPPN auf die privaten Schutzgebiete für einheimische Tiere – REPAN – zurück, die durch die Verordnung Nr. 327 von 1977 des erloschenen Instituto Brasileiro de Desenvolvimento Florestal (IBDF) eingerichtet wurden. In diesen Schutzgebieten konnten private Eigentümer die Jagd auf Tiere verbieten, auch wenn ihr Land in für die Jagd freigegebenen Gebieten lag. Im Jahr 1988 wurde diese Verordnung durch ein neues Dekret des IBDF (Nr. 217) aufgehoben, mit dem die privaten Reservate für Fauna und Flora (RPFF) eingerichtet wurden.

In Übereinstimmung mit Art. 21 des SNUC-Gesetzes handelt es sich bei privaten Naturerbe-Reservaten um private, auf Dauer angelegte Gebiete zum Schutz der Natur, in denen nur wissenschaftliche Forschung und Besuche zu touristischen, Erholungs- und Bildungszwecken erlaubt sind (Brasil 2000). Für Kormann et al. (2010, S. 17) ist das RPPN:

„(…) individueller als die anderen, weil es nicht aus dem Interesse der öffentlichen Hand heraus geschaffen wurde, sondern auf Initiative des Eigentümers, der ein Gebiet von ökologischer Bedeutung erhalten möchte. Auf diese Weise wird dieser Raum gemäß den im SNUC vorgesehenen Schutzbestimmungen auf Dauer geschützt."

Die RPPNs sind laut dem Rathaus von Curitiba (Curitiba 2013, S. 9) „derzeit ein wichtiges Instrument zur Erhaltung der Natur, kombiniert mit den Bemühungen zur Schaffung von Schutzgebieten im öffentlichen Bereich". Sie können nur geschaffen werden, wenn ihre Bedeutung für die Erhaltung der lokalen biologischen Vielfalt von der öffentlichen Hand anerkannt wird, und zwar durch einen freiwilligen Akt der Eigentümer, die beschließen, ihr Eigentum oder einen Teil davon auf Dauer in einer Naturschutzeinheit zu belassen. Es gibt keine Festlegung einer Höchst- oder Mindestgröße für die Einrichtung eines RPPN.

In Anbetracht dessen ist die Schaffung von RPPNs in städtischen Gebieten eine wichtige Strategie für die Erhaltung von Grünflächen, die es den Städten ermöglichen, über Räume für die Freizeitgestaltung zu verfügen und die Lebensqualität der Bevölkerung zu verbessern, da sie den Kontakt zur Natur, die Umweltqualität und im Allgemeinen Räume für körperliche Aktivitäten und Erholung bieten. Für Lima e Amorim (2006, S. 71) sind die Grünflächen:

> „(…) eine der Variablen, die Teil der städtischen Struktur sind, und die Erhaltung dieser Gebiete hängt mit ihrer Nutzung und ihrer Einbindung in die städtische Dynamik zusammen, die das menschliche Handeln widerspiegeln und mit den historischen Prozessen verbunden sind, was die Aufmerksamkeit der öffentlichen Hand auf die Einbindung und Erhaltung dieser Räume in das städtische Netz lenkt."

Grünflächen werden als innerstädtische Flächen mit Vegetation, Bäumen (einheimische und eingeführte), Sträuchern oder Gras betrachtet, die wesentlich zur Lebensqualität und zum ökologischen Gleichgewicht in Städten beitragen (MMA 2013). Diese Grünflächen sind in einer Vielzahl von Situationen vorhanden: in öffentlichen Bereichen, in Dauerschutzgebieten (APP), auf Plätzen, in Parks, in Wäldern und in städtischen Schutzgebieten (CU).

12.3.1 Kommunale private Naturerbe-Reservate in der Stadt Curitiba

Mit einem städtischen Index für menschliche Entwicklung (IDHM) von 0,82 verfügt die Stadt über eine Grünfläche von 58 m^2 pro Einwohner (Curitiba 2016) und ist ein Vorreiter bei der Aufnahme der Schaffung von städtischen Naturschutzgebieten (RPPNM) in die Gesetzgebung, deren Ziel es ist, die biologische Vielfalt auf städtischen Privatgrundstücken mit einheimischer Vegetation in gutem Zustand zu erhalten (Condomínio da Biodiversidade – ConBio 2013). Die Schaffung dieser Einheiten ist laut der Vereinigung der Schützer der Grünflächen von Curitiba und der Metropolregion (APAVE) in mehrfacher Hinsicht ein großer Beitrag zur Vermeidung negativer Auswirkungen, wie z. B. unregelmäßige Besiedlung, Immobilienspekulation, Abholzung, Abfallentsorgung, Jagd, Feuer oder andere Handlungen, die diese Naturgebiete beeinträchtigen können. Indem er sich verpflichtet, die Natur des Gebiets für immer zu pflegen und zu erhalten, handelt der Eigentümer als Bürger und trägt Verantwortung für die Umwelt.

Im Jahr 2006 wurde das Gesetz Nr. 12080 verabschiedet, das die Schaffung und Pflege privater Grünflächen in Curitiba förderte. Im Jahr 2015 wurde mit dem Gesetz Nr. 14587 das Programm der kommunalen privaten Naturerbe-Reservate (RPPNM) in der Stadt Curitiba neu strukturiert und das Gesetz Nr. 12080 vom 19. Dezember 2006 sowie das Gesetz Nr. 13899 vom 9. Dezember 2011 aufgehoben. Das Gesetz Nr. 14587 legt fest, dass die RPPNMs für die Entwicklung der wissenschaftlichen Forschung und für Besuche zu therapeutischen, touristischen, Erholungs- und Bildungszwecken genutzt werden sollen, wie im Verwaltungsplan vorgesehen.

Die Stadt Curitiba hat nach Angaben der städtischen Umweltbehörde (SMMA) ein Potenzial von etwa 1000 Grundstücken, die durch freiwillige Maßnahmen zu dauerhaften Schutzgebieten werden könnten. Neben Curitiba gibt es in 15 weiteren brasilianischen Gemeinden Gesetze zur Einrichtung von RPPNM, darunter São Paulo, Manaus, Itamonte (MG), Passo Fundo und Santa Maria (RS). In der Bergregion von Rio de Janeiro gibt es auch Gemeinden wie Miguel Pereira und Petrópolis, die über ein eigenes Gemeindegesetz verfügen. Es ist erwähnenswert, dass diese Gebiete neben den ökologischen Vorteilen, wie der Umwandlung von Grünflächen in Reservate, auch einen sozialen Beitrag leisten (Panasolo et al. 2015), da sie Anreize für den Tourismus, die Erholung und eine höhere Lebensqualität bieten, die sich aus einer natürlich ausgeglichenen Umwelt ergibt. Dennoch scheinen die wirtschaftlichen Anreize des öffentlichen Sektors für die Schaffung dieser Gebiete und deren Pflege entscheidend zu sein.

Es ist erwähnenswert, dass das RPPNM nur durch einen freiwilligen Akt des Eigentümers umgesetzt werden kann, dass es eine private Schutzeinheit ist und dass es mit dem Ziel der Erhaltung der biologischen Vielfalt geschaffen wurde. Außerdem wird das Grundstück, auf dem das RPPNM eingerichtet wurde, unteilbar und seine Einrichtung kann nicht widerrufen werden (Curitiba 2015). Damit ein Grundstück in ein RPPNM umgewandelt werden kann, müssen einige Voraussetzungen erfüllt sein, z. B. muss das Grundstück zu 70 % mit Resten einheimischer Vegetation bedeckt sein, nicht bebaut sein oder höchstens einen Wohnhauskern haben, bei dem es nach der Waldtypologie nicht möglich ist, die Vegetation zu entfernen. Im Verwaltungsverfahren für die Beantragung der Einrichtung des RPPNM muss der Eigentümer bestimmte Unterlagen vorlegen, wie z. B.: Ausweis des Eigentümers; Kopie der Immobilienregistrierung; Beratung für Bauzwecke (gelber Leitfaden); planimetrische Vermessung des Gebiets; Vermessung der Vegetation und des georeferenzierten Umfangs in Bezug auf die geodätischen Landmarken (Curitiba 2015).

Gemäß Art. 4 des Gesetzes Nr. 12080 bietet die Gemeinde als Anreiz und Entschädigung für diese vom Eigentümer durchgeführten Erhaltungsarbeiten die folgenden Vorteile (Curitiba 2015):

- Befreiung des RPPNM-Gebiets bei der Berechnung der städtischen Grund- und Gebietssteuer (IPTU);
- Die Möglichkeit, das Gebiet für die Entwicklung wissenschaftlicher Forschung (durch Partnerschaften mit Universitäten oder anderen Einrichtungen) und für Besuche zu ökologischen, touristischen, Erholungs- oder Bildungszwecken zu nutzen, mit der Möglichkeit, Einkommen zu erzielen;
- Anerkennungsurkunde für den Eigentümer, unterzeichnet vom Bürgermeister;
- Übertragung des Baupotenzials in Übereinstimmung mit den geltenden Rechtsvorschriften;
- Anerkennungsurkunde für das Unternehmen, das das konstruktive Potenzial des RPPNM nutzt, mit Unterschrift des Bürgermeisters.

Zusammenfassend lässt sich sagen, dass die Eigentümer der Flächen das Recht haben, von der Stadtverwaltung zu verlangen, dass das Baupotenzial von diesen Flächen auf andere Grundstücke übertragen wird, mit der Möglichkeit einer regelmäßigen Erneuerung, wenn die in den spezifischen Rechtsvorschriften festgelegten Parameter eingehalten werden, zusätzlich zur IPTU-Ausnahme. Artikel 6 des Gesetzes Nr. 14587 sieht vor, dass die Gewährung des baulichen Potenzials von RPPNM alle 15 Jahre erneuert werden kann (Curitiba 2015).

Curitiba hat 21 offizielle RPPNMs (Tab. 12.1). Das erste RPPNM in Curitiba, das sich im Stadtteil Santa Felicidade befindet, wurde 2007 eingerichtet und heißt Cascatinha (Apave 2019). In diesen Gebieten können nur Aktivitäten im Zusammenhang mit wissenschaftlicher Forschung und Besichtigung mit ökologischen, touristischen, Erholungs- und Bildungszielen entwickelt werden (Curitiba 2015). Damit diese Aktivitäten entwickelt werden können, muss das Gebiet jedoch über einen Bewirtschaftungsplan verfügen. Bewirtschaftungspläne befassen sich mit den Aktivitäten, die in dem Schutzgebiet durchgeführt werden, mit der Erhaltung der Umwelteigenschaften des Gebiets, mit der Abgrenzung seiner Grenzen und mit der Warnung Dritter vor der Existenz des RPPN und den für dieses Gebiet geltenden Verboten. Nach Bensusan (2006) definiert ein Bewirtschaftungsplan die Zuständigkeiten der Eigentümer gegenüber den Aufsichtsorganen. Die Ausarbeitung des Bewirtschaftungsplans und der Berichte erfordert jedoch die Unterstützung durch Fachleute und belastet den Eigentümer. Das Verfahren zur Erstellung des RPPN erfordert eine Vielzahl von Unterlagen des Eigentümers und der Immobilie, die nur

Tab. 12.1 In Curitiba registrierte kommunale private Naturerbe-Schutzgebiete

RPPNM	Gesamtfläche ([ha])	Gesamtfläche im Verhältnis zur Gemeinde (%)
Cascatinha	0,85	0,0019
Ecoville	11,6	0,0037
Barigui	0,21	0,0006
Bacacheri	0,5	0,0012
Bosque da Coruja	0,54	0,0012
Cedro-rosa	0,72	0,0016
Erva-mate	0,73	0,0017
Canela	0,74	0,0017
Guabiroba	0,74	0,0017
Taboa	0,75	0,0017
Jerivá	0,74	0,0017
Airumã	3	0,0068
Jataí	0,07	0,0002
Araçá	0,07	0,0002
Umbará	0,63	0,0014
Beppe Nichele	1,34	0,0031
Name	2,34	0,0054
Caxinguelê	2,03	0,0047
Refúgio do Jacu	0,53	0,0012
Geronasso	4,7	0,0108
Vô Mantino e Amélia	1,86	0,0043
Mirante do Parque Barigui	64,35	0,14
Alfred Willer	0,6	0,0012
Insgesamt	89,96	0,1412

Quelle: Eigene Ausarbeitung unter Verwendung von Daten aus Apave (2019)

schwer zu beschaffen sind, was das Verfahren schwierig, zeitaufwändig und kostspielig macht (Bensusan 2006).

Für Panasolo et al. (2015, S. 37) tragen RPPNMs zur Erhaltung der Umwelt bei und arbeiten zusammen, um Grünflächen in ökologisch fragilen städtischen Zentren zu erhalten, und auch:

• Ermöglichung der Beteiligung des Privatsektors an den nationalen Erhaltungsbemühungen;
• Erbringung von Dienstleistungen in den Bereichen Freizeit, Tourismus und Erholung;
• Beitrag zur Verbesserung der landschaftlichen Vernetzung in Gebieten von biologischer Bedeutung, z. B. Korridore für die biologische Vielfalt;
• Erzielung finanzieller Vorteile durch die wirtschaftliche Bewertung von Eigentum (wirtschaftliche Funktion).

Die Grünflächen können auch dazu dienen, die städtische Umwelt auszugleichen, indem sie einen Ort der Erholung, der Landschaft und der ökologischen Plastizität bieten. Ein weiterer wichtiger Faktor ist die Aufforstung neben öffentlichen Straßen, die „als Filter dienen, um Lärm zu dämpfen, Staub zurückzuhalten, die Luft wieder mit Sauerstoff zu versorgen und Schatten und ein Gefühl von Frische zu spenden" (Lima und Amorim 2006, S. 70).

12.3.2 Privatreservat Airumã

Airumã bedeutet in der Sprache der Eingeborenen, Tupi, „Morgenstern oder Sternenführer". Es befindet sich in der Gemeinde Curitiba und ist mit 25.000 m² das größte in Curitiba registrierte kommunale private Naturschutzgebiet (Tab. 12.1) (Panasolo et al. 2015). Nach Angaben des Eigentümers begann der Prozess der Einrichtung des Reservats im Jahr 2011 und wurde 2013 durch das Dekret Nr. 521/2013 formalisiert, wobei es sich um das zwölfte RPPNM handelt, das in der Gemeinde eingerichtet wurde. Das Reservat ist der Hauptsitz der Vereinigung zum Schutz der Grünflächen von Curitiba und der Metropolregion (APAVE) und der Umweltstation Airumã,[4] die 2004 mit dem Ziel gegründet wurde, „zur Vereinigung von Menschen beizutragen, die sich für ein neues sozio-ökologisches Bewusstsein einsetzen und sich für den Aufbau eines nachhaltigeren, friedlicheren und gerechteren Landes engagieren" (Vareschi 2017).

Laut Chauá und Propflor (2017) gibt es in dem Reservat eine Quelle und drei Bäche, die in den benachbarten Grundstücken entspringen. Die Vegetationsformation des Grundstücks entspricht dem gemischten ombrophilen Wald in der mittleren Phase der sekundären Sukzession. Bei der floristischen Untersuchung wurden 159 einheimische Arten, die zu 62 Familien gehören, und 10 exotische

---

[4] Das RPPNM und die Umweltstation Airumã haben einen Blog eingerichtet, um über die Aktivitäten vor Ort zu berichten. Verfügbar unter: http://airumaestacaoambiental.blogspot.com.br/.

Arten festgestellt. Von den einheimischen Arten, die in dem Gebiet vorkommen, finden wir auf der Liste der gefährdeten Arten: Paraná-Pinus (*Araucaria angustifolia*), Xaxim-Bugio (*Dicksonia sellowiana*) und Sassafras-Zimt (*Ocotea odorifera*) (Chauá und Propflor 2017).

Die Hauptgründe des Eigentümers, der seit 32 Jahren in dem Gebiet wohnt, für die Einrichtung des RPPNM sind die Erhaltung von Arten und Ökosystemen in städtischen Gebieten, der Schutz der Wasserressourcen und persönliche Zufriedenheit. Der Eigentümer berichtet auch, dass einer der Hauptfaktoren, die es möglich machten, das Gebiet zu einem RPPNM zu machen, seine strategische Lage im Flussbecken des Barigui, einem wichtigen Fluss in der Gemeinde Curitiba, in der Nähe des Stadtparks Tingui war.

Bei der Schaffung des RPPNM stieß der Eigentümer auf Schwierigkeiten im Zusammenhang mit der Bereitstellung ungünstiger technischer Ratschläge bezüglich der Abdeckung der von einheimischer Vegetation besetzten Fläche. Ohne die Unterstützung der Institutionen, so erklärt der Eigentümer, wäre es nicht möglich gewesen, das Reservat einzurichten, da die Studien sehr teuer sind. Ein weiterer entscheidender Faktor für die Einrichtung des Reservats war die Unterstützung der Gesellschaft für Wildtierforschung und Umwelterziehung (SPVS[5]) zusammen mit der Stiftung der Gruppe O Boticário (FGB[6]) bei der Ausarbeitung des Bewirtschaftungsplans.

Was die Kosten seit der Gründung des RPPNM im Jahr 2013 betrifft, so weist der Eigentümer darauf hin, dass er eigene Mittel investiert hat. Für die Instandhaltung werden verschiedene Aktivitäten durchgeführt, um Mittel zu beschaffen. Airumã ist das einzige Reservat, das im RPPMN unternehmerische Aktivitäten entwickelt, die wirtschaftlich machbar sind, wie der Verkauf von Eintrittskarten für Besichtigungen, die Vermietung von Räumen für Veranstaltungen und Kurse zur Umwelterziehung. Das Reservat kann besichtigt werden, und es werden vor Ort Seminare, Vorträge und Workshops abgehalten, die sich hauptsächlich mit Umweltthemen befassen. Dazu steht ein Veranstaltungsraum zur Verfügung, der für 40 Personen ausgelegt ist (Abb. 12.1). Je nach Art der Veranstaltung wird ein Eintrittspreis pro Person erhoben.

Das Projekt empfängt auch Besucher aus Gymnasien und Hochschulen, um bei Schülern und Studenten das Interesse an der Umwelt zu wecken. Es werden Programme zur Umwelterziehung und zur Kontemplation der Natur angeboten. Die erzielten Einnahmen ermöglichen die Beschaffung von Mitteln für die Instandhaltung des Unternehmens: Reinigung, Renovierung und Investitionen in neue Projekte. Das Objekt hat keine festen Mitarbeiter, sondern nur vertraglich vereinbarte Dienstleistungen im Zusammenhang mit der Wartung und Reinigung.

Im Hinblick auf den Verkauf des Baupotenzials des RPPNM, das es wirtschaftlich lebensfähig machen würde, ist zu erwähnen, dass der Eigentümer sein Baupotenzial noch nicht erhalten hat und dass es notwendig ist, ein Gerichtsverfahren einzuleiten, um dieses Recht zu erhalten. Auch ohne die Erlangung des Baupotenzials, das eines der Rechte und Anreize der öffentlichen Hand zugunsten der Eigentümer ist, die ihr Gebiet zu einem RPPNM machen, ist die Immobilie zu

---

[5] Brasilianisches Akronym.

[6] Idem.

Abb. 12.1 Wohnhaus und Veranstaltungsraum im Airumã RPPNM (Piva 2017). (Foto: João Henrique Piva)

100 % von der städtischen Grund- und Gebietssteuer (IPTU) und/oder der ländlichen Grund- und Gebietssteuer (ITR) befreit. Aber auch bevor Airumã zum RPPNM wurde, war das Gebiet zu 70 % von der IPTU befreit, da die Wälder in diesem Gebiet in hohem Maße erhalten sind. Im Jahr 2018 erhielt das RPPNM Airumã den Zuschuss des Umweltministeriums für die Politik der Zahlungen für Ökosystemleistungen (PSA[7]), die der Gesellschaft zur Verfügung gestellt werden. Die aus der PSA erhaltenen Werte tragen zur Pflege und Erhaltung der städtischen Grünflächen in einem Schutz- und Verursacherprinzip bei.

Bei der Schaffung der RPPNM ist die Unterstützung von Nichtregierungsorganisationen (NRO) für die Ausarbeitung der für ihre offizielle Anerkennung erforderlichen Studien unerlässlich. Diese Partnerschaften repräsentieren das gemeinsame Interesse der Zivilgesellschaft und der Organisationen des dritten Sektors an sozialen und ökologischen Belangen. Partnerschaften sind unerlässlich, um die Lebensfähigkeit des Unternehmens zu gewährleisten und vor allem, um neue Projekte vorzubereiten und durchzuführen. Im Jahr 2017 erhielt das Airumã RPPNM Unterstützung von SOS Mata Atlântica[8] durch den ersten Erlass zur Unterstützung

---

[7] Brasilianisches Akronym.

[8] Die Stiftung SOS Mata Atlântica hat eine öffentliche Bekanntmachung zur Unterstützung der Einrichtung und Umsetzung von kommunalen Naturschutzeinheiten (Conservation Units, CUs) im Land erstellt. Ziel ist es, Städte zu ermutigen, das Umweltmanagement ihrer Gebiete zu stärken, indem sie in die Planung und Umsetzung von Maßnahmen zum Schutz und zur nachhaltigen Nutzung der Umwelt investieren (SOSMA 2017). Verfügbar in: https://www.sosma.org.br/105146/conheca-os-projetos-aprovados-edital-de-apoio-ucs-municipais/.

der kommunalen Naturschutzeinheiten. Das Projekt mit dem Namen „Forest Paths: Strukturierung des Airumã RPPNM für die öffentliche Nutzung" wurde ein Lehrpfad eingerichtet, der Menschen mit eingeschränkter Mobilität den Zugang ermöglicht. Der Pfad ermöglicht nicht nur den Zugang zum Inneren des Geländes, sondern führt den Besucher auch zu dem Baum, der den hervorragenden Erhaltungszustand des Airumã-Reservats symbolisiert, dem „Vovó Airumã" (Großmutter Airumã), einer dreihundertjährigen Araukarie (*Araucaria angustifolia*).

Im Reservat werden auch andere Umweltaktivitäten entwickelt, wie z. B. die Partnerschaft mit der Stadtverwaltung zur Entwicklung des Programms „Jardins do Mel" zur Förderung der natürlichen Bestäubung in der Stadt und die Umwelterziehung von Schülern der städtischen Schulen zur Bienenzucht mit einheimischen stachellosen Bienen. Außerdem wird in Zusammenarbeit mit dem Unternehmen Eco-Guaricana[9] ein Umwelterziehungsprogramm ins Leben gerufen, die „Hüter des Araukarienwaldes", das darauf abzielt, städtische Schulen einzubinden und Aktivitäten im Netzwerk mit anderen RPPNMs der Stadt durchzuführen. Ziel des Projekts ist es, das Interesse der Schüler für den Schutz der Umwelt zu wecken. Neben dem Umweltbildungsprogramm führt das Unternehmen ECO-Guaricana auch Aktivitäten im Zusammenhang mit Fahrradtouren durch. Das RPPNM Airumã befindet sich direkt an einem Fahrradweg und wird so zu einem Haltepunkt für Radfahrer.

Das Airumã-Reservat symbolisiert die Bedeutung der Erhaltung von Grünflächen in städtischen Zentren, in denen sich seine Verwalter in der Vereinigung der Beschützer von Grünflächen und der Metropolregion für die Umwelt einsetzen. Es ist erwähnenswert, dass das RPPNM Airumã einen komparativen Vorteil hat, da es sich in einer Gemeinde, Curitiba, befindet, die weltweit für nachhaltiges Stadtmanagement anerkannt ist. Im Kontext des städtischen Raums handelt es sich um einen alternativen Raum, in dem verschiedene Aktionen durchgeführt werden, um der Gesellschaft die Bedeutung des Schutzes von Naturgebieten in städtischen Umgebungen zu zeigen, mit dem Ziel, die Einheit zu einem Modell zu machen, das in anderen Gebieten, die die Schaffung von Naturschutzeinheiten anstreben, nachgeahmt werden kann.

12.4 Abschließende Überlegungen

Das Top-Down-Modell für die Umsetzung und Verwaltung von Schutzgebieten in Brasilien hat sich in vielen Fällen als ineffizient erwiesen, wenn es darum geht, die fortschreitende Umweltzerstörungund den Verlust der biologischen Vielfalt einzudämmen, der auf den Druck des Menschen zurückzuführen ist, vor allem auf das derzeitige Modell der wirtschaftlichen Entwicklung. Als Alternative zu diesem Modell stellt das RPPNM-System ein Bottom-up-Modell für die Erhaltung dar, in diesem Fall in städtischen Gebieten. Das RPPNM Airumã ist ein erfolgreiches Beispiel

---

[9] http://www.ecoguaricana.com.br/.

für ein lebensfähiges städtisches, sozio-ökologisches Unternehmen im Zusammenhang mit der Erhaltung der Umwelt.

Was die RPPNM genannten Schutzgebiete betrifft, so ermöglicht die Strategie ihrer Schaffung, wo immer möglich, die Schaffung von städtischen ökologischen Korridoren, die andere Schutzgebiete in periurbanen und nicht-städtischen Randgebieten miteinander verbinden und systemische und widerstandsfähige Räume der Biodiversität und der sozio-biologischen Vielfalt sowie pädagogische und Freizeiträume (Erholungs- und Kontemplationsräume) darstellen. Das Airumã RPPNM ist zu einem beispielhaften Modell für den Schutz von Grünflächen und die nachhaltige Entwicklung in Gebieten mit dauerhaftem Schutz geworden. Die Verwalter haben ein unternehmerisches Profil, aber der Hauptzweck ist die Erhaltung der einheimischen Wälder, wobei das Eigentum die Einkommensgenerierung für die Erhaltung der einheimischen Wälder und der Ökosystemleistungen ermöglicht und gleichzeitig zur Verbesserung des Wohlbefindens der Menschen und der nachhaltigen Entwicklung der Stadt beiträgt.

Die Tatsache, dass die Stadt Curitiba auf eine lange Geschichte öffentlicher Maßnahmen zur Förderung einer nachhaltigen Stadtentwicklung zurückblicken kann, schafft neben der Tatsache, dass sie eine Vorreiterrolle bei der Schaffung einer speziellen Gesetzgebung für Schutzgebiete einnimmt, ein politisches Umfeld, das die Zunahme von RPPNM begünstigt. Vergleicht man Curitiba mit anderen Bundesstaaten, die über Gesetze für RPPNM verfügen, wie z. B. Rio de Janeiro, kann man feststellen, dass die Stadt in Bezug auf die Anzahl der RPPNM fortschrittlich ist: der gesamte Bundesstaat Rio de Janeiro hat nur 17 RPPNM, während Curitiba bereits 24 hat (RIO 2017).

Doch auch 13 Jahre nach der Gründung der ersten RPPNMs in Curitiba gibt es noch viel zu tun, was die öffentliche Politik angeht, vor allem bei den finanziellen Anreizinstrumenten. Diese Instrumente sind wichtig, um die Schaffung neuer RPPNMs zu fördern und das Risiko zu vermeiden, dass städtische Nachbarschaften nicht nur als finanzielle Spekulationsstrategie aufgewertet werden. Damit dieses Modell auch in anderen Ländern angewandt werden kann, bedarf es einer föderalen Gesetzgebung für Erhaltungseinheiten, die die Leitlinien vorgibt, wie dies bei den SNUC in Brasilien der Fall ist. Diese staatlichen Maßnahmen müssen jedoch mit einer sinnvollen Beteiligung der Zivilgesellschaft formuliert werden.

Schließlich sollte man sich darüber im Klaren sein, dass natürliche Systeme mit sozialen Systemen verbunden sind, so dass es sinnvoll ist, von sozio-ökologischen Systemen zu sprechen, die die natürliche Umwelt erhalten und das Leben in der städtischen Umwelt schützen.

Literatur

APAVE – Associação dos Protetores de Áreas Verdes de Curitiba e Região Metropoli tana (2019) RPPNMs Oficializadas em Curitiba. http://apavecuritiba.blogspot.com/. Zugegriffen am 19.02.2019

Bensusan N (2006) Conservação da biodiversidade em áreas protegidas. In: 1st. FGV Editora, Rio de Janeiro

Brasil (2000) Lei nº 9.985/00. Institui o Sistema Nacional de Unidades de Conservação da Natureza e dá outras providências. Diário Oficial, Brasília-DF. http://www.planalto.gov.br/ccivil_03/leis/l9985.htm. Zugegriffen am 19.09.2017

Brasil (2007) Decreto n. 6.040/07. Institui a PNPCT – Política Nacional de Desenvolvimento Sustentável dos Povos e Comunidades Tradicionais. Diário Oficial, Brasília-DF. http://www.mds. gov.br/backup/institucional/secretarias/secretaria-de-articulacao-institucional-e-parcerias/ arq uivo-saip/povos-e-comunidades-tradicionais-1/decreto_6040_2007_pnpct.pdf/ view. Zugegriffen am 12.12.2017

Chauá & Propflor consultoria ambiental (2017) Plano de manejo da Reserva Particular do Patrimônio Natural Municipal Airumã – Curitiba, PR. Curitiba, 2013. Condomínio da Biodiversidade. http://www.condominiobiodiversidade.org.br. Zugegriffen am 07.06.2017

Condomínio da Biodiversidade – ConBio (2013) Projetos. Disponível. http://www.spvs.org.br/ projetos/condominio-da-biodiversidade-conbio/. Zugegriffen am 17.07.2018

Curitiba (2013) Reserva Particular do Patrimônio Natural Municipal (RPPNM) em Curitiba – roteiro para criação e elaboração do plano de manejo e conservação. Prefeitura Municipal de Curitiba e Sociedade de Pesquisa em Vida Selvagem e Educação Ambiental (SPVS), Curitiba

Curitiba (2015) Lei nº 14.587, de 14 de janeiro de 2015. Reestrutura o programa das Reservas Particulares do Patrimônio Natural Municipal do município de Curitiba. https://leismunicipais. com.br/a/pr/c/curitiba/lei-ordinaria/2015/1458/14587/lei-ordinaria-n-14587-2015-reestrutura-o-programa-das-reservas-particulares-do-patrimonio-natural-municipal-rppnm-no-municipio-de-curitiba-revoga-as-leis-n-12080-de-19-de-dezembro-de-2006-e-lei-n-13-899-de-9-de-dezembro-de-2011. Zugegriffen am 23.06.2017

Curitiba (2016) Perfil de Curitiba. http://www.curitiba.pr.gov.br/conteudo/perfil-da-cidade-de-curitiba/174. Zugegriffen am 12.01.2017

Dowbor L (1993) Formação do Terceiro Mundo. Brasiliense, São Paulo, p 52

Drummond JÁ, JL de Andrade Franco, Oliveira D (2010) Uma análise sobre a história e a situação das unidades de conservação no Brasil. In: Conservação da Biodiversidade, Legislação e Políticas Públicas, (SI), pp 341–385

ICMBIO – Instituto Chico Mendes de Conservação da Biodiversidade (2011) História das RPPNs. http://www4.icmbio.gov.br/rppn//index.php?id_menu=149. Zugegriffen am 09.09.2017

Irving MA, Rodrigues CGO, Rabinovici A, Costa HA (2013) Parques Nacionais do Rio de Janeiro: paradoxos, contextos e desafios para a gestão social da biodiversidade. Folio Digital, Letra e Imagem, Rio de Janeiro, pp 19–78

Jacobi PR, Giatti L, Ambrizzi T (2015) Interdisciplinaridade e mudanças climáticas: caminhos para a sustentabilidade. In: Philippi A Jr, Valdir F (Hrsg) Práticas da interdisciplinaridade no ensino pesquisa. Manole, Barueri, S 408–422

Kormann TC, Thomas BL, Nascimento DB, Foleto EM (2010) Contribuição geográfica na criação de uma Reserva Particular do Patrimônio Natural (RPPN) em Itaara – RS. Revista Geografar, Curitiba 5(2):13–31. jul./dez

Lima V, Amorim MCT (2006) A importância das áreas verdes para a qualidade ambiental das cidades. Revista Formação, nº13, pp 69–82

MMA – Ministério do Meio Ambiente (2013) Sistema Nacional de Unidades de Conservação. http://www.mma.gov.br/areas-protegidas/sistema-nacional-de-ucs-snuc. Zugegriffen am 01.12.2017

MMA – Ministério do Meio Ambiente (2019) Cadastro Nacional de Unidades de Conservação. http://www.mma.gov.br/areas-protegidas/cadastro-nacional-de-ucs

Panasolo A, Silva JCGL, Peters EL, Santos AJ (2015) Áreas verdes urbanas privadas de Curitiba: uma proposta de valorização para conservação. Enciclopédia Biosfera, Centro Científico Conhecer, Goiânia 10(19):27–31

Piva JHT (2017) Viabilidade econômica de empreendimentos sustentáveis: Reserva Particular do Patrimônio Natural Municipal (RPPNM). Trabalho de Conclusão de Curso em Administração da Universidade Positivo, Curitiba. 90p

RIO (2017) Prefeitura de Rio de Janeiro. Estudo sobre a regulamentação de reserva particular do patrimônio natural pelo município do rio de janeiro

Rocktaeschel BMMM (2006) Terceirização em áreas protegidas: estímulo ao ecoturismo no Brasil. SENAC, São Paulo

Sachs I (1993) Estratégias de transição para o século XXI: desenvolvimento e meio ambiente. Studio Nobel/Fundap, São Paulo

Sachs I (2004) Desenvolvimento includente, sustentável, sustentado. Garamond, Rio de Janeiro

Schenini PC, Costa AM, Casarin VW (2004) Unidades de conservação: aspectos históricos e sua evolução. Congresso Brasileiro de Cadastro Técnico Multifinalitário, UFSC Florianópolis

SOS Mata Atlântica – SOSMA (2017) Relatório Anual de Atividades. Disponível. https://www.sosma.org.br/wp-content/uploads/2019/10/AF_RA_SOSMA_2017_web.pdf. Zugegriffen am 04.06.2018

Vareschi T (2017) Reserva Particular do Patrimônio Natural Municipal Airumã. Entrevista concedida em março de 2017

Kapitel 13
Auswahl und Gestaltung von anreizbasierten Waldschutzpolitikmaßnahmen: Eine Fallstudie über das SISA-Programm in Acre, Brasilien

Hugo Rosa Da Conceição und Jan Börner

13.1 Einleitung

Seit den 1980er-Jahren ist der Bundesstaat Acre im Nordwesten Brasiliens ein Vorreiter bei der Formulierung und Umsetzung öffentlicher Maßnahmen zum Schutz der Wälder (May et al. 2016). Er ist auch der Geburtsort einiger der prominentesten Umweltaktivisten Brasiliens und ein symbolischer Ort für den brasilianischen Umweltschutz. Die jüngste institutionelle Innovation in Acre ist das System der Anreize für Umweltdienstleistungen (SISA). Unter der Leitung der Regierung des Bundesstaates Acre fördert SISA eine Governance-Struktur für die Umsetzung von anreizbasierten Naturschutzmaßnahmen in der jeweiligen Region.

Aufgrund der Bedeutung des Bundesstaates als Inkubator für naturschutzpolitische Innovationen wurde Acre sowohl von der Wissenschaft als auch von politischen Entscheidungsträgern anderer Jurisdiktionen genau unter die Lupe genommen. Aufbauend auf diesem Wissensfundus wird in diesem Kapitel der Gestaltungsprozess von SISA untersucht, der, wie wir argumentieren werden, ein historisch gewachsenes gemeinsames Konzept von Naturschutz unter den beteiligten Akteuren widerspiegelt. „Die alltäglichen, ja sogar profanen Aufgaben, die mit dem Aufbau und der Instandhaltung von Institutionen verbunden sind" (Jespersen und Gallemore 2018, S. 508), können wichtige Erkenntnisse für die Untersuchung von Erhaltungsprogrammen liefern. Wir wollen daher verstehen, wie die

H. R. Da Conceição (✉)
Zentrum für Entwicklungsforschung, Rheinische Friedrich-Wilhelms-Universität Bonn, Bonn, Deutschland

J. Börner
Zentrum für Entwicklungsforschung/Institut für Lebensmittel- und Ressourcenökonomie, Rheinische Friedrich-Wilhelms-Universität Bonn, Bonn, Deutschland

Akteure, Institutionen und historischen Eigenheiten von Acre zu den spezifischen Gestaltungsmerkmalen von SISA geführt haben. Um unsere Analyse aus der Perspektive der an der Entwicklung von SISA beteiligten Akteure zu gestalten, werden wir das etablierte Konzept der „institutionellen Governance" verwenden,[1] das im Folgenden ausführlich vorgestellt werden wird.

Die Recherchen für dieses Kapitel basierten auf der Analyse von politischen Dokumenten, verfügbaren Entwürfen, Sitzungsprotokollen und anderen schriftlichen Materialien sowie auf Interviews mit politischen Entscheidungsträgern, die direkt und indirekt an der Programmgestaltung beteiligt waren, sowie Interviews mit aktuellen und ehemaligen technischen Mitarbeitern in den Regierungsinstitutionen von Acre. Die Auswahl der ersten Befragten basierte auf den Vorkenntnissen der Autoren über die wichtigsten Entscheidungsträger in Acre (Reputationskriterien) und auf der Auswahl von Akteuren in zentralen institutionellen Positionen (Positionskriterien), die durch weitere, in den ersten Gesprächen vorgeschlagene Akteure ergänzt werden sollten (Schneeball-/Kettenreferenzansatz). Diese Strategie folgt der von Tansey (2007) vorgeschlagenen Methodik für die Befragung von Eliten.

In Abschn. 13.2 werden die wichtigsten Aspekte der institutionellen Governance und ihre Eignung als Rahmen für die Analyse dargestellt. Abschn. 13.3 skizziert die wichtigsten institutionellen Aspekte von SISA. Abschn. 13.4 beschreibt die wichtigsten Aspekte des SISA-Gestaltungsprozesses und identifiziert die Instanzen der institutionellen Governance, die von den an diesem Prozess beteiligten Akteuren ausgeübt werden. Abschn. 13.5 erörtert unsere Ergebnisse und präsentiert Schlussfolgerungen.

13.2   Institutionelle Steuerung

Institutionelle Governance wird von ihren Hauptbefürwortern (Lawrence und Suddaby 2006, S. 215) definiert als „das zielgerichtete Handeln von Individuen und Organisationen, das darauf abzielt, Institutionen zu schaffen, zu erhalten und zu stören". Es hebt „die absichtlichen Handlungen hervor, die in Bezug auf Institutionen unternommen werden, einige davon sehr sichtbar und dramatisch, wie es in der Forschung über institutionelles Unternehmertum oft dargestellt wird, aber vieles davon fast unsichtbar und oft alltäglich, wie die alltäglichen Anpassungen, Anpassungen und Kompromisse der Akteure" (Lawrence et al. 2009, S. 1). Sie eignet sich daher besonders für unsere Analyse des SISA-Gestaltungsprozesses, der im Grunde ein Prozess der Schaffung und Aufrechterhaltung von Institutionen ist.

In einer Literaturübersicht über Zahlungen für Umweltdienstleistungen (Payments for Environmental Services, PES)[2] fanden Jespersen und Gallemore (2018)

---

[1] Der analytische Rahmen wird in den Originalverweisen als „institutionelle Arbeit" bezeichnet. Zum besseren Verständnis wird er in diesem Kapitel als „institutionelle Governance" bezeichnet.

[2] Nach einer weit verbreiteten Definition sind PES „freiwillige Transaktionen zwischen Dienstleistungsnutzern und -anbietern, die an vereinbarte Regeln für die Bewirtschaftung natürlicher Ressourcen zur Erbringung von Offsite-Dienstleistungen geknüpft sind" (Wunder 2015, S. 241).

keine explizite Verwendung von Konzepten der institutionellen Governance, identifizierten aber Beispiele für institutionelle Governance, insbesondere im Hinblick auf die Schaffung von Institutionen. Die meisten institutionellen Analysen von PES betonen jedoch „konstituierte Institutionen und ihre Verhaltenseffekte und nicht den Prozess, durch den Institutionen geschaffen oder erhalten werden" (Jespersen und Gallemore 2018, S. 507).

Institutionelle Governance kann verschiedene Formen annehmen. Tab. 13.1 zeigt die von Lawrence und Suddaby (2006) vorgeschlagene Typologie, die Formen der institutionellen Steuerung zur Schaffung und Erhaltung von Institutionen umfasst. Sie enthält auch einige Beispiele aus der PES-Literatur, wie sie von Jespersen und Gallemore (2018) identifiziert wurden. Natürlich werden nicht alle Kategorien von Lawrence und Suddaby in allen Fällen zutreffen, aber sie dienen als nützlicher Rahmen, um einen analytischen Einblick in den politischen Gestaltungsprozess der

Tab. 13.1 Arten der institutionellen Steuerung, Definitionen und Beispiele

Typ	Definition Lawrence und Suddaby (2006)	Beispiele in der PES-Literatur, wie sie von Jespersen und Gallemore (2018, S. 510–511) genannt werden
Institutionen schaffen		
Befürwortung	Die Mobilisierung von politischer und gesetzlicher Unterstützung durch direkte und gezielte Techniken des sozialen Überzeugens	Im PSA-CABSA PES-Programm in Mexiko setzte sich ein Konsortium von Umwelt- und Landwirtschaftsgruppen dafür ein, den sektoralen Umfang und die Finanzierungsprioritäten des Programms festzulegen.
Definition von	Die Konstruktion von Regelsystemen, die Status oder Identität verleihen, Grenzen der Zugehörigkeit definieren oder Status oder Hierarchien innerhalb eines Bereichs schaffen	Bei der Definitionsarbeit geht es in der Regel darum, das in der akademischen und politischen Literatur entwickelte Verständnis von öffentlichen Arbeitsverwaltungen zu übernehmen und dann zu versuchen, es vor Ort umzusetzen, sowie um die Schaffung von Ausgleichs- oder Zertifizierungsstandards.
Freizügigkeit	Die Schaffung von Regelstrukturen, die Eigentumsrechte verleihen	Klärung der Arten von Rechten, die den Eigentümern der betreffenden Ressourcen zustehen, und der Frage, ob die Eigentümer über das von ihnen bewohnte Eigentum verfügen oder nicht
Identitäten konstruieren	Definition der Beziehung zwischen einem Akteur und dem Bereich, in dem er tätig ist	N.a.
Normative Assoziationen verändern	Wiederherstellung der Zusammenhänge zwischen bestimmten Praktiken und den moralischen und kulturellen Grundlagen für diese Praktiken	N.a.

(Fortsetzung)

Tab. 13.1 (Fortsetzung)

Typ	Definition Lawrence und Suddaby (2006)	Beispiele in der PES-Literatur, wie sie von Jespersen und Gallemore (2018, S. 510–511) genannt werden
Aufbau von normativen Netzwerken	Konstruktion von interorganisatorischen Verbindungen, durch die Praktiken normativ sanktioniert werden und die die relevante Peer-Group im Hinblick auf Einhaltung, Überwachung und Bewertung bilden	Sozial integrative Governance-Systeme werden als wichtig für erfolgreiche PES-Projekte angesehen
Mimikry	Verknüpfung neuer Praktiken mit bestehenden, als selbstverständlich angesehenen Praktiken, Technologien und Regeln, um die Übernahme zu erleichtern	Die Anwendung von Konzepten für bedingte Geldtransfers ist ein nachahmenswerter Ansatz zum Schutz von Ökosystemen
Theoretisieren	Entwicklung und Spezifizierung abstrakter Kategorien und Ausarbeitung von Ursache-Wirkungs-Ketten	N.a.
Bildung	Die Ausbildung der Akteure in den Fähigkeiten und Kenntnissen, die zur Unterstützung der neuen Institutionen erforderlich sind	Aufklärung der Interessengruppen als zentraler Bestandteil der Befähigung von Gemeinschaften, sich effektiv an Verhandlungen über Projekterwartungen und -ergebnisse zu beteiligen
Erhaltung der Institutionen		
Ermöglichung von Arbeit	Die Schaffung von Regeln, die Institutionen erleichtern, ergänzen und unterstützen, wie z. B. die Schaffung von Ermächtigungsstellen oder die Umleitung von Ressourcen	N.a.
Polizeiarbeit	Sicherstellung der Einhaltung durch Durchsetzung, Prüfung und Überwachung	N.a.
Abschreckung	Errichtung von Zwangsschranken für den institutionellen Wandel	N.a.
Valorisieren und Dämonisieren	Bereitstellung von positiven und negativen Beispielen für die Öffentlichkeit, die die normativen Grundlagen einer Institution veranschaulichen	N.a.
Mythologisierung	Bewahrung der normativen Grundlagen einer Institution durch Schaffung und Aufrechterhaltung von Mythen über ihre Geschichte	N.a.
Einbettung und Routinisierung	Aktive Einbeziehung der normativen Grundlagen einer Institution in die täglichen Routinen und organisatorischen Praktiken der Teilnehmer	N.a.

Quelle: Eigene Ausarbeitung auf Basis der Daten von Jespersen und Gallemore (2018); Lawrence und Suddaby (2006)

SISA zu gewinnen. Da sich unsere Studie nicht mit der Störung von Institutionen befasst, lassen wir diese spezielle Kategorie hier außer Acht. Es handelt sich bei PES um ein relativ neues Instrument der Naturschutzpolitik. Darum ist es nicht verwunderlich, dass sich die Literatur bisher hauptsächlich auf die institutionelle Governance in der Kategorie „Schaffung von Institutionen" konzentriert hat.

13.3   Das staatliche System der Anreize für Umweltdienstleistungen (SISA) in Acre

SISA wurde 2010 vom Bundesstaat Acre in Brasilien ins Leben gerufen. SISA ist kein reines Zahlungsprogramm mit spezifischen Aktivitäten, sondern ein institutionelles Dach, das die Finanzierung und Umsetzung von Programmen und Projekten im Zusammenhang mit Ökosystemleistungen im Bundesstaat Acre organisiert. SISA baut auf früheren Erfahrungen in der staatlichen Politik auf, wie etwa der ökologisch-ökonomischen Zonierung (ZEE) und der Politik zur Bewertung von Wald- und Umweltgütern (Duchelle et al. 2014). Das übergreifende Ziel des Programms ist die Erhaltung und Verbesserung der Umweltleistungen im Bundesstaat (Acre 2010a). Das System hat den Status eines staatlichen Gesetzes, das am 22. Oktober 2010 verkündet wurde.

Die zentrale Einrichtung von SISA ist das Institut für Klimawandel und Regulierung von Umweltdienstleistungen (*Instituto de Mudanças Climáticas* – IMC). Das Institut ist für die Gesamtkoordination des Programms, die Weiterentwicklung von Normen, die Festlegung von Strategien, die Überwachung und Bewertung von Aktivitäten sowie die Erreichung der politischen Ziele zuständig. Mit Unterstützung des wissenschaftlichen Ausschusses der SISA ist es auch für die Durchführung von Bestandsaufnahmen und Schätzungen der Bereitstellung und Erhaltung von Umweltleistungen zuständig.

Eine weitere zentrale Einrichtung der SISA ist die Kommission für Validierung und Aufsicht (*Comissão Estadual de Validação e Acompanhamento* – CEVA). Die CEVA ist das wichtigste Bindeglied zwischen der SISA und der Zivilgesellschaft. Sie soll die Transparenz und die soziale Kontrolle der im Rahmen der SISA durchgeführten Projekte und Aktivitäten gewährleisten, indem sie die vom IMA vorgelegten Normen und sonstigen Dokumente analysiert und genehmigt. Die CEVA setzt sich aus acht Mitgliedern zusammen, von denen vier aus der Zivilgesellschaft und vier aus der Regierung stammen.

Die dritte Kerninstitution von Acre und wohl die innovativste in der Struktur von SISA ist die Gesellschaft für die Entwicklung von Umweltdienstleistungen (*Companhia de Desenvolvimento de Servicos Ambientais* – CDSA). Die Hauptaufgaben der CDSA sind die Beschaffung von Mitteln für Aktivitäten innerhalb der SISA und die Leitung der Interaktion mit potenziellen privaten Projektträgern (Interview 8). Diese Funktion umfasst nicht nur die Suche nach potenziellen Geldgebern, sondern auch die Durchführung von Projekten und die Platzierung der SISA-Aktivitäten auf potenziellen Märkten für Umweltdienstleistungen sowie die Verwaltung und Vermarktung potenzieller Zertifikate, die durch die SISA-Initiativen generiert werden. Die CDSA ist als öffentliches Unternehmen (*empresa pública*) definiert, das dem Privatrecht unterliegt und rechtlich flexibler agieren kann als öffentliche Einrichtungen. Die Rechtsberatung für die SISA erfolgt durch die Generalstaatsanwaltschaft (*Procuradoria Geral do Estado* – PGE), die auch an der CEVA beteiligt ist und den Ombudsmann der SISA stellt. Zusätzlich zu der oben beschriebenen Struktur hat die SISA eine Vielzahl von Vereinbarungen mit Partnern geschlossen, die von lokalen NROs über Bundesbehörden bis hin zu internationalen Organisationen reichen, um die Aktivitäten der SISA zu unterstützen.

Wie bereits erwähnt, ist SISA ein allgemeiner institutioneller Rahmen für die Unterstützung und Durchführung von Aktivitäten zur Erhaltung und Erzeugung von Umweltleistungen. Seit seiner Verabschiedung hat es bereits bestehende Aktivitäten der Regierung unterstützt (Acre 2015). Es wird auch Aktivitäten unterstützen, die von nichtstaatlichen und privaten Einrichtungen im Bundesstaat durchgeführt werden (Interview 8). SISA wird letztlich aus einer Reihe von thematischen Programmen bestehen, die sich auf vorrangige Bereiche konzentrieren, nämlich den Schutz der Wasserressourcen, die Erhaltung der sozial nützlichen biologischen Vielfalt, die Regulierung von Kohlenstoff und Klima, die Valorisierung von traditionellem Wissen sowie die Erhaltung und Verbesserung des Bodens.

Das Programm zur Verringerung der Treibhausgasemissionen aus Entwaldung und Degradierung innerhalb der geplanten SISA-Struktur mit dem Namen *ISA-Carbono* wurde als erstes geschaffen und befindet sich derzeit in der Anfangsphase der Umsetzung. SISA beabsichtigt, handelbare Kohlenstoffzertifikate als eines der Mittel zur Finanzierung seiner Durchführung zu generieren. Acre beabsichtigt, seine Emissionsreduzierungen durch den Einsatz unabhängiger Prüfer wie dem Voluntary Carbon Standard (VCS) und der Climate, Community & Biodiversity Alliance (CCBA) zu validieren (WWF 2013).

Die Monitoringaktivitäten im Rahmen von SISA werden von der Zentralen Einheit *für* Geoprozessierung und Fernerkundung (*Unidade Central de Geoprocessamento* – UCEGEO) durchgeführt, die mit Unterstützung von SISA „die Entwaldung in einem kleineren Maßstab überwachen will, als die brasilianische nationale Überwachungsinstitution, das Nationale Institut für Weltraumforschung (INPE), leisten kann […], was besonders in Acre wichtig ist, wo die meisten Entwaldungen auf kleinem Raum stattfinden." (Duchelle et al. 2014, S. 36).

Acre gehört zu den kleinsten und ärmsten Bundesstaaten Brasiliens, so dass die Beschaffung von Mitteln für den Naturschutz hier eine der Motivationen und wichtiges Anliegen von SISA ist. Die erste Finanzierungsquelle im Rahmen von SISA kam von der Kreditanstalt für Wiederaufbau (KfW) im Rahmen ihres REDD+[3] for Early Movers (REM) Programms. Von den Mitteln der ersten Tranche des REM-Programms wurden 70 % direkt an die Begünstigten des Programms vergeben, die restlichen 30 % können für die Strukturierung des Projekts verwendet werden (Acre

---

[3] Verringerung der Emissionen aus Entwaldung und Waldschädigung und die Rolle der Erhaltung, der nachhaltigen Bewirtschaftung der Wälder und des Ausbaus der Kohlenstoffvorräte der Wälder.

2015). Das Programm hat beschlossen, die begünstigungsbezogenen Mittel zur weiteren Finanzierung des Subventionsprogramms für Kautschukzapfer (mehr zu diesem Programm siehe Sills und Saha (2010)) und zur produktiven Umstrukturierung der Eigentumsaktivitäten zu verwenden. Die verbleibenden Mittel werden für die technische Unterstützung der Institutionen innerhalb der SISA-Struktur, für Studien zur Verbesserung des Monitorings und der Programmentwicklung der SISA sowie für technisch-wissenschaftliche Beratung verwendet (Acre 2015).

13.4 Institutionelle Governance für den anreizbasierten Waldschutz: Der Fall von SISA-Acre

Wir konzeptualisieren die Gestaltung von SISA als einen doppelten Prozess der Schaffung und Pflege von Institutionen. Das Programm wurde als „weltweit einzigartige Pionierinitiative" beschrieben, die „vor der gewaltigen Herausforderung stand, bei jedem Schritt ihrer Entwicklung innovativ sein zu müssen" (Duchelle et al. 2014, S. 47), aber es schreibt auch langjährige politische Prozesse im staatlichen Umweltsektor fort. Darüber hinaus wurden mehrere Elemente des Programms speziell zur Gewährleistung einer langfristigen institutionellen Aufrechterhaltung eingerichtet.

Aus der Geschichte des Umweltdiskurses und der Politikgestaltung im Staat ergaben sich mehrere institutionelle Praktiken, die für die Gestaltung von SISA relevant sind. Daher befasst sich Abschn. 13.4.1 auf den historischen Hintergrund von SISA und in Abschn. 13.4.2 auf die Details der Ausgestaltung von SISA selbst ein. In beiden Abschnitten werden Beispiele für die institutionelle Steuerung durch die beteiligten Akteure aufgezeigt. Tab. 13.2 gibt einen Überblick über die Abschnitte.

13.4.1 Umweltpolitische Entscheidungen in Acre: Aktivismus und Innovation

Die von der brasilianischen Regierung in den 1970er-Jahren geförderten Entwicklungspläne für das Amazonasgebiet zogen zahlreiche Investoren aus dem Süden Brasiliens an, deren Haupttätigkeit die Viehzucht war, die manchmal als Fassade für Landspekulationen genutzt wurde (Bakx 1988). Die Ankunft der Viehzüchter führte zu Konflikten mit den Kautschukzapfern von Acre, die sich seit dem Kautschukboom Ende des neunzehnten Jahrhunderts im Bundesstaat niedergelassen hatten. Ab 1974 begannen die Kautschukzapfer, sich zu organisieren, um ihr Land und ihren Lebensunterhalt zu schützen, und sahen sich zunehmender Gewalt ausgesetzt (Keck 1995). In den 1980er-Jahren erreichte die Besorgnis von Umweltschützern über die negativen Auswirkungen großer Entwicklungsprogramme im

Tab. 13.2 Beispiele für institutionelle Governance, die in der Geschichte der Umweltpolitik von Acre und im Gestaltungsprozess von SISA identifiziert wurden

Schaffung	
Instanzen in der Geschichte und Gestaltung von SISA	Kategorie Institutionelle Steuerung
Die Bewegung der Kautschukpflücker definierte ihren Kampf nicht nur als Kampf um Land und Arbeit, sondern auch als Kampf um den Schutz der Wälder.	Veränderung der normativen Assoziationen.
Schaffung von Resex	Identitäten konstruieren
Befürwortung	
Die Aktivisten von Acre und ihre Verbündeten haben immer wieder Bündnisse geschlossen, insbesondere mit lokalen und transnationalen Akteuren, um die Bedeutung des Kampfes der Kautschukzapfer hervorzuheben	Aufbau von normativen Netzwerken
In den 1990er-Jahren schuf die Regierung von Akko mehrere Regelsysteme, um die von ihr angestrebte Politik umzusetzen	Definition von .
Einsetzung der Gouverneurs-Taskforce für Klima und Wälder	Aufbau von normativen Netzwerken
Die Umstellung von SISA von einem programmorientierten Ansatz auf ein System von Rechtsprechungsregeln und -normen	Definition von
Nachhaltige produktive Tätigkeiten entsprechen den zentralen Grundsätzen der ICDPs, da sie für die meisten Interessengruppen von Interesse sind	Mimikry
Möglicher Wechsel von einer ganzheitlichen Sichtweise des Naturschutzes hin zu einem auf die Eindämmung des Klimawandels ausgerichteten Naturschutz	Normative Assoziationen verändern
Wartung	
Subventionen für den Kautschukabbau und andere mineralgewinnende Tätigkeiten zur Aufrechterhaltung eines Berufs, der eine zentrale symbolische Rolle in der Geschichte des Staates spielt	Mythologisierung
die Rechtsstellung der SISA als staatliches Gesetz anstelle eines schwächeren Regierungsbeschlusses	Definition von
Umleitung von Mitteln zur Finanzierung neu geschaffener Erhaltungsprogramme	Ermöglichung von Arbeit
Partizipation, eine normative Grundlage des bürgernahen Umweltschutzes in Akko, wurde aktiv in die Multi-Stakeholder-Governance-Struktur von SISA eingebracht	Einbettung und Routinisierung
Im Diskurs der Regierung von Acre werden Wohlfahrt und Naturschutz als untrennbar miteinander verbunden angesehen, und die Gestaltungsmerkmale von SISA spiegeln diese Auffassung wider	Einbettung und Routinisierung
Große Aufmerksamkeit für Überwachung und Durchsetzung	Polizeiarbeit

Quelle: Eigene Ausarbeitung

Wald die Partner der Kautschukzapfer, und beide Gruppen kamen überein, dass es für beide Seiten von Vorteil wäre, den Kampf der Kautschukzapfer in einen Aufruf zur Rettung des Waldes einzubetten (Keck 1995). In der zweiten Hälfte der 1980er-Jahre stieg das Ansehen der Kautschukzapfer, und sie wurden als Hüter des Waldes angesehen, verkörpert durch den Anführer der Kautschukzapfer, Chico Mendes

(Keck 1995). An der Wurzel der Geschichte der Umweltpolitik in Acre können wir also beobachten, wie *sich die normativen Assoziationen* und die *Identitätskonstruktion veränderten*, als die Kautschukzapferbewegung begann, ihren Kampf nicht nur als einen Kampf um Land und Arbeit, sondern auch um die Erhaltung des Amazonasgebietes zu formulieren. Wie Hochstetler und Keck (2007, S. 109) feststellten, „hatten die meisten brasilianischen Umweltorganisationen Anfang der 1990er-Jahre einen sozialen Umweltdiskurs übernommen, der Armut und Umweltzerstörung als Teil desselben kausalen Narrativs betrachtete".

In dieser Zeit nahm der Vorschlag zur Schaffung von „extraktiven Reservaten" (*Reservas Extrativistas* – Resex) Gestalt an, die ein geschütztes Waldgebiet sein sollten, das auch „die Kautschukproduktion wirtschaftlich rentabel machen, wirtschaftliche Überlebensstrategien diversifizieren und eine grundlegende soziale Infrastruktur für die im Reservat lebenden Menschen bereitstellen" sollte (Keck 1995, S. 416). Die Ermordung von Mendes im Jahr 1988 und der darauf folgende nationale und internationale Aufschrei stärkten die Position der Kautschukzapfer und ihrer Unterstützer (Hochstetler und Keck 2007). Der erste konkrete Erfolg der Lobbyarbeit der sozialen Bewegung von Acre war die Einrichtung von zwei Resex in dem Bundesstaat durch die Bundesregierung im Jahr 1990 (Hochstetler und Keck 2007). Die Aktivisten von Acre und ihre Verbündeten haben auch immer wieder Allianzen geschlossen, insbesondere mit lokalen und transnationalen Akteuren, um die Aufmerksamkeit auf die Kämpfe der Kautschukzapfer zu lenken, und so erfolgreich *normative Netzwerke aufgebaut*, die in den kommenden Jahrzehnten großen Einfluss auf die Politik des Bundesstaates haben sollten (Hochstetler und Keck 2007).

Ein Ergebnis dieses Netzwerkaufbaus war in den 1990er Jahren die Entstehung dessen, was Lemos und Roberts (2008, S. 1899) als „gebergesteuertes sozioökologisches Management" bezeichnen, d. h. die Umsetzung von Naturschutzprojekten unter Beteiligung einer „neuen Koalition für nachhaltige Entwicklung im Amazonasgebiet [die] sowohl internationale als auch einheimische NROs, unterstützende Beamte der Weltbank, westliche Industrieländer und brasilianische Regierungen, epistemische Gemeinschaften von Wissenschaftlern und Basisgruppen wie Kautschukzapfer und indigene Völker" einschloss. Durch die Einrichtung des Pilotprogramms der G7 zur Erhaltung des brasilianischen Regenwaldes (PPG7) wurden beispielsweise erhebliche Mittel für die Durchführung von Schutzprogrammen im Amazonasgebiet bereitgestellt. Das PPG-7 und andere Programme wie Planafloro und Prodeagro erlebten zwar Rückschläge bei der Umsetzung, trugen aber zur Stärkung von Netzwerken und zur Professionalisierung der Umweltpolitik auf nationaler und subnationaler Ebene bei.

Zusätzlich zu den landesweiten Entwicklungen wurde in den 1990er-Jahren die Position der Umweltbewegung in Acre weiter gestärkt, da „die Ermordung von Mendes wie eine Zentrifugalkraft wirkte, die viele der Personen, die mit ihm in den Kämpfen der Kautschukzapfer in Acre verbunden waren, auf eine nationale Bühne und in plötzlich eröffnete politische Räume katapultierte" (Hochstetler und Keck 2007, S. 155). Zu Mendes' Weggefährten, die sich politische Räume erschlossen, gehörte Jorge Viana, ein Forstingenieur mit langjährigen Verbindungen zur Kautschukzapferbewegung. Im Jahr 1998 wurde er auf dem Ticket der Arbeiterpartei (Partido dos Trabalhadores – PT) zum Gouverneur des Bundesstaates gewählt, und seine Partei blieb bis 2018 an der Macht im Bundesstaat.

Seit 1999 führte die Regierung Viana eine Politik ein, die den Ton für die späteren Entwicklungen im Bundesstaat angeben sollte. Trotz der Einrichtung von Rohstoffreserven wandte sich die traditionelle Bevölkerung zunehmend anderen Aktivitäten wie der Viehzucht zu, da der Kautschukanbau ohne staatliche Unterstützung finanziell nicht tragfähig war (Sills und Saha 2010). Aus diesem Grund führte die Regierung mit dem sogenannten „Chico-Mendes-Gesetz" Subventionen für die Kautschukproduktion im Bundesstaat ein. Während die Subventionen in erster Linie darauf abzielten, den Lebensstandard der Kautschukzapfer zu verbessern, wurde erwartet, dass sie auch sekundäre Vorteile wie den Schutz der Wälder und eine geringere Landflucht mit sich bringen würden (Sills und Saha 2010).

Außerdem führte der Staat 1999 die erste Phase seines ZEE ein, die 2006 weiter verfeinert wurde und u. a. Gebiete für den Schutz und andere für die Waldbewirtschaftung auswies und die Planungsgrundlage für die meisten weiteren vom Staat umgesetzten Maßnahmen bildete (Acre 2010b). Im Jahr 2008 wurden zwei Politiken geschaffen, die für die Ausarbeitung von SISA sehr wichtig wurden. Das Programm Valorisation of the Environmental Assets (VEA) zielt darauf ab, „sowohl die Entwicklung nachhaltiger Produktketten als auch den Schutz des stehenden Waldes zu unterstützen" (Schmink et al. 2014, S. 34). Das Gesetz zur Zertifizierung nachhaltiger ländlicher Grundstücke (CSRP) zielt darauf ab, Anreize für Kleinbauern zu schaffen, damit sie schrittweise nachhaltige Landnutzungspraktiken anwenden, und zwar durch die Bereitstellung finanzieller Anreize, technischer Unterstützung für den ländlichen Raum und Vorzugskredite (WWF 2013).

Die Definitionsarbeit war die wichtigste Art der institutionellen Schaffung in Acre während dieses Zeitraums, da mehrere Regelsysteme geschaffen wurden, um die von der Regierung beabsichtigte Politik umzusetzen. Da die neuen Programme auf früheren Institutionalisierungen im Staat aufbauten (z. B. die Präsenz traditioneller Aktivisten in Machtpositionen und die zentrale Rolle des sozialen Umweltschutzes im Diskurs der Regierung), können wir auch Elemente der institutionellen Aufrechterhaltung erkennen. *Ermöglichende Maßnahmen*, wie die Umleitung von Ressourcen zur Finanzierung der VEA- und CSRP-Programme, wurden in diesem Zeitraum ebenfalls konsequent umgesetzt. Es kann auch argumentiert werden, dass die Umsetzung des VEA-Programms ein Beispiel für die *Mythologisierung* ist, da die Regierung durch die Aufrechterhaltung des Kautschukabbaus und anderer extraktiver Aktivitäten einen Beruf, der in der Geschichte des Staates eine zentrale symbolische Rolle spielt, künstlich aufrechterhalten hat.

Im Jahr 2003 übernahm die PT die brasilianische Präsidentschaft, wodurch Acre und die Bundesregierung politisch gleichgeschaltet wurden. Im selben Jahr führte die Regierung das Programm Bolsa Família (bedingter Geldtransfer) ein. Es besteht aus einer Geldzahlung an Familien, die an die Einschulung und Impfung der Kinder der Familie gebunden ist. Bolsa Família sollte später Einfluss auf die Einführung und Akzeptanz von anreizbasierten Umweltmaßnahmen im Amazonasgebiet haben, wie etwa das Programm Bolsa Floresta im Bundesstaat Amazonas (Bakkegaard und Wunder 2014).

Während Acre in den 2000er-Jahren mit diesen Maßnahmen experimentierte, gewannen neue Ideen zum Waldschutz in der internationalen Debatte an Boden. Das Konzept der Ökosystemleistungen wurde in umweltpolitischen Debatten immer häufiger verwendet (Gomez-Baggethun et al. 2010). Auf Anreizen basierende Naturschutzmaßnahmen wie PES wurden in diesem Jahrzehnt immer beliebter, vor allem weil sie, zunehmend umstrittene, Win-Win-Ergebnisse für Naturschutz und Armutsbekämpfung versprechen (Muradian et al. 2013). Die einflussreichste dieser Naturschutzideen war die Integration des Waldschutzes in das internationale Klimaregime mit dem Ziel, durch REDD+ finanzielle Mittel zu generieren.

Die von der Regierung geführten REDD+-Aktivitäten in Brasilien wurden von den Bundesstaaten vorangetrieben, da es keine nationale REDD+-Strategie gab (Gebara et al. 2014), die erst 2015 abgeschlossen wurde. Daher kann die nationale Politik als Nachzügler bei der Umsetzung von REDD+ in Brasilien betrachtet werden. SISA ist keine isolierte Maßnahme auf staatlicher Ebene, wie die Teilnahme von sechs Amazonasstaaten an der Governors' Climate and Forests Task Force (Wunder und Duchelle 2014) zeigt, die ein konkretes Ergebnis des *Aufbaus eines normativen Netzwerks* darstellt. Das Aufkommen von PES und REDD+ war eine zusätzliche Motivation für die Regierung von Acre, zu versuchen, die potenziellen Ressourcen, die für beide Initiativen zur Verfügung stehen, durch die Einrichtung eines staatlichen anreizbasierten Projekts zu erschließen. Daher begann die Regierung im Jahr 2009, auf dieses Ziel hinzuarbeiten, ein Prozess, der im folgenden Abschnitt beschrieben wird.

13.4.2 Die Gestaltung des SISA-Programms

Im Jahr 2009 begann die Regierung von Acre mit der Ausarbeitung eines Vorschlags für ein REDD+-Projekt für den Bundesstaat, das in sieben bis acht prioritären Gebieten mit hoher Entwaldung umgesetzt werden sollte, die vom ZEE ermittelt worden waren (Duchelle et al. 2014). Der ursprüngliche Vorschlag wurde einem umfassenden Konsultationsprozess unterzogen (weiter unten im Detail beschrieben), in dessen Verlauf der ursprüngliche Vorschlag stark umgestaltet wurde. Die Umsetzung in prioritären Gebieten wurde als „unzureichend und politisch unhaltbar angesehen, da auch Gebiete mit einem geringen Entwaldungsrisiko aus zwei Hauptgründen einbezogen werden mussten: (i) die Menschen, die in diesen Gebieten leben, sollten für die Erhaltung der Wälder belohnt werden; und (ii) Gebiete mit einem geringen Entwaldungsrisiko könnten schnell zu Gebieten mit hohem Risiko werden." (Duchelle et al. 2014, S. 39). Der Schwerpunkt eines programmatischen Ansatzes, der in prioritären Gebieten durchgeführt werden sollte, wurde somit durch einen landesweiten, juristischen Ansatz ersetzt, der erste seiner Art in Brasilien, wobei SISA als Dach für die im Bundesstaat durchgeführten Waldschutzaktivitäten diente. Der Wechsel von einem programmbasierten Ansatz zu einem System, das auf Regeln und Normen der Rechtsprechung basiert, ist ein klares Beispiel für die *definierende* Art der institutionellen Steuerung.

SISA führte einen langen partizipativen Konsultationsprozess mit den Interessengruppen des Staates durch. Eine von der Regierung vorbereitete erste Version des Projekts wurde Wissenschaftlern, lokalen, nationalen und internationalen NRO, Führern potenziell begünstigter Gruppen, Spezialisten für die Mittelbeschaffung und den Kohlenstoffmarkt, Bürgermeistern, Vertretern des Bundesstaates und der Nationalversammlung sowie Vertretern anderer staatlicher Stellen zur Verfügung gestellt. Der anfängliche Konsultationsprozess fand zwischen August 2009 und April 2010 statt und umfasste auch Sitzungen, Workshops und ein technisches Seminar, bei dem 357 Empfehlungen von Interessengruppen abgegeben wurden (Acre 2012). Nach einer zweimonatigen Analyse der Empfehlungen, der Neuformulierung des ursprünglichen Programmentwurfs und der Ausarbeitung des Gesetzesvorhabens wurde ein zweiter Konsultationsprozess durchgeführt, der von Juli bis Oktober 2010 dauerte (Acre 2012). Abb. 13.1 zeigt eine Aufschlüsselung der im Rahmen des Konsultationsprozesses behandelten Themen.

Die Beteiligung von Stakeholdern war nicht nur ein zentrales Merkmal des Gestaltungsprozesses, sondern ist auch eine der Säulen der SISA-Governance, wie die zentrale Rolle von CEVA bei der Entscheidungsfindung zeigt. Die von SISA aktiv geförderte Multi-Stakeholder-Governance-Struktur kann als ein Beispiel für die *Einbettung und Routinisierung* gesehen werden, da Partizipation ein zentrales Element der normativen Grundlagen des Diskurses der Regierung von Acre ist. Wie beschrieben, haben die zentralen politischen Führer des Staates ihre politische Karriere zusammen mit dem Aufkommen der acreanischen Basisbewegung aufgebaut. Die Regierungsgruppe von Acre ist historisch mit den sozialen Bewegungen des Staates verbunden (Hochstetler und Keck 2007), und ein Großteil des politischen Diskurses der Regierenden basierte auf ihren Verbindungen zu den Waldvölkern, die historisch um die Berücksichtigung in den Entscheidungsprozessen des Staates wetteiferten (Keck 1995).

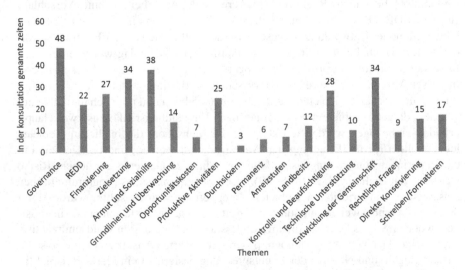

Abb. 13.1 Aufschlüsselung der Themen, die im Rahmen des SISA-Konsultationsprozesses behandelt wurden. (Quelle: eigene Ausarbeitung auf der Grundlage von Acre 2012)

Eine wichtige Bemerkung im Zusammenhang mit der Multi-Stakeholder-Governance von SISA ist die Tatsache, dass Anführer sozialer Bewegungen im Staat Arbeitspositionen innerhalb der Regierung erhalten haben. Nach Aussage eines Befragten (Interview 6) und einer Bemerkung während des Konsultationsprozesses (Acre 2012) könnte dies dazu geführt haben, dass die Loyalität von Mitgliedern sozialer Bewegungen in Frage gestellt wurde, da sie Teil der Regierung wurden. Diese Situation führte dazu, dass einige eine Schwächung der Rolle der Zivilgesellschaft im Staat befürchteten, da Führungspersönlichkeiten, die zuvor die Agenda der Zivilgesellschaft vorantrieben, nun davon abgehalten werden könnten, die Regierung zu kritisieren, wenn sie mit ihr nicht einverstanden sind. Dieser Punkt wurde auch von anderen Organisationen, die in dem Bundesstaat arbeiten, angesprochen, die eine „Veränderung in der Art der Beziehungen zwischen den sozialen Bewegungen und der Regierung" und eine „starke Kooptation von Führungspersönlichkeiten, Zuführung von öffentlichen Geldern in die Zivilgesellschaft durch Vereinbarungen und Gehälter, die eine politische und parteiische Bindung erzeugen" feststellten (IUCN et al. 2008, S. 29, Übersetzung des Autors).

Ein weiteres Beispiel für die *Verankerung und Routinisierung* institutioneller Governance ist das doppelte Ziel von SISA, die Wälder zu erhalten und den Wohlstand der Bevölkerung von Acre zu verbessern. Der Zusammenhang zwischen sozialer Gerechtigkeit und Umweltpolitik in Acre wird von Wissenschaftlern schon lange erkannt (Keck 1995). Der jahrzehntelange soziale Kampf der Kautschukzapfer in Acre war ursprünglich eher mit der brasilianischen Arbeiterbewegung als mit Umweltbelangen verbunden (Keck 1995). Ihr Kampf um Landnutzungsrechte (zur Problematik der Landnutzungsrechte siehe auch das Kapitel Von der Mühlen et al. in diesem Buch) und den Kampf gegen Übergriffe von Landwirten führte schließlich, wie bereits erwähnt, zur Einrichtung von Rohstoffreserven (Vadjunec et al. 2011). Das Erstarken der sozialen Basisbewegungen in Acre, „deren Teilnehmer für ihren Lebensunterhalt stark von den reichhaltigen Waldressourcen in Acre abhängig waren und eine klar definierte gemeinsame Identität als Kautschukzapfer hatten" (Kainer et al. 2003, S. 875), sowohl in der lokalen Politik als auch im internationalen Image des Landes, festigte die normative Bedeutung der Verknüpfung von Wohlfahrt und Naturschutz im Diskurs der Regierung weiter. Mehrere Elemente des SISA-Konzepts spiegeln diese Haltung wider, die in der Politik und im Diskurs des Staates ständig eingebettet und routiniert wurde.

Die Anliegen der Armutsbekämpfung und der Verbesserung des Wohlergehens durchdringen das gesamte Konzept von SISA. Der Vorteilsausgleich wird als eines der Leitprinzipien von SISA genannt und ist eines der Ziele (Acre 2010a). Abb. 13.1 zeigt auch, dass Armuts- und Wohlfahrtsfragen die zweithäufigsten Anliegen der Teilnehmer des Prozesses waren, was zeigt, wie wichtig sie für die Beteiligten sind. Verschiedene Befragte betonten auch, dass die Vereinbarkeit von Umweltschutz und Wohlfahrt eine der Kernphilosophien der staatlichen Politik in Acre ist. Daher werden Maßnahmen zum Schutz der Wälder als unvollständig angesehen, wenn sie nicht sicherstellen, dass die Vorteile auch die vom Wald abhängige Bevölkerung erreichen (Interviews 1, 2, 8).

Nachhaltige Produktionsaktivitäten, ähnlich wie integrierte Schutz- und Entwicklungsprogramme (ICDPs), die darauf abzielen, Einkommen zu generieren und gleichzeitig die Wälder zu erhalten, sind trotz ihrer fragwürdigen Wirksamkeit ein zentraler Bestandteil der staatlichen Schutzstrategie (Ferraro und Kiss 2002; Wunder 2005). In den Empfehlungen der brasilianischen Agrarforschungsgesellschaft (*Empresa Brasileira de Pesquisa Agropecuária* – EMBRAPA) heißt es beispielsweise, dass Anreize zum Schutz der Wälder „durch die Einführung nachhaltiger Praktiken" geschaffen werden können (Acre 2012, S. 57, Übersetzung des Autors). Das SISA-Team stimmte implizit zu, indem es argumentierte, dass „der Begriff ‚Zahlungen für Umweltleistungen' die innovative Dimension des Programms nicht erkennen lässt" (Acre 2012, S. 57, Übersetzung des Verfassers) und dass es wichtig sei, deutlich zu machen, dass das Projekt die Einführung von Produktionstechniken unterstützt, die eine geringere Umweltbelastung als traditionelle Formen der landwirtschaftlichen Produktion anstreben, ohne dabei den Zweck der Einkommensgenerierung der ländlichen Grundstücke zu beeinträchtigen (Acre 2012). Auch die potenziellen lokalen Begünstigten befürworteten diese Art der Intervention: Der Nationale Verband der Kautschukzapfer (*Confederação Nacional dos Seringueiros* – CNS) befürchtete, dass „das Problem bei Anreizen, wie z. B. der Kautschuksubvention, darin besteht, dass die Kautschukzapfer selbstgefällig werden und, wenn der Anreiz ausläuft, in die Stadt ziehen wollen". Darüber hinaus behaupteten Vertreter der lokalen Bevölkerung, dass „die Menschen Anreize wollen, um Einkommen zu generieren und nicht abzuholzen, wir wollen nicht nur Zahlungen dafür, dass wir nicht abholzen" (Acre 2012, S. 58, Übersetzung der Autorin). Die obigen Zitate aus dem Konsultationsprozess zeigen ein klares Interesse daran, das Neue (den beabsichtigten innovativen Charakter von SISA) mit dem Alten (eine selbstverständliche Praxis wie die Durchführung von ICDP-ähnlichen Aktivitäten) zu verbinden, um „die neue Struktur verständlich und zugänglich zu machen" (Lawrence und Suddaby 2006, S. 226).

Die Idee, dass die Programme gleichzeitig Entwaldung und Armut bekämpfen können, ist auch für externe Akteure, insbesondere internationale Geber, sehr attraktiv. Die internationale Debatte über die Etablierung eines globalen REDD+ Regimes gewann zeitgleich mit der Konzeptionsphase von SISA an Bedeutung. Das Planungsteam und die im Beteiligungsprozess konsultierten Stakeholder nahmen REDD+ als potenzielles Instrument zur Finanzierung von Naturschutzaktivitäten im Land wahr. Dies war ein zusätzlicher Anreiz für den anfänglichen Vorschlag eines von der Regierung geleiteten PES-Projekts im Bundesstaat, sich in ein System zu verwandeln, das einen starken Bezug zur internationalen REDD+-Debatte haben sollte. SISA wurde absichtlich so konzipiert, dass es sich in ein künftiges REDD+-Regime einfügt, indem es einen Großteil der in REDD+ verwendeten Terminologie (d. h. Schutzmaßnahmen, Register, Kohlenstoffgutschriften) aufgreift und sich verpflichtet, zertifizierbare Emissionen zu erzeugen, die später auf Kohlenstoffmärkten verhandelt oder als Grundlage für den Erhalt von Zuschüssen durch internationale Organisationen verwendet werden können.

Es ist wahrscheinlich, dass diese Möglichkeit, dem Staat zusätzliche finanzielle Mittel zukommen zu lassen, der attraktivste Aspekt der Integration von Aktivitäten mit einem aufkeimenden REDD+-Regime für ein relativ armes, isoliertes Land wie Acre ist, das über weniger Ressourcen verfügt, um ein ehrgeiziges und wahrscheinlich teures groß angelegtes Naturschutzprogramm umzusetzen. Wie im Konsultationsbericht dargelegt, war sich das Planungsteam darüber hinaus darüber im Klaren, dass der Begriff REDD+ Vorteile für die Kommunikation mit sich bringen könnte (Acre 2012), was die Attraktivität des Staates für potenzielle Geldgeber erhöhen würde.

Der Grundgedanke von SISA ist es, mehrere Umweltdienstleistungen zu berücksichtigen, aber die Bedeutung von REDD+ in der internationalen Naturschutzpolitik machte deutlich, dass der Klimaschutz Priorität hat. Die Priorisierung von Kohlenstoff könnte auf eine *Veränderung der normativen Assoziationen* hindeuten, von langjährigen lokalen Diskursen und Praktiken, die auf einer ganzheitlicheren Sichtweise des Naturschutzes beruhen, hin zu Schutzmaßnahmen im Zusammenhang mit dem Klimawandel, der auf der internationalen Umweltagenda derzeit ganz oben steht. Einige Autoren haben in der Tat auf die Möglichkeit hingewiesen, dass anreizbasierter Naturschutz eine Kommodifizierung der Natur darstellen kann (Kosoy und Corbera 2010; Norgaard 2010) oder intrinsische Motivationen für den Waldschutz verdrängt (Muradian et al. 2013; Rode et al. 2015). Andererseits kann es sich auch um eine pragmatischere Entscheidung handeln, denn, wie Lemos und Roberts (2008, S. 1901) schreiben, „die Netzwerke, die sich um das Thema Klima/Wald bilden, positionieren sich ständig neu in Bezug auf politische Möglichkeiten, internationalen Druck und organisatorische Ressourcen".

Die Entscheidung von Acre, eine langfristige Finanzierung für SISA durch die Erzielung zertifizierter Emissionsreduktionen zu gewinnen, erforderte strenge Methoden für den Waldschutz. Die bereits bestehenden Monitoringaktivitäten in Acre bilden eine solide Grundlage für die Überwachung der Entwaldung im Rahmen der SISA-Aktivitäten. Der größte Teil der Überwachungsinfrastruktur im Bundesstaat wurde durch frühere politische Bemühungen in Verbindung mit der Überwachungsstruktur auf Bundesebene geschaffen, aber SISA beabsichtigt, die Kapazitäten des Bundesstaates durch die Schaffung von UCEGEO weiter zu verbessern. Die Überwachung und die Teilnahme von PGE am SISA-Vorstand sind Beispiele für die *Überwachung*, da sie notwendig sind, um die Einhaltung der Erhaltungsziele zu gewährleisten.

Trotz des Fehlens einer garantierten langfristigen Finanzierung war die Regierung von Acre bestrebt, die SISA so stark wie möglich zu institutionalisieren. Aus diesem Grund wurde die SISA durch ein staatliches Gesetz gegründet, ein eindeutiges Beispiel für die *Festlegung einer* institutionellen Steuerung. Die rechtliche Verankerung in Form eines Gesetzes anstelle eines schwächeren Regierungsdekrets, wie es bei anderen zeitgenössischen anreizbasierten Politiken in Amazonien der Fall war (Rosa da Conceição et al. 2015), kann die Aussichten erhöhen, dass SISA langfristig eine staatliche Politik bleibt. Der Gesetzesvorschlag wurde in der gesetzgebenden Versammlung des Bundesstaates diskutiert und ohne großen Widerstand verabschiedet (Acre 2012).

13.5   Diskussion und Schlussfolgerungen

In diesem Kapitel wurde die Schaffung einer Institution (SISA) als Prozess der Umsetzung von Ideen und Interessen in konkrete Regeln und Normen analysiert. Solche Prozesse transparent zu machen, ist eine Voraussetzung für das Verständnis der
Politikgestaltung, einschließlich der Zwänge, die die Umsetzung wissenschaftlicher
Erkenntnisse in Maßnahmen begrenzen. Unter dem Blickwinkel der institutionellen
Governance stützen unsere Ergebnisse die Vermutung, dass neue formale Institutionen nur selten von Grund auf neu geschaffen werden. Vielmehr müssen neue Ideen
so geformt werden, dass sie sich in bereits bestehende informelle Institutionen ein-
fügen und sicherstellen, dass neu geschaffene Strukturen auch in Zukunft aufrechterhalten werden können.

Acre gilt nicht nur als Symbol des brasilianischen Tropenwaldschutzes, sondern
auch als Beispiel für eine vorausschauende, innovative und effektive Forstverwaltung. Tatsächlich stuften Stickler et al. (2018) in einer kürzlich durchgeführten
Bewertung von 39 subnationalen Gerichtsbarkeiten Acre als die einzige ein, die sich
in einem fortgeschrittenen Stadium der Entwicklung erfolgreicher Entwicklungs-
strategien für niedrige Kohlenstoffemissionen befindet. May et al. (2016) stellen
außerdem fest, dass „Acre heute von einigen REDD+-Investoren auf nationaler und
internationaler Ebene als in der Lage angesehen wird, Emissionsminderungen in
Compliance-Qualität zu liefern". Auch in der Struktur von SISA lassen sich positive
Anzeichen für den Versuch erkennen, Wohlfahrtsbelange in kosteneffiziente Naturschutzmaßnahmen zu integrieren. Die in Acre konzipierte eingebettete Struktur
kann beispielsweise bedeuten, dass ein Unterprogramm oder Projekt auf Gebiete
mit hohem Potenzial für zusätzliche Emissionsreduzierungen abzielt und gleichzeitig die von der Regierung festgelegten Schutzmaßnahmen für das Wohlergehen
der Tiere respektiert. Da SISA eine Kernkomponente der Entwicklungsstrategie von
Acre für kohlenstoffarme Emissionen ist, hebt sich unser Fallbeispiel als Good-
Practice-Beispiel hervor, das gut positioniert ist, um kosteneffiziente und sozial-
verträgliche Ergebnisse zur Eindämmung des Klimawandels zu erzielen.

Ob der Ansatz von Acre von anderen Ländern übernommen wird, bleibt jedoch
ungewiss. Unsere Analyse hat die eigenwillige historische Entwicklung und die besonderen administrativen und politökonomischen Gegebenheiten des Landes aufgezeigt. Die Gruppe der politischen Entscheidungsträger in der SISA war klein und
eng miteinander verbunden, da sie zum größten Teil seit Jahren zur hochrangigen
Bürokratie des Staates gehörte und ähnliche Prioritäten und Ideologien vertrat. Die
Stabilität und der Zusammenhalt des Regierungs- und Verwaltungsapparats von
Acre haben zweifellos eine Rolle bei der Konzeption von SISA gespielt. Wenn
Umweltfragen einen höheren Stellenwert auf der Tagesordnung der Regierung
haben, neigen die Umweltbehörden außerdem zu kooperativeren Beziehungen mit
dem Rest der Regierung, und ihre Prioritäten stimmen eher mit der Arbeit anderer
Sektoren überein, wie im Fall von Acre. Es liegt auf der Hand, dass Acre ein weniger vielfältiges System wirtschaftlicher und politischer Akteure aufweist als viele
andere brasilianische Gerichtsbarkeiten. Diese relative Einheitlichkeit der Interes-

sen verringert den Druck auf die sektoralen Behörden und erklärt vielleicht die Wahrnehmung eines hohen politischen Koordinationsniveaus im Bundesstaat. Es ist jedoch unklar, ob der Gestaltungsprozess von SISA langfristig zu effektiven und stabilen institutionellen Mechanismen führt.

Tatsächlich folgen die Entwaldungsraten in Acre weitgehend denen anderer nordbrasilianischer Bundesstaaten, trotz der Politik und des Diskurses des Bundes-staates. Hinzu kommt, dass SISA nur sehr langsam anläuft, was zeigt, dass eine gründlichere Planung einer schnelleren Umsetzung im Wege stehen kann. Mittel-fristig bleibt abzuwarten, inwieweit das Planungsmodell von Acre die eigenen An-forderungen erfüllen kann und ob es den gewünschten Erhaltungsgewinn bringt.

Die jüngste Wahlniederlage bei den Wahlen im Oktober 2018 beendete die 20 Jahre andauernde Regierung der Arbeiterpartei im Bundesstaat Acre, was sich auf die Zukunft der SISA auswirken könnte. Wie wir gesehen haben, ist die Gründung der SISA eng mit der Regierung der PT und der Geschichte ihrer Mitglieder ver-bunden. Die neue Regierung wird wahrscheinlich sowohl personell als auch ideo-logisch völlig anders zusammengesetzt sein, so dass das Schicksal der SISA in Frage gestellt sein könnte. Wird die neue Regierung die Stärkung des Systems fort-setzen? Wenn nicht, wird sie das System langsam entmündigen oder das Gesetz, mit dem die SISA geschaffen wurde, schnell wieder aufheben? Werden die von der Re-gierung ergriffenen Maßnahmen zur Sicherung der Stabilität der SISA auch unter der neuen Regierung Bestand haben? Wer werden die Akteure in jedem dieser Sze-narien sein? In Anbetracht der Kurzfristigkeit vieler politischer Maßnahmen in Bra-silien kann die Beobachtung des Schicksals von SISA wertvolle Erkenntnisse darü-ber liefern, warum eine öffentliche Maßnahme über mehrere Regierungen hinweg Bestand hat oder ob sie wieder abgeschafft wird, sobald ihre Schöpfer abtreten. Die PT war in Acre fast 20 Jahre lang an der Macht, was eine für die brasilianischen Amazonas-Staaten ungewöhnliche politische Kontinuität darstellt und auf eine starke Unterstützung der Wähler für den „sozial-ökologischen" Diskurs und die Politik von Acre hindeutet. Die jüngsten Veränderungen deuten auf eine Erosion die-ser Unterstützung hin, und die nächsten Jahre werden entscheidend dafür sein, ob künftige Wissenschaftler, die sich mit institutioneller Governance befassen, SISA als einen Fall von institutioneller Aufrechterhaltung oder Störung betrachten werden.

Anhang A. Anhang – Liste der Interviews

Acre

- Hochrangiger Entscheidungsträger
- Hochrangiger Entscheidungsträger
- SISA-Personal
- SISA-Personal
- SISA-Personal

- Ausländisches Personal für technische Zusammenarbeit
- NRO-Mitarbeiter
- SISA-Personal
- Mitarbeiter des Umweltsekretariats
- SISA-Personal
- Sekretariatspersonal der Familienproduktion
- Sekretariatspersonal der Familienproduktion

Literatur

Acre, Governo do Estado do (2010a) Lei 2308 – Cria o Sistema Estadual de Incentivos a Serviços Ambientais – SISA, o Programa de Incentivos por Serviços Ambientais – ISA Carbono e demais Programas de Serviços Ambientais e Produtos Ecossistêmicos do Estado do Acre e dá outras providências. Rio Branco

Acre, Governo do Estado do (2010b) Zoneamento Ecológico-Econômico do Acre – Fase II – Documento Síntese

Acre, Governo do Estado do (2012) Construção Participativa da Lei do Sistema de Incentivos a Serviços Ambientais – SISA do Estado do Acre. IMC Acre, Rio Branco

Acre, Governo do Estado do (2015) Relatório de Gestão 2015. Instituto de Mudanças Climáticas e Regulação de Serviços Ambientais, Rio Branco

Bakkegaard RK, Wunder S (2014) Bolsa Floresta, Brazil. In: Sills E (Hrsg) REDD+ on the ground. A case book of subnational initiatives across the globe. Centre for International Forest Research (CIFOR), Bogor Barat, S 51–67

Bakx K (1988) From proletarian to peasant: rural transformation in the state of Acre, 1870–1986. J Dev Stud 24(2):141–160. https://doi.org/10.1080/00220388808422060

Duchelle A, Greenleaf M, Mello D et al (2014) Acre's state system of incentives for environmental services (SISA), Brazil. In: Sills E (Hrsg) REDD+ on the ground. A case book of subnational initiatives across the globe. Centre for International Forest Research (CIFOR), Bogor Barat

Ferraro P, Kiss A (2002) Direct payments to conserve biodiversity. Science 298(5599):1718–1719

Gebara MF, Fatorelli L, May P, Zhang S (2014) REDD+ policy networks in Brazil. Constraints and opportunities for successful policy making. Ecol Soc 19(3):53. https://doi.org/10.5751/ES-06744-190353

Gomez-Baggethun E, de Groot R, Lomas P, Montes C (2010) The history of ecosystem services in economic theory and practice. From early notions to markets and payment schemes. Ecol Econ 69:1209–1218. https://doi.org/10.1016/j.ecolecon.2009.11.007

Hochstetler K, Keck M (2007) Greening Brazil. Environmental activism in state and society. Duke University Press, Durham

IUCN, GTA, WWF (2008) Análise da Participação da Sociedade Civil e da Governança de Cinco Espaços de Definição de Políticas Públicas do Estado do Acre

Jespersen K, Gallemore C (2018) The institutional work of payments for ecosystem services: why the mundane should matter. Ecol Econ 146:507–519. https://doi.org/10.1016/j.ecolecon.2017.12.013

Kainer K, Schmink M, Pinheiro AC et al (2003) Experiments in forest-based development in Western Amazonia. Soc Nat Resour 16:869. https://doi.org/10.1080/08941920390231306

Keck M (1995) Social equity and environmental politics in Brazil. Lessons from the rubber tappers of acre. Comp Polit 27(4):409–424

Kosoy N, Corbera E (2010) Payments for ecosystem services as commodity fetishism. Ecol Econ 69(6):1228–1236. https://doi.org/10.1016/j.ecolecon.2009.11.002

Lawrence T, Suddaby R (2006) Institutions and institutional work. In: Clegg S, Hardy C, Lawrence T, Nord W (Hrsg) Sage handbook of organization studies, 2. Aufl. Sage, London

Lawrence T, Suddaby R, Leca B (2009) Introduction: theorizing and studying institutional work. In: Lawrence T, Suddaby R, Leca B (Hrsg) Institutional work: actors and agency in institutional studies of organizations. Cambridge University Press, Cambridge, S 1–26

Lemos MC, Roberts JT (2008) Environmental policy-making networks and the future of the Amazon. Philos Trans Royal Soc Lond Ser B Biol Sci 363(1498):1897–1902. https://doi.org/10.1098/rstb.2007.0038

May P, Gebara MF, Barcellos LM, Rizek MB, Millikan B (2016) The context of REDD+ in Brazil. Drivers, agents, and institutions, 3. Aufl. Federal Rural University of Rio de Janeiro (UFRRJ), Rio de Janeiro

Muradian R, Arsel M, Pellegrini L et al (2013) Payments for ecosystem services and the fatal attraction of win-win solutions. Conserv Lett 6(4):274–279

Norgaard RB (2010) Ecosystem services. From eye-opening metaphor to complexity blinder. Ecol Econ 69(6):1219–1227. https://doi.org/10.1016/j.ecolecon.2009.11.009

Rode J, Gómez-Baggethun E, Krause T (2015) Motivation crowding by economic incentives in conservation policy. A review of the empirical evidence. Ecol Econ 117:270–282. https://doi.org/10.1016/j.ecolecon.2014.09.029

Rosa da Conceição H, Börner J, Wunder S (2015) Why were upscaled incentive programs for forest conservation adopted? Comparing policy choices in Brazil, Ecuador, and Peru. Ecosyst Serv 16:243–252

Schmink M, Duchelle A, Hoelle J et al (2014) Forest citizenship in Acre, Brazil. In: Katila P, Galloway G, de Jong W, Pacheco P, Mery G (Hrsg) Forests under pressure: local responses to global issues, Bd 32. IUFRO (IUFRO World Series), Vienna, S 31–48

Sills E, Saha S (2010) Subsidies for rubber. Conserving rainforests while sustaining livelihoods in the Amazon? J Sustain For 29(2–4):152–173. https://doi.org/10.1080/10549810903543907

Stickler C, Duchelle A, Ardila JP et al (2018) The state of jurisdictional sustainability: a summary for practitioners and policymakers. EII, CIFOR, GCF, San Francisco

Tansey O (2007) Process tracing and elite interviewing. A case for non-probability sampling. Polit Sci Polit 40(4):765–772

Vadjunec J, Schmink M, Gomes CV (2011) Rubber tapper citizens. Emerging places, policies, and shifting rural-urban identities in Acre, Brazil. J Cult Geogr 28(1):73–98. https://doi.org/10.1080/08873631.2011.548481

World Wildlife Fund (WWF) (2013) Environmental service incentive system in the state of acre, Brazil – lessons for policies, programmes and strategies for jurisdiction-wide REDD+. WWF

Wunder S (2005) Payments for environmental services – some nuts and bolts, Occasional Paper. CIFOR, Bogor

Wunder S (2015) Revisiting the concept of payments for environmental services. Ecol Econ 117(1):234–243

Wunder S, Duchelle A (2014) REDD+ in Brazil: the national context. In: Sills E (Hrsg) REDD+ on the ground. A case book of subnational initiatives across the globe. Centre for International Forest Research (CIFOR), Bogor Barat, S 31–32

Anhang A. Schlussfolgerung

Pablo J. Donoso und Felix Fuders

Die derzeitige Krise bei der Erhaltung und Bewirtschaftung natürlicher Ressourcen steht im Mittelpunkt des globalen Wandels. Wir müssen das Öl unter der Erde halten, wenn wir möchten, dass der künftige Temperaturanstieg unter dem Schwellenwert von 2,0 °C bleibt (Pariser Abkommen; Overpeck und Conde 2019), aber wir müssen auch die Auswirkungen des Klimawandels mit verschiedenen Mitteln abmildern, wobei die Kohlenstoffbindung in Waldökosystemen von großer Bedeutung und Wirkung sein dürfte. Diese Waldökosysteme sind jedoch auch Veränderungen und ungewissen künftigen Störungen ausgesetzt, wie sie durch den Klimawandel selbst ausgelöst werden, und zur Anpassung an diese neuen Szenarien müssen die Ökosysteme widerstandsfähig sein, was von vielen Faktoren abhängt. Olsson et al. (2004) schlagen vor, dass institutionellen und organisatorischen Aspekten die gleiche Bedeutung wie ökologischen Fragen beigemessen werden sollte, um die Merkmale zu identifizieren, die zur Widerstandsfähigkeit von sozial-ökologischen Systemen wie Wäldern beitragen. Zu diesen Merkmalen gehören Visionen, Führung, Vertrauen, Zusammenarbeit, geeignete Rechtsvorschriften für die Bewirtschaftung von Ökosystemen, Finanzierung, Überwachung, Informationsfluss durch soziale Netzwerke und Wissen. In diesem Buch wird deutlich, dass die Probleme bei der Erhaltung der Wälder tiefgreifende Wurzeln haben, die mit einem Mangel an transdisziplinären Visionen für die Bewirtschaftung natürlicher Ressourcen und mit ungeeigneten wirtschaftlichen und institutionellen Grundlagen zusammenhängen, die eine Anpassung verhindern.

P. J. Donoso
Institut für Wälder und Gesellschaft, Universidad Austral de Chile, Valdivia, Chile
E-Mail: pdonoso@uach.cl

F. Fuders
Volkswirtschaftliches Institut, Fakultät für Wirtschaft und Verwaltung,
Universidad Austral de Chile, Valdivia, Chile

F. Fuders, P. J. Donoso (Hrsg.), *Ökologisch-ökonomische und sozio-ökologische Strategien zur Erhaltung der Wälder*, https://doi.org/10.1007/978-3-031-29470-9

Die Kapitel in diesem Buch zielen darauf ab, einige der Probleme und Herausforderungen des Waldschutzes in zwei sehr unterschiedlichen Ländern Südamerikas, Brasilien und Chile, zu veranschaulichen. Wir haben versucht, die Probleme des Waldschutzes in diesen Ländern vor allem aus dem Blickwinkel der Transdisziplinarität, der ökologischen Ökonomie und der Governance zu beleuchten. Wir glauben, dass diese Perspektiven dazu beitragen, die nachhaltige Bewirtschaftung natürlicher Ressourcen als eine Herausforderung zu betrachten, die sowohl Zusammenarbeit wie auch Proaktivität, Leidenschaft und neue Perspektiven und Modelle erfordert. Wie in einem der Kapitel deutlich gemacht wird, haben historische Beispiele für den sozialen Niedergang oder sogar den Zusammenbruch ganzer Zivilisationen, die wahrscheinlich in diesem Jahrhundert ausgelöst werden, die gemeinsame Ursache in einer Wahrnehmungskrise, d. h. einer kognitiven Abkopplung einer bestimmten Kultur von dem sozio-ökologischen Kontext, aus dem sie hervorgegangen ist. Diese Abkopplung zeigt sich heute in einem vorherrschenden Wirtschaftsmodell, das auf fossilen Brennstoffen als Energieträger und einem historisch hohen Verbrauchsniveau basiert, die als Triebkräfte für die Schädigung des Planeten und insbesondere für den Anstieg seiner Temperaturen angesehen werden. Bereits jetzt sind beispiellose Klimastörungen zu beobachten, die in naher Zukunft enorme Schäden für die menschliche Bevölkerung, die biologische Vielfalt und ganze Ökosysteme verursachen könnten.

Um die Hauptursachen für den Raubbau an unseren natürlichen Ressourcen im Allgemeinen und an unseren Wäldern im Besonderen zu verstehen, muss man wissen, dass dieser Raubbau in hohem Maße durch den Zwang zum Wachstum der Realwirtschaft bedingt ist. Der ständig wachsende Verbrauch und Energiedurchsatz kann als Symptom dieses Wachstumszwangs betrachtet werden. Es wurde erläutert, dass dieser Wachstumszwang maßgeblich durch den Geldzins als Opportunitätskosten jeder realwirtschaftlichen Investition, einschließlich der Investitionen in die Ausbeutung der natürlichen Ressourcen, ausgelöst wird. Dieser Wachstumszwang gilt sowohl für private als auch für frei zugängliche Güter. Mit anderen Worten: Unabhängig davon, ob es sich bei natürlichen Ressourcen um frei zugängliche Güter handelt oder nicht, werden sie aufgrund dieser Wachstumslogik langfristig übermäßig ausgebeutet. Der Wachstumszwang kann als das primäre und transversale Versagen unseres Wirtschaftsmodells angesehen werden, auch wenn er in der herkömmlichen Lehre der Wirtschaftswissenschaften nicht als solches anerkannt wird.

Angesichts dieses Wachstumsimperativs könnten wir eine Reform des Eigentumsrechts an Ressourcen in Erwägung ziehen, die es ermöglicht, natürliche Ressourcen zu schützen und darüber hinaus die Gerechtigkeit zu fördern. Während in der klassischen liberalen Sichtweise alle Produktionsfaktoren – auch die Natur – Privateigentum sind und im Gegensatz dazu im Marxismus alle Produktionsfaktoren Gemeineigentum sind, ist es an der Zeit, über ein Schema zur Definition von Eigentumsrechten nachzudenken, wie es bereits von John Stuart Mill, Henry George und Silvio Gesell angedacht wurde: nur für die Produkte des Menschen sollte es Privateigentum geben, während für reine Naturprodukte (Land, Boden, Wasser, Luft, Bodenschätze, Urwälder, Fischgründe im Meer), bei denen der Mensch keinen

Mehrwert geschaffen hat, es kein Privateigentum geben sollte. Dies wäre nicht nur gerecht, sondern würde auch die Allokationseffizienz verbessern und Monopolrenten vermeiden. Mögliche Regulierungsmaßnahmen, je nach Art der Ressource, um dieser Regel so nahe wie möglich zu kommen, sind: (i) Konzessionen und Quoten, (ii) Verpachtung von Land und Küstengebieten und (iii) Beibehaltung von Privateigentum, aber Abschöpfung von Monopolrenten durch Steuern.

Dieses Buch ziel darauf ab, lokal erfolgreiche Erfahrungen mit der Waldbewirtschaftung vorzustellen, die in einigen Regionen (vor allem in Brasilien) entwickelt wurden, sowie kritische Ansichten zu Formen der Waldbewirtschaftung, die auf nationaler Ebene (z. B. in Chile) vorherrschen, zu diskutieren und Vorschläge für Veränderungen zu formulieren. Dieses Buch stellt daher eine der zahlreichen Bemühungen dar, die viele Forscher weltweit unternommen haben, um etwas zu bewegen, um letztendlich ein höheres Maß an Walderhaltung zusammen mit sozialer und wirtschaftlicher Zufriedenheit von Waldbesitzern und lokalen Gesellschaften im Allgemeinen zu erreichen. In diesem Sinne erwähnen Franklin et al. (2018), dass zu den fünf wichtigsten wirtschaftlichen, sozialen und politischen Triebkräften der Walderhaltung und -bewirtschaftung die Eigentumsverhältnisse, die Märkte, die Investitions-/Einkommensstrategien, die politischen Gestaltungsprozesse und die soziale Akzeptanz gehören. Ein Land oder eine Region, in dem/der die Waldbewirtschaftungsstrategien nicht nur ökologisch und umweltverträglich sind, sondern auch auf die immer vielfältigeren Anforderungen der Gesellschaft und der lokalen Gemeinschaften eingehen, befindet sich in der letzten Phase der Waldentwicklung, der Sozialen Phase (Kimmins 1997).

Vor etwas mehr als einem Jahrzehnt führten Donoso und Otero (2005) eine Analyse durch, um zu bewerten, wo sich Chile in Bezug auf die Entwicklung seines Forstsektors nach der Klassifizierung von Kimmin befindet, und stellten fest, dass es sich zwischen den Stufen „Regulierung" und „nachhaltige Bewirtschaftung" befindet. Wenn Spannungen das soziale Bild des Forstsektors weiterhin dominieren, wie es derzeit sowohl in Chile als auch in Brasilien der Fall ist, bedeutet dies, dass mindestens einer der oben genannten sozioökonomisch-politischen Treiber versagt. Bei der Suche nach den letztendlichen Ursachen dieses Scheiterns wird deutlich, dass jedes Wirtschaftssystem, das auf stetigem Wirtschaftswachstum, Konsum und damit auf dem Raubbau an den natürlichen Ressourcen beruht, dazu führt, dass mindestens eine der drei Säulen der nachhaltigen Entwicklung (sozial, wirtschaftlich, ökologisch; Purvis et al. 2018) den Kürzeren zieht, und dass in der Regel die wirtschaftliche Komponente gewinnt, von der jedoch in der Regel nur eine Minderheit profitiert.

Die verschiedenen Autoren dieses Buches haben sich zum Ziel gesetzt, das Verständnis für forstwirtschaftliche Konflikte in Ländern wie Brasilien und Chile, die in vielerlei Hinsicht repräsentativ für Lateinamerika und andere Entwicklungsländer sind, ein wenig zu vertiefen. Die verschiedenen Kapitel befassen sich im Wesentlichen mit der Notwendigkeit, neue ökonomische Ansätze für die Bewirtschaftung der Waldressourcen zu entwickeln und das gegenseitige Verständnis und die Zusammenarbeit verschiedener Disziplinen (Transdisziplinarität) zu fördern, um zu einer nachhaltigen Forstwirtschaft zu gelangen.

Als eine Art Gesamtschlussfolgerung könnte man sagen, dass eine nachhaltige Forstwirtschaft in Brasilien und Chile (und anderswo) erreicht wird, wenn sie auf eine solide Forstverwaltung trifft, d. h. wenn Organisationen, Menschen, Regeln, Instrumente und Prozesse, durch die Entscheidungen in Bezug auf Wälder getroffen werden, im Gleichgewicht sind. Bei dem Versuch, eine Antwort auf die Frage zu finden, warum die Waldzerstörung in so vielen Regionen der Welt so schnell voranschreitet, scheint ein entscheidender Erklärungsfaktor in den bestehenden Unstimmigkeiten zwischen der neoklassischen Wirtschaftswissenschaft und den Naturwissenschaften zu liegen. Vor fast zwei Jahrzehnten verglichen Mery et al. (2001) die Forstwirtschaften Chiles, Brasiliens und Mexikos und stellten eine Gemeinsamkeit fest, nämlich das Fehlen kohärenter langfristiger Forstpolitiken und -programme, die die Interessen aller wichtigen Interessengruppen berücksichtigen; das ist eine Quelle von Konflikten, die die guten Forstentwicklungsaussichten dieser Länder gefährden könnten. Sie wiesen darauf hin, dass die Definition einer optimalen Mischung aus Märkten und Politiken in den drei Ländern eine wichtige offene Frage sei. Diese Mischung muss auf der Grundlage eines Wirtschaftssystems entwickelt werden, das geringere Auswirkungen menschlicher Aktivitäten auf die Waldressourcen als Schlüssel zur Steigerung der Ökosystemleistungen der Wälder, einschließlich der Kohlenstoffbindung in den derzeitigen und künftigen Wäldern, gewährleisten kann.

Die Erfahrungen aus der Vergangenheit und der Gegenwart in beiden Regionen (und anderswo) sind jedoch die Grundlage dafür, die Forstwirtschaft in diesen Ländern und Regionen weiter in Richtung von Modellen voranzutreiben, die zu mehr sozialer Gerechtigkeit in Landschaften führen, in denen die Erhaltung und die Bewirtschaftung der Wälder langfristig einen mehrfachen Nutzen bringen sollte, insbesondere in Form von Ökosystemgütern und -dienstleistungen. Mit anderen Worten: Ökologisch-ökonomische und sozio-ökologische Strategien zur Erhaltung der Wälder sind dringend erforderlich, vor allem in dieser Zeit der globalen Krise, in der die Wälder eine so wichtige Rolle für die Eindämmung des Klimawandels und das Wohlergehen der lokalen Gemeinschaften und der Gesellschaft im Allgemeinen spielen können.

Literatur

Donoso PJ, Otero L (2005) Hacia una definición de país forestal: ¿Dónde se sitúa Chile? Bosque 26(3):5–18

Franklin JF, Johnson KN, Johnson DL (2018) Ecological forest management. Waveland 552 Press, Inc, Long Grove

Kimmins H (1997) Balancing act: environmental issues in forestry, 2. Aufl. UBC Press, Vancouver

Mery G, Kengen S, Lujim C (2001) Forest-based development in Brazil, Chile and Mexico. In: Palo M, Uusivuori J, Mery G (Hrsg) World forests, markets and policies. Springer Science+Business Media, B.V., Dordrecht, S 243–262

Olsson P, Folke C, Berkes F (2004) Adaptive co-management for building resilience in social – ecological systems. Environ Manag 34(1):75–90

Overpeck JT, Conde C (2019) A call to climate action. Science 364(6443):807

Purvis B, Mao Y, Darren R (2018) Three pillars of sustainability: in search of conceptual origins. Sustain Sci 14:681–695. https://doi.org/10.1007/s11625-018-0627-5

Stichwortverzeichnis

Printed in the United States
by Baker & Taylor Publisher Services